新自动化——从信息化到智能化

# 电力电子技术及其系统仿真

范立娜　王立夫　主　编

机　械　工　业　出　版　社

本书从电力电子技术应用的角度出发，首先介绍了常用的电力电子器件，然后对交流-直流变换、直流-直流变换、直流-交流变换、交流-交流变换进行了重点介绍和分析，最后简要介绍了软开关技术。为了强化在本科教学中的实践技能培养，书中还包括了基于Matlab的变流电路仿真内容，配有典型变流电路的仿真实例，提供了与理论分析波形相对应的仿真波形。本书的特点是精选了电力电子技术的内容，既体现了系统、全面、简洁，又体现了新和实用的特点。

本书适合作为电气工程及其自动化专业、自动化以及其他相关专业的本科生教材，也可供从事电力电子技术相关工作的工程技术人员参考。

**图书在版编目（CIP）数据**

电力电子技术及其系统仿真 / 范立娜，王立夫主编．—北京：机械工业出版社，2022.5（2024.11 重印）

（新自动化：从信息化到智能化）

ISBN 978-7-111-70485-0

Ⅰ.①电… Ⅱ.①范… ②王… Ⅲ.①电力电子技术-系统仿真 Ⅳ.①TM76

中国版本图书馆CIP数据核字（2022）第054461号

机械工业出版社（北京市百万庄大街22号 邮政编码100037）
策划编辑：罗 莉 责任编辑：罗 莉 翟天睿
责任校对：张晓蓉 贾立萍 封面设计：鞠 杨
责任印制：邓 博
北京盛通数码印刷有限公司印刷
2024年11月第1版第3次印刷
184mm×260mm · 14印张 · 346千字
标准书号：ISBN 978-7-111-70485-0
定价：59.80元

电话服务 网络服务
客服电话：010-88361066 机 工 官 网：www.cmpbook.com
010-88379833 机 工 官 博：weibo.com/cmp1952
010-68326294 金 书 网：www.golden-book.com
封底无防伪标均为盗版 机工教育服务网：www.cmpedu.com

# 前　言

电力电子技术综合了电力技术、电子技术和控制技术等多学科知识，是利用电力电子器件对电能进行变换和控制的技术，被广泛地应用于工业、交通、电力系统、能源等领域。为了适应社会与经济发展对电力电子技术应用型人才的需求，同时为了适应目前自动化专业及电气工程及其自动化专业的专业基础课程教学需要，作者在多年教学积累的基础上编写了本书。

电力电子技术是一门实践性很强的课程，在学习的过程中需要对电路结构和电路中的波形进行分析，并对电流、电压进行计算。本书首先对电力电子器件进行详细的分析和讲解，然后再以大功率整流电路为核心，对电力电子技术中的四类变流电路进行分析和研究。最后简要介绍了软开关技术。本书还运用图形化仿真技术，对部分变流电路进行了仿真实验。通过对仿真波形的分析增加了读者的感性认识，能够有效地提高教学效果。

本书第 1 章对电力电子技术的概念和特点，以及发展历史和应用进行了阐述，使读者对电力电子技术有一个初步的了解。第 2 章介绍了电力二极管、晶闸管及其派生器件、门极关断晶闸管、电力晶体管、电力场效应晶体管和绝缘栅双极型晶体管等电力电子器件的结构和工作原理、基本特性和主要参数，并讨论了电力电子器件的保护和串并联问题。第 3 章主要介绍了交流-直流变换，分析了变压器漏感对整流电路的影响、整流电路的谐波和功率因数，简单介绍了大功率可控整流电路。第 4 章介绍了直流-直流变换，分析了非隔离 DC－DC 变换电路和隔离 DC－DC 变换电路。第 5 章介绍了直流-交流变换，对逆变电路进行了概述，并分析了电压型逆变电路和电流型逆变电路，重点讨论了逆变电路的正弦脉宽控制技术。第 6 章介绍交流-交流变换，分别介绍了相控交流调压电路、斩波控制交流调压电路、整周波通断控制的交流电力控制电路，并重点分析了交-交变频电路，最后还介绍了矩阵变频电路。第 7 章对软开关技术进行了介绍。

本书由范立娜、王立夫共同担任主编。东北大学秦皇岛分校任良超、高原、金海明参加了编写，全书由范立娜统稿。在编写过程中参考了王立夫老师主编的《电力电子技术》（第 2 版）教材，并得到了东北大学秦皇岛分校有关领导及同事的大力支持，在此表示衷心的感谢。

同时，教材也参考了部分兄弟院校的教材，在此对原作者一并致以诚挚的谢意。

由于作者学识水平有限，编写时间又很仓促，书中难免有不妥之处，恳请广大读者批评指正。

**编　者**

**2021.12 于东北大学秦皇岛分校**

# 目　录

前言

# 第1章

# 绪　论

本章将从电力电子技术的概念开始，首先介绍电力电子技术的特点，分析电力电子技术和相关其他学科的关系，再介绍电力电子技术的发展历史，最后对电力电子技术的应用进行讲述。读者可以通过本章的学习，建立起电力电子技术的概念，对电力电子技术有一个初步的了解。

## 1.1　电力电子技术的概念及特点

电子技术包括信息电子技术和电力电子技术两大分支。通常所说的模拟电子技术和数字电子技术都属于信息电子技术。电力电子技术是应用于电力领域的电子技术，它是利用电力电子器件对电能进行变换和控制的技术。目前所用的电力电子器件均采用半导体制成，故称电力半导体器件。信息电子技术主要用于信息处理，而电力电子技术则主要用于电力变换。电力电子技术所变换的“电力”，功率可以达到 MW 甚至 GW，也可以小到数 W 甚至 1W 以下。

电力电子技术可以理解为功率强大，可供诸如电力系统那样大电流、高电压场合应用的电子技术，它与传统的电子（信息电子）技术相比，其特殊之处不仅仅是因为它能够通过大电流和承受高电压，而且要考虑在大功率情况下，器件发热、运行效率的问题。为了解决发热和效率问题，对于大功率的电子电路，器件的运行都采用开关方式。这种开关运行方式就是电力电子器件运行的特点。

通常所用的电力有交流和直流两种。从公用电网直接得到的电力是交流的，从蓄电池和干电池得到的电力是直流的。从这些电源得到的电力往往无法直接满足要求，需要进行电力变换。电力变换通常可分为四大类，即交流变直流（AC - DC）、直流变交流（DC - AC）、直流变直流（DC - DC）和交流变交流（AC - AC），见表 1-1。交流变直流称为整流，直流变交流称为逆变。直流变直流是指一种直流电压（或电流）变为另一种直流电压（或电流），可用直流斩波电路实现。交流变交流可以是电压或电能变换，也可以是频率或相数的变换。有读者认为整流和逆变较好理解，而直流变直流和交流变交流较难理解。实际上直流变直流并非电力种类（电能形式）上的变换，而是电压（或电流）的变换；交流变交流除了电压（或电流）的变换外，还多了一些可能，即频率或相数的变换。进行上述变换的技术称为变流技术。

通常把电力电子技术分为电力电子器件的制造技术和变流技术两个分支。变流技术也称为电力电子器件的应用技术，它包括用电力电子器件构成各种电力变换电路和对这些电路进行控制的技术，以及由这些电路构成电力电子装置和电力系统的技术。“变流”不只是交直流之间的变换，也包括上述的直流变直流和交流变交流的变换。

**表 1-1　电力变换的种类**

| 输　出 | 输　入 | |
|---|---|---|
| | 交流（AC） | 直流（DC） |
| 直流（DC） | 整流 | 直流斩波 |
| 交流（AC） | 交流电力控制变频、变相 | 逆变 |

电力电子学这一名词是 20 世纪 60 年代出现的，电力电子学和电力电子技术在内容上并没有很大的不同，只是分别从学术和工程技术这两个不同角度来称呼。电力电子学可以用图 1-1 所示的倒三角形来描述，可以认为电力电子学由电力学、电子学和控制理论这三个学科交叉而形成的。这一观点被全世界普遍接受。

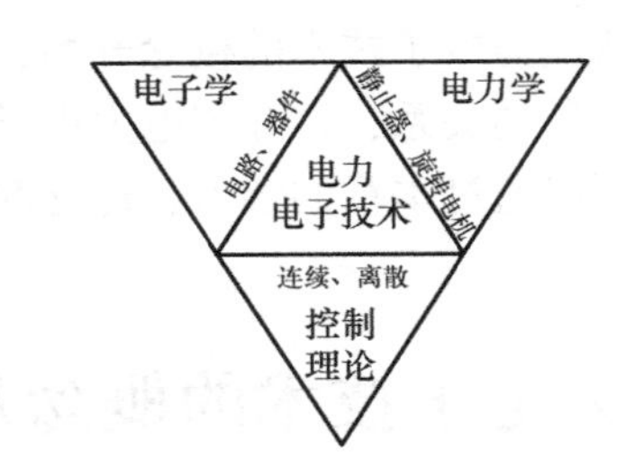


图 1-1　描述电力电子学的倒三角形

电力电子技术与电子学的关系是显而易见的。(信息）电子学可分为电子器件和电子电路两大部分，它们分别与电力电子器件和电力电子电路相对应。电力电子器件的制造技术和用于信息处理的电子器件制造技术的理论基础（都是半导体理论）是一样的，其大多数生产工艺也是相同的。这说明信息电子和电力电子的器件制造技术上两者同根同源。电力电子电路和信息电子电路的分析方法上也是一致的，只是两者应用的目的不同，前者用于电力变换，后者用于信息处理。

电力电子技术广泛应用于电气工程中，这就是电力电子学和电力学的主要关系。电力学就是电工科学或电气工程，各种电力电子装置广泛应用于高压直流输电、静止无功补偿、电力机车牵引、交直流电力传动以及高性能交直流电源等之中，因此，通常把电力电子技术归于电气工程学科。电力电子技术是电气工程学科中非常活跃的一个分支。电力电子技术的不断进步，大大地推动了电气工程实现现代化的进程。

控制理论广泛用于电力电子技术中，它使电力电子装置和系统的性能日益优越和完善，可以满足人们的各种需求。电力电子技术可以看作弱电控制强电的技术，是弱电和强电之间的接口。而控制理论则是实现这种接口的强有力的纽带。此外，控制理论和自动化技术是密不可分的，而电力电子装置又是自动化技术的基础元件和重要支撑技术。

## 1.2　电力电子技术的发展历史

电力电子器件的发展对电力电子技术的发展起着决定性的作用，因此，电力电子技术的发展是以电力电子器件的发展为基础的。电力电子技术的发展史如图 1-2 所示。

一般认为，电力电子技术的诞生是以 1957 年美国通用电气公司研制出第一个晶闸管为

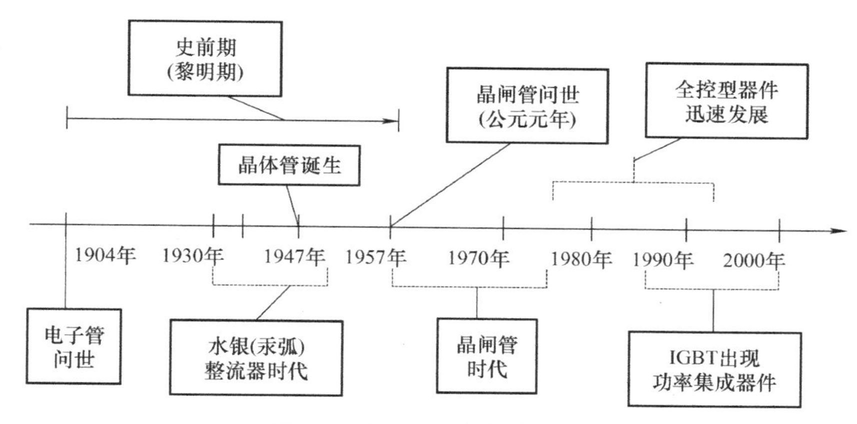


图 1-2　电力电子技术的发展史

标志的。但在晶闸管出现之前，电力电子技术就已经用于电力变换了。因此，晶闸管出现前的时期称为电力电子技术的史前期或黎明期。

1876 年出现了硒整流器。1904 年出现了电子管，它能在真空中对电子流进行控制，并应用于通信和无线电，从而开创了电子技术的先河。1911 年出现了金属封装的水银整流器，它把水银封于管内，利用对其蒸汽的点弧可对大电流进行控制，其性能与晶闸管已经非常相似。20 世纪 30 ~ 50 年代是水银整流器发展迅速并广泛应用的时期。它广泛用于电化学工业、电气铁道直流变电所，以及轧钢用直流电动机的传动。然而，水银整流器所用水银对人体有害，水银整流器的电压降落也很高，很不理想。

1947 年 12 月，美国贝尔实验室研制出锗晶体管，引发了电子技术的一场革命。1953 年出现了锗功率二极管。1954 年出现的硅二极管是最先用于电力领域的半导体器件。1957 年诞生了晶闸管，一方面由于其变换能力的突破，另一方面由于实现了弱电对以晶闸管为核心的强电变换电路的控制，使之很快取代了水银整流器和旋转变流机组，进而使电力电子技术步入了功率领域。变流装置由旋转方式变为静止方式，具有提高效率、缩小体积、减轻重量、延长寿命、消除噪声、便于维修等优点。因此，其优越的电气性能和控制性能在工业上引起了一场技术革命。

在之后的 20 年内，随着晶闸管特性不断提高，晶闸管已经形成了从低电压、小电流到高电压、大电流的系列产品。同时研制出一系列晶闸管的派生器件，如快速晶闸管（Fast Switching Thyristor，FST）、逆导晶闸管（Reverse Conducting Thyristor，RCT）、双向晶闸管、光控晶闸管等，大大地推动了各种电力变换器在冶金、电化学、电力工业、交通及矿山等行业中的应用，促进了工业技术的进步，形成了以晶闸管为核心的第一代电力电子器件，也称为传统电力电子技术阶段。

晶闸管通过对门极的控制可以使其导通，而不能使其关断，因此属于半控型器件。对晶闸管电路的控制方式主要是相位控制方式，简称相控方式。晶闸管的关断通常依靠电网电压等外部条件来实现。晶闸管在额定电流、额定电压这两个方面仍然有一定的发展余地，但以下原因阻碍了它们的继续发展：①由于它是半控器件，要想关断它必须用强迫换相电路，结果使得电路复杂、体积增大、重量增加、效率较低以及可靠性下降；②由于器件的开关频率难以提高，一般低于 400Hz，限制了它的应用范围；③由于相位运行方式使电网及负载上产生严重的谐波，不但电路功率因数降低，而且对电网产生公害。随着工业生产的发展，迫切要求新的器件和变流技术出现，以便改进或取代传统的电力电子技术。

20 世纪 70 年代后期，以门极关断（Gate-Turn-Off，GTO）晶闸管、电力双极型晶体管（Giant Transistor，GTR）、电力场效应晶体管（PowerMOSFET）为代表的第二代自关断全控型器件迅速发展。全控型器件的特点是通过对门极（基极、栅极）的控制，既可以使其导通，又可以使其关断。另外，这些器件的开关速度普遍快于晶闸管，可以用于开关频率较高的电路。这些器件优越的特性使得电力电子技术的面貌焕然一新，把电力电子技术推进到一个新的发展阶段。

和晶闸管电路的相位控制方式相对应，采用全控型器件的电路主要控制方式为脉冲宽度调制（Pulse Width Modulation，PWM）方式。PWM 控制技术在电力电子变流技术中占有十分重要的地位。它在逆变、直流斩波、整流、交流变交流控制等电力电子电路中均可应用。PWM 使电路的控制性能大大改善，使以前难以实现的功能得以实现，对电力电子技术的发展产生了深远的影响。

20 世纪 80 年代，出现了以绝缘栅双极型晶体管（Insulated Gate Bipolar Transistor，IGBT）为代表的第三代复合型场控半导体器件。它是 MOSFET 和 BJT 的复合，将 MOSFET 的驱动功率小、开关速度快的优点和 BJT 的通态压降小、载流能力大、可承受电压高的优点集于一身，性能十分优越，使之成为现代电力电子技术的主导器件。另外还出现了静电感应晶体管（Static Induction Transistor，SIT）、静电感应式晶闸管（Static Induction Thyristor，SITH）、MOS 控制晶闸管（MOS Controlled Thyristor，MCT）和集成门极换流晶闸管（Integrated Gate-Commutated Thyristor，IGCT）等器件。这些器件不仅有很高的开关频率（一般为几十到几百千赫兹），而且有更高的耐压性，电流容量大，可以构成大功率、高频的电力电子电路。

20 世纪 80 年代后期，电力半导体器件的发展趋势是模块化、集成化，按照电力电子电路的各种拓扑结构，将多个相同的电力半导体器件或不同的电力半导体器件封装在一个模块中，这样可以缩小器件体积、降低成本、提高可靠性。已经出现的第四代电力电子器件，即功率集成半导体器件（Power IC，PIC）将电力电子器件与驱动电路、控制电路及保护电路集成在一块芯片上，开辟了电力电子器件智能化的方向，应用前景广阔。目前经常使用的智能功率模块（Intelligent Power Module，IPM），除了功率集成器件和驱动电路以外，还集成了过电压、过电流和过热等故障检测电路，并可将监测信号传送至 CPU，以保证 IPM 自身不受损害。

## 1.3 电力电子技术的应用

电力电子技术是以功率处理和变换为主要对象的现代工业电子技术，当代工、农业等各领域都离不开电能，离不开表征电能的电压、电流、频率、波形和相位等基本参数的控制和转换，而电力电子技术可以对这些参数进行精确的控制与高效的处理，所以电力电子技术是实现电气工程现代化的重要基础。

电力电子技术应用范围十分广泛，国防军事、工业、能源、交通运输、电力系统、通信系统、计算机系统、新能源系统以及家用电器等无不渗透着电力电子技术的新成果。下面简单介绍：电力电子技术的七个应用。

**1. 一般工业**

工业中大量应用各种交、直流电动机。直流电动机具有良好的调速性能，为其供电的可控整流电源或直流斩波电源都是电力电子装置。近年来，由于电力电子变频技术的迅速发展，使得交流电动机的调速性能可与直流电动机相媲美。因此，交流调速技术也得到了大量应用，并且占据主导地位。大到数千千瓦的各种轧钢机，小到几百瓦的数控机床的伺服电动机，以及矿山牵引等场合都广泛采用电力电子交直流调速技术。对一些调速性能要求不高的大型鼓风机等，近年来也采用了变频装置，以达到节能的目的。作为节能控制主要采用交流电动机的变频调速，它带来了巨大的节能效益。在各行各业中，风机、水泵多采用异步电动机拖动，其用电量占我国工业用电的50%以上，占全国用电量的30%。我国的风机、水泵，全面采用变频调速后，每年节电可达数百亿度。家用电器的空调，采用变频调速技术后可节电30%以上。

电化学工业大量使用直流电源，电解铝、电解食盐水等都需要大容量整流电源。电镀装置也需要整流电源。

电力电子技术还大量应用于冶金工业中的高频或中频感应加热电源、淬火电源及直流电弧炉电源等场合。

**2. 交通运输**

电气化铁路中广泛采用电力电子技术，电气机车中的直流机车采用整流装置供电，交流机车采用变频装置供电。直流斩波器也广泛应用于铁道车辆，磁悬浮列车中的电力电子技术更是关键。

电动汽车的电动机是靠电力电子装置进行电力变换和驱动控制的，其蓄电池的充电也离不开电力电子技术。一台高级汽车中需要许多控制电动机，它们也要依靠变频器和斩波器驱动并控制。

飞机、船舶需要各种不同要求的电源，因此航空、航海都离不开电力电子技术。

**3. 电力系统**

发达国家在用户最终使用的电能中，有60%以上的电能至少经过一次以上电力电子装置的处理。电力系统在通向现代化的进程中是离不开电力电子技术的。

高压直流输电在长距离、大容量时有很大的优势，其送电端的整流阀和受电端的逆变阀都采用晶闸管变流装置，而轻型的直流输电主要采用全控型的IGBT器件。柔性交流输电系统（Flexible AC Transmission Systems，FACTS）的作用是对发电输电系统的电压和相位进行控制，这也是依靠电力电子装置才得以实现的。

无功补偿和谐波抑制对电力系统具有重要意义。晶闸管控制电抗器（Thyristor Controlled Reactor，TCR）、晶闸管投切电容器（Thyristor Switched Capacitor，TSC）都是重要的无功补偿装置。静止无功发生器（Static Var Generator，SVG）、有源电力滤波器（Active Power Filter，APF）等新型电力电子装置具有更优越的无功和谐波补偿的性能。在配电网系统中，电力电子装置还可用于防止电网瞬时停电、瞬时电压跌落、闪变等，以进行电能质量控制，改善供电质量。

**4. 电源**

电力电子技术的另一个应用领域是在各种各样的电源中。电器和电子装置电源需求是千变万化的，因而电源的需求和种类非常多。通信设备中的程控交换机所用的直流电源以前用晶闸管整流电源，现已改为采用全控型器件的高频开关电源。大型计算机所需的工作电源、微型计算机内部的电源现在也都采用高频开关电源。在各种电子装置中，以前大量采用线性稳压电源，但由于高频开关电源体积小、重量轻、效率高，因此现在在很多应用场合已逐渐取代了线性电源。因为各种信息技术的电子装置都需要电力电子装置提供稳定电源，所以可以说信息电子技术离不开电力电子技术。在有大型计算机等场合，常常需要不间断电源（Uninterruptible Power Supply，UPS）供电，不间断电源实际上就是典型的电力电子装置。

在军事中需要应用雷达脉冲电源、声呐及声发射系统、武器系统及电子对抗等系统的电源。航天、航海、矿山及科学研究等各个领域都离不开各种电源，所以各行各业都离不开电力电子技术。

**5. 照明**

在各个国家，照明用电占发电量的数量也是比较大的，其中美国为24%，中国为12%。白炽灯发光效率低、热损耗大，故现在广泛使用荧光灯，但荧光灯必须有辉光启动器，全部电流都要流过镇流器的线圈，因而无功电流较大。电子镇流器的出现，较好地解决了这个问题。在相同功率的情况下，电子镇流器比普通镇流器的体积小，可减少无功和有功损耗。采用电力电子技术既可以实现照明的电子调光，也可以节约能源，因此被称为节能灯，它正在逐步取代传统的白炽灯和荧光灯。

**6. 新能源开发和利用**

传统的发电方式是火力、水力以及后来兴起的核能发电。能源危机后，各种新能源、可再生能源及新型发电方式越来越受到重视。其中太阳能发电、风能发电的发展较快，燃料电池更受关注。太阳能、风能发电受环境条件的制约，发出的电能质量较差。利用电力电子技术可以进行能量储存和缓冲，改善电能质量。同时，采用变速恒频发电技术，可以将新能源发电与电力系统联网，这些新能源开发和利用都离不开电力电子技术。

**7. 环境保护**

随着工业、农业迅速发展，特别是火力发电和水泥业的发展对自然环境的污染越来越严重。为了净化环境，提高人们的生活质量，在某些行业采用高压静电除尘措施是十分有效的，其关键也是计算机和电力电子技术。

总之，电力电子技术的应用范围十分广泛。从人类对宇宙和大自然的探索到国防，从军事到国民经济的各个领域，再到人们的衣食住行，无处不应用电力电子技术。这就是激发一代又一代专家、学者和工程技术人员学习、研究电力电子技术的巨大魅力之处。

## 1.4 课程的学习建议

电力电子技术是电气信息类专业的基础课，是电气工程和自动化专业很重要的一门课程。课程的内容主要包括电力电子器件和变流电路两部分。在学习电力电子器件时，注意和信息电子技术中的电子器件有所区分。注意掌握器件的外部特性和极限参数的应用，不要过分执着于器件的内部机理。在学习变流电路时，要掌握电路的拓扑结构，分析电路的工作原理，对电路的参数进行计算，并分析和掌握其控制方法。

电力电子技术有很强的实践性，因此实验在教学中占据着十分重要的位置。本教材对变流电路中的典型电路应用 Matlab 进行仿真实例的讲解。在学习中可以结合仿真练习理解所学电路的结构和原理。并配合完成实验实训，掌握基本实验方法，训练基本实验技能。

# 第2章 电力电子器件

电力电子器件是电力电子技术的基础，是构成电力电子电路的核心，因此必须要掌握它的特性和使用方法。本章首先将对电力电子器件的概念、特点和分类等问题做简要概述，之后将分别介绍各种常用电力电子器件的结构、工作原理、基本特性、主要参数以及选择和使用中应注意的问题。

## 2.1 电力电子器件概述

### 2.1.1 电力电子器件的概念和特征

在电气设备或电力系统中，直接承担电能的变换或控制任务的电路称为主电路。电力电子器件是指可直接用于处理电能的主电路中，实现电能的变换或控制的电子器件。同在学习电子技术基础时广泛接触的处理信息的电子器件一样，广义上电力电子器件也可分为电真空器件和半导体器件两类。但是，自20世纪50年代以来，除了在频率很高（如微波）的大功率高频电源中还在使用真空管外，基于半导体材料的电力电子器件已逐步取代了以前的汞弧整流器，闸流管等电真空器件成为电能变换和控制领域的绝对主力。因此，电力电子器件也往往专指电力半导体器件。与普通半导体器件一样，目前电力半导体器件所采用的主要材料仍然是硅。

由于电力电子器件直接用于处理电能的主电路，因而与处理信息的电子器件相比，它一般具有以下特征：

1）电力电子器件所能处理电功率的大小，也就是其承受电压和电流的能力是其最重要的参数。其处理电功率的能力小至毫瓦级，大至兆瓦级，一般都远大于处理信息的电子器件。

2）因为处理的电功率较大，所以为了减小本身的损耗，提高效率，电力电子器件一般都工作在开关状态。导通时（通态）阻抗很小，接近于短路，管压降接近于零，而电流由外电路决定；阻断时（断态）阻抗很大，接近于断路，电流几乎为零，而管子两端电压由外电路决定；就像普通晶体管的饱和与截止状态一样。因而，电力电子器件的动态特性（也就是开关特性）和参数也是电力电子器件特性很重要的方面。而在模拟电子电路中，电子器件一般都工作在线性放大状态，数字电子电路中的电子器件虽然一般也工作在开关状态，但其目的是利用开关状态表示不同的信息。正因为如此，也常常将一个电力电子器件或者外特性像一个开关的几个电力电子器件的组合称为电力电子开关，或者电力半导体开关。电力电子器件在电力电子技术中作为开关器件使用，要求它具有开关速度快、承受电流和电压能力大以及开关损耗小等特点。理想的电力电子器件应在断态时能承受高电压且漏电流很小，在通态时能通过大电流且压降非常低，通断转换时间很短。做电路分析时，为简单起见也往往用理想开关来代替。

3）在实际应用当中，电力电子器件往往需要由信息电子电路来控制。由于电力电子器件所处理的电功率较大，因此普通的信息电子电路信号一般不能直接控制电力电子器件的导通或关断，需要一定的中间电路对这些信号进行适当的放大，这就是所谓的电力电子器件的驱动电路。

4）尽管工作在开关状态，但是电力电子器件自身的功率损耗通常仍远大于信息电子器件，因而为了保证不至于因损耗散发的热量导致器件温度过高而损坏，不仅在器件封装上比较讲究散热设计，而且在其工作时一般都还需要安装散热器。这是因为电力电子器件在导通或者阻断状态下，并不是理想的短路或者断路。导通时器件上有一定的通态压降，阻断时器件上有微小的断态漏电流流过。尽管其数值都很小，但分别与数值较大的通态电流和断态电压相互作用，就形成了电力电子器件的通态损耗和断态损耗。此外，还有在电力电子器件由断态转为通态（开通过程）或者由通态转为断态（关断过程）的转换过程中产生的损耗，分别称为开通损耗和关断损耗，总称开关损耗。对某些器件来讲，驱动电路向其注入的功率也是造成器件发热的原因之一。通常来讲，除一些特殊的器件外，电力电子器件的断态漏电流都极其微小，因而通态损耗是电力电子器件功率损耗的主要成因。当器件的开关频率较高时，开关损耗会随之增大而可能成为器件功率损耗的主要因素。

### 2.1.2　电力电子器件的分类

电力电子器件按照能够被控制信号所控制的程度，可以将电力电子器件分为不可控型器件、半控型器件和全控型器件。

1）不可控器件是不能用控制信号来控制其通断的电力电子器件，因此也不需要驱动电路。电力二极管属于不可控器件，在阳极加正向电压时，二极管导通；反之，二极管关断。器件的导通和关断完全由其在主电路中承受的电压和电流决定。

2）半控型器件是通过控制信号可以控制其导通而不能控制其关断的电力电子器件。这类器件主要指晶闸管及其大部分派生器件，器件的关断完全由其在主电路中承受的电压和电流决定的。

3）全控型器件是通过控制信号既可以控制其导通又可以控制其关断的电力电子器件。由于与半控型器件相比，可以由控制信号控制其关断，因此又称为自关断器件。这类器件品种很多，目前比较常用的有门极关断（GTO）晶闸管、电力晶体管（GTR）、电力场效应晶体管（简称电力 MOSFET）、绝缘栅双极型晶体管（IGBT）等，都属于全控型器件。

按照驱动电路加在电力电子器件控制端和公共端之间信号的性质，可以将电力电子器件（不可控型器件除外）分为电流驱动型和电压驱动型两类。通过从控制端注入或抽出电流来实现导通或者关断控制的电力电子器件被称为电流驱动型，或者电流控制型电力电子器件。而仅通过在控制端和公共端之间施加一定的电压信号就可以实现导通或者关断控制的，电力电子器件被称为电压驱动型或者电压控制型电力电子器件。电压控制型电力电子器件也可以称为场控器件，或者场效应器件。

此外，同信息电子器件类似，电力电子器件还可以按照器件内部电子和空穴两种载流子参与导电的情况分为单极型器件、双极型器件和复合型器件三类。只有一种载流子参与导电的电子器件称为单极型器件；由电子和空穴两种载流子都参与导电的电力电子器件称为双极型器件；由单极型和双极型器件集成混合而成的器件则被称为复合型器件，也称为混合型器件。

以上器件的分类方法需要在下面各节学习各种具体电力电子器件时加深体会，本章将在结尾处对各种器件的类属和特点进行归纳和总结。

## 2.2 电力二极管

电力二极管虽然是不可控器件，但因其结构和原理简单，且工作可靠，所以直到现在仍然大量应用于许多电气设备中。通过后面对电力电子电路的学习还会了解到，在采用全控型器件的电路中，电力二极管往往也是不可缺少的，特别是导通和关断速度很快的快恢复二极管和肖特基二极管，在中高频整流和逆变装置中具有不可替代的地位。

### 2.2.1 电力二极管结构

电力二极管的基本结构和原理与信息电子电路中的二极管一样，都是具有一个 PN 结的双端器件，所不同的是电力二极管的 PN 结面积较大。

电力二极管的外形、结构和电气符号如图 2-1 所示。从外部结构看，电力二极管可分成管芯和散热器两部分。这是因为管子工作时要通过大电流，而 PN 结有一定的正向电阻，因此管芯会因损耗而发热。为了冷却管芯，还需装配散热器。一般 200A 以下的电力二极管采用螺栓式，200A 以上则采用平板式。

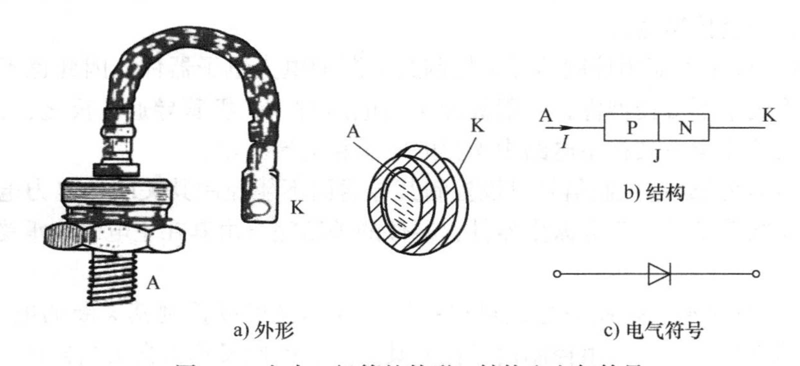


图 2-1 电力二极管的外形、结构和电气符号

### 2.2.2 电力二极管基本特性

#### 1. 静态特性

电力二极管的静态特性主要是指其伏安特性，如图 2-2 所示。当电力二极管承受的正向电压大到某一值（门槛电压 $U_{TO}$）时，正向电流开始明显增大，处于稳定导通状态，此时与正向电流 $I_F$对应的二极管压降 $U_F$，称为其正向电压降。当电力二极管承受反向电压时，只

有微小的反向漏电流。

**2. 动态特性**

因结电容的存在，电力二极管在零偏置（外加电压为零）、正向偏置和反向偏置这三个状态之间转换时，必然经过一个过渡过程。在这些过渡过程中，PN 结的一些区域需要一定时间来调整其带电状态，因而其电压-电流特性不能用前面的伏安特性来描述，而是随时间变化的，此种随时间变化的特性称为电力二极管的动态特性。并且往往专指反映通态和断态之间转换过程的开关特性。这个概念虽然由电力二极管引出，但可以推广至其他各种电力电子器件。

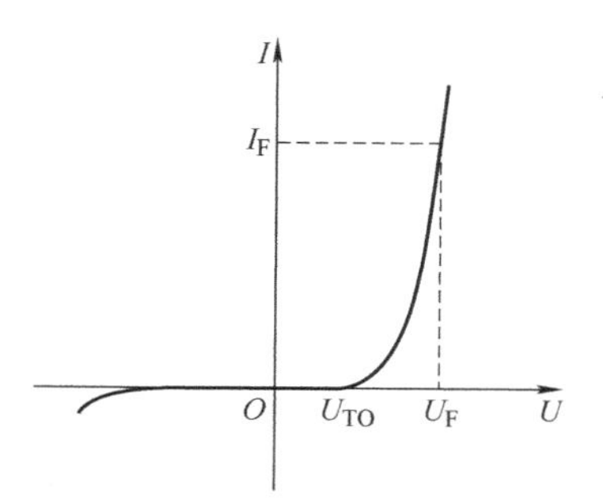


图 2-2 电力二极管的伏安特性

电力二极管的动态特性如图 2-3 所示。其中，图 2-3a 给出了电力二极管由正向偏置到反向偏置转换的波形。当原处于正向导通的电力二极管的外加电压突然变为反向时，电力二极管不能立即关断，而是需经过一个反向恢复时间才能进入截止状态，并且在关断之前有较大的反向电流和反向电压过冲出现。图 2-3a 中 $t_F$ 为外加电压突变（由正向变为反向）的时刻，正向电流在此反向电压作用下开始下降，下降速率由反向电压大小和电路中的电感决定，而管压降由于电导调制效应基本变化不大，直至正向电流降为零的时刻 $t_0$。此时电力二极管由于在 PN 结两侧（特别是多掺杂 N 区）储存有大量少子的缘故而并没有恢复反向阻断能力，这些少子在外加反向电压的作用下被抽取出电力二极管，因而流过较大的反向电流。当空间电荷区附近的储存少子即将被抽尽时，管压降变为负极性，于是开始抽取离空间电荷区较远的浓度较低的少子。所以在管压降极性改变后不久的 $t_1$ 时刻，反向电流从其最大值 $I_{RP}$ 开始下降，空间电荷区开始迅速展宽，电力二极管开始重新恢复对反向电压的阻断能力。在 $t_1$ 时刻以后，由于反向电流迅速下降，在外电路电感的作用下会在电力二极管两端产生比外加反向电压大得多的反向电压过冲 $U_{RP}$。在电流变化率接近于零的 $t_2$ 时刻（有的标准定为电流降至 25% $I_{RP}$ 的时刻），电力二极管两端承受的反向电压才降至外加电压的大小，电力二极管完全恢复对反向电压的阻断能力。时间 $t_d = t_1 - t_0$ 被称为延迟时间，$t_f = t_2 - t_1$ 被称为电流下降时间，而时间 $t_{rr} = t_d + t_f$ 则被称为电力二极管的反向恢复时间。

图 2-3b 给出了电力二极管由零偏置转为正向偏置时的波形。由此波形图可知，在这一动态过程中，电力二极管的正向压降也会出现一个过冲 $U_{FP}$，然后逐渐趋于稳态压降值。这一动态过程的时间称为正向恢复时间 $t_{fr}$。

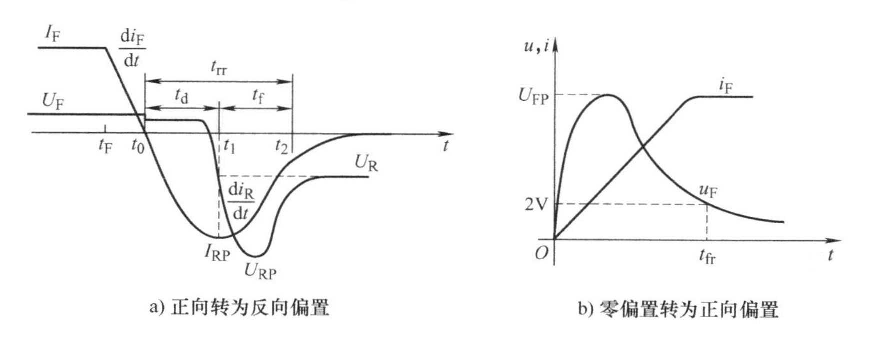


图 2-3 电力二极管的动态过程波形

### 2.2.3 电力二极管的主要参数

**1. 正向平均电流 $I_F$**

$I_F$ 指在规定的环境温度和标准散热条件下，器件结温不超过额定温度且稳定时，允许长时间连续流过工频正弦半波电流的平均值。在此电流下，因管子的正向压降引起的损耗造成的结温升高不会超过所允许的最高工作结温，这也是标称其额定电流的参数。在使用时应按照工作中实际电流波形与电力二极管所允许的最大工频正弦半波电流在流过电力二极管时所造成的发热效应相等，即两个波形的有效值相等的原则来选取电力二极管的额定电流，并应留有一定的安全裕量。如果某电力二极管正向平均电流为 $I_F$，则对应额定电流 $I_F$ 的有效值为 $1.57I_F$。

应该注意的是，当工作频率较高时，开关损耗往往不能忽略。在选择电力二极管正向电流额定值时，应加以考虑。

**2. 正向压降 $U_F$**

$U_F$指电力二极管在规定温度和散热条件下，流过某一指定的正向稳态电流时，所对应正向压降。导通状态时，器件发热与损耗和 $U_F$有关，一般应选取管压降小的器件，以降低通态损耗。

**3. 反向重复峰值电压 $U_{RRM}$**

$U_{RRM}$指电力二极管在指定温度下，所能重复施加的反向最高峰值电压，通常是反向击穿电压 $U_B$的 2/3。使用时，一般按照电路中电力二极管可能承受的反向最高峰值电压的两倍来选择此项参数。

**4. 反向平均漏电流 $I_{RR}$**

$I_{RR}$是对应于反向重复峰值电压 $U_{RRM}$下的平均漏电流，也称为反向重复平均电流。

**5. 浪涌电流 $I_{FSM}$**

$I_{FSM}$指电力二极管所能承受的最大的连续一个或几个工频周期的过电流。

另外，还有最高结温、反向恢复时间等参数。

### 2.2.4 电力二极管的主要类型

电力二极管可以在 AC－DC 变换电路中作为整流器件，也可以在电感元件的电能需要适当释放的电路中作为续流器件，还可在各种变流电路中作为电压隔离、钳位或保护器件。下面介绍几种常用的电力二极管。

**1. 普通二极管**

普通二极管又称为整流二极管，多用于开关频率不高（1kHz 以下）的整流电路中。其反向恢复时间较长，一般在 5μs 以上，但其正向电流和反向电压的额定值很高，可达到数千安和数千伏。

**2. 快速恢复二极管**

快速恢复二极管（Fast Recovery Diode，FRD）是指恢复过程时间很短，特别是反向恢复过程很短，一般在 5μs 以下的二极管，简称快速二极管。特别是快速恢复外延二极管（Fast Recovery Epitaxial Diode，FRED），其反向恢复时间更短，可低于 50ns，正向压降也很低（0.9V 左右）。快恢复二极管从性能上可分为快速恢复和超快速恢复两个等级。前者反向恢复时间为数百纳秒或更长，后者则在 100ns 以下，甚至可以达到 20～30ns。

**3. 肖特基二极管**

以金属和半导体接触形成的势垒为基础的二极管称为肖特基势垒二极管（Schottky Barrier Diode，SBD），简称为肖特基二极管。肖特基二极管在信息电子电路中早就得到了应用，但直到 20 世纪 80 年代以来，由于工艺的发展才得以在电力电子电路中广泛应用。与以 PN 结为基础的电力二极管相比，肖特基二极管的优点在于：反向恢复时间很短（10～40ns），正向恢复过程中也不会有明显的电压过冲；在反向耐压较低的情况下其正向压降也很小，明显低于快速二极管。因此，其开关损耗和正向导通损耗都比快速二极管还要小，效率更高。肖特基二极管的缺点在于：当所能承受的反向耐压提高时，其正向压降也会高到无法满足要求，因此多用于 200V 以下的低电压场合；反向漏电流较大且对温度敏感，因此反向稳态损耗不能忽略，而且必须更严格地限制其工作温度。

## 2.3 晶闸管及其派生器件

晶闸管是晶体闸流管的简称，又称为可控硅整流器，以前被简称为可控硅，是最早出现的电力电子器件之一，属于半控型电力电子器件。1956 年美国贝尔实验室发明了晶闸管，1957 年美国通用电气公司开发出世界上第一只晶闸管产品，并于 1958 年达到商业化。由于其导通时刻可以控制，而且各方面性能均明显胜过汞弧整流器，因而立即受到普遍欢迎，从此开辟了电力电子技术迅速发展和广泛应用的崭新时代，其标志就是以晶闸管为代表的电力半导体器件的广泛应用。自 20 世纪 80 年代以来，晶闸管的地位开始被各种性能更好的全控型器件所取代，但是由于其所能承受的电压和电流容量仍然是目前电力电子器件中最高的，而且价格低、工作可靠，因此在大容量、低频的电力电子装置中仍占主导地位。

晶闸管这个名称往往专指晶闸管的一种基本类型，即普通晶闸管。但从广义上讲，晶闸管还包括许多类型的派生器件，如快速、双向、逆导、门极关断及光控等晶闸管。

### 2.3.1 晶闸管的结构和工作原理

晶闸管是一种四层半导体三个 PN 结的三端大功率电力电子器件，其外形、结构和电气符号如图 2-4 所示。

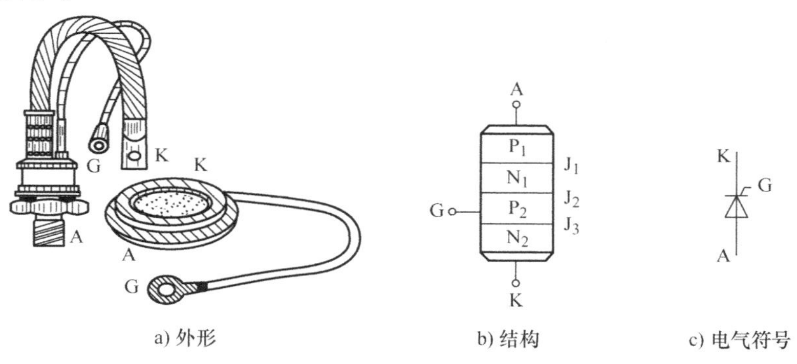


图 2-4 晶闸管外形、结构和电气符号

从外形上看，晶闸管主要有螺栓型和平板型两种封装结构，均引出阳极 A、阴极 K、门极（控制极）G 三个连接端。对于螺栓型封装，通常螺栓是阳极，制成螺栓状是为了与散热器紧密连接，且安装方便，另一侧较粗的端子为阴极，细端子为门极。螺栓型结构散热效果较差，一般用于允许电流小于 200A 的元件。平板型封装的晶闸管可由两个散热器将其夹在中间，两个平面分别是阳极和阴极，引出的细长端子为门极。平板型封装散热效果好于螺栓型结构可用于允许电流在 200A 以上的元件。冷却散热器的介质可分为空气和水，冷却方式分为自冷、风冷和水冷。风冷和水冷都是强迫冷却，由于水的热容量比空气大，所以在大容量或一定容量却需要减小散热器体积的情况下，采用水冷方式。

晶闸管内部是 PNPN 四层半导体结构，分别命名为 $P_1$、$P_2$、$N_1$、$N_2$ 四个区。$P_1$ 区引出阳极 A，$N_2$ 区引出阴极 K，$P_2$ 区引出门极 G。四个区形成 $J_1$、$J_2$、$J_3$ 三个 PN 结。当门极不加电压时，AK 之间加正向电压，$J_1$ 和 $J_3$ 结承受正向电压，$J_2$ 结承受反向电压，因而晶闸管不导通，称为晶闸管的正向阻断状态，也称为关断状态。当 AK 之间加反向电压时，$J_1$ 和 $J_3$ 结承受反向电压，晶闸管也不导通，称为反向阻断状态。因此可得出结论：当晶闸管门极不加电压时，无论 AK 之间所加电压极性如何，在正常情况下，晶闸管都不会导通。

为了说明晶闸管的工作原理，可将晶闸管的四层结构等效为由 $P_1N_1P_2$ 和 $N_1P_2N_2$ 两个晶体管 $V_1$ 和 $V_2$ 构成，如图 2-5 所示。可以看出，这两个晶体管的连接特点是：一个晶体管的集电极电流就是另一个晶体管的基极电流。当 GK 之间加正向电压时，AK 之间也加正向电压，电流 $I_G$ 流入晶体管 $V_2$ 的基极，产生集电极电流 $I_{C2}$，它构成晶体管 $V_1$ 的基极电流，放大了的集电极电流 $I_{C1}$，进一步增大 $V_2$ 的基极电流，如此形成强烈的正反馈，使 $V_1$ 和 $V_2$ 进入饱和导通状态，即晶闸管导通状态。此时，若去掉外加的门极电流，则晶闸管因内部的正反馈会仍然维持导通状态。所以晶闸管的关断是不可控制的，而若要使晶闸管关断，则必须去掉阳极所加的正向电压，或者给阳极施加反向电压，也可以设法使流过晶闸管的电流降低到接近于零的某一数值以下。因此，对晶闸管的驱动过程更多的是触发，产生注入门极的触发电流 $I_G$ 的电路称为门极触发电路。也正是由于通过其门极只能控制其导通，不能控制其关断，所以晶闸管才被称为半控型器件。

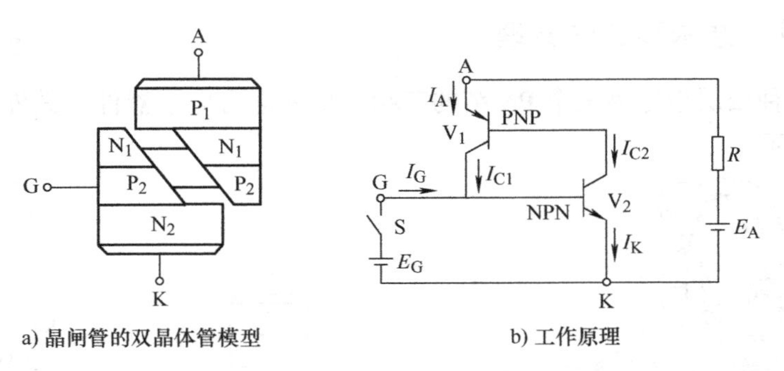


图 2-5　晶闸管的等效电路

设晶体管共基极电流放大倍数为 $\alpha$，按照晶体管的工作原理，可列出以下方程：

$$I_{C1}=\alpha_1 I_A+I_{CBO1} \tag{2-1}$$

$$I_{C2}=\alpha_2 I_K+I_{CBO2} \tag{2-2}$$

$$I_K=I_A+I_G \tag{2-3}$$

$$I_A = I_{C1} + I_{C2} \tag{2-4}$$

式中，$\alpha_1$和$\alpha_2$分别是晶体管$V_1$和$V_2$的共基极电流放大倍数；$I_{CBO1}$和$I_{CBO2}$分别是晶体管$V_1$和$V_2$的共基极漏电流。由式(2-1)~式(2-4)可得

$$I_A = \frac{\alpha_2 I_G + I_{CBO1} + I_{CBO2}}{1-(\alpha_1+\alpha_2)} \tag{2-5}$$

晶体管的特性是在低发射极电流下$\alpha$是很小的，而当发射极电流建立起来之后，$\alpha$迅速增大。因此，在晶体管阻断状态下，即$I_G=0$时，$\alpha_1+\alpha_2$是很小的。由式(2-5)可知，此时流过晶闸管的漏电流只是稍大于这两个晶体管漏电流之和。当门极有电流注入使各个晶体管的发射极电流增大以致$\alpha_1+\alpha_2$趋近于1时，流过晶闸管的阳极电流$I_A$趋近于无穷大，使得器件饱和导通。由于外电路负载的限制，$I_A$实际上会维持在某个有限值。

通过理论分析和实验验证表明：

1）只有晶闸管阳极和门极同时承受正向电压时，晶闸管才能导通，两者缺一不可。

2）晶闸管一旦导通后，门极将失去控制作用，门极电压对管子以后的导通与关断均不起作用，故门极控制电压只要是有一定宽度的正向脉冲电压即可，这个脉冲称为触发脉冲。

3）要使已导通的晶闸管关断，必须使阳极电流降低到某一个数值以下。这可通过增加负载电阻降低阳极电流，使其接近于零，也可以通过施加反向阳极电压来实现。

另外，晶闸管在以下几种情况下也可能被触发导通：阳极电压升高至相当高的数值造成雪崩效应；阳极电压上升率$du/dt$过高；结温较高；光直接照射硅片，即光触发。这些情况除了由于光触发可以保证控制电路与主电路之间的良好绝缘而应用于高压电力设备中之外，其他都因不易控制而难以应用于实践。只有门极触发是最精确、迅速而可靠的控制手段。光触发的晶闸管称为光控晶闸管（Light Triggered Thyristor，LTT），将在晶闸管的派生器件中简单介绍。

## 2.3.2 晶闸管的基本特性

### 1. 静态特性

静态特性又称为伏安特性，指的是器件端电压与电流的关系。下面介绍晶闸管阳极伏安特性和门极伏安特性。

（1）晶闸管的阳极伏安特性　晶闸管的阳极伏安特性曲线如图2-6所示。晶闸管阳极伏安特性分为两个区域。第Ⅰ象限为正向特性区，第Ⅲ象限为反向特性区。在正向特性区，当晶闸管两端加正向电压且门极加触发信号时，晶闸管导通。而当$I_G=0$时，晶闸管处于正向阻断状态，只有很小的正向漏电流流过。如果正向电压超过临界极限正向转折电压$U_{bo}$，则漏电流将急剧增大，器件由高阻线区经虚线负阻区到低阻区而导通。导通后的晶闸管特性与二极管正向特性相仿。随着门极电流的增大，正向转折电压降低。即使通过较大的阳极电流，晶闸管本身的压降也很小，在1V左右。导通期间，如果门极电流为零，并且阳极电流降至接近于零的某一数值$I_H$以下，则晶闸管又回到正向阻断状态，$I_H$称为维持电流。

当晶闸管承受反向阳极电压时，由于$J_1$和$J_3$两个PN结处于反向偏置，器件处于反向阻断状态，只流过一个很小的漏电流。随着反向电压的增加，反向漏电流略有增大。一旦阳极反向电压超过一定限度，到反向击穿电压后，外电路如无限制措施，则反向漏电流急剧增大，导致晶闸管发热造成永久性损坏。

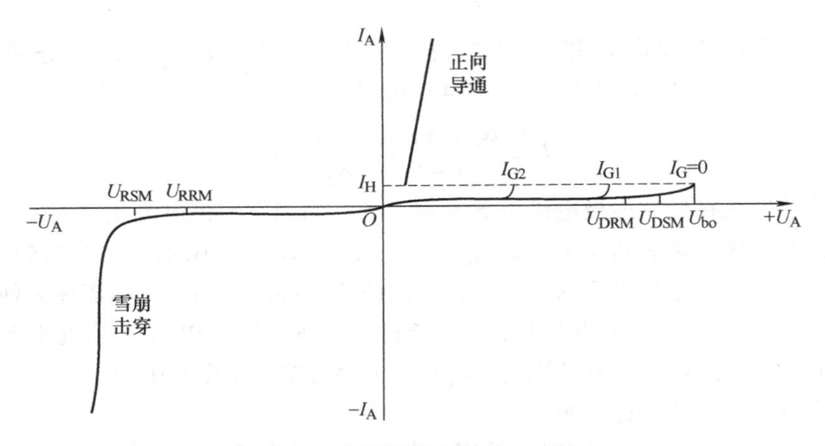


图 2-6　晶闸管的阳极伏安特性

（2）晶闸管的门极伏安特性　晶闸管的门极触发电流是从门极流入晶闸管，从阴极流出的。阴极是晶闸管主电路与控制电路的公共端。门极触发电流也往往是通过触发电路在门极和阴极之间施加触发电压而产生的。从晶闸管的结构图可以看出，门极和阴极之间存在一个 PN 结 $J_3$，其伏安特性称为门极伏安特性。门极伏安特性是指这个 PN 结上正向门极电压 $U_G$与门极电流 $I_G$间的关系。晶闸管门极伏安特性如图 2-7 所示。由于这个结的伏安特性有较大分散性，无法找到一条典型的代表曲线，只能用极限高阻门极特性和一条极限低阻门极特性之间的一个区域来代表所有器件的门极特性。在晶闸管的正常使用中，门极 PN 结不能承受过大的电压、过大的电流及过大的功率，这就是门极伏安特性区的上限，它分别用门极正向峰值电压 $U_{FGM}$、门极正向峰值电流 $I_{FGM}$、门极峰值功率 $P_{GM}$来表征。另外门极触发也有一个灵敏度问题，为了保证可靠、安全的触发，门极触发电路所提供的触发电压、触发电流和功率都应限制在晶闸管门极伏安特性曲线中的可靠触发区（为图中的 A－K－D－E－F－G－L－C－B－A 区域）内，其中，$U_{GT}$为门极触发电压，$I_{GT}$为门极触发电流。

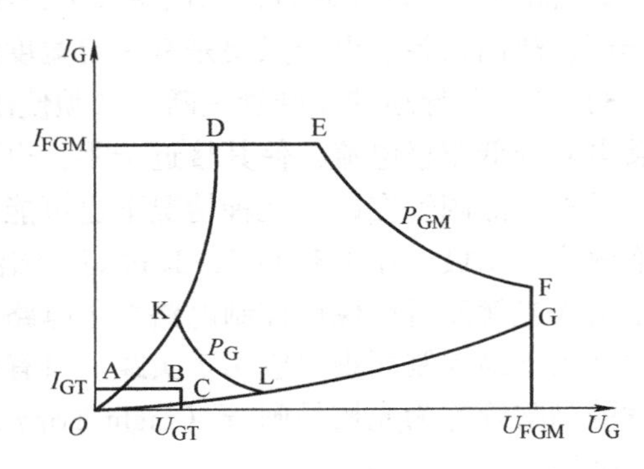


图 2-7　晶闸管门极伏安特性

**2. 晶闸管的动态特性**

在大多数电子电路分析中，都将晶闸管当作理想开关处理，而在实际运行时，器件导通及关断过程中，由于器件内部载流子的变化，器件的开与关都不是立即完成的，而是需要一定时间才能实现。器件上电压、电流随时间变化的关系称为动态特性。晶闸管突加电压或电流时的工作状态，往往直接影响电路的工作稳定性、可靠性及可运行性。特别是高频电力电子电路中更应该注意。晶闸管的动态特性如图 2-8 所示，图中给出了晶闸管导通和关断过程的波形。

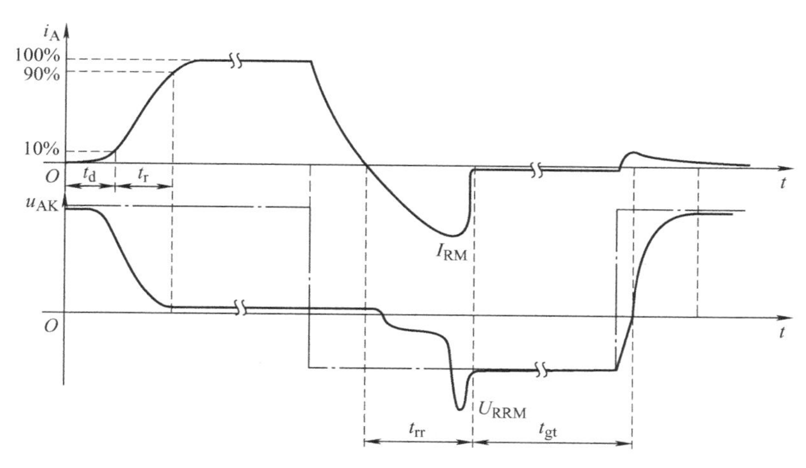


图 2-8 晶闸管的动态特性

（1）晶闸管的导通过程 晶闸管正常导通是通过门极，即在正向阳极电压的条件下，门极施加正向触发信号使晶闸管导通，使晶闸管由截止转变为导通的过程称为开通过程。如图 2-8 所示，描述的是使门极在坐标原点时刻开始受到理想阶跃电流触发的情况。在晶闸管处于正向阻断状态的情况下，突加门极触发信号，由于晶闸管内部正反馈过程及外电路电感的影响，晶闸管受触发后，阳极电流的增长需要一定的时间。从门极突加控制触发信号时刻开始，到阳极电流上升到稳定值的 10% 需要的时间，称为延迟时间 $t_d$；而阳极电流从 10% 上升到稳定值的 90% 所需要的时间，称为上升时间 $t_r$；延迟时间和上升时间之和，称为晶闸管的开通时间 $t_{gt}$，即

$$t_{gt} = t_d + t_r \tag{2-6}$$

普通晶闸管的延迟时间为 0.5 ~ 1.5μs，上升时间为 0.5 ~ 3μs，延迟时间随门极电流的增大而减小。上升时间除反映晶闸管本身特性外，还受到外电路电感的严重影响。延迟时间和上升时间还与阳极电压的大小有关，提高阳极电压能够显著缩短延迟时间和上升时间。

（2）晶闸管的关断过程 晶闸管的关断方式通常采用外加反电压的方法，反电压可利用电源、负载和辅助换流电路来提供。图 2-8 描述的是对已导通的晶闸管，外电路所加电压在某一时刻突然由正向变为反向（如图中点画线波形）的情况。原处于导通的晶闸管当外加电压突然由正向变为反向时，由于外电路电感的影响，其阳极电流衰减时必然也有一个过渡过程。阳极电流将逐步衰减到零，然后同电力二极管的关断动态过程类似，会流过反向恢复电流，经过最大值 $I_{RM}$后，再反向衰减。同样，由于外电路电感的影响，会在晶闸管两端产生反向峰值电压 $U_{RRM}$。最终反向恢复电流减至接近于零，晶闸管恢复对反向电压的阻断能力。从正向电流降到 0 开始，到晶闸管反向恢复电流减小至接近于 0 的时间，称为晶闸管的反向阻断恢复时间 $t_{rr}$。反向恢复过程结束后，由于载流子复合过程较慢，晶闸管要恢复到具有正向电压的阻断能力还需要一段时间，故这一时间称为正向阻断恢复时间 $t_{gr}$。在正向阻断恢复时间内，如果重新对晶闸管施加正向电压，则晶闸管会重新正向导通，而这种导通不是受门极控制信号控制导通的。所以实际应用中，晶闸管应当施加足够长时间的反向电压，使晶闸管充分恢复到对正向电压的阻断能力，电路才能可靠工作。晶闸管的电路换向关断时间为 $t_q$，它是 $t_{rr}$与 $t_{gr}$之和，即

$$t_q = t_{rr} + t_{gr} \tag{2-7}$$

普通晶闸管的关断时间约为几百微秒。

### 2.3.3 晶闸管的主要参数

要正确使用晶闸管，除了要了解晶闸管的静态、动态特性外，还必须定量地掌握晶闸管的一些主要参数。值得注意的是普通晶闸管在反向稳态下，一定是处于阻断状态的。而与电力二极管不同，晶闸管在正向电压工作时不但可能处于导通状态，也可能处于阻断状态。在提到晶闸管的参数时，断态和通态都是指正向的不同工作状态，因此“正向”二字可以省略。

**1. 晶闸管的电压参数**

（1）断态不重复峰值电压 $U_{DSM}$　断态不重复峰值电压是指晶闸管在门极开路时，施加于晶闸管的正向阳极电压上升到正向伏安特性曲线急剧拐弯处所对应的电压值，即断态最大瞬时电压。“不重复”表明这个电压不可长期重复施加。它是一个不能重复，且每次持续时间不大于 10ms 的断态最大脉冲电压（国标规定重复频率为 50Hz，每次持续时间不超过 10ms）。断态不重复峰值电压 $U_{DSM}$值应小于正向转折电压 $U_{bo}$，所留裕量大小由生产厂家自行规定。

（2）断态重复峰值电压 $U_{DRM}$　$U_{DRM}$是指晶闸管在门极开路而结温为额定值时，允许重复（每秒 50 次、每次持续时间不大于 10ms）加在晶闸管上的正向断态最大脉冲电压。规定断态重复峰值电压 $U_{DRM}$为断态不重复峰值电压 $U_{DSM}$的 90%。

（3）反向不重复峰值电压 $U_{RSM}$　$U_{RSM}$是指晶闸管门极开路，晶闸管承受反向电压时，对应于反向伏安特性曲线急剧拐弯处的反向峰值电压值，即反向最大瞬时电压。它是一个不能重复施加，且持续时间不大于 10ms 的反向脉冲电压。反向不重复峰值电压 $U_{RSM}$应小于反向击穿电压，所留裕量大小由生产厂家自行规定。

（4）反向重复峰值电压 $U_{RRM}$　晶闸管在门极开路而结温为额定值时，允许重复（每秒 50 次、每次持续时间不大于 10ms）加在晶闸管上的反向最大脉冲电压。规定反向重复峰值电压 $U_{RRM}$为反向不重复峰值电压 $U_{RSM}$的 90%。

（5）额定电压 $U_R$　通常取晶闸管的断态重复峰值电压 $U_{DRM}$和反向重复峰值电压 $U_{RRM}$两者中较小的标值作为器件的额定电压。

由于晶闸管在工作中可能会遇到一些意想不到的瞬时过电压，因此为了确保管子安全运行，在选用晶闸管时，应该使其额定电压为正常工作电压峰值 $U_M$ 的 2 ~ 3 倍，以作为安全裕量。

$$U_R = (2 \sim 3) U_M \tag{2-8}$$

晶闸管产品的额定电压不是任意的，而是有一定的规定等级。额定电压在 1000V 以下时，每 100V 是一个电压等级；在 1000 ~ 3000V 时，每 200V 为一个电压等级。

（6）通态峰值电压 $U_{TM}$　$U_{TM}$是指额定电流时管子导通的管压降峰值，一般为 1.5 ~ 2.5V，且随阳极电流的增加而略微增加。额定电流时的通态平均电压降一般为 1V 左右。

**2. 晶闸管的电流参数**

（1）通态平均电流 $I_{T(AV)}$　国标规定通态平均电流是晶闸管在环境温度为 40℃和规定

的散热冷却条件下，稳定结温不超过额定结温时所允许流过的最大工频正弦半波电流的平均值。将该电流按晶闸管标准电流系列取整数值，称为该晶闸管的通态平均电流，定义为晶闸管的额定电流。

与电力二极管的正向平均电流一样，这个参数是按照正向电流造成的器件本身的通态损耗的发热效应来定义的。因此在使用时同样应像电力二极管那样，按照实际波形的电流与晶闸管所允许的最大正弦半波电流所造成的发热效应相等（即有效值相等）的原则来选取晶闸管的此项电流定额，并应留一定的安全裕量（安全系数）。一般取其通态平均电流为按有效值相等的原则所得计算结果的1.5～2倍。

设单相工频半波电流峰值为$I_m$时的波形如图2-9所示。

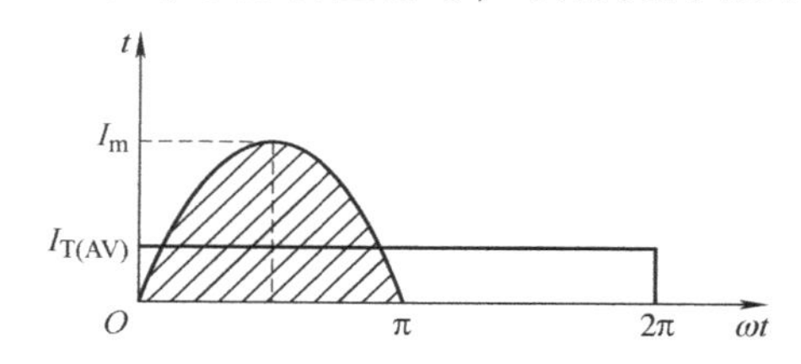

图2-9 晶闸管的通态平均电流

通态平均电流$I_{T(AV)}$（额定电流）为

$$I_{T(AV)} = \frac{1}{2\pi}\int_0^{\pi} I_m \sin\omega t \mathrm{d}(\omega t) = \frac{I_m}{\pi} \quad (2\text{-}9)$$

正弦半波电流有效值为

$$I = \sqrt{\frac{1}{2\pi}\int_0^{\pi} (I_m \sin\omega t)^2 \mathrm{d}(\omega t)} = \frac{I_m}{2} \quad (2\text{-}10)$$

晶闸管有效值与通态平均电流的比值$\frac{I}{I_{T(AV)}} = \frac{\pi}{2} = 1.57$，（正弦半波平均值与有效值之比为1∶1.57），即额定电流为100A的晶闸管，其允许通过的电流有效值为157A。

在实际电路中，由于晶闸管的热容量小，过载能力低，因此在实际选择时，一般取1.5～2倍的安全裕量。故已知电路中某晶闸管实际承担的某波形电流有效值为$I$，则按式(2-11)选择晶闸管的额定电流（通态平均电流）

$$I_{T(AV)} \geqslant \frac{(1.5 \sim 2)I}{1.57} \quad (2\text{-}11)$$

**例2.1** 在半波整流电路中，晶闸管从π/3时刻开始导通。负载电流平均值为40A，若取安全裕量为2，试选取晶闸管额定电流。

**解** 设负载电流峰值为$I_m$，则负载电流平均值与电流峰值的关系为

$$I_d = \frac{1}{2\pi}\int_{\frac{\pi}{3}}^{\pi} I_m \sin\omega t \mathrm{d}(\omega t) = \frac{3I_m}{4\pi} = 0.24I_m$$

故负载电流峰值为 $I_m = I_d/0.24 = 40\text{A}/0.24 = 167\text{A}$

流过晶闸管电流有效值为

$$I = \sqrt{\frac{1}{2\pi}\int_{\frac{\pi}{3}}^{\pi} I_m^2 \sin^2\omega t \mathrm{d}(\omega t)} = I_m\sqrt{\frac{1}{6} + \frac{\sqrt{3}}{16\pi}} = 0.46I_m = 76.8\text{A}$$

根据有效值相等原则，并考虑安全裕量2.0

$$2.0 \times I \leqslant 1.57 \times I_{T(AV)}$$

晶闸管额定电流为

$$I_{T(AV)} \geqslant 2.0 \times \frac{I}{1.57} = 2.0 \times \frac{76.8\text{A}}{1.57} = 97.9\text{A}$$

则可选取额定电流为150A或100A的晶闸管。

（2）维持电流 $I_H$　维持电流 $I_H$ 是指晶闸管维持导通所必需的最小电流，一般为几十到几百毫安。维持电流与结温有关，结温越高，维持电流越小，晶闸管越难关断。

（3）擎住电流 $I_L$　擎住电流 $I_L$ 是指晶闸管刚从阻断状态转化为导通状态并除掉门极触发信号时，能维持器件导通所需的最小电流。一般擎住电流比维持电流大2~4倍。

（4）浪涌电流 $I_{TSM}$　浪涌电流 $I_{TSM}$ 是指晶闸管在规定的极短时间内所允许通过的冲击性电流值，通常 $I_{TSM}$ 是额定电流的10~20倍。浪涌电流有上下两个级，这个参数可作为设计保护电路的依据。

**3. 其他参数**

（1）断态电压临界上升率 $du/dt$　断态电压临界上升率 $du/dt$ 是指在额定结温和门极开路条件下，不会导致晶闸管从断态到通态转换的外加电压最大上升率。如果在阻断的晶闸管两端所施加的电压具有正向的上升率，则在阻断状态下相当于一个电容的 $J_2$ 结会有充电电流流过，被称为位移电流。此电流流经 $J_3$ 结时，起到类似门极触发电流的作用。如果电压上升率过大，使充电电流足够大，就会使晶闸管误导通。使用中实际电压上升率必须低于此临界值。为了限制 $du/dt$ 上升率，可以在晶闸管阳极与阴极之间并联一个RC阻容缓冲电路，利用电容两端电压不能突变的特点来限制电压的上升率。

（2）通态电流临界上升率 $di/dt$　通态电流临界上升率 $di/dt$ 是指在规定的条件下，晶闸管由门极触发导通时，管子能承受而无有害影响的最大通态电流上升率。如果电流上升率过大，则晶闸管一导通，便会有很大的电流集中在门极附近的小区域内，从而造成局部过热而使晶闸管损坏。为了限制电路电流上升率，可在阳极主电路中串入一个小电感，用于限制 $di/dt$ 过大。

（3）门极触发电流 $I_{GT}$ 和门极触发电压 $U_{GT}$　门极触发电流 $I_{GT}$ 是指在室温下，晶闸管阳极施加6V正向电压时，器件从断态到完全导通所必需的最小门极电流。门极触发电压 $U_{GT}$ 是指产生 $I_{GT}$ 所需的门极电压值。门极PN结特性的分散性大，即使同一型号的晶闸管所需的 $I_{GT}$、$U_{GT}$ 相差都可能很大，此外环境和器件工作温度也会影响触发特性，温度高时 $I_{GT}$ 和 $U_{GT}$ 会明显降低，温度低时 $I_{GT}$ 和 $U_{GT}$ 也会有所增加。为了保证触发电路对同一型号晶闸管在不同环境温度时都能正常触发，要求触发电路提供的触发电流、触发电压值，适当大于标准规定的 $I_{GT}$ 和 $U_{GT}$ 上限值，但不能超过门极所规定的各种参数的极限峰值。

晶闸管除上述介绍的参数之外，还有开通时间和关断时间等参数。

### 2.3.4　晶闸管的派生器件

**1. 快速晶闸管**

快速晶闸管（Fast Switching Thyristor，FST）包括所有专为快速应用而设计的晶闸管，有常规的快速晶闸管和工作在更高频率的高频晶闸管，可分别应用在400Hz和10kHz以上的斩波或逆变电路中。由于对普通晶闸管的管芯结构和制造工艺进行了改进，快速晶闸管的开关时间以及 $du/dt$ 和 $di/dt$ 的耐受量都有了明显改善。从关断时间来看，普通晶闸管一般为数百微秒，快速晶闸管为数十微秒，而高频晶闸管则为10μs左右。与普通晶闸管相比，高频晶闸管的不足在于其电压和电流定额都不易做高。由于工作频率较高，故选择快速晶闸管和高频晶闸管的通态平均电流时不能忽略其开关损耗的发热效应。

**2. 逆导晶闸管**

逆导晶闸管（Reverse Conducting Thyristor，RCT）是将晶闸管反并联一个二极管集成在一个管芯上的集成器件，其电气符号和伏安特性如图 2-10 所示。由伏安特性明显看出，当逆导晶闸管阳极承受正向电压时，其伏安特性与普通晶闸管相同，即工作在第Ⅰ象限；当逆导晶闸管阳极承受反向电压时，由于反并联二极管的作用反向导通，呈现出二极管的低阻特性，因此器件工作在第Ⅲ象限。由于逆导晶闸管具有上述伏安特性，故特别适用于有能量反馈的逆变器和斩波器电路，使得变流装置体积小、重量轻、成本低，特别是因此简化了接线，消除了大功率二极管的配线电感，使晶闸管承受反向电压时间增加，有利于快速换流，从而提高装置的工作频率。

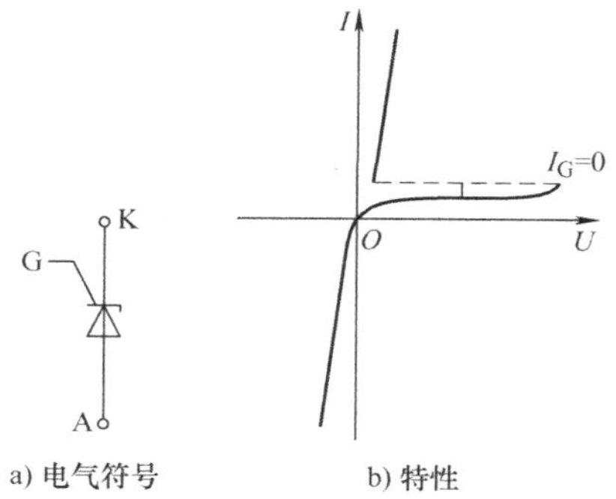

a) 电气符号　　b) 特性

图 2-10　逆导晶闸管的电气符号和伏安特性

**3. 双向晶闸管**

双向晶闸管（Triode AC semiconductor switch，TRIAC 或 Bi-Directional triode thyristor）是一个具有 NPNPN 五层结构的三端器件，有两个主电极 $T_1$ 和 $T_2$，一个门极 G。它在正、反两个方向的电压下均能用一个门极控制导通。因此，双向晶闸管在结构上可看成是一对普通晶闸管的反并联，其电气符号和伏安特性如图 2-11 所示。由伏安特性曲线可以看出，双向晶闸管反映出两个晶闸管反并联的效果。第Ⅰ和第Ⅲ象限具有对称的阳极特性。双向晶闸管在交流调压电路、固态继电器和交流电动机调速等领域应用较多。由于其通常用在交流电路中，因此不是用平均值而是用有效值表示其额定电流。这一点需与普通晶闸管的额定电流加以区别。在交流电路中，双向晶闸管承受正、反两个方向的电流和电压。在换向过程中，由于各半导体层内的载流子重新运动，可能造成换流失败。为了保证正常换流能力，必须限制换流电流和电压的变化率在规定的数值范围内。

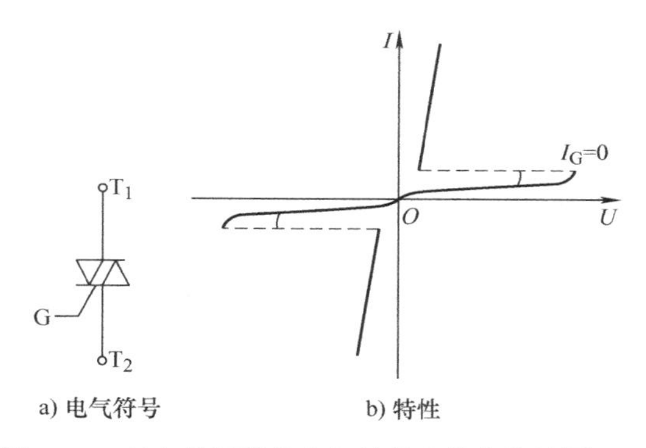


图 2-11　双向晶闸管的电气符号和伏安特性图

**4. 光控晶闸管**

光控晶闸管（Light Triggered Thyristor，LIT）又称为光触发晶闸管，是采用一定波长的光信号触发其导通的器件，其电气符号和伏安特性如图 2-12所示。小功率光控晶闸管只有阳极和阴极

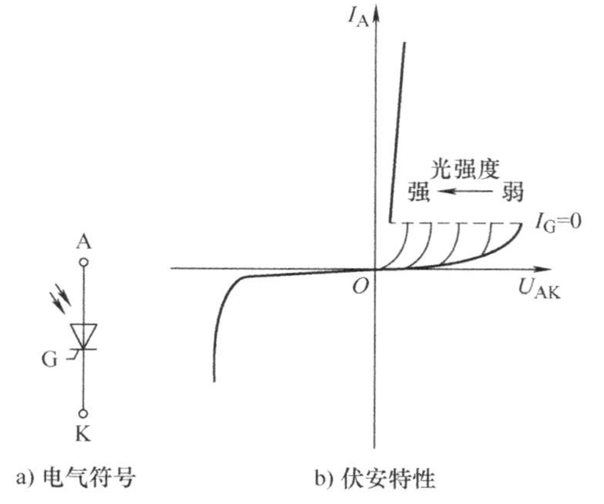


图 2-12　光控晶闸管符号、伏安特性

两个端子，大功率光控晶闸管则带有光缆，光缆上装有作为触发光源的发光二极管或半导体激光器。由于采用光触发，从而确保了主电路与控制电路之间的绝缘，同时可以避免电磁干扰，因此绝缘性能好且工作可靠。光控晶闸管在高压大功率的场合占据重要位置，例如高压输电系统和高压核聚变等装置中，均有光控晶闸管的应用。

## 2.4 门极关断晶闸管

门极关断晶闸管简称为 GTO（Gate-Turn-Off）晶闸管，严格地讲也是晶闸管的一种派生器件，但通过在门极施加足够大的负的脉冲电流可以使其关断，因而属于全控型器件。它的开关性能虽然比绝缘栅双极型晶体管、电力场效应晶体管差，但其具有一般晶闸管的耐高压、电流容量大以及承受浪涌能力强的优点。因此，GTO 晶闸管成为大、中容量变流装置中的一种主要开关器件。

### 2.4.1 GTO 晶闸管的结构和工作原理

GTO 晶闸管和普通晶闸管一样，是 PNPN 四层半导体结构，外部也是引出阳极、阴极和门极。但内部和普通晶闸管有着本质的区别，GTO 晶闸管内部包含数十个甚至数百个共阳极的小 GTO 晶闸管单元，这些小 GTO 晶闸管单元的阴极和门极则在器件内部并联在一起，这种特殊结构是为了便于实现门极控制关断而设计的，所以 GTO 晶闸管是一种多单元的功率集成器件。图 2-13a 和 b 分别给出了典型的 GTO 晶闸管各单元阴极、门极间隔排列的图形和其并联单元结构的断面示意图，图 2-13c 是 GTO 晶闸管的电气图形符号。

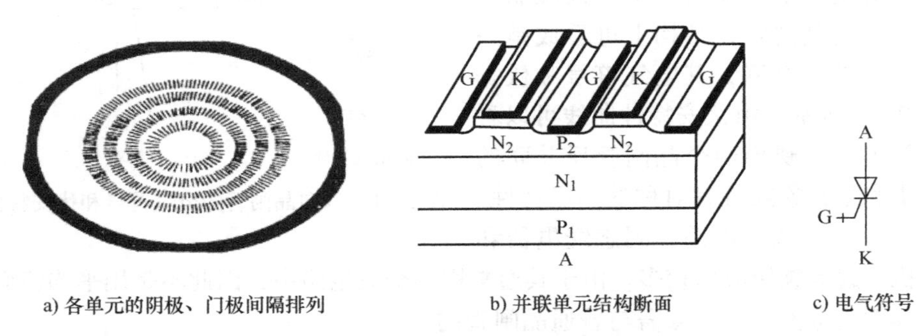


a) 各单元的阴极、门极间隔排列　　b) 并联单元结构断面　　c) 电气符号

图 2-13　GTO 晶闸管的内部结构和电气符号

与普通晶闸管一样，GTO 晶闸管的工作原理仍然可以用如图 2-5 所示的双晶体管模型来分析。当 GTO 晶闸管阳极加正向电压时，门极加正向触发信号，管子导通，导通过程与普通晶闸管的正反馈过程相同。GTO 晶闸管与普通晶闸管不同的是：①在设计器件时使得 $\alpha_2$ 较大，这样晶体管 $V_2$ 控制灵敏，使得 GTO 晶闸管易于关断。②GTO 晶闸管导通时的 $\alpha_1+\alpha_2$ 更接近于1，这样使 GTO 晶闸管导通时饱和程度不深，更接近于临界饱和，从而为门极控制关断提供了有利条件。当然，负面的影响是导通时管压降增大了。③多单元集成结构使每个 GTO 晶闸管元阴极面积很小，门极和阴极间的距离大为缩短，使得 $P_2$ 基区所谓的横向电阻很小，从而使从门极抽出较大的电流成为可能。

所以，GTO 晶闸管的导通过程与普通晶闸管是一样的，有同样的正反馈过程，只不过导通时饱和程度较浅。而 GTO 晶闸管关断时，在门极加反向电流信号，管中的 $I_{C1}$ 电流由门极抽出，此时 $V_2$ 晶体管的基极电流减少，使 $I_{C2}$ 也减少，于是 $I_{C1}$ 进一步减少，如此也形成强烈的正反馈，最后导致其阳极电流消失而关断。普通晶闸管之所以不能自关断，是因为不能从远离门极的阴极区域内抽出足够大的门极电流。

GTO 晶闸管的多单元集成结构除了对关断有利外，也使得其比普通晶闸管导通更快，承受 d$i$/d$t$ 的能力更强。

## 2.4.2 GTO 晶闸管的基本特性

GTO 晶闸管的阳极伏安特性与普通晶闸管的阳极伏安特性相似，而门极伏安特性则有很大区别。GTO 晶闸管的门极伏安特性如图 2-14 所示。

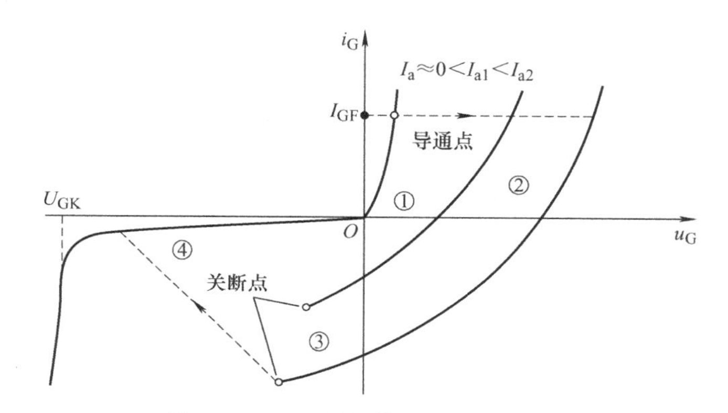


图 2-14 GTO 晶闸管的门极伏安特性

GTO 晶闸管在阻断情况下，逐渐增加门极正向电压，门极电流随着增加，如曲线①段所示。当门极电流增大到导通门极电流 $I_{GF}$ 时，因阳极电流的出现，门极电压突增，特性由曲线①段跳到曲线②段，管子导通。导通时门极电压跳变大小与阳极电流大小有关，电流越大电压增幅越大。

在导通的情况下，欲关断晶闸管，可给门极加反向电压。此时，门极特性的工作点可按不同的阳极特性曲线，从第Ⅰ象限经第Ⅳ象限到达第Ⅲ象限。当门极反向电流达到一定值时，晶闸管关断。在关断点上，门极特性再次发生由曲线③段到④段的跃变。此时门极电压增加，门极电流下降。在完全阻断时，门极工作在反向特性曲线④上。由门极伏安特性可以看出，GTO 晶闸管的阳极电流越大，关断时所需门极的触发脉冲电流越大。

讨论 GTO 晶闸管的动态特性，就是分析器件在通、断两种状态之间转换的过程。GTO 晶闸管导通和关断过程中，门极电流和阳极电流波形如图 2-15 所示。

GTO 晶闸管导通时与普通晶闸管类似，在阳极加正电压，门极加正触发信号，当阳极电流大于擎住电流后完全导通。导通时间包括延迟时间 $t_d$ 和上升时间 $t_r$。导通损耗主要取决于上升时间，为了减少损耗应采用强触发控制。

关断过程有所不同，需要经历抽取饱和导通时储存的大量载流子的时间，即储存时间 $t_s$，从而使等效晶体管退出饱和状态；然后则是等效晶体管从饱和区退至放大区，阳极电流逐渐减小时间，即下降时间 $t_f$；最后还有残存载流子复合所需时间，即尾部时间 $t_t$。

通常，$t_f$ 比 $t_s$ 短得多，而 $t_t$ 比 $t_s$ 要长，门极负脉冲电流幅值越大，前沿越陡，抽走储存载流子的速度越快，$t_s$ 就越短。使门极负脉冲的后沿缓慢衰减，在 $t_t$ 阶段仍能保持适当的负

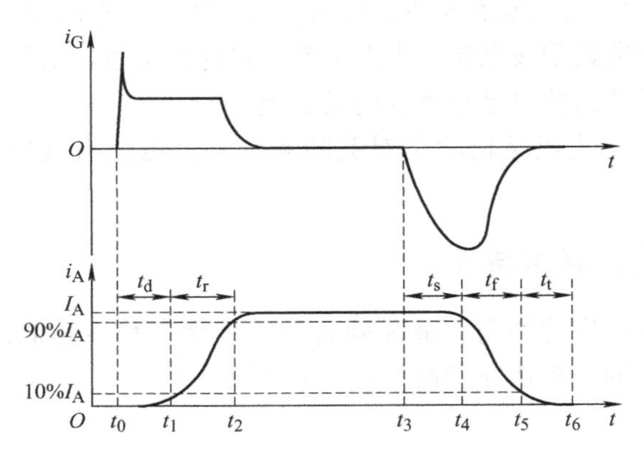


图2-15　GTO 晶闸管的开通和关断过程中门极电流和阳极电流波形

电压，从而缩短尾部时间。

### 2.4.3　GTO 晶闸管的主要参数

GTO 晶闸管的许多参数与普通晶闸管对应的参数意义相同。在此仅介绍意义不同的参数。

**1. 最大关断阳极电流 $I_{ATO}$**

最大关断阳极电流 $I_{ATO}$ 是表示 GTO 晶闸管额定电流大小的参数。这一点与普通晶闸管用通态平均电流作为额定电流是不同的。在实际应用中，$I_{ATO}$ 随着工作频率、阳极电压、阳极电压上升率、结温、门极电流波形和电路参数的变化而变化。

**2. 电流关断增益 $\beta_{off}$**

电流关断增益 $\beta_{off}$ 是指最大可关断阳极电流 $I_{ATO}$ 与门极负脉冲电流 $I_{GM}$ 最大值之比。它是表征 GTO 晶闸管关断能力大小的重要参数。$\beta_{off}$ 一般很小，数值为 3 ~ 5，因此关断 GTO 晶闸管时，需要门极负脉冲电流值很大，这是它的主要缺点。例如，一个 1000A 的 GTO 晶闸管，关断时门极负脉冲电流的峰值达 200A，这是一个相当大的数值。

另外需要指出的是，不少 GTO 晶闸管都制造成逆导型，类似于逆导晶闸管。当需要承受反向电压时，应与电力二极管串联使用。

## 2.5　电力晶体管

电力晶体管按英文直译为巨型晶体管（Giant Transistor，GTR），是一种耐高电压、大电流的双极结型晶体管（Bipolar Junction Transistor，BJT），所以英文有时候也称为 Power BJT。在电力电子技术的范围内，GTR 与 BJT 这两个名称是等效的。它与晶闸管不同，具有线性放大特性，但在电力电子应用中却工作在开关状态，从而减小功耗。GTR 可通过基极控制其开通和关断，是典型的自关断器件。

### 2.5.1　GTR 的结构和工作原理

GTR 与普通的双极结型晶体管基本原理是一样的。但是对 GTR 来说，最主要的特性是耐压高、电流大、开关特性好，而不像小功率的用于信息处理的双极结型晶体管那样注重单管电流放大系数、线性度、频率响应以及噪声和温漂等性能参数。因此，GTR 通常采用至少由两个晶体管按达林顿接法组成的单元结构，同 GTO 晶闸管一样采用集成电路工艺将许多这种单元并联而成。单管的 GTR 结构与普通的双极结型晶体管是类似的。GTR 是由三层半导体（分别引出集电极、基极和发射极）形成的两个 PN 结（集电结和发射结）构成的，有 PNP 和 NPN 这两种类型，但 GTR 多采用 NPN 型。GTR 的结构、电气符号和基本工作原理如图 2-16 所示。图 2-16a 和 b 分别给出了 NPN 型 GTR 的内部结构断面示意图和电气图形符号。注意，表示半导体类型字母的右上角标“+”表示高掺杂浓度，“-”表示低掺杂浓度。

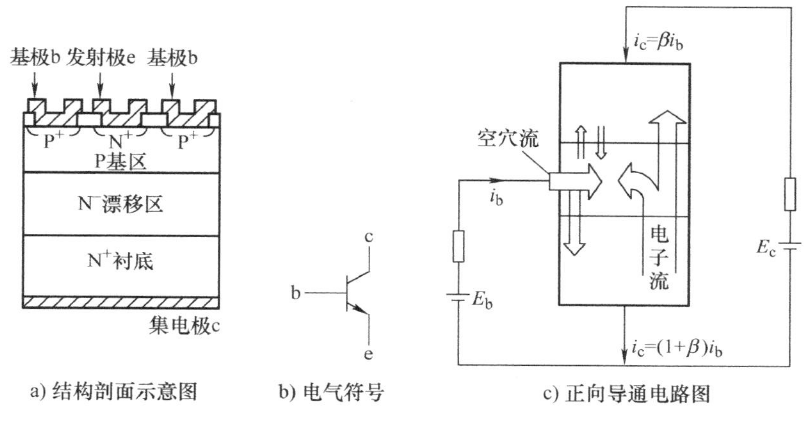


图 2-16 GTR 内部结构、电气符号和基本原理

从图中可以看出，与信息电子电路中的普通双极结型晶体管相比，GTR 多了一个 $N^-$ 漂移区（低掺杂 N 区），是用来承受高电压的。而且，GTR 导通时也是靠从 P 区向 $N^-$ 漂移区注入大量的少子形成的电导调制效应来减小通态电压和损耗的。

在应用中，GTR 一般采用共发射极接法，如图 2-16c 所示，图中给出了在此接法下 GTR 内部主要载流子流动情况。集电极电流 $i_c$ 与基极电流 $i_b$ 的比值为

$$\beta = \frac{i_c}{i_b} \tag{2-12}$$

式中，$\beta$ 称为 GTR 的电流放大系数，它反映出基极电流对集电极电流的控制能力。单管 GTR 的电流放大系数比处理信息用的小功率晶体管小得多，通常为 10 左右。采用达林顿接法可以有效地增大电流增益。

在考虑集电极和发射极之间的漏电流 $I_{ceo}$ 时，有

$$i_c = \beta i_b + I_{ceo} \tag{2-13}$$

## 2.5.2 GTR 的基本特性

### 1. 静态特性

静态特性可分为输入特性和输出特性。在此仅介绍 GTR 在共射极接法时的输出特性。GTR 共射极接法时的输出特性曲线如图 2-17 所示。由图明显看出，静态特性分为三个区域，

即人们所熟悉的截止区、放大区及饱和区。GTR 在电力电子电路中，需要工作在开关状态，因此它是在饱和区和截止区之间交替工作的。但在开关过程中，即在截止区和饱和区之间过渡时，一般要经过放大区。

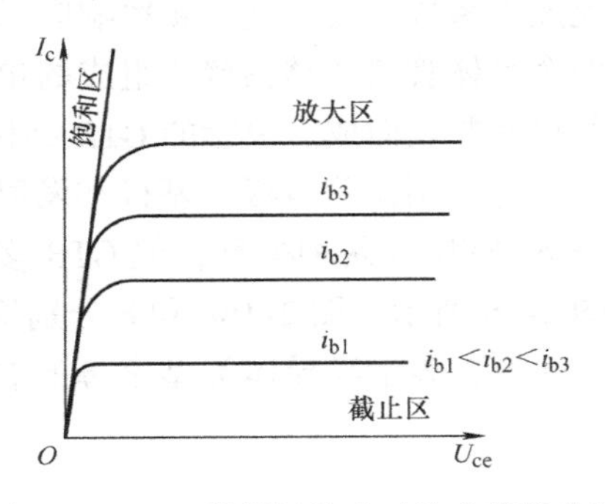


图 2-17　GTR 共射极接法时输出特性曲线

**2. 动态特性**

GTR 是用基极电流控制集电极电流的，器件开关过程的瞬态变化反映出其动态特性。GTR 的动态特性曲线如图 2-18 所示，图中给出了 GTR 开通和关断过程中基极电流和集电极电流波形的变化关系。

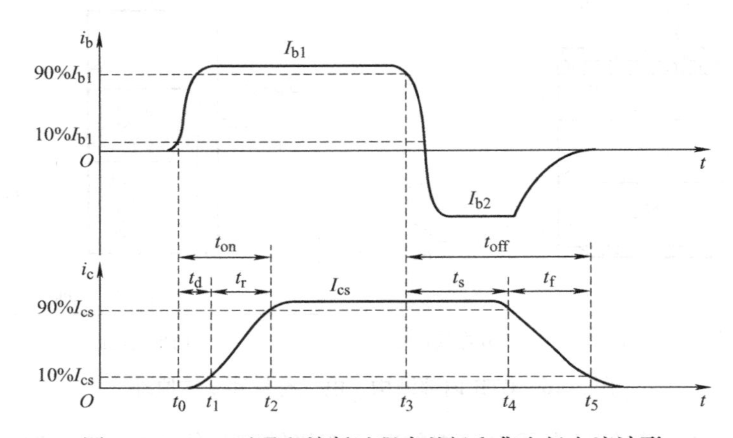


图 2-18　GTR 开通和关断过程中基极和集电极电流波形

与 GTO 晶闸管类似，GTR 导通时需要经过延迟时间 $t_d$ 和上升时间 $t_r$，二者之和为导通时间 $t_{on}$；关断时需要经过储存时间 $t_s$ 和下降时间 $t_f$，二者之和为关断时间 $t_{off}$。延迟时间主要是由发射结势垒电容和集电结势垒电容充电产生的。增大基极驱动电流 $i_b$ 的幅值并增大 $di_b/dt$，可以缩短延迟时间，同时也可以缩短上升时间，从而加快导通过程。储存时间是用来除去饱和导通时储存在基区的载流子的，是关断时间的主要部分。减小导通时的饱和深度以减小储存的载流子，或者增大基极抽取负电流的幅值和负偏压，可以缩短储存时间，从而加快关断速度。当然，减小导通时的饱和深度的负面作用是会使集电极和发射极间的饱和导通压降增加，从而增大通态损耗，这是相互矛盾的。

GTR 的开关时间在几微秒以内，比晶闸管短很多，也短于 GTO 晶闸管。

### 2.5.3　GTR 的主要参数

除了信息电子技术中经常涉及和前述提及的一些参数，如电流放大倍数 $\beta$、直流电流增益 $h_{FE}$、集电极与发射极间漏电流 $I_{ceo}$、导通时间 $t_{on}$、关断时间 $t_{off}$、最高结温以外，人们对 GTR 主要关心的还包括以下参数。

**1. 最高工作电压 $U_{CEM}$**

GTR 上所加的电压超过规定值时，就会发生击穿。击穿电压值不仅因器件不同而不同，而且会因外电路接法不同而不同。击穿电压有：①$BU_{CBO}$为发射极开路时，集电极-基极的击穿电压；②$BU_{CEX}$为基极-发射极施加反偏压时，集电极-发射极的击穿电压；③$BU_{CES}$为基极-射极短路时，集电极-发射极的击穿电压；④$BU_{CER}$为基极-发射极间并联电阻时，基极-发射极的击穿电压，并联电阻越小，其值越高；⑤$BU_{CEO}$为基极开路时，集电极-发射极的击穿电压。各种不同接法时的击穿电压的关系如下：

$$BU_{CBO} > BU_{CEX} > BU_{CES} > BU_{CER} > BU_{CEO}$$

实际使用 GTR 时，为了保证器件工作安全，最高工作电压应比最小击穿电压$BU_{CEO}$低得多。

**2. 饱和压降 $U_{CES}$**

GTR 处于深饱和区的集电极与发射极之间的电压称为饱和压降，在大功率应用中它是一项重要指标，因为它关系到器件导通的功率损耗。单个 GTR 的饱和压降一般不超过 1 ~ 1.5V，它随集电极电流的增加而增大。

**3. 集电极连续直流电流额定值 $I_C$**

集电极连续直流电流额定值是指只要保证结温不超过允许的最高结温，晶体管允许连续通过的直流电流值。

**4. 集电极最大允许电流 $I_{CM}$**

集电极最大允许电流$I_{CM}$是指在最高允许结温下，不造成器件损坏的最大电流。超过该额定值必将导致晶体管内部结构的烧毁。通常规定电流放大倍数$\beta$下降到规定值的1/2 ~ 1/3时，所对应的$I_C$为集电极最大允许电流。实际使用时要留有较大裕量，只能用到$I_{CM}$的一半或稍多一点。

**5. 基极电流最大允许值 $I_{BM}$**

基极电流最大允许值比集电极最大电流额定值要小得多，通常$I_{BM} = (1/10 \sim 1/2) I_{CM}$，而基极发射极间的最大电压额定值通常也只有几伏。

**6. 最大耗散功率 $P_{CM}$**

最大耗散功率是指 GTR 在最高允许结温时，所对应的耗散功率。它受结温限制，其大小主要由集电结工作电压和集电极电流的乘积决定。一般是在环境温度为 25℃时测定，如果环境温度高于 25℃，允许的$P_{CM}$值应当减小。由于这部分功耗全部变成热量使器件结温升高，因此散热条件对 GTR 的安全可靠十分重要，如果散热条件不好，则器件就会因温度过高而烧毁；相反，如果散热条件越好，则在给定的范围内允许的功耗也越高。产品说明书中在给出$P_{CM}$时总是同时给出壳温$T_c$，间接表明了最高工作温度。

**7. 二次击穿现象**

当 GTR 的集电极电压升高至前面所述的击穿电压时，集电极电流迅速增大，这种首先出现的击穿是雪崩击穿，称为一次击穿。出现一次击穿后，只要$I_C$不超过与最大允许耗散功率相对应的限度，GTR 一般不会损坏，工作特性也不会有什么变化。但是实际应用中常常发现一次击穿发生时若不有效地限制电流，则$I_C$增大到某个临界点后集电极电流急剧增加，同时伴随着电压的陡然下降，这种现象称为二次击穿。二次击穿常常立即导致器件的永久损坏，或者工作特性明显衰变，因而对 GTR 危害极大。二次击穿是 GTR 突然损坏的主要原因之一，成为影响其是否安全可靠使用的一个重要因素。

**8. 安全工作区**

将不同基极电流下二次击穿的临界点连接起来，就构成了二次击穿临界线，临界线上的点反映了二次击穿功率 $P_{SB}$。这样，GTR 工作时不仅不能超过最高电压 $U_{CEM}$、集电极最大电流 $I_{CM}$和最大耗散功率 $P_{CM}$，也不能超过二次击穿临界线。这些限制条件就规定了 GTR 的安全工作区（Safe Operating Area，SOA），如图 2-19 的阴影部分所示。安全工作区是在一定的温度下得出的，例如环境温度 25℃或管子壳温 75℃等。使用时，如果超出上述指定的温度值，则允许功耗和二次击穿耐能都必须降低额定使用。

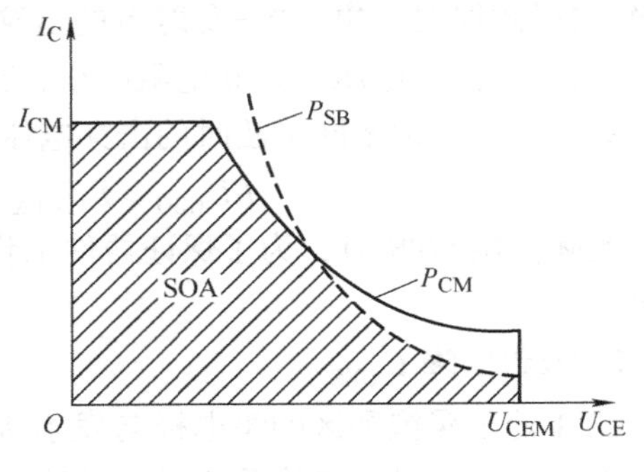


图 2-19　GTR 的安全工作区

### 2.5.4　GTR 的类型

目前常用的 GTR 有单管、达林顿管和 GTR 模块这三种类型。

**1. 单管 GTR**

NPN 三重扩散台面型结构是单管 GTR 的典型结构，这种结构可靠性高，能改善器件的二次击穿特性，易于提高耐压能力，并易于散出内部热量。单管 GTR 的电流放大系数很小，通常为 10 左右。

**2. 达林顿 GTR**

达林顿结构的 GTR 是由两个或多个晶体管复合而成，可以是 PNP 型也可以是 NPN 型，其性质取决于驱动管，它与普通复合晶体管相似。达林顿结构的 GTR 电流放大倍数很大，可以达到几十至几千倍。虽然达林顿结构大大提高了电流放大倍数，但其饱和管压降却增加了，增大了导通损耗，同时降低了管子的工作速度。

**3. GTR 模块**

它是将 GTR 管芯根据不同的用途将几个单元电路集成在同一硅片上，这样大大提高了器件的集成度、工作的可靠性和性价比，同时也实现了小型轻量化。目前生产的 GTR 模块，可将多达六个相互绝缘的单元电路制在同一个模块内，便于组成三相桥电路。

## 2.6　电力场效应晶体管

与小功率的用于信息处理的场效应晶体管（Field Effect Transistor，FET）分为结型和绝缘栅型一样，电力场效应晶体管也有这两种类型，但通常主要指绝缘栅型中的 MOS 型，简称电力 MOSFET（Power MOSFET ），或者更精练地简称 MOS 管或 MOS。至于结型电力场效应晶体管则一般称作静电感应晶体管（Static Induction Transistor，SIT）。这里主要讲述电力 MOSFET。

电力 MOSFET 是用栅极电压来控制漏极电流的，因此它的第一个显著特点是驱动电路简单，需要的驱动功率小；第二个显著特点是开关速度快、工作频率高。另外，电力 MOSFET 的热稳定性优于 GTR。但是电力 MOSFET 电流容量小，耐压低，一般适用于小功率电力电子装置。

### 2.6.1 电力 MOSFET 的结构和工作原理

电力场效应晶体管种类和结构有许多种，按导电沟道可分为 P 沟道和 N 沟道，按导电沟道产生过程又有耗尽型和增强型之分，当栅极电压为零时，漏源极之间就存在导电沟道的称为耗尽型；对于 N(P) 沟道器件，栅极电压大于（小于）零时才存在导电沟道的称为增强型。在电力电子装置中，主要应用 N 沟道增强型。

电力场效应晶体管导电机理与小功率绝缘栅 MOSFET 相同，但结构有很大区别。小功率绝缘栅 MOSFET 是一次扩散形成的器件，导电沟道平行于芯片表面，横向导电。电力场效应晶体管大多采用垂直导电结构，提高了器件的耐电压和耐电流的能力。按垂直导电结构的不同，又可分为 V 形槽 VVMOSFET 和双扩散 VDMOSFET。这里主要以 N 沟道增强型 VDMOS器件为例进行讨论。

电力场效应晶体管也是采用多单元集成结构，一个器件由成千上万个小的 MOSFET 组成。N 沟道增强型双扩散电力场效应晶体管一个单元的剖面图如图 2-20a 所示。电力 MOSFET 的电气符号如图 2-20b 所示。

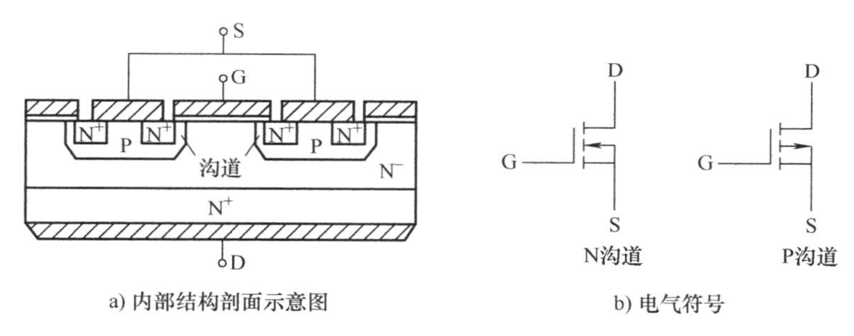


a) 内部结构剖面示意图　　b) 电气符号

图 2-20　电力 MOSFET 的结构和电气符号

电力场效应晶体管有三个端子，即漏极 D、源极 S 和栅极 G。当漏极接电源正，源极接电源负时，栅极和源极之间电压为 0，沟道不导电，管子处于截止状态。如果在栅极和源极之间加一正向电压 $U_{GS}$，并且使 $U_{GS}$大于或等于管子的开启电压 $U_T$，则管子导通，在漏、源极间流过电流 $I_D$。$U_{GS}$超过 $U_T$越大，导电能力越强，漏极电流越大。

同其他电力半导体器件与对应的信息电子器件的关系一样，与信息电子电路中的 MOSFET 相比，电力 MOSFET 多了一个 $N^-$漂移区（低掺杂 N 区），这是用来承受高电压的。不过，电力 MOSFET 是多子导电器件，栅极和 P 区之间是绝缘的，无法像电力二极管和 GTR 那样在导通时靠从 P 区向 $N^-$漂移区注入大量的少子形成电导调制效应来减小通态电压和损耗。因此电力 MOSFET 虽然可以通过增加 $N^-$漂移区的厚度来提高承受电压的能力，但是由此带来的通态电阻增大和损耗增加也是非常明显的。所以目前一般电力 MOSFET 产品设计的耐压能力都在 1000V 以下。

### 2.6.2 电力 MOSFET 的基本特性

#### 1. 静态特性

电力 MOSFET 静态特性主要指输出特性和转移特性。

（1）转移特性　电力 MOSFET 的转移特性表示漏极电流 $I_D$与栅源之间电压 $U_{GS}$的关系，

它反映了输入电压和输出电流的关系，如图2-21a所示。图中$U_T$为开启电压，只有当$U_{GS}$大于$U_T$时才会出现导电沟道，产生漏极电流$I_D$。$I_D$较大时，$I_D$与$U_{GS}$的关系近似线性。转移特性可表示出器件的放大能力，并且是与GTR中的电流增益$\beta$相似。由于电力MOSFET是压控器件，因此用跨导这一参数来表示，跨导定义为

$$g_m = \Delta I_D / \Delta U_{GS} \tag{2-14}$$

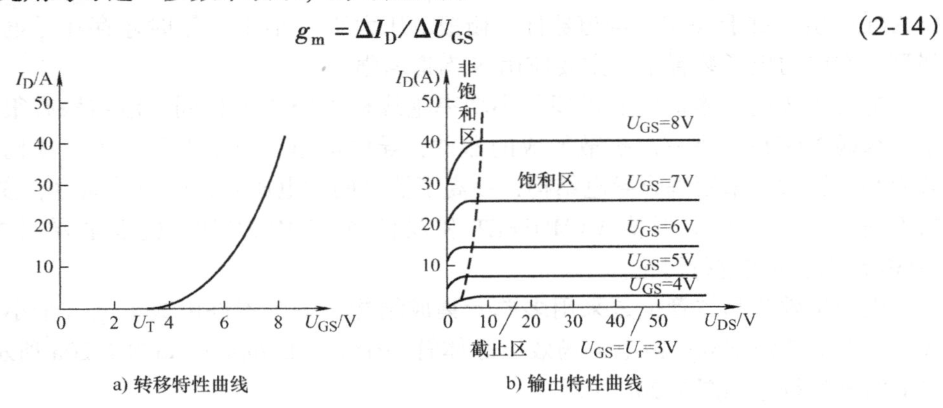


图2-21　电力MOSFET静态特性曲线

（2）输出特性　输出特性即为漏极的伏安特性，特性曲线如图2-21b所示。由图可见，输出特性分为截止、饱和与非饱和三个区域。这里饱和、非饱和的概念与GTR不同。饱和是指漏极电流$I_D$不随漏源电压$U_{DS}$的增加而增加，也就是基本保持不变；非饱和是指在$U_{GS}$一定时，漏源电压$U_{DS}$增加时，漏极电流$I_D$随$U_{DS}$也相应增加。电力MOSFET工作在开关状态，即在截止区和非饱和区之间来回转换。

**2. 动态特性**

动态特性主要描述输入量与输出量之间的时间关系，它影响器件的开关过程。电力MOSFET的动态特性如图2-22所示，其中图2-22a所示为测试电路，图中，$u_p$为矩形脉冲电压信号源；$R_S$为信号源内阻；$R_G$为栅极电阻；$R_L$为漏极负载电阻；$R_F$用来检测漏极电流；图2-22b所示为开关过程波形。

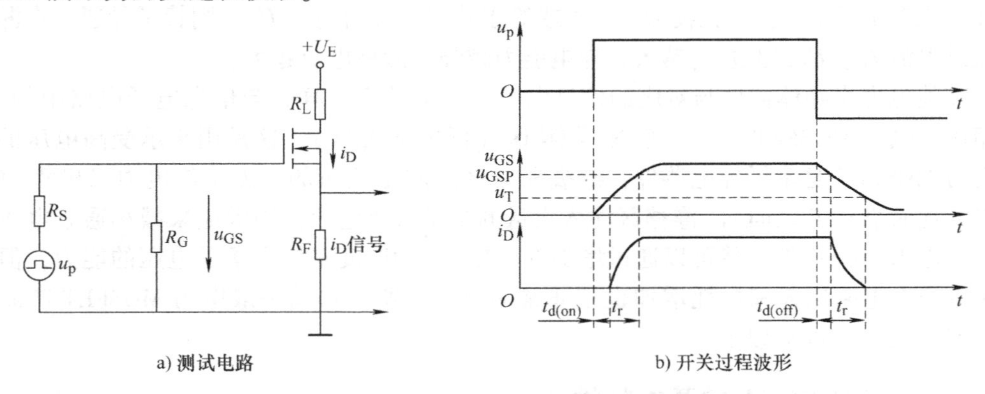


图2-22　MOSFET的动态特性

（1）电力MOSFET的导通过程　由于电力MOSFET有输入电容，因此当脉冲电压$u_p$的上升沿到来时，输入电容有一个充电过程，栅极电压$u_{GS}$按指数曲线上升。当$u_{GS}$上升到开启电压$U_T$时，开始形成导电沟道并出现漏极电流$i_D$。从$u_p$前沿时刻到$u_{GS}=U_T$，且开始出

现 $I_D$的时刻，这段时间称为导通延时时间 $t_{d(on)}$。此后，$i_D$随 $u_{GS}$的上升而上升，$u_{GS}$从开启电压 $U_T$上升到电力 MOSFET 临近饱和区的栅极电压 $u_{GSP}$这段时间，称为上升时间 $t_r$。这样电力 MOSFET 的导通时间为

$$t_{on} = t_{d(on)} + t_r \tag{2-15}$$

（2）电力 MOSFET 的关断过程　当 $u_p$信号电压下降到 0 时，栅极输入电容上储存的电荷通过电阻 $R_S$和 $R_G$放电，使栅极电压按指数曲线下降，当下降到 $u_{GSP}$时，$i_D$才开始减小，这段时间称为关断延时时间 $t_{d(off)}$。此后，输入电容继续放电，$u_{GS}$继续下降，$i_D$也继续下降，到 $u_{GS} < U_T$时导电沟道消失，$i_D = 0$，这段时间称为下降时间 $t_f$。这样电力 MOSFET 的关断时间为

$$t_{off} = t_{d(off)} + t_f \tag{2-16}$$

从上述分析可知，要提高器件的开关速度，就必须缩短开关时间。在输入电容一定的情况下，可以通过降低驱动电路的内阻 $R_S$来加快开关速度。

由于 MOSFET 只靠多子导电，不存在少子储存效应，因而其关断过程是非常迅速的。MOSFET 的开关时间在 10～100ns 之间，其工作频率可达 100kHz 以上，是主要电力电子器件中最高的。电力 MOSFET 是压控器件，在静态时几乎不输入电流。但在开关过程中，需要对输入电容进行充放电，故仍需要一定的驱动功率。工作速度越快，需要的驱动功率越大。

### 2.6.3　电力 MOSFET 的主要参数及安全工作区

#### 1. 主要参数

（1）漏极击穿电压 $BU_D$　$BU_D$是不使器件击穿的极限参数，它大于漏极额定电压。$BU_D$随结温的升高而升高，这点正好与 GTR 和 GTO 晶闸管相反。

（2）漏极额定电压 $U_D$　$U_D$是器件的标称额定值。

（3）漏极电流 $I_D$和 $I_{DM}$　$I_D$是漏极直流电流，这是电力 MOSFET 额定电流参数；$I_{DM}$是漏极脉冲电流幅值。

（4）栅极开启电压 $U_T$　$U_T$又称为阈值电压，是导通电力 MOSFET 的栅源电压，它是转移特性的特性曲线与横轴的交点的电压值。在应用中，常将漏、栅极短接条件下 $I_D$等于 1mA 时的栅极电压定义为开启电压。

（5）栅源电压 $U_{GS}$　栅源极之间的绝缘层很薄，$|U_{GS}| > 20V$ 将导致绝缘层击穿。

（6）跨导 $g_m$　$g_m$是表征电力 MOSFET 栅极控制能力的参数。

（7）极间电容　电力 MOSFET 的三个极之间分别存在极间电容 $C_{GS}$、$C_{GD}$、$C_{DS}$。通常生产厂家提供的是漏源极短路时的输入电容 $C_{iss}$、共源极输出电容 $C_{oss}$、反向转移电容 $C_{rss}$。它们之间的关系为

$$C_{iss} = C_{GS} + C_{DS} \tag{2-17}$$

$$C_{oss} = C_{GD} + C_{DS} \tag{2-18}$$

$$C_{rss} = C_{GD} \tag{2-19}$$

前面提到的输入电容可近似地用 $C_{iss}$来代替。

（8）漏源电压上升率　器件的动态特性还受漏源电压上升率的限制，过高的 $du/dt$ 可能导致电路性能变差，甚至引起器件损坏。

#### 2. 安全工作区

电力 MOSFET 的正向偏置安全工作区，如图 2-23 所示。它是由最大漏源电压极限线 Ⅰ、

最大漏极电流极限线Ⅱ、漏源通态电阻线Ⅲ和最大功耗限制线Ⅳ，这四条边界极限所包围的区域。图中示出了四种情况：直流 DC，脉宽 10ms、1ms、10μs。它与 GTR 安全工作区相比有两个明显的区别：①因无二次击穿问题，所以不存在二次击穿功率 $P_{SB}$限制线；②因为它通态电阻较大，导通功耗也较大，所以不仅受最大漏极电流的限制，而且还受通态电阻的限制。电力 MOSFET 不存在二次击穿问题，这是它的一大优点。在实际使用中，仍应注意留适当的裕量。

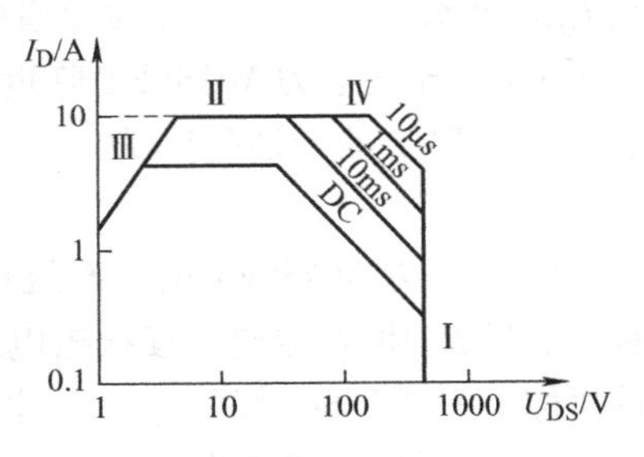


图 2-23 电力 MOSFET 正向偏置安全工作区

## 2.7 绝缘栅双极型晶体管

GTR 和 GTO 晶闸管是双极型电流驱动器件，具有电导调制效应，通流能力很强、通态压降低，但开关速度慢、所需驱动功率大、驱动电路复杂。而电力场效应晶体管是单极型电压控制器件，其开关速度快、输入阻抗高、热稳定性好、所需驱动功率小和驱动电路简单，但是通流能力低，并且通态压降大。将上述两类器件相互取长补短适当结合，构成一种新型复合器件，即绝缘栅双极晶体管（Insulated-Gate Bipolar Transistor，IGBT 或 IGT）。IGBT 综合了 GTR 和 MOSFET 的优点，具有良好的特性，因此，自从其 1986 年开始投入市场，就迅速扩展了其应用领域，目前已占领了原来 GTR 和 GTO 晶闸管的部分市场，成为中、大功率电力电子设备的主导器件，并在继续努力提高电压和电流容量。

### 2.7.1 IGBT 的结构和工作原理

IGBT 也是一种三端器件，它们分别是栅极 G、集电极 C 和发射极 E，其结构、简化等效电路和电气符号如图 2-24 所示。由结构图可知，它相当于用一个 MOSFET 驱动的厚基区 PNP 晶体管。从简化等效电路图可以看出，IGBT 等效为一个 N 沟道 MOSFET 和一个 PNP 型晶体管构成的复合管，导电以 GTR 为主。图中的 $R_N$是 GTR 厚基区内的调制电阻。IGBT 的导通和关断均由栅极电压控制。当栅极加正电压时，N 沟道场效应晶体管导通，并为晶体管提供基极电流，使得 IGBT 导通。当栅极加反向电压时，场效应晶体管导电沟道消失，PNP 型晶体管基极电流被切断，IGBT 关断。

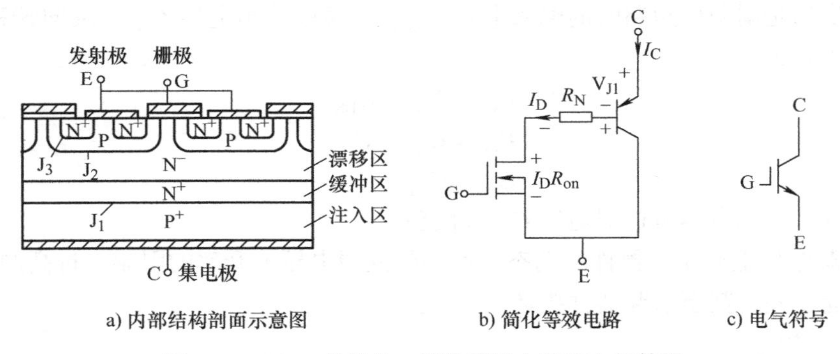


a) 内部结构剖面示意图　　b) 简化等效电路　　c) 电气符号

图 2-24 IGBT 的结构、简化等效电路和电气符号

## 2.7.2 IGBT 的基本特性

### 1. IGBT 的静态特性

IGBT 的静态特性主要包括转移特性和输出特性，如图 2-25 所示。图 2-25a 所示为 IGBT 的转移特性曲线，它描述的是集电极电流 $I_C$（输出电流）与栅射电压（输入电压）$U_{GE}$之间的关系。与电力 MOSFET 的转移特性类似，开启电压 $U_{GE(th)}$是 IGBT 能实现电导调制而导通的最低栅射电压。栅射电压 $U_{GE}$小于开启电压 $U_{GE(th)}$时，IGBT 处于关断状态。当栅射电压 $U_{GE}$接近开启电压 $U_{GE(th)}$时，集电极开始出现电流 $I_C$，但很小。当 $U_{GE}$大于 $U_{GE(th)}$时，在大部分范围内，$I_C$与 $U_{GE}$呈线性关系变化。由于 $U_{GE}$对 $I_C$有控制作用，所以最大栅极电压受最大集电极电流 $I_{CM}$的限制，其典型值一般为 15V。图 2-25b 所示为 IGBT 的输出特性，也称为伏安特性，它描述的是以栅射电压 $U_{GE}$为参考变量时，集电极电流 $I_C$（输出电流）与集射极间电压 $U_{CE}$（输出电压）之间的关系。此特性与 GTR 的输出特性相似，不同之处是参变量，GTR 为基极电流 $I_b$，而 IGBT 为栅射电压 $U_{GE}$。IGBT 输出特性分为三个区域，即正向阻断区、有源区和饱和区。这分别与 GTR 的截止区、放大区和饱和区相对应。当 $U_{CE}<0$时，器件呈现反向阻断特性，一般只流过微小的反向电流。在电力电子电路中，IGBT 工作在开关状态，因此是在正向阻断区和饱和区之间交替转换。

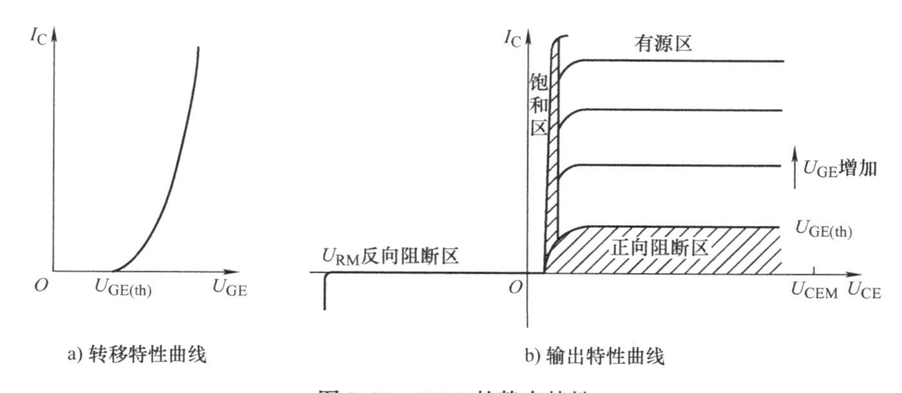


a) 转移特性曲线　　b) 输出特性曲线

图 2-25　IGBT 的静态特性

### 2. IGBT 的动态特性

IGBT 的动态特性如图 2-26 所示。IGBT 的导通过程与电力 MOSFET 相似，因为 IGBT 在导通过程中，大部分时间作为 MOSFET 来运行。其导通过程从驱动电压 $u_{GE}$的前沿上升至其幅值的 10% 时刻开始，到集电极电流 $I_C$上升至其幅值的 10% 时刻止，这段时间称为导通延时时间 $t_{d(on)}$。此后，从 10% $I_{CM}$开始到 90% $I_{CM}$这段时间，称为电流的上升时间 $t_{ri}$。

在 IGBT 开通时，集射电压下降的过程是首先 IGBT 中的 MOSFET 单独工作的电压下降过程，在这段时间内栅极电压 $u_{GE}$维持不变，这段时间称为电压下降第一段时间 $t_{fv1}$。在 MOSFET 电压下降时，致使 IGBT 中的 PNP 晶体管也有一个电压下降过程，此段时间称为电压下降第二段时间 $t_{fv2}$。由于 $u_{CE}$下降时，IGBT 中 MOSFET 的栅漏极电容增大，并且 IGBT 中的 PNP 晶体管需由放大状态转移到饱和状态，因此 $t_{fv2}$时间较长。只有在 $t_{fv2}$段结束时，IGBT 才完全进入饱和状态。导通时间 $t_{on}$可以定义为开通延迟时间与电流上升时间及电压下降时间之和。

IGBT关断时与电力MOSFET的关断过程也相似。从驱动电压$u_{GE}$的脉冲后沿下降到其幅值的90%的时刻起，到集射电压$u_{CE}$上升至幅值的10%，这段时间为关断延迟时间$t_{d(off)}$。随后是集射电压$u_{CE}$上升时间$t_{rv}$，在这段时间内栅极电压$u_{GE}$维持不变。集电极电流从90% $I_{CM}$下降至10% $I_{CM}$的这段时间为电流下降时间$t_{fi}$。电流下降时间可以分为$t_{fi1}$和$t_{fi2}$两段，其中$t_{fi1}$对应IGBT内部的MOSFET的关断过程，这段时间集电极电流$i_C$下降较快；$t_{fi2}$对应IGBT内部的PNP晶体管的关断过程，这段时间内MOSFET已经关断，IGBT又无反向电压，所以N基区内的少子复合缓慢，造成$i_C$下降较慢。关断延迟时间、电压上升时间和电流下降时间之和可以定义为关断时间$t_{off}$。

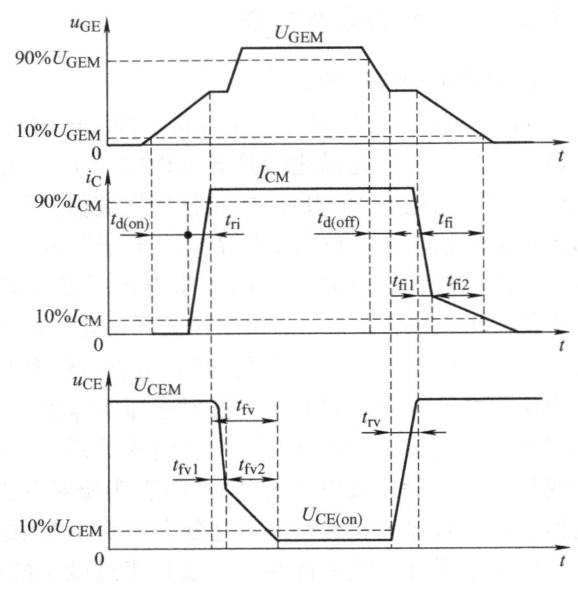

图2-26 IGBT的动态特性

可以看出，由于IGBT中双极型PNP晶体管的存在，虽然带来了电导调制效应的好处，但也引入了少子储存现象，因而IGBT的开关速度要低于电力MOSFET。此外，IGBT的击穿电压、通态压降和关断时间也是需要折衷的参数。高压器件的N基区必须有足够宽度和较高电阻率，这会引起通态压降增大和关断时间延长。

还应该指出的是，同电力MOSFET一样，IGBT的开关速度受其栅极驱动电路内阻的影响，其开关过程波形和时序的许多重要细节（如IGBT所承受的最大电压和电流、器件能量损耗等）也受到主电路结构、控制方式、缓冲电路以及主电路寄生参数等条件的影响，都应该在设计采用这些器件的实际电路时加以注意。

## 2.7.3 IGBT的主要参数及擎住效应和安全工作区

### 1. IGBT的主要参数

除了前面提到的各参数之外，IGBT的主要参数还包括：

1）最大集射极间电压$U_{CES}$，这是由器件内部的PNP晶体管所能承受的击穿电压所确定的。

2）最大集电极电流，包括额定直流电流$I_C$和1ms脉宽最大电流$I_{CP}$。

3）最大集电极功耗$P_{CM}$，在正常工作温度下允许的最大耗散功率。

### 2. 擎住效应

从IGBT结构图中可以发现，在IGBT内部寄生着一个$N^-PN^+$晶体管和作为主开关器件的$P^+N^-P$晶体管组成的寄生晶闸管。其中NPN型晶体管的基极与发射极之间存在体区短路电阻，P形体区的横向空穴电流会在该电阻上产生压降，相当于给$J_3$结施加一个正向偏压。在额定集电极电流范围内，这个偏压很小，不足以使$J_3$导通，然而一旦$J_3$导通，栅极就会失去对集电极电流的控制作用，导致集电极电流增大，造成器件功耗过高而损坏。这种电流失控的现象就像普通晶闸管被触发以后，即使撤销触发信号，晶闸管仍然因进入正反馈过程而维持导通的机理一样，因此被称为擎住效应或自锁效应。引发擎住效应的原因可能是集电极电流过大（产生的擎住效应称为静态擎住效应），也可能是关断过程 $du_{CE}/dt$ 过大（产生的擎住效应称为动态擎住效应），温度升高也会加重发生擎住效应的危险。

由于动态擎住时所允许的集电极电流比静态擎住时小，因此所允许的最大集电极电流 $I_{CM}$ 实际上是根据动态擎住效应确定的。为避免发生擎住现象，应用时应保证集电极电流不超过 $I_{CM}$，或增大栅极电阻，减缓 IGBT 的关断速度。总之，使用 IGBT 时必须避免引起擎住效应，以确保器件的安全。擎住效应曾经是限制 IGBT 电流容量进一步提高的主要因素之一，但经过多年的努力，自 20 世纪 90 年代中后期开始，这个问题已得到了很好的解决。

**3. 安全工作区**

IGBT 导通和关断时，均具有较宽的安全工作区。根据最大集电极电流 $I_{CM}$、最大集射极间电压 $U_{CEO}$ 和最大集电极功耗可以确定 IGBT 在导通工作状态的参数极限范围，即正向偏置安全工作区（Forward Biased Safe Operating Area，FBSOA）。如图 2-27a 所示，正向偏置安全工作区与 IGBT 的导通时间密切相关，它随导通时间的增加而逐渐减小，直流工作时安全工作区最小。

根据最大集电极电流 $I_{CM}$、最大集射极间电压 $U_{CEO}$ 和最大允许电压上升率 $dU_{CE}/dt$，可以确定 IGBT 在关断工作状态下的参数极限范围，即反向偏置安全工作区（Reverse Biased Safe Operating Area，RBSOA）。如图 2-27b 所示。RBSOA 与 FBSOA 稍有不同，RBSOA 随 IGBT关断时重加 $dU_{CE}/dt$ 的变化而变化。电压上升率 $dU_{CE}/dt$ 越大，安全工作区越小。一般可以通过适当选择栅射极电压 $U_{GE}$ 和栅极驱动电阻来控制 $dU_{CE}/dt$，避免擎住效应，扩大安全工作区。

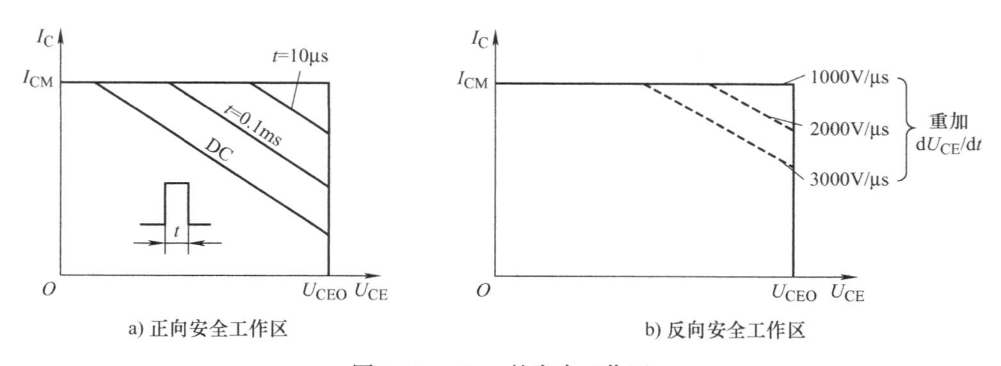


图 2-27 IGBT 的安全工作区

# 2.8 其他新型电力电子器件

## 2.8.1 静电感应晶体管

静电感应晶体管（Static Induction Transistor，SIT）诞生于 1970 年，实际上是一种结型场效应晶体管。将用于信息处理的小功率 SIT 器件的横向导电结构改为垂直导电结构，即可制成大功率的 SIT 器件。SIT 是一种多子导电的器件，其工作频率与电力 MOSFET 相当，甚至超过电力 MOSFET，而功率容量也比电力 MOSFET 大，因而适用于高频大功率场合，目前已在雷达通信设备、超声波功率放大、脉冲功率放大和高频感应加热等专业领域获得了较多的应用。

但是 SIT 在栅极不加任何信号时是导通的，而栅极加负偏压时关断，被称为正常导通型器件，使用不太方便；此外，SIT 通态电阻较大，使得通态损耗也大。SIT 可以做成正常关断型器件，但通态损耗将更大，因而 SIT 还未在大多数电力电子设备中得到广泛应用。

### 2.8.2 静电感应晶闸管

静电感应晶闸管（Static Induction THyristor，SITH）诞生于 1972 年，是在 SIT 的漏极层上附加一层与漏极层导电类型不同的发射极层而得到的，就像 IGBT 可以看作是电力 MOSFET 与 GTR 复合而成的器件一样，SITH 也可以看作是 SIT 与 GTO 晶闸管复合而成的。因为其工作原理也与 SIT 类似，门极和阳极电压均能通过电场控制阳极电流，因此 SITH 又被称为场控晶闸管（Field Controlled Thyristor，FCT）。由于比 SIT 多了一个具有少子注入功能的 PN 结，因而 SITH 本质上是两种载流子导电的双极型器件，具有电导调制效应，通态压降低、通流能力强。其很多特性与 GTO 晶闸管类似，但开关速度比 GTO 晶闸管高得多，是大容量的快速器件。

SITH 一般是正常导通型，但也有正常关断型。此外，其制造工艺比 GTO 晶闸管复杂得多，电流关断增益较小，因而其应用范围还有待拓展。

### 2.8.3 MOS 控制晶闸管

MOS 控制晶闸管（MOS Controlled Thyristor，MCT）是将 MOSFET 与晶闸管组合而成的复合型器件。MCT 将 MOSFET 的高输入阻抗、低驱动功率、快速的开关过程和晶闸管的高电压大电流、低导通压降的特点结合起来，也是 Bi-MOS 器件的一种。一个 MCT 器件由数以万计的 MCT 元组成，每个元由一个 PNPN 晶闸管、一个控制该晶闸管导通的 MOSFET 和一个控制该晶闸管关断的 MOSFET 组成。

MCT 具有高电压、大电流、高载流密度、低通态压降的特点，其通态压降只有 GTR 的 1/3 左右，硅片的单位面积连续电流密度在各种器件中是最高的。另外，MCT 可承受极高的 $di/dt$ 和 $du/dt$，使得其保护电路可以简化。MCT 的开关速度超过 GTR，开关损耗也较小。

总之，MCT 曾一度被认为是一种最有发展前途的电力电子器件。因此，20 世纪 80 年代以来一度成为研究的热点。但经过十多年的努力，其关键技术问题没有大的突破，电压和电流容量都远未达到预期的数值，未能投入实际应用。而其竞争对手 IGBT 却进展飞速，所以，目前从事 MCT 研究的人不是很多。

### 2.8.4 集成门极换流晶闸管

集成门极换流晶闸管（Integrated Gate-Commutated Thyristor，IGCT），有的厂家也称为 GCT（Gate-Commutated Thyristor），是 20 世纪 90 年代后期出现的新型电力电子器件。IGCT 实质上是将一个平板型的 GTO 晶闸管与由很多个并联的电力 MOSFET 器件和其他辅助器件组成的 GTO 晶闸管门极驱动电路，采用精心设计的互联结构和封装工艺集成在一起。IGCT 的容量与普通 GTO 晶闸管相当，但开关速度比普通的 GTO 晶闸管快 10 倍，而且可以简化普通 GTO 晶闸管应用时庞大而复杂的缓冲电路，只不过其所需的驱动功率仍然很大。在 IGCT 产品刚推出的几年中，由于其电压和电流容量大于当时 IGBT 的水平而很受关注，但 IGBT 的电压和电流容量很快赶了上来，而且市场上一直只有个别厂家在提供 IGCT 产品，因此 IGCT 的前景目前还很难预料。

### 2.8.5 基于宽禁带半导体材料的电力电子器件

到目前为止，硅材料一直是电力电子器件所采用的主要半导体材料。其主要原因是人们早已掌握了低成本、大批量制造、大尺寸、低缺陷、高纯度的单晶硅材料的技术以及随后对其进行半导体加工的各种工艺技术，人类对硅器件不断的研究和开发投入也是巨大的。但是硅器件的各方面性能已随其结构设计和制造工艺的相当完善而接近其由材料特性决定的理论极限（虽然随着器件技术的不断创新这个极限一再被突破），很多人认为依靠硅器件继续完善和提高电力电子装置与系统性能的潜力已十分有限。因此，将越来越多的注意力投向基于宽禁带半导体材料的电力电子器件。

我们知道，固体中电子的能量具有不连续的量值，电子都分布在一些相互之间不连续的能带上。价电子所在能带与自由电子所在能带之间的间隙称为禁带或带隙。所以禁带的宽度实际上反映了被束缚的价电子要成为自由电子所必须额外获得的能量。硅的禁带宽度为 1.12 电子伏特（eV），而宽禁带半导体材料是指禁带宽度在 3.0eV 及以上的半导体材料，典型的是碳化硅（SiC）、氮化镓（GaN）、金刚石等材料。

通过对半导体物理知识的学习可以知道，由于具有比硅宽得多的禁带宽度，宽禁带半导体材料一般都具有比硅高得多的临界雪崩击穿电场强度和载流子饱和漂移速度、较高的热导率和相差不大的载流子迁移率，因此，基于宽禁带半导体材料（如碳化硅）的电力电子器件将具有比硅器件高得多的耐受高电压的能力、低得多的通态电阻、更好的导热性能和热稳定性，以及更强的耐受高温和射线辐射的能力，许多方面的性能都是成数量级的提高。但是，宽禁带半导体器件的发展一直受制于材料的提炼和制造，以及随后半导体制造工艺的困难。

直到 20 世纪 90 年代，碳化硅材料的提炼和制造技术以及随后的半导体制造工艺才有所突破，到 21 世纪初推出了基于碳化硅的肖特基二极管，性能全面优于硅肖特基二极管，因而迅速在相关的电力电子装置中应用，其总体效益远远超过这些器件与硅器件之间的价格差异造成的成本增加。氮化镓的半导体制造工艺自 20 世纪 90 年代以来也有所突破，因而也已可以在其他材料衬底的基础上实施加工工艺，制造相应的器件。氮化镓器件由于具有比碳化硅器件更好的高频特性而较受关注。金刚石在这些宽禁带半导体材料中性能是最好的，很多人称之为最理想的或最具前景的电力半导体材料，但是金刚石材料提炼和制造以及随后的半导体制造工艺也是最困难的，目前还没有有效的办法，距离基于金刚石材料的电力电子器件产品的出现还有很长的路要走。

### 2.8.6 功率集成电路和集成电力电子模块

自 20 世纪 80 年代中后期开始，在电力电子器件研制和开发中的一个共同趋势是模块化。正如前面有些地方提到的，按照典型电力电子电路所需要的拓扑结构，将多个相同的电力电子器件或多个相互配合使用的不同电力电子器件封装在一个模块中，可以缩小装置体积，降低成本，提高可靠性。更重要的是，对工作频率较高的电路，还可以大大减小电路电感，从而简化对保护和缓冲电路的要求。这种模块被称为功率模块，或者按照主要器件的名称命名，如 IGBT 模块。

更进一步，如果将电力电子器件与逻辑、控制、保护、传感、检测、自诊断等信息电子电路制作在同一芯片上，则称为功率集成电路（Power Integrated Circuit，PIC）。与功率集成电路类似的还有许多名称，但实际上各自有所侧重。为了强调功率集成电路是所有器件和电路都集成在一个芯片上的，故又称之为电力电子电路的单片集成。高压集成电路（High Voltage IC，HVIC）一般指横向高压器件与逻辑或模拟控制电路的单片集成。智能功率集成电路（Smart Power IC，SPIC）一般指纵向功率器件与逻辑或模拟控制电路的单片集成。

同一芯片上高低压电路之间的绝缘问题以及温升和散热的有效处理是功率集成电路的主要技术难点，短期内难以有大的突破。因此，目前功率集成电路的研究、开发和实际产品应用主要集中在小功率的场合，如便携式电子设备、家用电器、办公设备电源等。在这种情况下，前面所述的功率模块中所采用的将不同器件和电路通过专门设计的引线或导体连接起来并封装在一起的思路，则在很大程度上回避了这两个难点，有人称之为电力电子电路的封装集成。

采用封装集成思想的电力电子电路也有许多名称，也是各自有所侧重。智能功率模块（Intelligent Power Module，IPM）往往专指 IGBT 及其辅助器件与其保护和驱动电路的封装集成，也称为智能 IGBT。电力 MOSFET 也有类似的模块。若是将电力电子器件与其控制、驱动、保护等所有信息电子电路都封装在一起，则往往称之为集成电力电子模块（Integrated Power Electronics Module，IPEM）。对中、大功率的电力电子装置来讲，往往不是一个模块就能胜任的，通常需要像搭积木一样由多个模块组成，这就是所谓的电力电子积块（Power Electronics Building Block，PEBB）。封装集成为处理高低压电路之间的绝缘问题以及温升和散热问题提供了有效思路，许多电力电子器件生产厂家和科研机构都投入到有关的研究和开发之中，因而最近几年封装集成获得了迅速发展。目前最新的智能功率模块产品已大量用于电动机驱动、汽车电子乃至高速子弹列车牵引这样的大功率场合。

功率集成电路和集成电力电子模块都是具体的电力电子集成技术。电力电子集成技术可以带来很多好处，比如装置体积减小、可靠性提高、用户使用更为方便以及制造、安装和维护的成本大幅度降低等，而且实现了电能和信息的集成，具有广阔的应用前景。

## 2.9 电力电子器件的保护

在电力电子电路中，除了电力电子器件参数选择合适、驱动电路设计良好外，还必须采用合适的保护措施。

### 2.9.1 过电压的产生及过电压的保护

#### 1. 过电压的产生原因

电力电子装置中可能发生的过电压分为外因过电压和内因过电压两类。外因过电压主要来自雷击和系统中的操作过程等外部原因，包括：

1）操作过电压：由分闸、合闸等开关操作引起的过电压，电网侧的操作过电压会由供电变压器电磁感应耦合，或由变压器绕组之间存在的分布电容静电感应耦合过来。

2）雷击过电压：由雷击引起的过电压。

内因过电压主要来自电力电子装置内部器件的开关过程，包括：

1）换相过电压：由于晶闸管或者与全控型器件反并联的续流二极管在换相结束后不能立刻恢复阻断能力，因而有较大的反向电流流过，使残存的载流子恢复，而当恢复了阻断能力时，反向电流急剧减小，这样的电流突变会因电路电感而在晶闸管阴阳极之间或与续流二极管反并联的全控型器件两端产生过电压。

2）关断过电压：全控型器件在较高频率下工作，当器件关断时，因正向电流的迅速降低而由电路电感在器件两端感应出的过电压。

**2. 过电压保护措施**

为了防止过电压对电力电子装置造成损坏，必须采取有效的过电压保护措施。过电压保护措施一般采用器件限压和 RC 阻容吸收等方法。过电压保护的措施及配置位置如图 2-28 所示。各电力电子装置可视具体情况只采用其中的几种。抑制外因过电压的措施中，采用 RC 过电压抑制电路是最为常见的，其典型连接方式如图 2-29 所示。RC 过电压抑制电路可接于供电变压器的两侧（通常供电网一侧称为网侧，电力电子电路一侧称为阀侧），或电力电子电路的直流侧。当发生瞬时过电压时，利用电容两端电压不能突跳和储能的原理，对过电压加以限制。

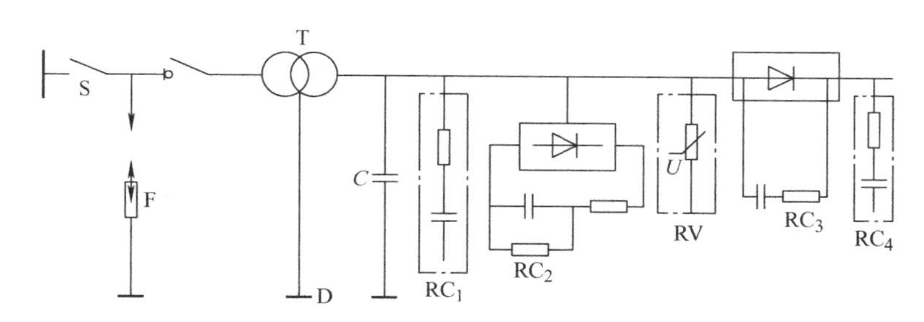


图 2-28 过电压抑制措施及配置位置

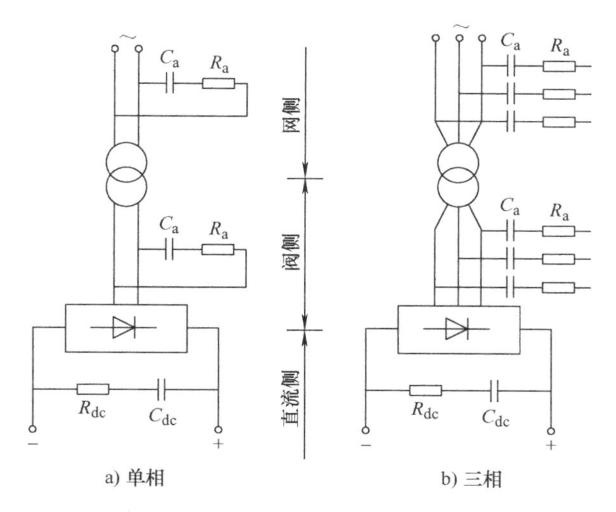


图 2-29 RC 过电压抑制电路连接方式

图2-28中，F为避雷器；D为变压器静电屏蔽层；$C$为静电感应过电压抑制电容；$RC_1$为阀侧浪涌过电压抑制用RC电路；$RC_2$为阀侧浪涌过电压抑制用反向阻断式RC电路；RV为压敏电阻过电压抑制器；$RC_3$为阀器件换相过电压抑制用RC电路；$RC_4$为直流侧RC抑制电路。

## 2.9.2 过电流的保护

电力电子电路运行不正常或者发生故障时，可能会发生过电流。过电流分为过载和短路两种情况。图2-30给出了各种过电流保护措施及其配置位置，其中快速熔断器、直流快速断路器和过电流继电器是较为常用的措施。一般电力电子装置均同时采用几种过电流保护措施，以提高保护的可靠性和合理性，在选择各种保护措施时应注意相互协调。通常，各种过电流保护选择整定的动作顺序是：电子保护电路首先动作，直流快速断路器整定在电子保护电路动作之后，过电流继电器整定在过载时动作，快速熔断器作为最后的短路保护。

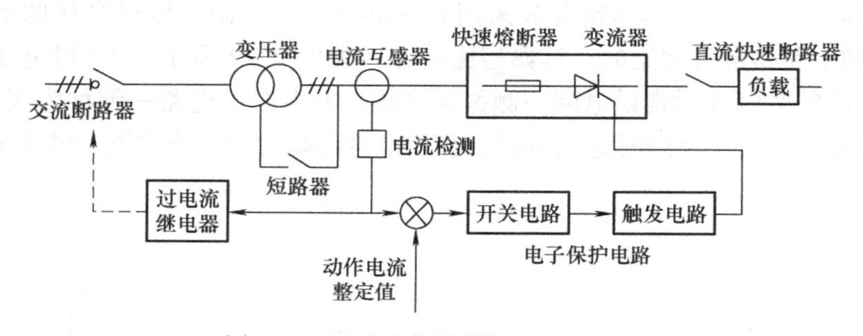


图2-30 过电流保护措施及配置位置

采用快速熔断器（简称快熔）是电力电子装置中最有效、应用最广的一种过电流保护措施。在选择快熔时可参考有关的工程手册。

对一些重要的且易发生短路的晶闸管设备，或者工作频率较高、很难用快速熔断器保护的全控型器件，需要采用电子电路进行过电流保护。除了对电动机起动的冲击电流等变化较慢的过电流可以利用控制系统本身调节器对电流的限制作用之外，需设置专门的过电流保护电子电路，检测到过电流之后直接调节触发或驱动电路，或者关断被保护器件。

## 2.9.3 缓冲电路

电力电子器件的缓冲电路也称为吸收电路，它在电力电子器件应用技术中起着主要的保护作用。其作用是抑制电力电子器件的内因过电压、$du/dt$、过电流和$di/dt$，减小器件的开关损耗。缓冲电路可分为关断缓冲电路和开通缓冲电路。关断缓冲电路又称为$du/dt$抑制电路，用于吸收器件的关断过电压和换相过电压，抑制$du/dt$，减小关断损耗。导通缓冲电路又称为$di/dt$抑制电路，用于抑制器件导通时的电流过冲和$di/dt$，减小器件的导通损耗。可将关断缓冲电路和导通缓冲电路结合在一起，称为复合缓冲电路。还可以用另外的分类方法，即缓冲电路中储能元件的能量如果消耗在其吸收电阻上，则被称为耗能式缓冲电路；如果缓冲电路能将其储能元件的能量回馈给负载或电源，则被称为馈能式缓冲电路，或称为无损吸收电路。

通常讲缓冲电路专指关断缓冲电路，而将开通缓冲电路叫做$di/dt$抑制电路。图2-31给出的是 IGBT 的缓冲电路和开关过程的电压和电流波形。由图明显看出，在无缓冲电路的情况下，IGBT 导通时电流迅速上升，d$i$/d$t$ 很大，而关断时 d$u$/d$t$ 很大，并出现很高的过电压。在有缓冲电路的情况下，当 V 导通时，缓冲电容 $C_S$首先经过电阻 $R_S$和 V 构成通路进行放电，使电流 $i_C$先有一个小的阶跃，然后由于 d$i$/d$t$ 抑制电路的电感 $L$ 的作用，$i_C$电流缓慢上升。当 V 关断时，负载电流由二极管 $VD_S$、电容 $C_S$构成通路，$C_S$充电，减轻了 V 的负担。同时，因为电容具有电压不能突跳的特性，抑制了 d$u$/d$t$ 和过电压。这样既减少了 V 的开关损耗，又可使其工作安全可靠。

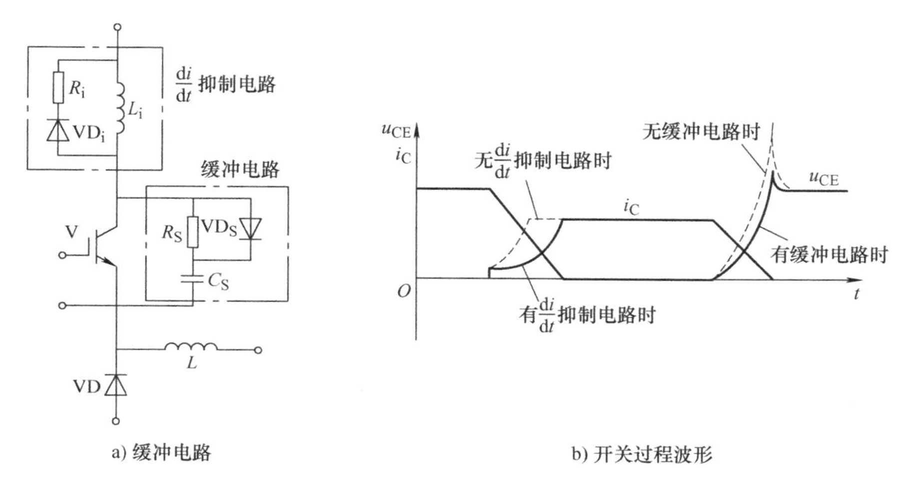


a) 缓冲电路　　b) 开关过程波形

图 2-31　IGBT 的缓冲电路和开关过程的电压和电流波形

IGBT 关断过程的负载曲线如图 2-32 所示。设关断前的工作点在 A 点。在无缓冲电路情况下，关断 IGBT 时，$u_{CE}$迅速上升，在感性负载 $L$ 上的感应电压使续流二极管 VD 导通，由于电感性负载具有电流不能突跳的特性，所以负载线从 A 点移到 B 点，然后 $i_C$才逐渐下降到漏电流的大小，负载线随之移动到 C 点。

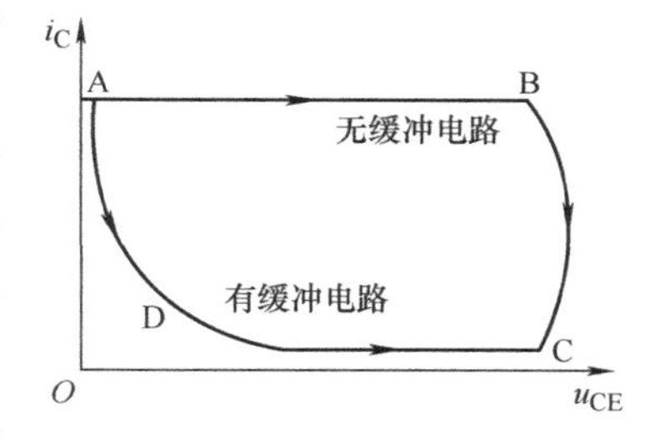


图 2-32　关断过程的负载曲线

在有缓冲电路情况下，由于 $C_S$的分流使得 $i_C$在 $u_{CE}$开始上升的同时就下降，因此负载线从 A 点经过 D 到达 C 点。可以想象到，在没有缓冲电路时，负载线在到达 B 点时很可能超出安全区，使 V 受到损坏。而负载线 A－D－C 是很安全的，而且负载线 A－D－C 经过的都是小电流和小电压区域，所以器件关断损耗也比无缓冲电路时大幅度降低。

缓冲电路的主要作用可归纳如下：

1）抑制过渡过程中器件的电压和电流，将开关动作轨迹限定在安全区之内。

2）防止因过大的 d$i$/d$t$ 和 d$u$/d$t$ 造成器件的误触发，甚至导致器件的损坏。

3）抑制开关过渡过程中电压和电流的重叠现象，以减少器件的开关损耗。

4）在多个器件串联的高压电路中起到一定的均压作用。

图 2-31 所示的缓冲电路被称为充放电型 RCD 缓冲电路，适用于中等容量的场合。图 2-33给出了另外两种常用的缓冲电路形式。其中 RC 缓冲电路主要用于小容量器件，而放电阻止型 RCD 缓冲电路用于中或大容量器件。缓冲电容 $C_S$和电阻 $R_S$取值可参考有关工程手

册。二极管 $VD_S$ 必须采用快恢复二极管，其额定电流应大于主器件额定电流的10%。此外，应尽量减小电路电感，且应选用内部电感小的吸收电容。在中小容量场合，若电路电感较小，可只在直流侧总的设一个 $du/dt$ 抑制电路，对于 IGBT 甚至可以仅并联一个吸收电容。晶闸管在实际应用中一般只承受换相过电压，没有关断过电压问题，关断时也没有较大的 $du/dt$，因此一般采用 RC 吸收电路即可。

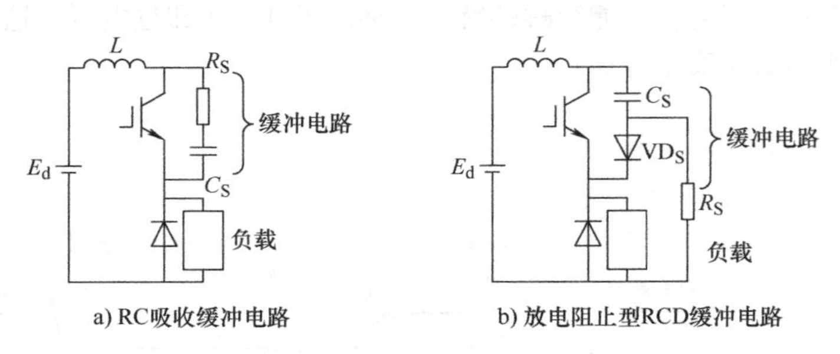


图 2-33　另外两种常用的缓冲电路

# 2.10　电力电子器件的串并联

对于大型的电力电子装置，当单个器件的电压或电流额定值满足不了要求，或者考虑降低装置的成本时，需要将几个电力电子器件串联或并联起来使用。由于各个器件之间在静、动态特性方面难免会存在一定的差异，它们串、并联组合在一起应用时，就会因这些差异导致某些器件的损坏，因此，需要采取一定措施加以保护。下面以晶闸管为例介绍器件的串并联问题。

## 2.10.1　器件的串联与均压

当单个器件的额定电压小于实际需要时，可以用多个同型号的器件相串联起来。理想的串联希望各器件承受的电压相等，但实际上因器件特性的分散性，即使是标称定额相同的器件之间，其特性也会存在差异，一般都会存在电压分配不均匀的问题。

如图 2-34 所示，两个同型号的晶闸管串联后，在正、反向阻断时，各器件虽然流过相同的漏电流，但由于器件特性的分散性，各器件所承受的电压却不相等。图 2-34a 表示两个正向阻断特性不同的晶闸管，在同一个漏电流 $I_R$ 情况下，它们所承受的正向电压相差甚远。若外加电压继续升高，则承受电压高的器件将首先达到转折电压而导通，使另一个器件承担全部电压也导通，两个器件都失去控制作用。同理，反向时，因伏安特性不同而不均压，可能使其中一个器件先反向击穿，另一个随之击穿。这种由于器件静态特性不同而造成的均压问题称为静态不均压问题。

解决静态不均压问题，首先应选择特性和参数比较一致的器件，此外可采用每个器件并联电阻来均压，如图 2-34b 中的 $R_P$。$R_P$ 的阻值应比任何一个器件阻断时的正、反向电阻小得多，这样才能使每个晶闸管分担的电压取决于均压电阻的分压。但 $R_P$ 值过小会产生损耗过大的问题，$R_P$ 数值一般按式(2-20) 计算

$$R_P \leqslant (0.1 \sim 0.25)\frac{U_R}{I_{DRM}} \tag{2-20}$$

式中，$U_R$为晶闸管的额定电压；$I_{DRM}$为断态重复峰值电流。

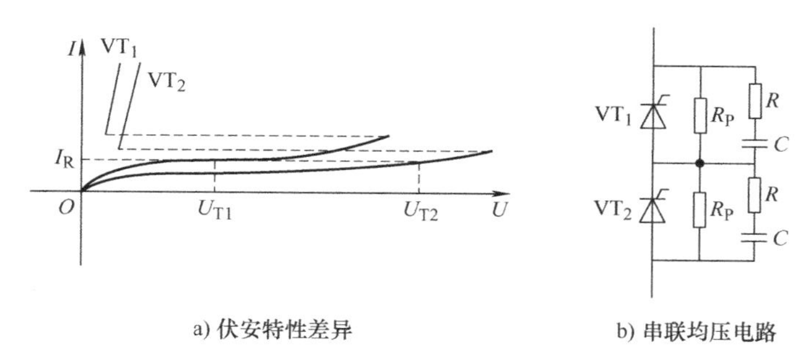


a) 伏安特性差异　　b) 串联均压电路

图 2-34　晶闸管的串联

均压电阻功率可按式(2-21) 估算

$$P_{RP} \geqslant K_{RP}\left(\frac{U_m}{n_s}\right)^2 \frac{1}{R_P} \tag{2-21}$$

式中，$U_m$ 为器件承受的正反向峰值电压；$n_s$为串联的元件数；$K_{RP}$为系数，单相取 0.25，三相取 0.45，直流取 1。

上述的均压电阻 $R_P$只能在静态时起作用，而在动态过程中，瞬时电压的分配取决于各管的结电容、触发特性和开关时间等因素。导通时后导通的器件瞬时承受高压，而关断时先关断的器件瞬时承受高反向电压。为了使各器件在开关过程均压，应在晶闸管两端并联电容 $C$。同时，为了防止器件导通瞬时电容放电引起 $di/dt$ 过大损坏晶闸管，应在电容支路串入一个电阻，如图 2-34 中的 $R$ 和 $C$ 所示。在动态过程中实现的均压称为动态均压，此外，动态均压还能在器件关断时起到过电压保护的作用。动态均压的阻容值一般根据经验选取，见表 2-1。

**表 2-1　动态均压的阻容经验数据**

| $I_{T(AV)}$/A | 10 | 20 | 30 | 100 | 200 |
|---|---|---|---|---|---|
| $C$/μF | 0.1 | 0.15 | 0.2 | 0.25 | 0.5 |
| $R$/Ω | 100 | 80 | 40 | 20 | 10 |

晶闸管采取均压措施后，为保证更加安全，其必须降低额定值使用。选择晶闸管的额定电压，一般按照式(2-22) 计算

$$U_R = \frac{(2\sim3)U_m}{(0.8\sim0.9)n_s} = (2.2\sim3.8)\frac{U_m}{n_s} \tag{2-22}$$

## 2.10.2　器件的并联与均流

当单个器件的额定电流小于实际需要时，可以将多个同型号的器件相并联起来。两个同型号的晶闸管并联后，在开通时，各器件虽然管压降相同，但由于器件特性的分散性，各器件所流过的电流却不相等。图 2-35a 表示两个正向阻断特性不同的晶闸管，在同一个压降 $U_T$的情况下，它们所流过的电流相差甚远。流过电流大的器件有可能超过额定电流值造成损坏，继而也可能损坏另外的器件。这是由于器件静态不均流造成的，称此为静态不均流问题。解决静态不均流问题，首先应选择特性和参数比较一致的器件，此外可采用每个器件支

路串联电阻或电感来均流。

在动态过程中，也会产生不均流问题，称为动态不均流。解决方法是在器件支路中串入电感，如图 2-35b 所示。电路采用一个具有两个相同线圈但极性相反的电抗器接在两个并联晶闸管电路中。当两个器件中电流均衡时，均衡电抗器两线圈流过相等的电流。由于线圈极性相反，铁心内励磁安匝互相抵消，电抗器不起作用。当电流不等时，线圈相差的励磁安匝在两线圈中产生感应电动势，在两并联器件回路中形成环流。此环流正好使电流小的器件支路电流增大，而电流大的支路电流减小，直到两回路电流相等为止，从而达到均流的目的。

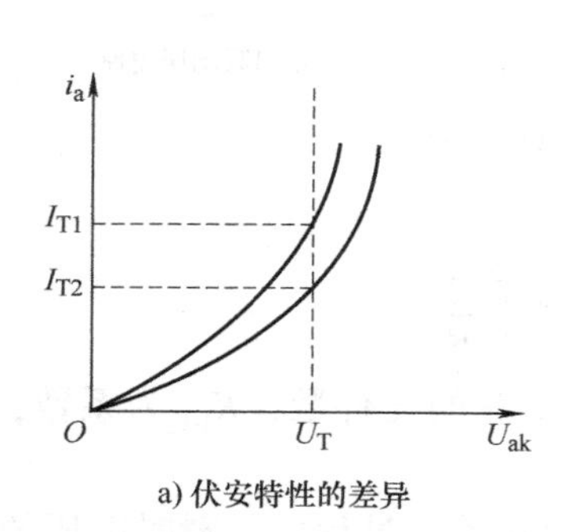

a) 伏安特性的差异

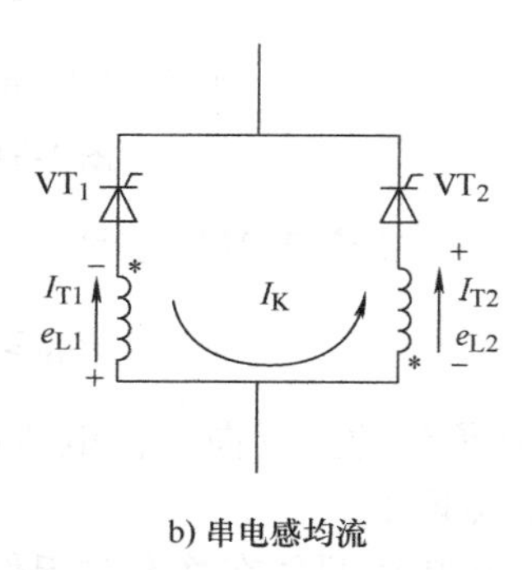

b) 串电感均流

图 2-35 晶闸管的并联

电感均流的优点是损耗小，适合大容量器件并联，同时电感能抑制 d$i$/d$t$ 上升率。缺点是体积大、笨重和制作不方便。均流电抗器有空心、铁心或套在晶闸管引线上的磁环等多种形式，其中应用空心电感最为普遍。因其接线简单，且有限制 d$i$/d$t$ 和 d$u$/d$t$ 的作用。

晶闸管并联与串联一样，也必须降低电流的额定值使用。选择晶闸管的额定电流，一般按照式(2-23) 计算

$$1.57I_{T(AV)}=\frac{(1.5\sim2)I_T}{(0.8\sim0.9)n_p}=(1.7\sim2.5)\frac{I_T}{n_p} \tag{2-23}$$

式中，$I_T$为电路中流过的电流有效值；$n_p$为并联器件数。

晶闸管串、并联后，要求器件导通时间和关断时间差别要小。要求触发脉冲前沿陡、幅值大，以便串、并联的晶闸管尽可能同时导通或关断。在电力电子装置同时需要器件串、并联时，一般采取先串后并的方式。

## 2.11 电力电子 Simulink 仿真模块库

Simulink 仿真模块库中包含了多种基本模块，按照功能和应用领域分类，供不同专业领域内的用户选择调用。在电力电子电路仿真中，至少需要标准的 Simulink 模块库和电气系统模块库。

**1. 电力电子器件库**

Matlab 中提供的电力电子器件均为简化后的等效模型，即忽略了电力电子器件本身的开关过程。仿真中常用的电力电子器件可在 Simulink Library Browser 中找到（路径：Simscape/Electrical/Specialized Power Systems/Fundamental Blocks/Power Electronics），如图 2-36 所示，其中包括了电力二极管、晶闸管（Thyristor）、GTO 晶闸管、IGBT、MOSFET 等基本电力电

子器件模型，也包括了全控桥电路（Full Bridge Converter）、三相桥式电路（Three-level Bridge）、通用桥式电路（Universal Bridge）、Buck 转换电路（Buck Converter）、Boost 转换电路（Boost Converter）等通用模型。

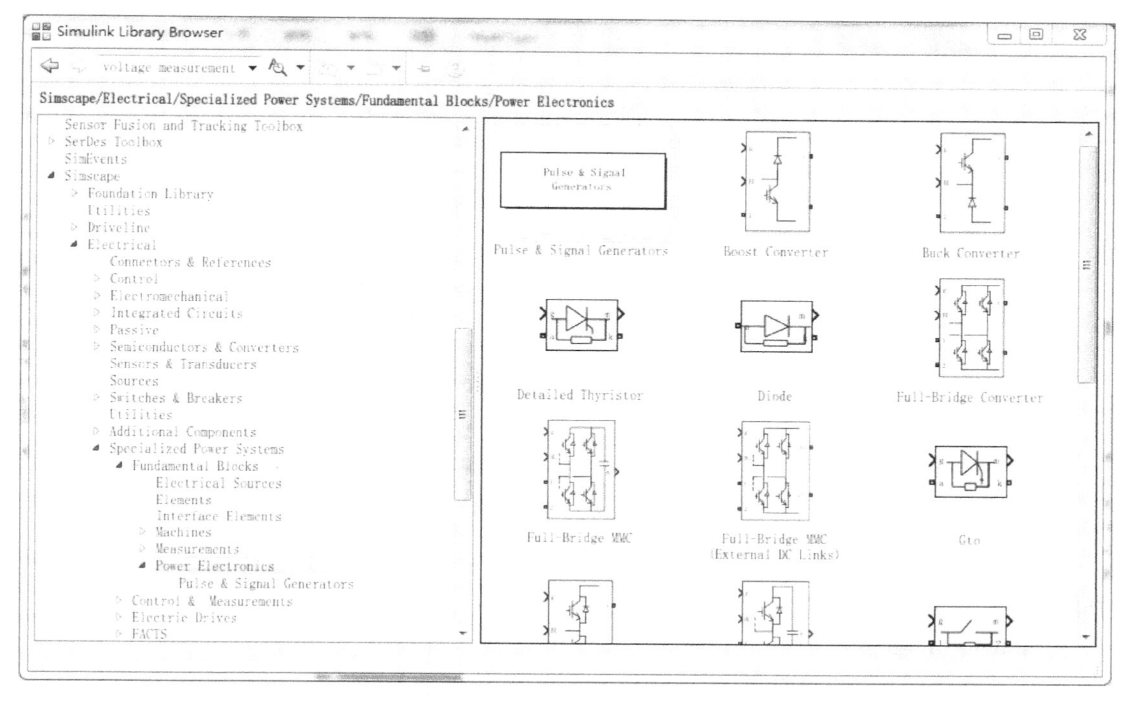


图 2-36 电力电子器件模块库

**2. 信号发生元器件**

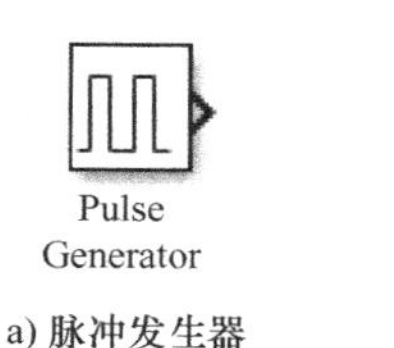


a) 脉冲发生器

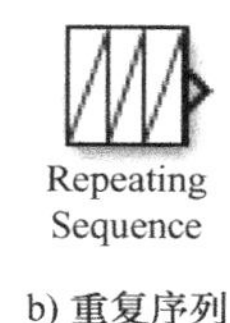


b) 重复序列

图 2-37 信号发生元器件

在电力电子电路的仿真中，需要对电力器件进行控制，因此需要信号发生器件来构成控制电路。仿真常用到触发环节（Pulse Generator）和重复序列（Repeating Sequence），其器件模型如图 2-37 所示。

触发环节在 Simulink 器件库下的 Sources 器件库（路径：Simulink/Sources），该模块能够产生随时间变化的重复信号，波形可以通过设置参数得到。例如，设置 Time values 为［0 0.5 1］，Output values 为［0 1 0］，可生成周期为 1s、幅值为 1 的三角波信号。

**3. 测量模块**

Voltage Measurement　　Current Measurement

a) 电压测量模块　　b) 电流测量模块

图 2-38 测量模块

测量模块主要用于测量电压、电流和阻抗等。电压测量模块如图 2-38a 所示，输入侧连接到被测电路两端（路径：Simscape/Electrical/Specialized Power Systems/Measurements），输出侧将产生所测端点间的电压波形。电流测量模块如图 2-38b 所示，其路径与电压测量模块相同，使用时将其串联到所测支路中，输出侧可得到所测支路电流。

**4. 示波器**

示波器取自于 Simulink 库下 Commonly Used Blocks 模块库中，其元件图形如图 2-39a 所示。鼠标双击该元件将出现如图 2-39b 所示波形显示窗口。

Scope

a) 示波器

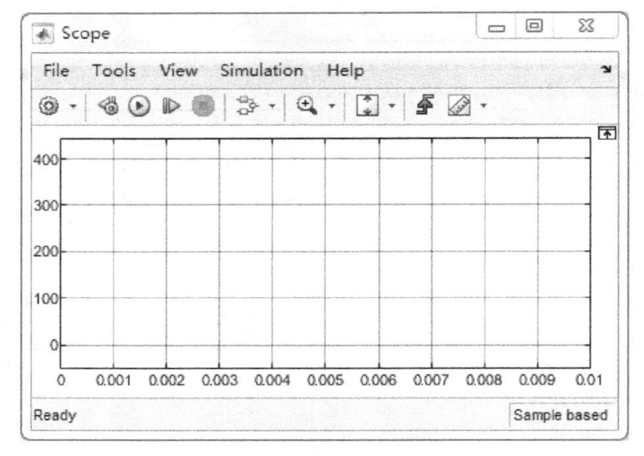


b) 波形显示窗口

图 2-39 示波器模块

通过显示窗口工具栏上的参数设置按钮可以设置示波器窗口内的波形图数目、时间轴的时间范围和显示间隔、窗口和波形颜色等。

**5. Powergui 模块**

在电力系统仿真中，为了使仿真能够进行，必须添加 Powergui 模块，如图 2-40 所示。

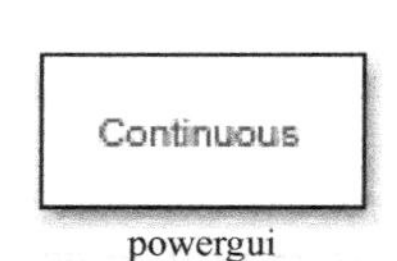


图 2-40 Powergui 模块

Powergui 模块是专门为电气工程领域研究人员提供的图形界面，可以设置解算器的解算方式，对波形进行 FFT 分析等，模块路径为 Simscape/Electrical/Specialized Power Systems/Fundamental Blocks。

**6. 基本电气元件**

基本电气元件包括串联和并联 RLC 支路（路径：Simscape/Electrical/Specialized Power Systems/Fundamental Blocks/Elements），元件模型如图 2-41 所示。通过设置可以自由组合 RLC 的串联和并联组合，也可以将其设置为单一参数。

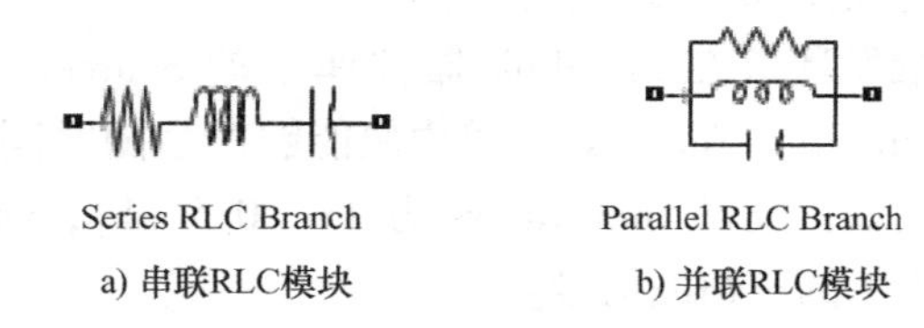


a) 串联RLC模块　　b) 并联RLC模块

图 2-41 RLC 支路模块

**7. 电源模块库**

电源模块库（路径：Simscape/Electrical/Specialized Power Systems/Fundamental Blocks/Elements/Electrical Sources），如图 2-42 所示，模块库中包括了交流电流源、交流电压源、直流电压源、受控电压源、受控电流源、三相电源和三相可编程电源。根据仿真需要可选择所需电源，双击该元件可修改参数。

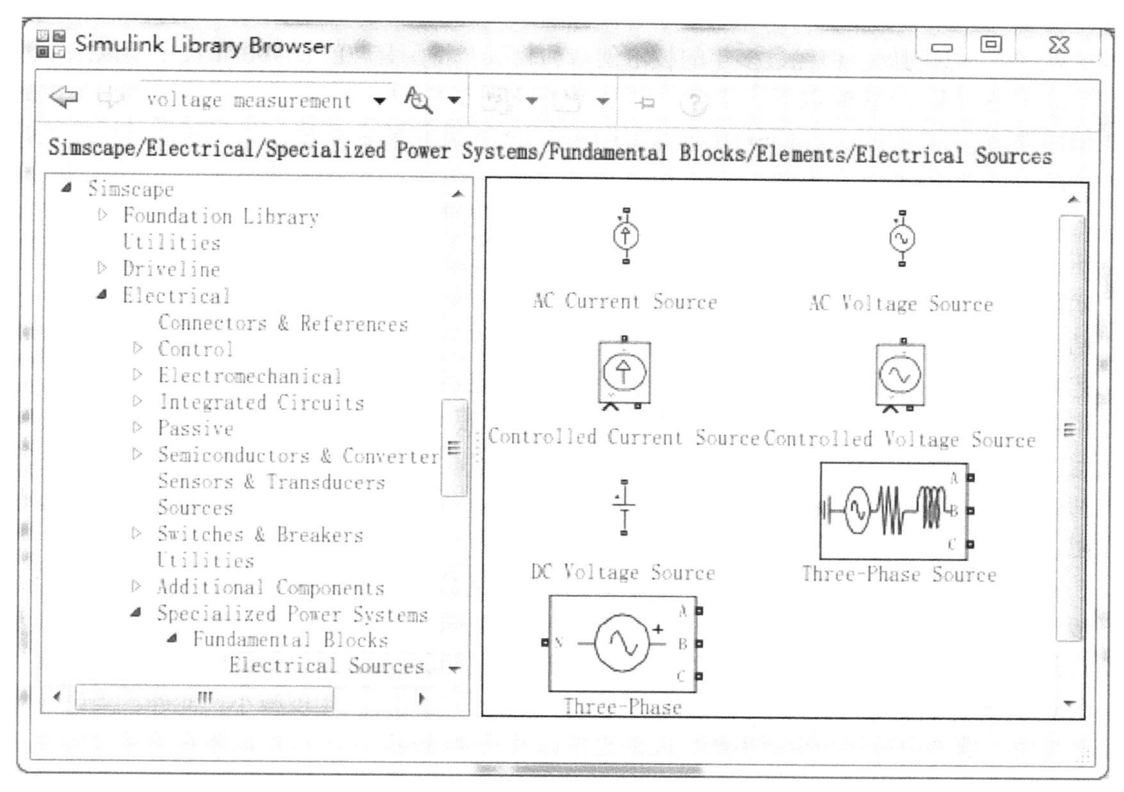


图 2-42　电源模块库

## 本章小结

本章首先对各种主要电力电子器件的基本结构、工作原理、基本特性和主要参数等问题做了全面的介绍，可以将所介绍过的电力电子器件分别归入本章开头所列的几种器件类型中。

按照器件内部电子和空穴两种载流子参与导电的情况，属于单极型电力电子器件的有肖特基二极管、电力 MOSFET 和 SIT 等；属于双极型电力电子器件的有基于 PN 结的电力二极管、晶闸管、GTO 晶闸管和 GTR 等；属于复合型电力电子器件的有 IGBT、SITH 和 MCT 等。如果不考虑某器件是否是由两种器件复合而成，由于复合型器件中也是两种载流子导电，因此也有人将它们归为广义的双极型器件。

稍加注意不难发现，单极型器件和复合型器件都是电压驱动型器件，而双极型器件均为电流驱动型器件。电压驱动型器件的共同特点是：输入阻抗高，所需驱动功率小，驱动电路简单，工作频率高。电流驱动型器件的共同特点是：具有电导调制效应，因而通态压降低，导通损耗小，但工作频率较低，所需驱动功率大，驱动电路也比较复杂。

另一个有关器件类型的规律是：从器件需要驱动电路提供的控制信号的波形来看，电压驱动型器件都是电平控制型器件，而电流驱动型器件则有的是电平控制型器件（如 GTR），有的是脉冲触发型器件（如普通晶闸管和 GTO 晶闸管）。

在20世纪80年代，全控型电力电子器件刚刚兴起的时候，曾经是各种器件战国纷争，孰优孰劣，不甚明朗。但经过多年的技术创新和较量，特别是20世纪90年代中期以来，逐渐形成了小功率（10kW以下）场合以电力MOSFET为主，中、大功率场合以IGBT为主的压倒性局面。而且在电力MOSFET和IGBT中的技术创新仍然在继续，将不断推出性能更好的产品。

对高压电力MOSFET（耐压300V以上）来说，其通态电阻90%以上是来自用于承受高电压的低掺杂N区的，因此如何在保持耐高压能力的同时减小低掺杂N区的通态电阻是其技术创新的一个核心课题。目前最新的产品采用了我国科学家陈星弼教授提出的称为“超级结”的概念，如市场上著名的CoolMOS系列产品所采用的技术，其基本思想是采用特殊工艺在P区下面的低掺杂N区中形成一个与P区相连的P型柱状体，这样在电力MOSFET处于阻断状态时，P区与低掺杂N区之间将形成一个很大的反偏PN结，其空间电荷区几乎覆盖了全部低掺杂N区。这样电力MOSFET的电压阻断能力完全由这个没有载流子的空间电荷区提供，低掺杂N区的掺杂浓度因此可以提高一个数量级，从而大幅度减小其通态电阻。

对低压电力MOSFET来说，目前主要采用沟槽技术，即门极不再是与硅片表面平行的平板形状，而是垂直深入在低掺杂N区开的槽中。这样一方面可以减小每个MOSFET单元所占的面积，从而提高集成度、减小总的沟道电阻和极间电容，另一方面也可以减小低掺杂N区的通态电阻，使得低压电力MOSFET的通态和开关损耗都大幅度减小。此外，当设计耐压越低时，器件中硅片与金属引脚之间的连接以及其他封装环节形成的电阻在器件总的通态电阻中所占的比重也越来越大，因此封装技术的创新也是低压电力MOSFET的一个重要发展方向。

与此同时，IGBT技术也在不断地发展创新。从早期的以$P^+$注入区为衬底而实施其后所有半导体工艺的穿通（Punch Through，PT）型IGBT，到转为以低掺杂N漂移区为衬底而实施其后所有半导体工艺的非穿通（Non Punch Through，NPT）型IGBT，再到目前在NPT工艺的基础上应用类似于PT的电场穿过低掺杂N漂移区的场终止技术（有的厂家称为Soft PT或Light PT），同时结合沟槽技术的应用，IGBT已先后经历了几代产品的更迭，各方面的性能不断提高，从而统治了中、大功率的各种应用场合。这种发展趋势仍在继续，很多专家都认为，在未来20年内IGBT都将保持其在电力电子技术中的重要地位。

在10MVA以上或者数千伏以上的应用场合，如果不需要自关断能力，那么晶闸管仍然是目前的首选器件，特别是在高压直流输电装置和柔性交流输电装置等在电力系统输电设备中的应用。当然，随着IGBT耐受电压和电流能力的不断提升、成本的不断下降和可靠性的不断提高，IGBT还在不断夺取传统上属于晶闸管的应用领域，因为采用全控型器件的电力电子装置从原理上讲，总体性能一般都优于采用晶闸管的电力电子装置。

值得一提的是，宽禁带半导体材料由于其各方面性能优于硅材料，因而是很有前景的电力半导体材料，在光电器件、射频微波、高温电子、抗辐射电子等应用领域也受到特别的关注。近年来各种宽禁带半导体材料（特别是碳化硅）在提炼和制造工艺方面的研究有较大发展，越来越多的半导体厂家给予了很大的投入、碳化硅的肖特基二极管产品已开始大量应用于各种电力电子装置。但宽禁带材料电力电子器件要达到全面取代硅材料电力电子器件，特别是在全控型器件领域，尚需假以时日。

本章还集中介绍了电力电子器件的保护和串并联使用等问题。其具体要点是：①电力电子器件过电压的产生原因和过电压保护的主要方法及原理；②电力电子器件过电流保护的主要方法及原理；③电力电子器件缓冲电路的概念、分类、典型电路及基本原理；④电力电子器件串联和并联使用的目的、基本要求以及具体注意事项。

## 习题及思考题

1. 电力二极管属于哪种类型的控制器件？常用的电力二极管有哪几种？

2. 使晶闸管导通的条件是什么？维持晶闸管导通的条件是什么？怎样才能使晶闸管由导通变为关断？

3. 题图 2-1 中阴影部分为晶闸管处于通态区间的电流波形，各波形的电流最大值均为 $I_m$，试计算各波形的电流平均值 $I_{d1}$、$I_{d2}$、$I_{d3}$ 与电流有效值 $I_1$、$I_2$、$I_3$。

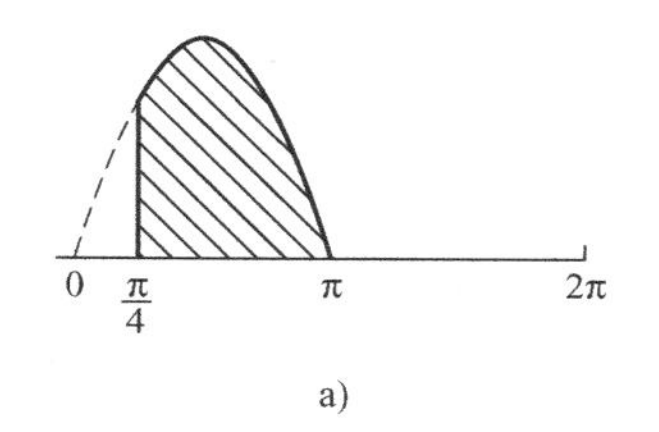

a)

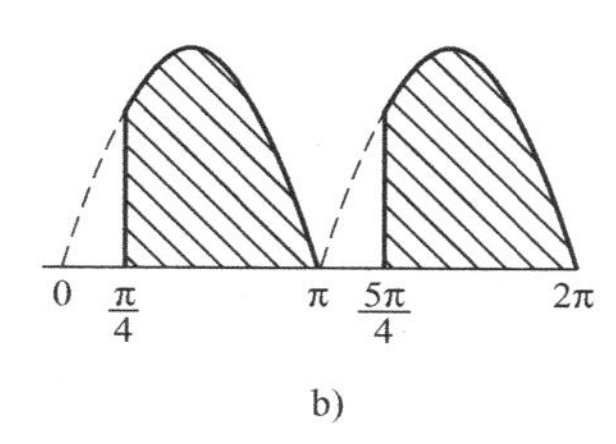

b)

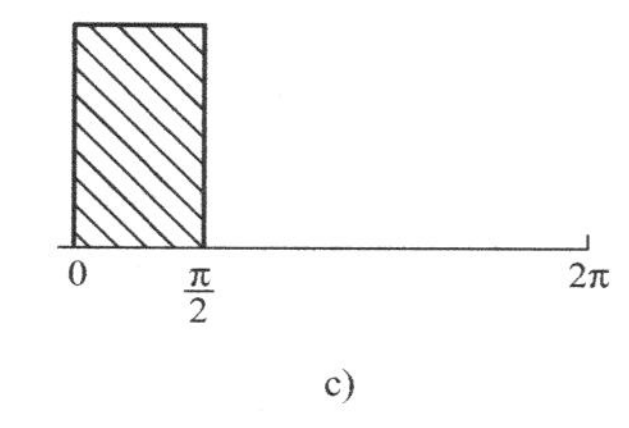

c)

题图 2-1　晶闸管导电波形

4. 上题中如果考虑安全裕量为 1.5，问通态平均电流为 100A 的晶闸管能送出平均电流 $I_{d1}$、$I_{d2}$、$I_{d3}$ 各为多少？这时，相应的电流最大值 $I_{m1}$、$I_{m2}$、$I_{m3}$ 各为多少？

5. GTO 晶闸管和普通晶闸管同为 PNPN 结构，为什么 GTO 晶闸管能够自关断，而普通晶闸管不能？

6. 与信息电子电路中的 MOSFET 相比，电力 MOSFET 具有怎样的结构特点才具有耐受高电压和大电流的能力？

7. 试分析 IGBT 和电力 MOSFET 在内部结构和开关特性上的相似与不同之处。

8. 试说明 GTR，GTO 晶闸管，电力 MOSFET，IGBT 各自的优缺点。

9. 试列举典型的宽禁带半导体材料。基于这些宽禁带半导体材料的电力电子器件在哪些方面性能优于硅器件？

10. 试分析电力电子集成技术可以带来哪些益处。功率集成电路与集成电力电子模块实现集成的思路有何不同？

11. 电力电子器件有几种分类方法？每种中又有哪几类？

12. 电力电子器件过电压产生的原因有哪些？

13. 电力电子器件过电压保护和过电流保护各有哪些主要方法？

14. 电力电子器件缓冲电路是怎样分类的？全控型器件的缓冲电路主要作用是什么？

15. 电力电子器件为什么要进行串、并联运用？此时应注意什么问题？

# 第3章 交流-直流变换

交流电（AC）转换为直流电（DC）是电力电子技术最早应用的领域之一，在电力电子学中，将交流电转变为直流电的过程称为整流，完成整流过程的电力电子变换电路称为整流电路。整流电路的作用是将交流电能变为直流电能供给直流用电设备。整流电路的应用十分广泛，例如直流电动机，电镀、电解电源，同步发电机励磁，通信系统电源等。

本章将首先讨论最基本最常用的几种可控整流电路，分析和研究其工作原理、基本数量关系，以及负载性质对整流电路的影响。然后分析变压器漏抗对整流电路的影响。在上述分析讨论的基础上，对整流电路的谐波和功率因数进行分析。应用于大功率场合的整流电路有其特点，本章也将进行介绍。

学习整流电路的工作原理时，要根据电路中的开关器件通、断状态及交流电源电压波形和负载的性质，分析其输出直流电压、电路中各元器件的电压和电流波形。在重点掌握各种整流电路中波形分析方法的基础上，得到整流输出电压与移相控制角之间的关系。

整流电路可分为相位控制（简称相控）整流电路和斩波控制（简称斩控）整流电路，本章讲述的主要是相控整流电路。

## 3.1 概述

### 3.1.1 整流电路的分类

整流电路形式繁多，各具特点，整流电路可从不同角度进行分类。

按整流器件可分为全控整流、半控整流和不可控整流三种。在全控整流电路中，整流器件由可控器件组成（如SCR、GTR、GTO晶闸管、IGBT等），其输出直流电压的平均值及极性可以通过控制器件的导通而得到调节，在电路中，功率可以由电源向负载传送，也可由负载反馈给电源；半控整流电路中，整流器件则由不控器件（整流二极管）和可控器件（如SCR）混合组成，在电路中，负载电压极性不能改变，但输出直流电压的平均值可以调节；不可控整流电路中，整流器件由不可控器件整流二极管组成，其输出直流电压的平均值和输入交流电压的有效值之比是固定不变的。

按整流输出波形和输入波形的关系可分为半波整流和全波整流。半波整流电路中，整流器件的阴极（或阳极）全部连接在一起，并接到负载的一端，负载的另一端与电源相连，在半波整流电路中，每条交流电源线中的电流是单一方向的，负载上得到的只是电源电压波形的一半；全波整流电路可以看成是两组半波整流电路串联，整流器件一组接成共阴极，另一组接成共阳极，分别接到负载的两端，在全波整流电路中，每条交流电源线中的电流是交变的。

按电路结构可分为桥式电路和零式电路；按输入交流相数分为单相、三相和多相电路；按变压器二次侧电流的方向分为单向和双向。

按控制方式可分为相控整流和PWM（脉冲宽度调制）整流两种。相控整流采用晶闸管作为主要的功率开关器件（通过控制触发脉冲起始相位来控制输出电压大小），相控电路容量大、控制简单、技术成熟。PWM 整流技术是近年来发展的一种新型 AC - DC 变换技术，整流器件采用全控器件，使用现代的控制技术，在工程领域因其优良的性能得到了越来越多的应用。

### 3.1.2 相控整流电路一般结构

相控整流电路按交流电源电压的相数分类可分为单相、三相和多相相控整流电路。相控整流电路是一种应用广泛的整流电路，相控整流电路由交流电源（工频电网或整流变压器）、整流电路、负载及触发控制电路构成，如图 3-1 所示。

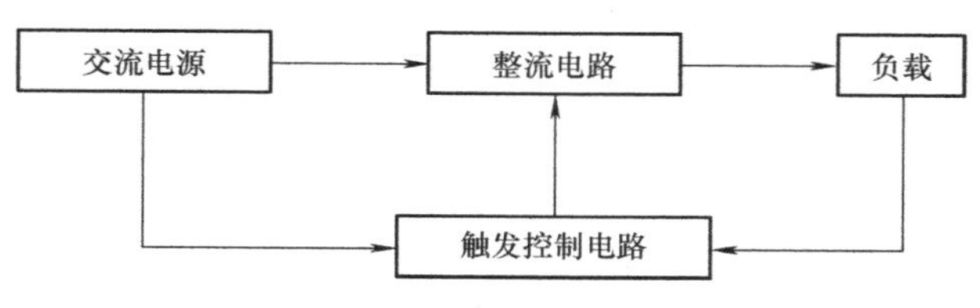


图 3-1 相控整流电路的结构框图

整流电路包括电力电子变换电路、滤波器和保护电路等，电力电子变换电路从交流电源吸收电能，并将输入的交流电压转换成脉动的直流电压。

滤波器的作用是为了使输出的电能连续，经滤波器处理后向负载提供电压稳定（电容滤波）或电流稳定（电感滤波）的直流电能，保护电路的作用是在异常情况下保护主电路及其功率器件。

负载包括各种工业设备，在研究和分析整流电路的工作原理时，负载可以等效为电阻性负载、电感性负载、电容性负载和反电动势负载等。

1）电阻性负载：如电阻加热炉、电解和电镀等属于电阻性负载，特点是电流和电压的波形形状相同。

2）电感性负载：电动机的励磁绕组、经大电感滤波的负载都属于电感性负载，特点是当电抗值比与之串联的电阻值大得很多时，负载电流波形连续且较平直。

3）电容性负载：整流电路输出端接大电容滤波后，负载呈现电容性的特点，电流波形呈尖峰状。

4）反电动势负载：整流装置输出端给蓄电池充电或直流电动机作电源时，属于反电动势负载，特点是只有当电源电压大于反电动势时，整流器件才导通，电流波形脉动较大。

## 3.2 单相可控整流电路

典型的单相可控整流电路包括单相半波可控整流电路、单相桥式全控整流电路、单相桥式半控整流电路及单相全波可控整流电路等。单相可控整流电路的交流侧接单相电源。本节将讲述几种典型的单相可控整流电路，包括其工作原理、定量计算等，并重点讲述不同负载对电路工作的影响。

### 3.2.1 单相半波可控整流电路

单相半波可控整流电路的特点是结构简单，但输出脉动大，变压器二次电流中含直流分量，易造成变压器铁心直流磁化。学习单相半波可控整流电路的目的在于利用其简单易学的特点，建立起可控制整流电路的基本概念和正确的学习方法。

**1. 带电阻性负载的工作情况**

(1) 电路的结构形式及工作原理　在现实生产生活中，如电灯、电炉、电解和电镀等都属于电阻性负载，电阻性负载的特点是负载是耗能元件，只能消耗电能，而不能存储或释放能量；负载两端的电压和通过的电流总是成正比，电流和电压同相位，波形相同。

图3-2a所示为单相半波可控整流电路的原理图。变压器T起到电压变换和隔离的作用，其一次电压和二次电压瞬时值分别用$u_1$和$u_2$表示，有效值分别用$U_1$和$U_2$表示，电路中$u_2$为工频正弦电压，$u_2=\sqrt{2}U_2\sin\omega t$，$U_2$的大小根据直流侧输出电压$u_d$的平均值$U_d$确定。

在分析整流电路工作时，认为晶闸管（开关器件）为理想器件，即晶闸管开通时其管压降等于零，晶闸管阻断时其漏电流等于零。除非特意研究晶闸管的开通、关断过程，一般认为晶闸管的开通与关断过程瞬时完成。

图3-2b所示为单相半波可控整流电路带电阻性负载时的工作波形。在$u_2$的正半周，晶闸管VT阳极电压为正、阴极电压为负，VT承受正向电压。根据晶闸管的导通条件，在电源电压$u_2$的正半周，$0\sim\omega t_1$期间，因尚未给晶闸管VT施加触发脉冲，故VT处于正向阻断状态，如果忽略漏电流，则负载上无电流流过，输出电压$u_d=0$，VT承受全部电源电压，VT上电压$u_{VT}=u_2$；在$\omega t_1$时刻以后，VT由于触发脉冲$u_g$的作用而导通，如果忽略晶闸管的正向管压降则输出电压$u_d=u_2$，VT上电压$u_{VT}=0$，一直持续到π时刻。当$\omega t_1=\pi$时，电源电压$u_2$过零，负载电流即晶闸管的阳极电流将小于它的维持电流$I_H$，晶闸管VT关断，输出电压、电流为零。

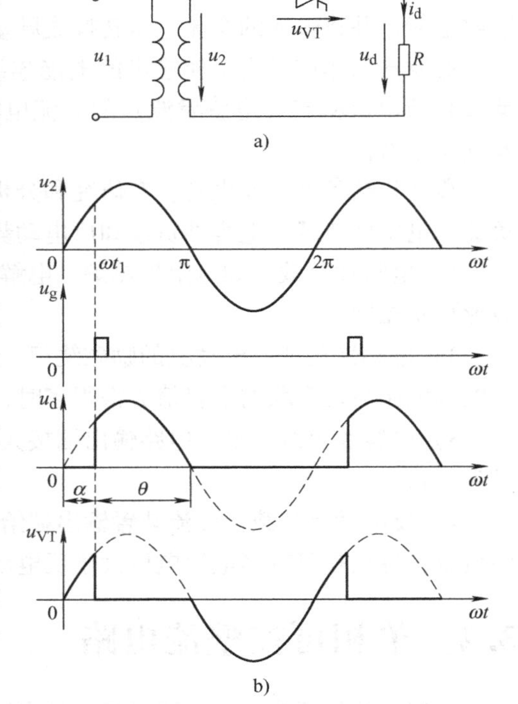


图3-2　电阻性负载单相半波可控整流电路及波形图

在$u_2$负半周，晶闸管始终承受反向电压，不论有无触发信号，VT均不能导通，VT上电压$u_{VT}=u_2$，一直到第二个周期，晶闸管又处于正向电压下，以后不断重复以上过程。

输出电流$i_d$的波形与输出电压$u_d$的波形相同。改变晶闸管门极触发脉冲$u_g$的出现时刻，输出电压$u_d$的波形与输出电流$i_d$的波形随之改变。从图3-2b中的波形可以看出，输出电压$u_d$为极性不变但瞬时值变化的脉动直流电压，输出电压

$u_d$的波形只在$u_2$正半周出现，故称之为半波可控整流。整流输出电压$u_d$波形在一个周期内只有一个脉波，因此电路也称为单脉波整流电路。由于交流输入为单相，所以该电路也称为单相半波可控整流电路。

（2）常用名词术语和概念

1）控制角$\alpha$：从晶闸管开始承受正向电压到被触发导通为止，这段时间所对应的电角度又称为触发延迟角或触发滞后角，也称为控制角或触发角，如图3-2b中$0 \sim \omega t_1$一段所对应的电角度。

2）导通角$\theta$：晶闸管在一个电源周期中导通的电角度称为导通角，如图3-2b中$\omega t_1 \sim \pi$一段所对应的电角度$\theta = \pi - \alpha$。导通角与负载性质有关。

3）移相：改变控制角$\alpha$的大小，即改变触发脉冲$u_g$出现的时刻，称为移相。

4）移相控制：通过移相可以控制输出电压$u_d$的大小，故将通过改变控制角$\alpha$调节输出电压的控制方式称为移相控制。

5）移相范围：改变控制角$\alpha$使输出整流电压平均值从最大值降到最小值（零或负最大值），控制角$\alpha$的变化范围，即触发脉冲移相范围，它与电路结构和负载性质有关。

6）同步：触发脉冲与电源电压之间频率和相位协调配合关系称为同步。使触发脉冲与电源电压保持同步是电路正常工作的不可缺少的条件。

7）换流：在电路中，电流从一个支路向另一个支路转移的过程称为换流，也称为换相。

8）自然换相点：当电路中可控器件全部由不可控器件代替时，各器件的导电转换点称为自然换相点。图3-2b中，$\omega t = 0$的点就是该电路的自然换相点。

（3）基本数量关系

1）输出直流电压平均值为

$$U_d = \frac{1}{2\pi}\int_{\alpha}^{\pi} \sqrt{2} U_2 \sin\omega t \mathrm{d}(\omega t) = \frac{\sqrt{2} U_2}{2\pi}(1 + \cos\alpha) = 0.45 U_2 \frac{1 + \cos\alpha}{2} \tag{3-1}$$

当$\alpha = 0°$时，整流输出直流电压平均值最大，用$U_{d0}$表示，$U_d = U_{d0} = 0.45U_2$；随着控制角$\alpha$的增大，输出直流电压平均值减小，当$\alpha = \pi$时，$U_d = 0$，输出直流电压平均值在$0 \sim 0.45U_2$之间连续可调，控制角$\alpha$移相范围为$0° \sim 180°$。

2）输出电压有效值为

$$U = \sqrt{\frac{1}{2\pi}\int_{\alpha}^{\pi} (\sqrt{2} U_2 \sin\omega t)^2 \mathrm{d}(\omega t)} = \frac{U_2}{\sqrt{2}}\sqrt{\frac{1}{2\pi}\sin 2\alpha + \frac{\pi - \alpha}{\pi}} \tag{3-2}$$

3）输出电流平均值为

$$I_d = \frac{U_d}{R} = 0.45 \frac{U_2}{R} \cdot \frac{1 + \cos\alpha}{2} \tag{3-3}$$

4）晶闸管电流平均值：流过晶闸管的电流等于负载电流（输出电流），即

$$I_{dVT} = I_d = \frac{U_d}{R} = 0.45 \frac{U_2}{R} \cdot \frac{1 + \cos\alpha}{2} \tag{3-4}$$

5）晶闸管电流有效值为

$$I_{VT} = \sqrt{\frac{1}{2\pi}\int_{\alpha}^{\pi} \left(\frac{\sqrt{2} U_2 \sin\omega t}{R}\right)^2 \mathrm{d}(\omega t)} = \frac{U_2}{\sqrt{2} R}\sqrt{\frac{1}{2\pi}\sin 2\alpha + \frac{\pi - \alpha}{\pi}} \tag{3-5}$$

6）变压器二次侧电流有效值 $I_2$、输出电流有效值 $I$ 与晶闸管电流有效值相等，即

$$I_2 = I = I_{\mathrm{VT}} = \frac{U_2}{\sqrt{2}R}\sqrt{\frac{1}{2\pi}\sin 2\alpha + \frac{\pi - \alpha}{\pi}} \tag{3-6}$$

**2. 带阻感性负载的工作情况**

（1）电路结构及工作原理　实际生产中，更常见的负载是既有电阻也有电感，当负载中的感抗 $\omega L$ 与电阻 $R$ 相比不可忽略时即为阻感性负载。若 $\omega L >> R$，则负载主要呈现为电感，称为电感负载，例如电动机的励磁绕组、经大电感滤波的负载等都属于电感性负载，图 3-3a所示为带阻感性负载的单相半波可控整流电路原理图。

负载中的电感性有以下特点：

1）电感对电流变化有抗拒作用，使得流过电感的电流不能发生突变。

2）在电感两端产生的感应电动势 $L\mathrm{d}i/\mathrm{d}t$，它的极性是阻止电流的变化。当电流增加时，它的极性阻止电流增加，当电流减小时，它的极性反过来阻止电流减小，这使得流过电感的电流不能发生突变。

3）电感在电路的工作过程中不消耗能量。理解电感性负载的特点是理解电感性负载整流电路工作的关键。

图 3-3b 所示为带阻感负载单相半波可控整流电路的工作波形图。在 $u_2$ 正半周，晶闸管 VT 承受正向电压，$0 \sim \omega t_1$ 期间，无触发脉冲，VT 处于正向阻断状态，没有负载电流，晶闸管承受电源电压 $u_{\mathrm{VT}} = u_2$，输出电压 $u_{\mathrm{d}} = 0$，电路中电流 $i_{\mathrm{d}} = 0$；在 $\omega t_1$ 时刻，晶闸管 VT 由于触发脉冲 $u_{\mathrm{g}}$ 的作用而导通，$u_2$ 加于负载两端，则输出电压 $u_{\mathrm{d}} = u_2$，忽略晶闸管的管压降则 $u_{\mathrm{VT}} = 0$，因电感 $L$ 的存在使得电流 $i_{\mathrm{d}}$ 不能突变，电流 $i_{\mathrm{d}}$ 从 0 开始增加，同时 $L$ 的感应电动势 $e_{\mathrm{L}}$ 的极性为上正下负，阻止电流 $i_{\mathrm{d}}$ 的增加，虽然此时 $e_{\mathrm{L}}$ 与 $u_2$ 极性相反，但作用在晶闸管上的阳极电压 $u_2 + e_{\mathrm{L}} > 0$，晶闸管导通。此时，交流电源除供给电阻 $R$ 所消耗的能量外，还要供给电感 $L$ 所吸收的磁场能量。在 $\pi$ 时刻，$u_2 = 0$，$u_{\mathrm{d}} = 0$，但由于电感 $L$ 中仍蓄有磁场能，故 $i_{\mathrm{d}} > 0$；在 $\pi \sim \omega t_2$ 期间，电感 $L$ 放出先前储藏的能量，除给电阻 $R$ 消耗外，还要供给变压器二次绕组吸收的能量，并通过一次绕组把能量反送至电网，直至 $i_{\mathrm{d}}$ 逐渐减为 0。在此期间电感 $L$ 的感应电势极性是上负下正，使电流方向不变，只要该感应电动势 $e_{\mathrm{L}}$ 比 $u_2$ 大，VT 仍承受正向电压而继续维持导通，直至 $L$ 中磁场能量释放完毕，VT 承受反向电压而关断。晶闸管承受的最大正反向电压均为电源电压 $u_2$ 的峰值，即 $\sqrt{2}U_2$。

由于电感的存在，延迟了晶闸管关断的时刻，使输出电压 $u_{\mathrm{d}}$ 波形出现负值，因此输出直流电压的平均值下降。

电力电子电路中存在非线性的电力电子器件，决定了电力电子电路是非线性电路。如果忽略导通过程和关断过程，那么电力电子器件通常只工作于通态或断态。若将器件理想化，即通态时认为是开关闭合，阻抗为零；断态时认为是开关断开，阻抗为无穷大，则电力电子电路就成为分段线性电路。在器件通断状态的每一种组合情况下，电路均为由电阻 $R$、电感 $L$、电容 $C$ 及电压源 $E$ 组成的线性 RLCE 电路，即期间的每种状态组合对应一种线性电路拓扑，器件通断状态变化时，电路拓扑发生改变。这样，在分析电力电子电路时，通过器件理想化，将电路简化为分时段线性电路，因此可以分段进行分析计算。

对于不同的控制角 $\alpha$，不同的负载阻抗角 $\phi = \arctan\dfrac{\omega L}{R}$，晶闸管的导通角 $\theta$ 也不同。若

$\phi$ 为定值，则 $\alpha$ 角越大，在 $u_2$ 的正半周电感 $L$ 储能越少，维持导电的能力就越弱，导通角 $\theta$ 越小；若 $\alpha$ 为定值，$\phi$ 越大，则 $L$ 储能越多，导通角 $\theta$ 越大。为了求得在一般情况下的控制特性，可以建立晶闸管导通时的电压平衡微分方程，求解在一定 $\phi$ 值情况下，控制角 $\alpha$ 与导通角 $\theta$ 的关系。

当 $R$ 为一定值时，$L$ 越大，在 $u_2$ 负半周电感 $L$ 维持晶闸管导通时间越长，就越接近晶闸管在 $u_2$ 正半周导通的时间，输出电压 $u_d$ 中负的部分越接近正的部分，其平均值 $U_d$ 越接近零，输出的直流电流平均值也越小，负载上得不到所需的功率，单相半波可控整流电路如不采取措施是不可能直接带大电感负载正常工作的。

为了解决大电感负载时的上述矛盾，在整流电路的负载两端并联一个整流二极管，称为续流二极管 $VD_R$，图 3-4a 所示为带阻感负载、有续流二极管的电路原理图。

图 3-4b 给出了电路的工作波形图，在 $u_2$ 的正半周，$VD_R$ 承受反向电压，不导通，不影响电路的正常工作，电路的工作情况与没有续流二极管的情况相同；在 $\pi \sim 2\pi$ 期间，电感 $L$ 的感应电动势（下正上负）使 $VD_R$ 导通，$VD_R$ 导通后其管压降近似为零，此时使负极性电源电压 $u_2$ 通过 $VD_R$ 全部施加在晶闸管 VT 上，晶闸管 VT 因承受反向阳极电压而关断，在电源电压 $u_2$ 负半周内，负载上得不到电源的负电压，而只有续流二极管的管压降，趋近于零，输出电压 $u_d=0$。$L$ 释放其存储的能量，维持负载电流通过 $L-R-VD_R$ 构成回路，而不通过变压器，此过程通常称为续流。当 $\omega L \gg R$ 时，$i_d$ 不但连续而且基本上维持不变，电流波形接近一条直线。

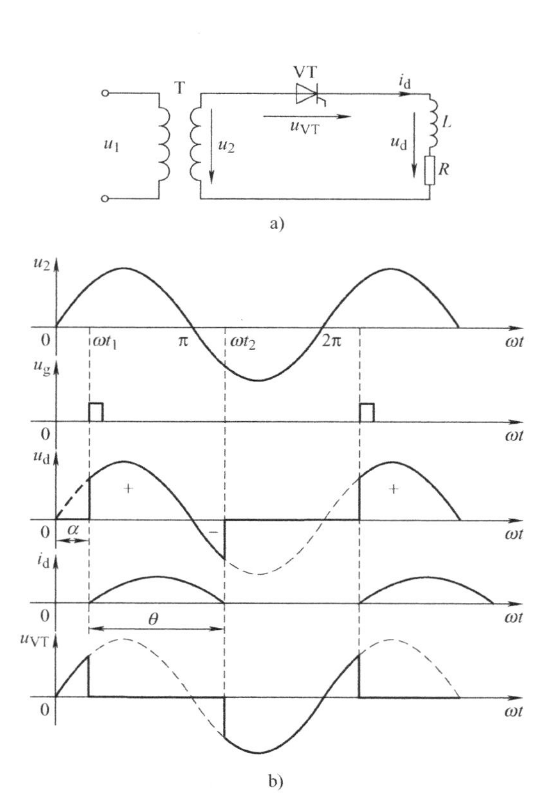


图 3-3 带阻感负载的单相半波可控整流电路及波形图

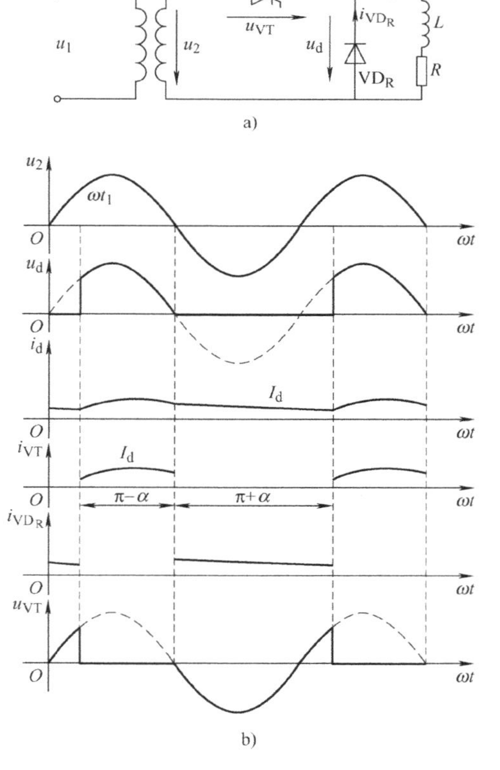


图 3-4 带阻感负载单相半波有续流二极管的电路及波形

晶闸管承受的最大正反向电压均为电源电压 $u_2$ 的峰值，即$\sqrt{2}U_2$，续流二极管承受的最大反向电压为$\sqrt{2}U_2$。

（2）基本数量关系（有续流二极管）

1）输出直流电压平均值为

$$U_d = \frac{1}{2\pi}\int_{\alpha}^{\pi}\sqrt{2}U_2\sin\omega t\mathrm{d}\omega t = \frac{\sqrt{2}U_2}{2\pi}(1+\cos\alpha) = 0.45U_2\frac{1+\cos\alpha}{2} \tag{3-7}$$

当 $\alpha=0°$时，输出直流电压平均值最大，用 $U_{d0}$表示，$U_d=U_{d0}=0.45U_2$；随着控制角 $\alpha$ 增大，输出直流电压平均值减小，当 $\alpha=\pi$ 时，$U_d=0$；输出直流电压平均值在 $0\sim0.45U_2$ 之间连续可调；控制角 $\alpha$ 移相范围为 $0°\sim180°$。

2）输出电流平均值为

$$I_d=\frac{U_d}{R}=0.45\frac{U_2}{R}\frac{1+\cos\alpha}{2} \tag{3-8}$$

3）晶闸管电流平均值为

$$I_{dVT}=\frac{\pi-\alpha}{2\pi}I_d \tag{3-9}$$

4）晶闸管电流有效值为

$$I_{VT} = \sqrt{\frac{1}{2\pi}\int_{\alpha}^{\pi}I_d^2\mathrm{d}(\omega t)} = I_d\sqrt{\frac{\pi-\alpha}{2\pi}} \tag{3-10}$$

5）续流二极管电流平均值为

$$I_{dVDR}=\frac{\pi+\alpha}{2\pi}I_d \tag{3-11}$$

6）续流二极管电流有效值为

$$I_{VDR} = \sqrt{\frac{1}{2\pi}\int_{\pi}^{2\pi+\alpha}I_d^2\mathrm{d}(\omega t)} = I_d\sqrt{\frac{\pi+\alpha}{2\pi}} \tag{3-12}$$

单相半波可控整流电路的特点是简单，但输出脉动大，变压器二次电流中含直流分量，造成变压器铁心直流磁化。为使变压器铁心不饱和，需增大铁心截面积，从而增大了设备的容量，在实际中很少应用此种电路。分析该电路的主要目的在于利用其简单易学的特点，建立起整流电路的基本概念。

### 3.2.2 单相桥式全控整流电路

单相整流电路中应用较多的是单相桥式全控整流电路，如图 3-5 所示，所接负载为电阻负载，下面首先分析这种情况。

**1. 带电阻负载的工作情况**

（1）电路结构及工作原理　电阻性负载单相桥式全控整流电路原理图如图 3-5a 所示，晶闸管 $VT_1$和 $VT_4$组成一对桥臂，$VT_2$和 $VT_3$组成另一对桥臂。在变压器二次侧电压 $u_2$正半周（即 a 点电位高于 b 点电位），如果四个晶闸管都不导通，则负载电流为零，输出电压也为零。晶闸管 $VT_1$、$VT_4$承受正向阳极电压，假设 $VT_1$和 $VT_4$的漏电阻相等，则 $VT_1$和 $VT_4$各承受正向电压 $u_2$的一半，如在控制角 α 时刻给 $VT_1$和 $VT_4$施加触发脉冲，则 $VT_1$和 $VT_4$导通，电流从 a 端流出，经过 $VT_1$、$R$、$VT_4$流回电源 b 端，使负载电阻 $R$ 上得到极性为上正下负的整流输出电压 $u_d$。当 $u_2$ 过零时，晶闸管电流也下降到零，$VT_1$ 和 $VT_4$ 关断。

在 $u_2$ 的负半周（b 点电位高于 a 点电位），晶闸管 $VT_2$、$VT_3$ 承受正向电压。仍在控制角 $\alpha$ 时刻给 $VT_2$ 和 $VT_3$ 施加触发脉冲，$VT_2$ 和 $VT_3$ 导通，电流从 b 端流出，经过 $VT_3$、$R$、$VT_2$ 流回电源 a 端，负载电阻 $R$ 上再次得到极性为上正下负的整流输出电压 $u_d$。当 $u_2$ 过零时，晶闸管电流也下降到零，$VT_2$ 和 $VT_3$ 关断。此后又是 $VT_1$、$VT_4$ 与 $VT_2$、$VT_3$ 两对晶闸管在对应的时刻交替导通关断，如此循环工作。晶闸管承受的最大正向电压为 $\frac{\sqrt{2}}{2}U_2$，承受的最大反向电压为 $\sqrt{2}U_2$。

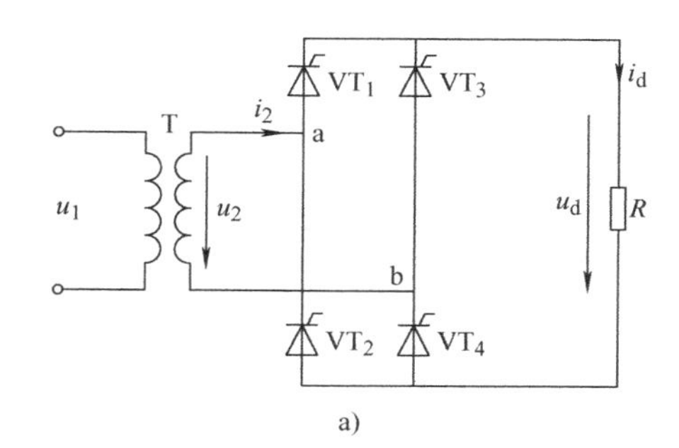


a)

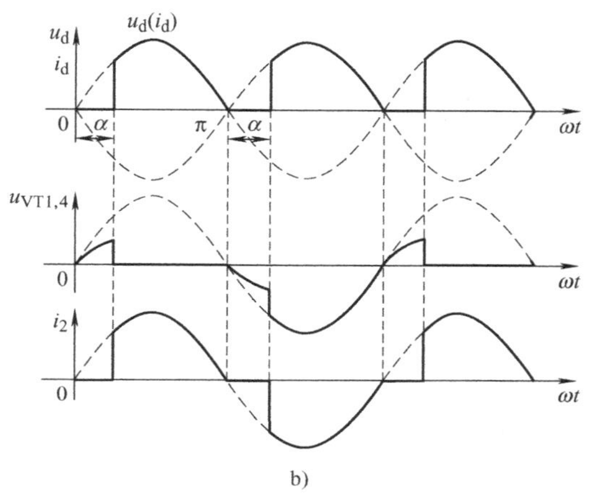


b)

图 3-5 电阻性负载单相桥式全控整流电路及波形图

图 3-5b 所示为电阻性负载时单相桥式全控整流电路各处的电压、电流波形。在交流电源的正负半周都有整流输出电流流过负载，该电路也称为全波电路。在 $u_2$ 的一个周期内，整流电压波形脉动两次，脉动次数多于单相半波整流电路，使直流电压、电流的脉动程度比单相半波有所改善。该电路属于双脉波整流电路，因为桥式整流电路正负半周均能工作，使得变压器二次绕组中在正、负半周均有电流流过，流过电流方向相反且波形对称，即直流电流平均值为零，故变压器不存在直流磁化问题，变压器绕组和铁心的利用率较高。

（2）主要的数量关系

1）输出直流电压平均值为

$$U_d = \frac{1}{\pi}\int_{\alpha}^{\pi}\sqrt{2}U_2\sin\omega t\mathrm{d}\omega t = \frac{\sqrt{2}U_2}{\pi}(1+\cos\alpha) = 0.9U_2\frac{1+\cos\alpha}{2} \tag{3-13}$$

当 $\alpha=0°$ 时，输出直流电压平均值最大，用 $U_{d0}$ 表示，$U_d=U_{d0}=0.9U_2$；随着控制角 $\alpha$ 增大，输出直流电压平均值减小，当 $\alpha=\pi$ 时，$U_d=0$；输出直流电压平均值在 $0\sim0.9U_2$ 之间连续可调；控制角 $\alpha$ 移相范围 $0°\sim180°$。

2）输出电流平均值为

$$I_d = \frac{U_d}{R} = 0.9\frac{U_2}{R}\frac{1+\cos\alpha}{2} \tag{3-14}$$

3）晶闸管电流平均值：晶闸管 $VT_1$、$VT_4$ 和 $VT_2$、$VT_3$ 轮流导电，每个晶闸管流过电流的平均值只有输出直流电流平均值的一半，即

$$I_{dVT} = \frac{I_d}{2} = 0.45\frac{U_2}{R}\frac{1+\cos\alpha}{2} \tag{3-15}$$

4）晶闸管电流有效值：为选择晶闸管、变压器容量、导线截面积等定额，需考虑发热

问题效值。流过晶闸管的电流有效值为

$$I_{VT}=\sqrt{\frac{1}{2\pi}\int_{\alpha}^{\pi}\left(\frac{\sqrt{2}U_2\sin\omega t}{R}\right)^2\mathrm{d}\omega t}=\frac{U_2}{\sqrt{2}R}\sqrt{\frac{1}{2\pi}\sin 2\alpha+\frac{\pi-\alpha}{\pi}} \tag{3-16}$$

5）变压器二次侧电流有效值 $I_2$ 与负载电流有效值 $I$ 相等

$$I_2=I=\sqrt{\frac{1}{\pi}\int_{\alpha}^{\pi}\left(\frac{\sqrt{2}U_2\sin\omega t}{R}\right)^2\mathrm{d}\omega t}=\frac{U_2}{R}\sqrt{\frac{1}{2\pi}\sin 2\alpha+\frac{\pi-\alpha}{\pi}} \tag{3-17}$$

由以上两个等式可见

$$I_{VT}=\frac{I}{\sqrt{2}} \tag{3-18}$$

**2. 带阻感负载的工作情况**

带阻感负载的单相桥式全控整流电路的原理图如图 3-6a 所示，假设电路已处于正常工作的稳定状态。

在变压器二次侧电压 $u_2$ 的正半周（a 点电位高于 b 点电位），晶闸管 $VT_1$、$VT_4$ 承受正向阳极电压。在控制角 $\alpha$ 处给晶闸管 $VT_1$、$VT_4$ 施加触发脉冲使它们导通，整流输出电流从 a 端流出，经过 $VT_1$、$L$、$R$、$VT_4$ 流回电源 b 端，$u_2$ 通过 $VT_1$、$VT_4$ 向晶闸管 $VT_2$、$VT_3$ 施加反偏电压而其关断。负载中有电感存在使负载电流不能突变，电感对负载电流起平波作用，假设负载电感 $\omega L >> R$，负载电流 $i_d$ 连续、平直，近似为一水平线，大小为 $I_d$，波形如图 3-6b 所示。当 $u_2$ 过零变负时，由于 $u_2$ 减小时负载电流 $i_d$ 出现减小的趋势，促使电感 $L$ 上出现下正上负的自感电动势 $e_L$，$e_L$ 与 $u_2$ 一起构成晶闸管上的阳极电压，如果 $|e_L|>|u_2|$，则即使 $u_2$ 过零变负，也能保证施加在晶闸管上的阳极电压 $e_L+u_2>0$，维持晶闸管继续导通。这样，整流输出电压 $u_d$ 波形中将出现负值部分，持续到另一对晶闸管 $VT_2$、$VT_3$ 导通为止。

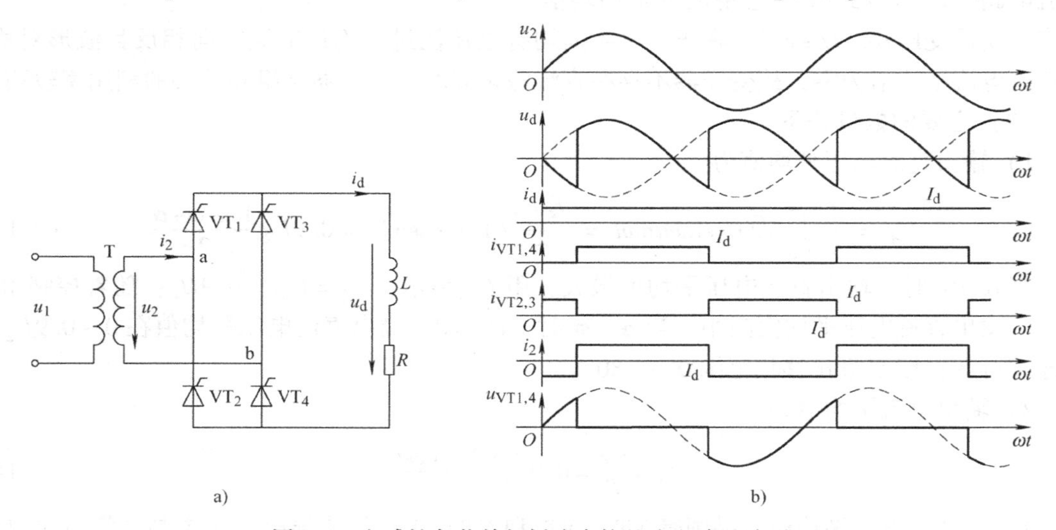


图 3-6　电感性负载单相桥式全控整流电路及波形

在 $u_2$ 的负半周（b 点电位高于 a 点电位），晶闸管 $VT_2$、$VT_3$ 承受正向阳极电压，在 $\omega t=\pi+\alpha$ 时刻给 $VT_2$、$VT_3$ 施加触发脉冲，晶闸管导通，整流电流从 b 端流出，经过 $VT_3$、$L$、$R$、$VT_2$ 流回电源 a 端，$u_2$ 通过 $VT_2$、$VT_3$ 向晶闸管 $VT_1$、$VT_4$ 施加反偏电压而使其关断，

流过 $VT_1$、$VT_4$的电流迅速转移到 $VT_2$和 $VT_3$上，此过程称为换相，也称为换流。$VT_2$、$VT_3$一直导通到下一周期相应的控制角 $\alpha$ 时，重新被导通的 $VT_1$、$VT_4$关断，如此重复循环下去。整流输出电压 $u_d$的波形如图 3-6b 所示，具有正、负输出，其平均值即直流平均电压 $U_d$。

$$U_d = \frac{1}{\pi}\int_{\alpha}^{\pi+\alpha}\sqrt{2}U_2\sin\omega t\mathrm{d}\omega t = \frac{2\sqrt{2}U_2}{\pi}\cos\alpha = 0.9U_2\cos\alpha \tag{3-19}$$

当 $\alpha=0°$时，输出直流电压平均值最大，用 $U_{d0}$表示，$U_d=U_{d0}=0.9U_2$；随着控制角 $\alpha$ 增大，输出直流电压平均值减小，当 $\alpha=\pi/2$ 时，$U_d=0$；输出直流电压平均值在 $0\sim0.9U_2$ 之间连续可调；控制角 $\alpha$ 移相范围为 $0°\sim90°$。

晶闸管 $VT_1$、$VT_4$ 两端电压波形如图 3-6b 所示，晶闸管承受的最大正反向电压均为$\sqrt{2}u_2$。

由于电流连续，晶闸管的导通角 $\theta$ 与控制角 $\alpha$ 无关，每只晶闸管的导通角为半个周期，$\theta=\pi$，其电流波形如图 3-6b 所示，宽度为 180°的矩形波。

晶闸管电流平均值为

$$I_{dVT} = \frac{I_d}{2} = 0.45\frac{U_2}{R}\cos\alpha \tag{3-20}$$

晶闸管电流有效值为

$$I_{VT} = \frac{I_d}{\sqrt{2}} = 0.707I_d \tag{3-21}$$

变压器二次电流 $i_2$的波形为正负各 180°的矩形波，相位由控制角 $\alpha$ 决定，变压器二次电流有效值 $I_2=I_d$。变压器二次绕组内的电流无直流分量，故不存在直流磁化问题。

当负载回路中电感不足够大或负载电流较小时，负载电流将不再连续，输出电压平均值为

$$U_d = \frac{1}{\pi}\int_{\alpha}^{\alpha+\theta}\sqrt{2}U_2\sin\omega t\mathrm{d}\omega t = \frac{\sqrt{2}U_2}{\pi}[\cos\alpha - \cos(\alpha+\theta)] \tag{3-22}$$

式中，$\theta$ 为晶闸管的导通角。确定导通角 $\theta$ 的大小需要建立晶闸管导通时的电压平衡微分方程，通过边界条件求解出 $\theta$。

**3. 带反电动势负载时的工作情况**

当负载为蓄电池或直流电动机的电枢（忽略其中的电感）时，负载本身具有一定的直流电动势，对于整流来说，它们就是反电动势性质负载。在反电动势性质负载的可控整流电路中，当忽略主电路中各部分的电感时，可以被认为是电阻反电动势负载，如图 3-7a 所示，只有当变压器二次电压 $u_2$的绝对值大于反电动势，即 $|u_2|>E$ 时，整流桥中晶闸管才能承受正向阳极电压，从而被触发导通，电路中才有直流电流 $i_d$输出。晶闸管导通以后，输出电压 $u_d=u_2$，负载电流 $i_d=\frac{u_d-E}{R}$，直到 $|u_2|=E$，$i_d$降为零而使晶闸管关断，此后 $u_d=E$。与电阻性负载时相比，晶闸管的导电时间缩短，如图 3-7b 所示，晶闸管提前 $\delta$ 电角度停止导电，$\delta$ 称为停止导电角。$\delta$ 也表征了在给定的反电动势 $E$、交流电压有效值为 $U_2$条件下，晶闸管可能导通的最早时刻，所以 $\delta$ 也称为最小起始导电角。若交流电源电压的峰值为$\sqrt{2}U_2$，反电动势大小为 $E$，则

$$\delta = \arcsin \frac{E}{\sqrt{2} U_2} \tag{3-23}$$

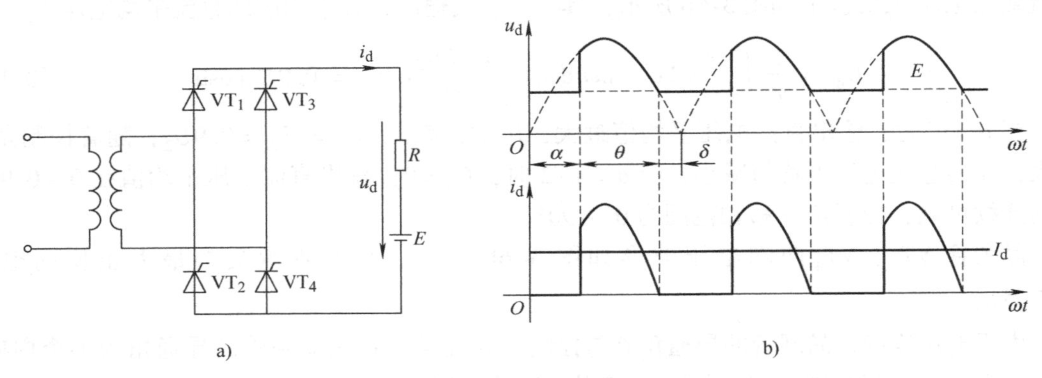


图 3-7 反电动势–电阻负载时单相全控桥式整流电路及波形图

当控制角 $\alpha > \delta$ 时，$u_2 > E$，晶闸管一经触发就能导通，晶闸管一直导通到 $\omega t = \pi - \delta$ 时刻为止，整流输出电压平均值为

$$U_d = E + \frac{1}{\pi}\int_{\alpha}^{\pi-\delta}(\sqrt{2}U_2\sin\omega t - E)\mathrm{d}\omega t \tag{3-24}$$

输出电流的平均值为

$$I_d = \frac{U_d - E}{R} \tag{3-25}$$

输出电流的有效值为

$$I = \sqrt{\frac{1}{\pi}\int_{\alpha}^{\pi-\delta}\left(\frac{\sqrt{2}U_2\sin\omega t - E}{R}\right)^2\mathrm{d}\omega t} \tag{3-26}$$

当控制角 $\alpha < \delta$ 时，虽然在 $\omega t = \alpha$ 时刻给晶闸管门极施加了触发脉冲，但此时电源电压 $u_2$ 小于反电动势 $E$，晶闸管承受反向阳极电压而不能导通，为了保证晶闸管可靠导通，要求触发脉冲有足够的宽度，确保当 $\omega t = \delta$ 时刻晶闸管开始承受正向阳极电压时，触发脉冲依然存在。这相当于将控制角 $\alpha$ 推迟为 $\delta$，即 $\alpha = \delta$，晶闸管的导通区间为 $\omega t = \delta \sim (\pi - \delta)$。

反电动势性负载下的输出电流是断续的，出现了 $i_d = 0$ 的时刻，电流断续会给直流电动机负载带来一系列影响。电流断续将使电动机运行条件严重恶化，机械特性变得很软，机械特性是指电动机的转速 $n$ 与转矩 $M$ 的关系，$n = f(M)$ 反映出电动机的带载能力，直流电动机的机械特性是略微向下倾斜的直线，希望该直线越平越好，机械特性差的典型表现是：电动机一旦加上较大负载，则转速有明显的下降；电流断续时导通角 $\theta$ 变小，电流波形的底部越窄。平均电流是与电流波形的面积成比例的，为了增大平均电流，则电流峰值也要增大，有效值随之增大，高峰值的脉冲电流将造成直流电动机换向困难，并且在换向时容易产生火花，电流有效值的增大，要求电源的容量增大。

为了克服这些缺点，一般在反电动势负载主回路中串联平波电抗器，用来平滑电流脉动和延长晶闸管导通时间，保持电流连续。有了电感，当 $u_2$ 小于 $E$，甚至 $u_2$ 值变负时，晶闸管仍可导通。当电感容量足够大时，电流连续，工作情况与电感性负载电流连续的情况相同，晶闸管每次导通 180°，这时整流输出电压 $u_d$ 的波形和负载电流 $i_d$ 的波形与电感性负载电流连续时的波形相同，整流输出电压平均值 $U_d$ 的计算公式同理。

单相桥式全控整流电路中，电动机负载串联一个平波电抗器 $L$（负载为 $L$、$R$、$E$），电动机在低速轻载时电流连续。图 3-8 给出了单相桥式全控整流电路带反电动势负载串联平波电抗器，电流连续的临界情况下的 $u_d$ 和 $i_d$ 波形。

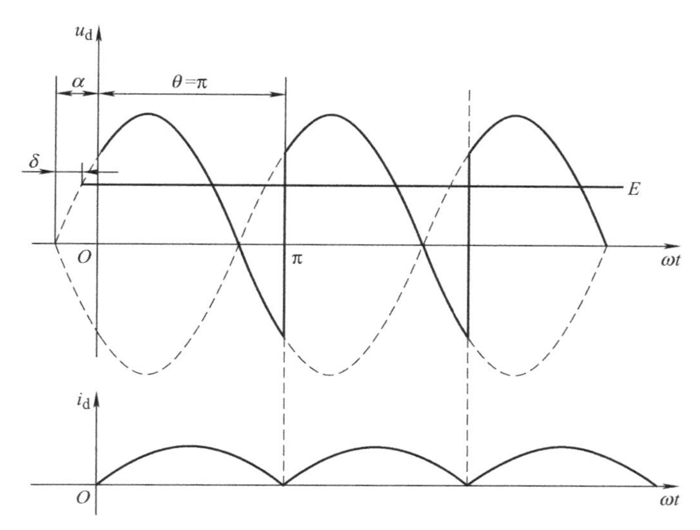


图 3-8 单相桥式全控整流电路带反电动势负载串联平波电抗器，电流连续的临界情况

为保证电流连续所需的电感量 $L$ 可由下式求出：

$$L=\frac{2\sqrt{2}U_2}{\pi\omega I_{\mathrm{dmin}}}\sin\alpha=\frac{2\sqrt{2}U_2}{\pi\omega I_{\mathrm{dmin}}}=2.87\times10^{-3}\frac{U_2}{I_{\mathrm{dmin}}} \tag{3-27}$$

式中，$U_2$ 的单位为 V，$I_{\mathrm{dmin}}$ 的单位为 A，$\omega$ 是工频角速度，$L$ 为主电路总电感量，其单位为 H。

单相桥式全控整流电路具有整流波形好，变压器无直流磁化，变压器绕组利用率高，整流电路功率因数高等优点；整流电路电压放大倍数高，控制灵敏度高，电路结构简单。但也存在电压纹波大、波形差、控制滞后时间长等缺点。在负载容量较大以及对整流电路性能指标有更高要求时，多采用三相可控整流电路。

### 3.2.3 单相桥式半控整流电路

**1. 电路结构及工作原理**

在单相桥式全控整流电路中，晶闸管的作用是控制导通时间和确定电流的流通路径，如果仅仅是为了控制导通时间（即可控整流），则使用一只晶闸管就可以实现，另一只晶闸管可以用电力二极管代替来确定电流的流通路径，从而使电路简化，把图 3-6a 中的晶闸管 $VT_2$、$VT_4$ 换成电力二极管 $VD_2$、$VD_4$，即成为图 3-9a 的单相桥式半控整流电路（先不考虑 $VD_R$）。

电阻性负载时单相桥式半控整流电路的工作情况与单相桥式全控整流电路的工作情况相同，这里无需讨论。这里只讨论电感性负载的工作情况。

假设负载中电感很大，$\omega L \gg R$，且电路已工作于稳态。在 $u_2$ 正半周（a 点电位高于 b 点电位），控制角 $\alpha$ 时刻给晶闸管 $VT_1$ 加触发脉冲，$VT_1$ 导通，$u_2$ 经 $VT_1$ 和 $VD_4$ 向负载供电。

$u_2$过零变负时，因电感作用使电流连续，电流通过续流二极管 $VD_R$进行续流，$U_d$为零。此时，$VT_1$承受负电压关断，$VT_3$承受正电压。变压器二次绕组无电流，输出电压 $u_d=0$。

在 $u_2$ 负半周（b 点电位高于 a 点电位），控制角 $\alpha$ 时刻给晶闸管 $VT_3$加触发脉冲，$VT_3$导通，$VD_R$承受负电压而关断，$u_2$经 $VT_3$和 $VD_2$向负载供电。$u_2$过零变正时，电流再次通过续流二极管 $VD_R$进行续流，输出电压 $u_d=0$。以后重复上述过程。

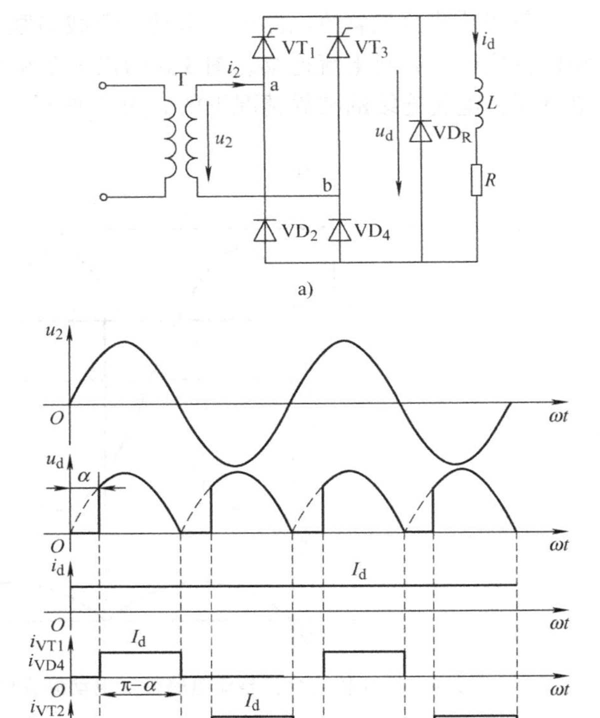

图 3-9　有续流二极管的电感性负载单相桥式半控整流电路及波形

无续流二极管的工作情况：

在 $u_2$正半周，控制角 $\alpha$ 时刻给晶闸管 $VT_1$加触发脉冲，$VT_1$导通，$u_2$经 $VT_1$ 和 $VD_4$向负载供电。当 $u_2$过零变负时，因电感作用使电流连续，$VT_1$继续导通。此时 a 点电位低于 b 点电位，使得电流从 $VD_4$转移至 $VD_2$，$VD_4$承受反向电压而关断，电流不再流经变压器二次绕组，而是由 $VT_1$和 $VD_2$续流。此阶段，忽略器件的通态压降，则输出电压 $u_d=0$，不会出现像全控桥电路那样 $u_d$为负的情况。

在 $u_2$负半周，控制角 $\alpha$ 时刻给晶闸管 $VT_3$加触发脉冲，$VT_3$导通，则向 $VT_1$加反向电压使之关断，$u_2$经 $VT_3$和 $VD_2$向负载供电。$u_2$过零变正时，$VD_4$导通，$VD_2$关断。$VT_3$和 $VD_4$续流，$u_d$又为零。此后重复以上过程。应该注意，该电路可能出现失控现象。

在无续流二极管的电感性负载单相桥式半控整流电路中，当控制角 $\alpha$ 突然增大至 180°或触发脉冲丢失时，由于电感储能不经变压器二次绕组释放，只是在负载电阻上消耗，因此会发生一个晶闸管持续导通而两个二极管轮流导通的情况，这使得输出电压 $u_d$成为正弦半波，即半周期 $u_d$为正弦，另外半周期 $u_d$为零，其平均值保持恒定，相当于单相半波不可控整流电路时输出电压的波形，即控制角 $\alpha$ 失去控制作用，称为失控。例如，当 $VT_1$导通时移去触发脉冲，则当 $u_2$过零变负时，由于 $VT_3$没有触发脉冲（不能导通）和电感的作用，所以负载电流由 $VT_1$和 $VD_2$续流，当 $u_2$过零又变正时，因 $VT_1$是导通的，故 $u_2$又经 $VT_1$和 $VD_4$向负载供电，出现失控现象。

有续流二极管 $VD_R$时，续流过程由 $VD_R$完成，在续流期间对应的晶闸管关断，避免了某一个晶闸管持续导通从而导致失控的现象。同时，续流期间导电回路中只有一个管压降，有利于降低损耗。

**2. 主要数量关系**

有续流二极管时电路中各部分的波形如图 3-9b 所示，输出电压平均值为

$$U_d = \frac{1}{\pi}\int_{\alpha}^{\pi}\sqrt{2}U_2\sin\omega t d\omega t = \frac{\sqrt{2}U_2}{\pi}(1+\cos\alpha) = 0.9U_2\frac{1+\cos\alpha}{2} \tag{3-28}$$

当 $\alpha=0$ 时，输出直流电压平均值最大，用 $U_{d0}$ 表示，$U_d=U_{d0}=0.9U_2$；随着控制角 $\alpha$ 增大，输出直流电压平均值减小，当 $\alpha=\pi$ 时，$U_d=0$；输出直流电压平均值在 $0\sim0.9U_2$ 之间连续可调；控制角 $\alpha$ 移相范围为 $0°\sim180°$。

输出电流平均值为

$$I_d = \frac{U_d}{R} = 0.9\frac{U_2}{R}\frac{1+\cos\alpha}{2} \tag{3-29}$$

晶闸管（二极管）电流平均值、有效值分别为

$$I_{dVT}=I_{dVD}=\frac{\pi-\alpha}{2\pi}I_d,\ I_{VT}=I_{VD}=\sqrt{\frac{\pi-\alpha}{2\pi}}I_d \tag{3-30}$$

续流二极管的电流平均值、有效值分别为

$$I_{dVDR}=\frac{2\alpha}{2\pi}I_d=\frac{\alpha}{\pi}I_d,\ I_{VDR}=\sqrt{\frac{\alpha}{\pi}}I_d \tag{3-31}$$

变压器二次侧电流有效值为

$$I_2=\sqrt{\frac{\pi-\alpha}{\pi}}I_d \tag{3-32}$$

### 3.2.4 单相双半波可控整流电路

单相双半波可控整流电路有时也称为单相全波可控整流电路，图 3-10a 所示为电阻性负载单相双半波可控整流电路接线图，图中 T 是一个二次侧绕组带中心抽头的电源变压器，变压器二次绕组两端分别接晶闸管 $VT_1$ 和 $VT_2$，晶闸管 $VT_1$ 和 $VT_2$ 的阴极连接在一起，称为共阴极连接。

在 $u_2$ 的正半周，触发 $VT_1$，$VT_1$ 导通，负载上得到上正下负的正向输出电压 $u_d$；在 $u_2$ 的负半周，触发 $VT_2$，$VT_2$ 导通，负载上得到上正下负的正向输出电压 $u_d$。图 3-10b 所示为电阻性负载单相双半波可控整流电路输出电压 $u_d$ 的波形和变压器一次电流 $i_1$ 的波形。

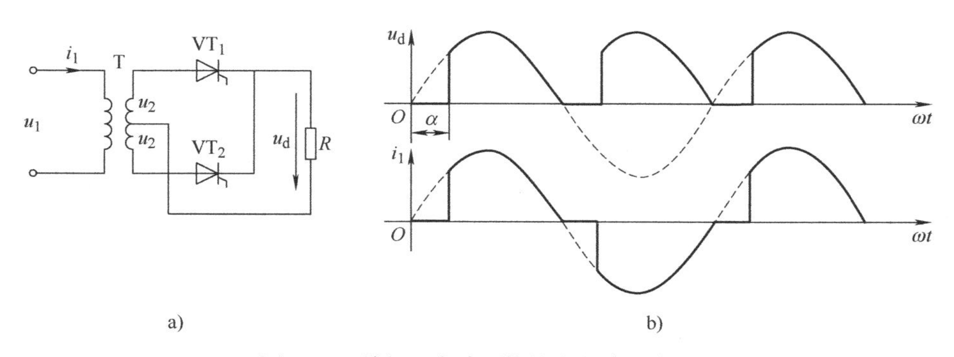


图 3-10 单相双半波可控整流电路及波形

由图中的波形可知，输出电压$u_d$的波形和电阻性负载单相桥式全控整流电路的波形相同，交流输入端电流为交变电流，变压器不存在直流磁化问题。当接其他负载时，具有和电阻性负载相同的结论。从直流输出端和交流输入端看，可以说单相双半波可控整流电路与单相桥式全控整流电路是基本一致的。两者区别如下：

1）单相双半波可控整流电路中变压器的二次绕组带中心抽头，结构较复杂，绕组及铁心对铜、铁等材料的消耗比单相全控桥多；

2）单相双半波可控整流电路只用两个晶闸管，比单相全控桥少两个，相应地，门极驱动电路也少两个；但是晶闸管承受的最大电压为$2\sqrt{2}U_2$，是单相全控桥的2倍；

3）单相双半波可控整流电路中，导电回路只含一个晶闸管，比单相桥少一个，因而管压降也少一个。

从上述2）和3）考虑，单相双半波整流电路适合在低输出电压的场合应用。

## 3.3 三相可控整流电路

单相整流电路在小功率场合得到了广泛应用，当整流负载容量较大，或要求直流电压脉动小、易滤波，或要求快速控制时，采用对电网来说相对平衡的三相整流电路。

三相可控整流电路包括：三相半波可控整流电路、三相桥式全控整流电路、三相桥式半控整流电路、双反星形可控整流电路以及适用于大功率的十二脉波可控整流电路等。这些电路中最基本的是三相半波可控整流电路，其余各种类型电路可以看成是由三相半波可控整流电路串联或并联组成的，分析三相半波可控整流电路是分析其余类型电路的基础。

### 3.3.1 三相半波可控整流电路

**1. 电阻负载**

（1）电路结构及工作原理　电阻性负载三相半波可控整流电路的原理图如图3-11a所示，整流变压器的一次绕组接成三角形，使3次谐波能够流过，避免了3次谐波流入电网，变压器二次绕组必须接成星形，主要是为了得到中性线。晶闸管阳极分别接入a、b、c三相电源，阴极连接在一起接至负载的一端，负载的另一端接电源中性点。这种晶闸管阴极接在一起的接法称为共阴极接法。

稳定工作时，三个晶闸管的触发脉冲互差120°，在三相可控整流电路中，控制角$\alpha$的起点不再是相电压由负变正的过零点，而是各相电压的交点$\omega t=\pi/6$处，这个点称为自然换相点。对三相半波可控整流电路来说，自然换相点是各相晶闸管能触发导通的最早时刻，在自然换相点处触发相应的晶闸管，相当于控制角$\alpha=0°$。

共阴极接法三相半波可控整流电路中，晶闸管导通原则是与电压最高的相对应的器件导通。当控制角$\alpha=0°$时，意味着在$\omega t_1$时刻给a相晶闸管$VT_1$门极施加触发脉冲$u_{G1}$；在$\omega t_2$时刻给b相晶闸管$VT_2$门极施加触发脉冲$u_{G2}$；在$\omega t_3$时刻给c相晶闸管$VT_3$门极施加触发脉冲$u_{G3}$，如图3-11b所示。当电路进入稳定工作状态时，在$\omega t_1$时刻之前晶闸管$VT_3$导通，在$\omega t_1\sim\omega t_2$期间，a相电压$u_a$最高，晶闸管$VT_1$具备导通条件，$\omega t_1$时刻给a相晶闸管$VT_1$门极施加触发脉冲$u_{G1}$，$VT_1$导通，负载$R$上得到a相电压，$u_d=u_a$，如图3-11b中$u_d$波形所示。在$\omega t_2\sim\omega t_3$期间，b相电压$u_b$最高，晶闸管$VT_2$具备导通条件，$\omega t_2$时刻给晶闸管$VT_2$门极施

加触发脉冲 $u_{G2}$，$VT_2$导通，负载 $R$ 上得到 b 相电压，$u_d=u_b$。由于 b 相电压 $u_b$最高，b 点电位通过导通的晶闸管 $VT_2$施加在 $VT_1$的阴极上，使 $VT_1$承受反偏电压而关断。在 $\omega t_3$时刻给晶闸管 $VT_3$门极施加触发脉冲 $u_{G3}$，由于此时 c 相电压 $u_c$最高，$VT_3$导通，故负载 $R$ 上得到 c 相电压，$u_d=u_c$。c 点电位通过导通的晶闸管 $VT_3$施加在 $VT_2$的阴极上，使 $VT_2$承受反向阳极电压而关断。此后，在下一周期相当于 $\omega t_1$的时刻，$VT_1$又导通，重复前一周期的工作情况。一个周期中晶闸管 $VT_1$、$VT_2$、$VT_3$轮流导通，每管导通 120°。负载电压 $u_d$波形为三个相电压在正半周期的包络线，是一个脉动直流，在一周期内脉动三次（有三个波头），频率是工频的 3 倍。负载电流 $i_d$波形与负载电压波形 $u_d$相同。

变压器二次侧 a 相绕组和晶闸管 $VT_1$的电流波形如图 3-11b 中 $i_{VT_1}$波形所示，另外两相电流波形形状相同，相位依次滞后 120°，变压器二次绕组电流有直流分量，所以三相半波可控整流电路存在变压器铁心磁化问题。

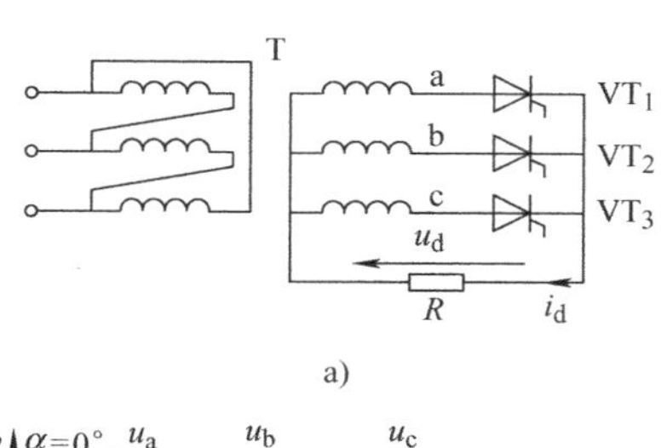


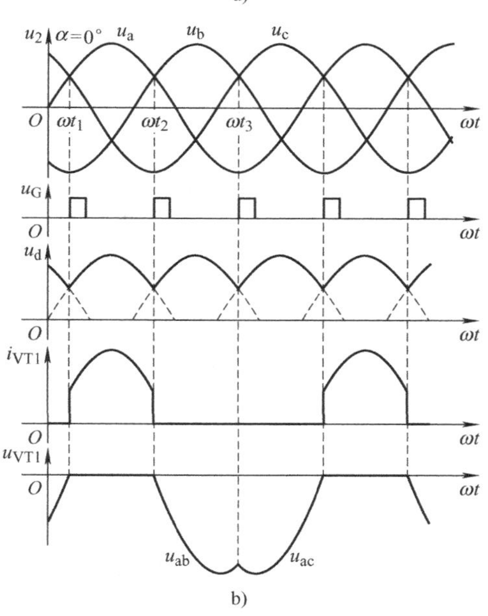


图 3-11　电阻性负载共阴极接法三相半波可控整流电路及波形（$\alpha=0°$）

图 3-11b 中 $u_{VT1}$波形是晶闸管 $VT_1$两端的电压波形，由三段组成：第一段，$VT_1$导通期间，管压降近似为 $u_{VT1}=0$；第二段，在 $VT_1$关断后，$VT_2$导通期间，$u_{VT1}=u_a-u_b=u_{ab}$，为一段线电压；第三段，$VT_3$导通期间，$u_{VT1}=u_a-u_c=u_{ac}$，为另一段线电压。在电流连续情况下，晶闸管电压总是由一段管压降和两段线电压组成。当控制角 $\alpha=0°$时，晶闸管承受的两段线电压均为负值(即反向阳极电压)，最大值为线电压的幅值，随着 $\alpha$ 增大，晶闸管承受的电压中正的部分逐渐增多。其他两只晶闸管上的电压波形形状相同，相位依次相差 120°。

增大控制角 $\alpha$ 的值，将触发脉冲后移，整流电路的工作情况相应地发生变化。图 3-12 是控制角 $\alpha=30°$时的波形图。假设电路已进入稳定工作状态，晶闸管 $VT_3$导通。当经过 a 相自然换相点处时，虽然 $u_a>u_c$，但 a 相晶闸管 $VT_1$门极尚未施加触发脉冲 $u_{G1}$，$VT_1$管不能导通，$VT_3$管继续导通工作，负载电压 $u_d=u_c$。在 $\omega t_1$时刻，即控制角 $\alpha=30°$时，触发脉冲施加在晶闸管 $VT_1$门极，管子被触发导通，$VT_3$承受反向阳极电压 $u_{ca}$而关断，负载电压 $u_d=u_a$，晶闸管 $VT_1$导通 120°，然后晶闸管 $VT_2$的触发脉冲来临，$VT_2$导通，$VT_1$承受反向阳极电压而关断。以后是三相晶闸管轮流导通，各相仍导通 120°。从图 3-12 输出电压、电流波形可以看出，输出电压 $u_d$为三相电压在 120°范围内的包络线，负载电流处于连续和断续的临界状态。

如果控制角 $\alpha>30°$，则直流电流不连续，例如 $\alpha=60°$时，整流电压的波形如图 3-13 所示，当导通一相的相电压过零变负时，该相晶闸管关断。此时下一相晶闸管虽然承受正向阳极电压，但该相晶闸管的触发脉冲还未到来，不会导通，出现各相晶闸管均不导通的情况，因此输出电压、电流均为零，直到 $\alpha=60°$时，下一相晶闸管才会导通。这时，负载电流断续，各晶闸管导通角为90°，小于120°。若控制角 $\alpha$ 继续增大，则导通角也随之减小，整流电压将越来越小，当控制角 $\alpha=150°$时，整流输出电压为零，所以电阻性负载时控制角 $\alpha$ 的移相范围为0°~150°。

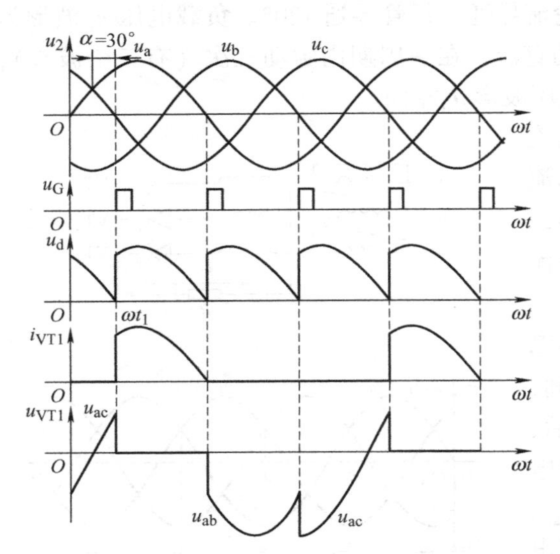


图3-12　电阻性负载三相半波可控整流电路 $\alpha=30°$时的波形图

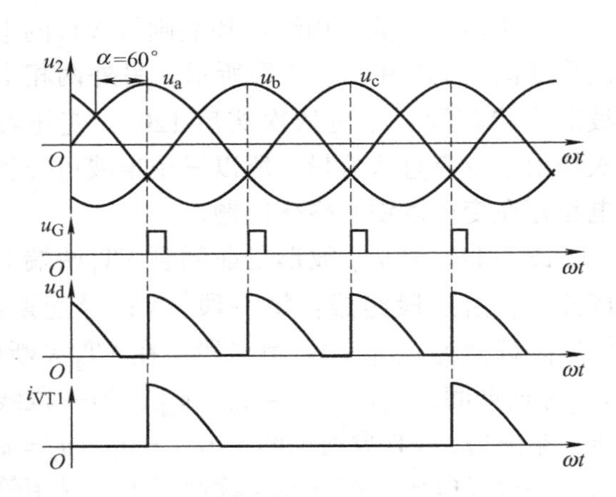


图3-13　电阻性负载三相半波可控整流电路 $\alpha=60°$时的波形图

晶闸管承受的最大反向电压为变压器二次侧线电压的峰值$\sqrt{6}U_2$，晶闸管承受的最大正向电压等于变压器二次侧相电压的峰值$\sqrt{2}U_2$。

（2）整流电压和整流电流的计算

1）整流输出电压平均值：在控制角 $\alpha=0°\sim30°$时为

$$U_d=\frac{3}{2\pi}\int_{\pi/6+\alpha}^{5\pi/6+\alpha}\sqrt{2}U_2\sin\omega t\mathrm{d}\omega t=\frac{3\sqrt{6}}{2\pi}U_2\cos\alpha=1.17U_2\cos\alpha \tag{3-33}$$

在控制角 $\alpha=30°\sim150°$时为

$$\begin{aligned}U_d&=\frac{3}{2\pi}\int_{\pi/6+\alpha}^{\pi}\sqrt{2}U_2\sin\omega t\mathrm{d}\omega t=\frac{3\sqrt{6}}{2\pi}U_2\left[1+\cos\left(\frac{\pi}{6}+\alpha\right)\right]\\&=0.675U_2\left[1+\cos\left(\frac{\pi}{6}+\alpha\right)\right]\end{aligned} \tag{3-34}$$

2）整流输出电压有效值为

$$\begin{aligned}U&=\sqrt{\frac{3}{2\pi}\int_{\pi/6+\alpha}^{5\pi/6+\alpha}(\sqrt{2}U_2\sin\omega t)^2\mathrm{d}\omega t}\\&=U_2\sqrt{\frac{3}{2\pi}\left(\frac{2\pi}{3}+\frac{\sqrt{3}}{2}\cos2\alpha\right)}\quad(0°\leqslant\alpha\leqslant30°)\end{aligned} \tag{3-35}$$

$$U=\sqrt{\frac{3}{2\pi}\int_{\pi/6+\alpha}^{\pi}(\sqrt{2}U_2\sin\omega t)^2\mathrm{d}\omega t}$$

$$= U_2\sqrt{\frac{1}{2\pi}\left(\frac{5\pi}{6}-\alpha+\frac{\sqrt{3}}{4}\cos2\alpha+\frac{1}{4}\sin2\alpha\right)}(30°\leqslant\alpha\leqslant150°) \tag{3-36}$$

3）输出电流平均值为

$$I_d = U_d/R \tag{3-37}$$

**2. 电感性负载**

（1）电路结构及工作原理　电感性负载三相半波可控整流电路如图3-14a所示，负载电感$L$的值极大，整流电流$i_d$的波形连续、平直，幅值为$I_d$，流过晶闸管的电流接近矩形波。

当控制角$\alpha\leqslant30°$时，整流电压$u_d$波形与电阻性负载时相同。当控制角$\alpha>30°$时，例如$\alpha=60°$时的波形图如图3-14b所示，由于负载电感$L$中感应电动势$e_L$的作用，使得晶闸管在电源电压过零变负时仍然继续导通，直到后序相晶闸管导通而承受反向阳极电压关断为止。以a相为例，晶闸管$VT_1$在$\alpha=60°$的时刻导通，输出电压$u_d=u_a$。当$u_a=0$时刻，由于$u_a$的减小将使流过电感$L$的电流$i_d$出现减小趋势，自感电动势$e_L$的极性将阻止$i_d$的减小，使$VT_1$仍然承受正向阳极电压继续导通，即使$u_a$为负时，自感电势与负值相电压之和$e_L+u_a$仍可能为正，使$VT_1$继续承受正向阳极电压维持导通，直到下一时刻$VT_2$触发脉冲到来，发生$VT_1$至$VT_2$的换流，使得$VT_2$导通，向负载供电，同时向$VT_1$施加反向阳极电压而使其关断。在这种情况下，$u_d$波形中出现负的部分，同时各相晶闸管轮流导通120°，若控制角$\alpha$增大，则$u_d$波形中出现负的部分将增多，至$\alpha=90°$时，$u_d$波形中正负面积相等，$u_d$的平均值为零，电感性负载时控制角$\alpha$的移相范围为0°~90°。所以电感性负载下，$u_d$波形脉动很大，但$i_d$波形平直，脉动很小。晶闸管承受的最大正反向电压为变压器二次侧线电压峰值$\sqrt{6}U_2$。

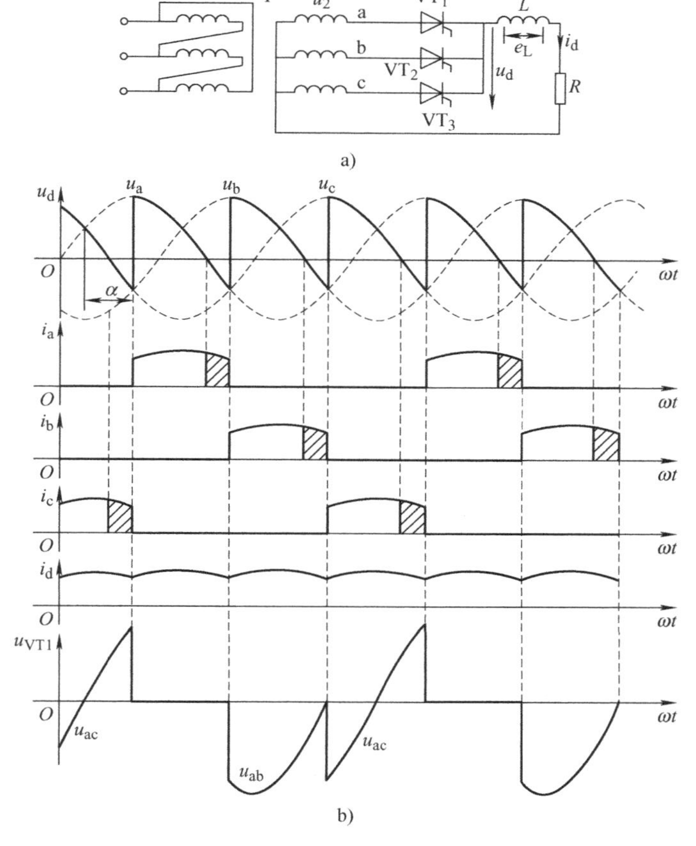


图3-14　电感性负载三相半波可控整流电路及$\alpha=60°$时的波形

图3-14中所给出的$i_d$波形有一定的脉动，这是电路工作的实际情况，因为负载中电感量不可能也不必非常大，往往只要能保证负载电流连续即可，这样$i_d$实际上是有波动的，不是完全平直的水平线。通常，为简化分析及定量计算，可以将$i_d$近似为一条水平线，这样的

近似对分析和计算的准确性并不会产生很大影响。

（2）主要数量关系　输出电压平均值为

$$U_{\mathrm{d}}=\frac{3\sqrt{6}}{2\pi}U_2\cos\alpha=1.17U_2\cos\alpha \tag{3-38}$$

输出电流平均值为

$$I_{\mathrm{d}}=U_{\mathrm{d}}/R \tag{3-39}$$

流过晶闸管电流的平均值、有效值为

$$I_{\mathrm{dVT}}=\frac{1}{3}I_{\mathrm{d}}，\ I_{\mathrm{VT}}=\frac{I_{\mathrm{d}}}{\sqrt{3}}=0.577I_{\mathrm{d}} \tag{3-40}$$

变压器二次电流为

$$I_2=I_{\mathrm{VT}}=\frac{I_{\mathrm{d}}}{\sqrt{3}}=0.577I_{\mathrm{d}} \tag{3-41}$$

将图3-11a的晶闸管阳极连在一起就构成了共阳极接法的三相半波可控整流电路，这种接法要求三相的触发电路必须彼此绝缘，由于晶闸管只有在阳极电位高于阴极电位时才具备导通条件，因此共阳极接法只能在相电压的负半周工作，换相总是换到阴极更负的那一相去。其工作情况、波形和数量关系与共阴极接法时相仿，仅输出极性相反。

三相半波可控整流电路优点是使用了三只晶闸管，接线和控制简单，缺点是变压器二次绕组利用率低，且绕组中电流是单方向的，含有直流分量，使变压器直流磁化并产生较大的漏磁通，引起附加损耗，为此其应用很少，多用在中等偏小功率的设备上。

## 3.3.2　三相桥式全控整流电路

目前在各种整流电路中，应用最广泛的是三相桥式全控整流电路，其原理图如图3-15所示，三相桥式全控整流电路由两组三相半波可控整流电路串联而成：一组三相半波可控整流电路为共阴极接线，三只晶闸管（$VT_1$、$VT_3$、$VT_5$）阴极连接在一起称为共阴极组；另一组为共阳极接线，三只晶闸管（$VT_4$、$VT_6$、$VT_2$）阳极连接在一起称为共阳极组。电路如图3-15所示，习惯上希望晶闸管按从1~6的顺序导通，为此将晶闸管按图示的顺序编号，共阴极组中与a、b、c三相电源相接的晶闸管分别为$VT_1$、$VT_3$、$VT_5$，共阳极组中与a、b、c三相电源相接的晶闸管分别为$VT_4$、$VT_6$、$VT_2$。晶闸管的导通顺序为$VT_1$、$VT_2$、$VT_3$、$VT_4$、$VT_5$、$VT_6$。由于共阴极组正半周触发导通，流过变压器二次绕组的是正向电流，而共阳极组负半周触发导通，流过变压器二次绕组的是反向电流，因此在变压器绕组不存在直流磁化问题，而且每相绕组在正负半周都有电流流过，延长了变压器导电时间，提高了变压器绕组的利用率。

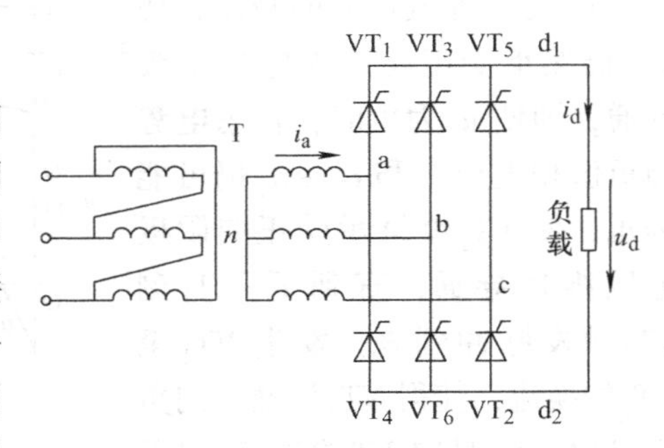


图3-15　三相桥式全控整流电路原理图

### 1. 电阻性负载的工作情况

三相桥式全控整流电路的控制角$\alpha$与三相半波可控整流电路相同，正负方向均有自然换相点。当控制角$\alpha=0°$时，对于共阴极组的三个晶闸管，阳极所接交流电压值最高的一个导通；对于共阳极组的三个晶闸管，阴极所接交流电压值最低（或者说负得最多）的一个导通。这样，任意时刻共阳极组和共阴极组中各有一个晶闸管处于导通状态，其余的晶闸管均处于关断状态，施加于负载上的电压为某一段线电压。电路工作波形图如图3-16所示。

对晶闸管的工作情况进行分析，从 $\omega t_1$ 时刻开始将波形中的一个周期等分为六段，每段为60°。

（1）第Ⅰ段 $\omega t_1 \sim \omega t_2$ 期间，a相电压 $u_a$ 最高，$VT_1$ 被触发导通，b相电压 $u_b$ 最低，$VT_6$ 触发导通，电流从a相经 $VT_1$、负载、$VT_6$ 流回b相，负载上电压 $u_d = u_a - u_b = u_{ab}$。

（2）第Ⅱ段 $\omega t_2 \sim \omega t_3$ 期间，a相电压 $u_a$ 最高，$VT_1$ 继续导通，c相电压 $u_c$ 比b相电压 $u_b$ 低，$VT_2$ 触发导通，$VT_6$ 承受反向阳极电压而关断，电流从a相经 $VT_1$、负载、$VT_2$ 流回c相，负载上电压 $u_d = u_a - u_c = u_{ac}$。

（3）第Ⅲ段 $\omega t_3 \sim \omega t_4$ 期间，b相电压 $u_b$ 最高，$VT_3$ 触发导通，$VT_1$ 承受反向阳极电压而关断，c相电压 $u_c$ 最低，$VT_2$ 继续导通，电流从b相经 $VT_3$、负载、$VT_2$ 流回c相，负载上电压 $u_d = u_b - u_c = u_{bc}$。

（4）第Ⅳ段 $\omega t_4 \sim \omega t_5$ 期间，b相电压 $u_b$ 最高，$VT_3$ 继续导通，a相电压 $u_a$ 比c相电压 $u_c$ 低，$VT_4$ 触发导通，$VT_2$ 承受反向阳极电压而关断，电流从b相经 $VT_3$、负载、$VT_4$ 流回a相，负载上电压 $u_d = u_b - u_a = u_{ba}$。

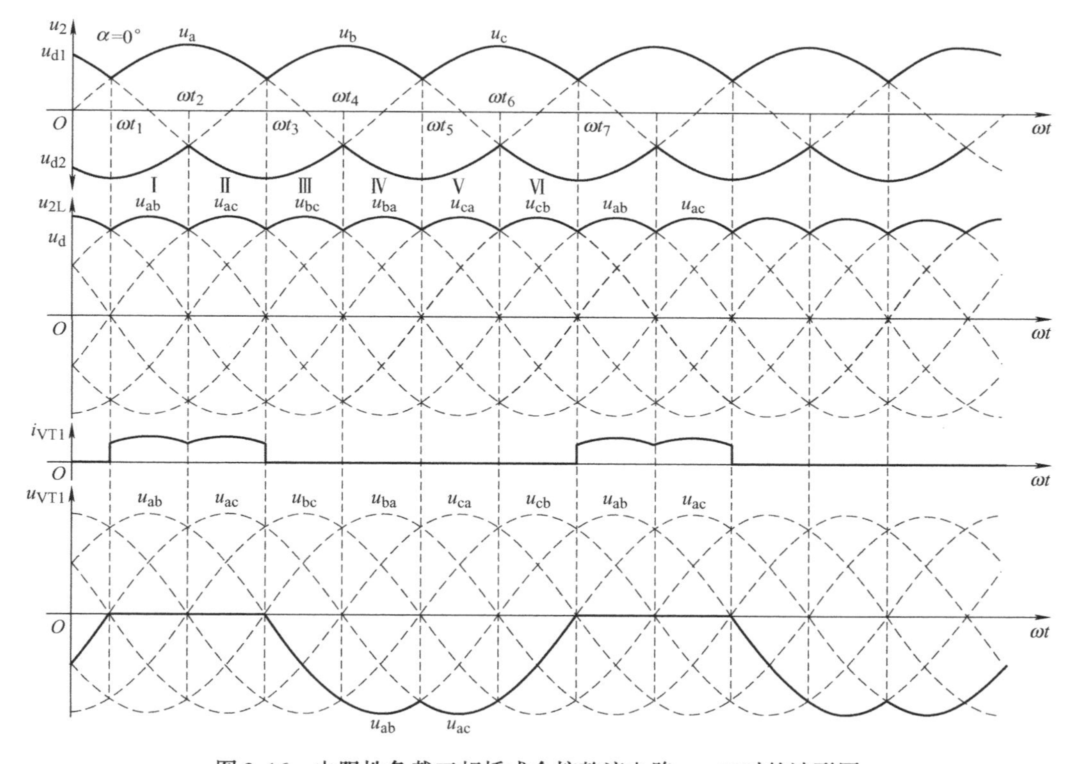


图3-16 电阻性负载三相桥式全控整流电路 $\alpha = 0°$ 时的波形图

（5）第Ⅴ段 $\omega t_5 \sim \omega t_6$ 期间，c相电压 $u_c$ 最高，$VT_5$ 触发导通，$VT_3$ 承受反向阳极电压而关断，a相电压 $u_a$ 最低，$VT_4$ 继续导通，电流从c相经 $VT_5$、负载、$VT_4$ 流回a相，负载上电压 $u_d = u_c - u_a = u_{ca}$。

(6) 第Ⅵ段 $\omega t_6 \sim \omega t_7$期间，c 相电压$u_c$最高，$VT_5$继续导通，b 相电压$u_b$比 a 相电压$u_a$低，$VT_6$触发导通，$VT_4$承受反向阳极电压而关断，电流从 c 相经$VT_5$、负载、$VT_6$流回 b 相，负载上电压$u_d = u_c - u_b = u_{cb}$。

由此可见，共阴极组输出电压$u_{d1}$波形是三相相电压正半周的包络线，共阳极组输出电压$u_{d2}$波形是三相相电压负半周的包络线，三相桥式全控整流电路的输出电压$u_d$是两组输出电压之和，将其对应到线电压波形上，即为三相线电压在正半周的包络线，$u_d$每周期脉动 6 次，最低频率为电源频率的 6 倍。

由上述分析可得到表 3-1 晶闸管的工作情况。

**表 3-1 电阻性负载三相桥式全控整流电路 $\alpha = 0°$时晶闸管工作情况**

| 时段 | Ⅰ | Ⅱ | Ⅲ | Ⅳ | Ⅴ | Ⅵ |
|---|---|---|---|---|---|---|
| 共阴极组导通的晶闸管 | $VT_1$ | $VT_1$ | $VT_3$ | $VT_3$ | $VT_5$ | $VT_5$ |
| 共阳极组导通的晶闸管 | $VT_6$ | $VT_2$ | $VT_2$ | $VT_4$ | $VT_4$ | $VT_6$ |
| 整流输出电压$u_d$ | $u_a - u_b = u_{ab}$ | $u_a - u_c = u_{ac}$ | $u_b - u_c = u_{bc}$ | $u_b - u_a = u_{ba}$ | $u_c - u_a = u_{ca}$ | $u_c - u_b = u_{cb}$ |

三相桥式全控整流电路的工作特点如下：

1）每个时刻均有两个晶闸管同时导通形成供电回路，其中共阴极组和共阳极组各有一个晶闸管导通，且不能为同相的两个晶闸管（否则没有输出），每个晶闸管导电 120°。

2）对触发脉冲的要求：六个晶闸管按 $VT_1$-$VT_2$-$VT_3$-$VT_4$-$VT_5$-$VT_6$的顺序，相位依次差60°；共阴极组$VT_1$、$VT_3$、$VT_5$的脉冲依次差120°，共阳极组$VT_4$、$VT_6$、$VT_2$相位也依次差120°；同一相的上下两个桥臂，即$VT_1$与$VT_4$、$VT_3$与$VT_6$、$VT_5$与$VT_2$，脉冲相差180°。

3）整流输出电压$u_d$一周期脉动 6 次，每次脉动的波形都一样，所以三相桥式全控整流电路也称为 6 脉波整流电路。

4）晶闸管承受的电压只与同组晶闸管的导通情况有关，与三相半波可控整流电路相同。控制角$\alpha = 0°$时由三段组成，一段为零，两段为线电压。例如，对$VT_1$而言，当$VT_1$导通时，两端电压为零，当$VT_3$导通时，两端电压为$u_{ab}$，当$VT_5$导通时，两端电压为$u_{ac}$。晶闸管承受的最大正反向电压与三相半波相同，也为$\sqrt{6}U_2$。

5）对触发电路的要求：在整流电路合闸启动过程中或电流中断后，为确保电路正常工作，必须保证对应导通的一对晶闸管均有触发脉冲。常用的方法有两种：一种采用宽脉冲触发，要求触发脉冲大于60°（一般为80°~100°）；另一种是采用双脉冲触发，即在触发某个晶闸管的同时，给小一个序号的晶闸管补发脉冲，即用两个窄脉冲代替宽脉冲，两个窄脉冲的前沿相差60°，脉冲宽度一般为20°~30°。宽脉冲触发要求触发功率大，易使脉冲变压器饱和，故多采用双脉冲触发。

6）变压器无直流磁化问题：对任一相变压器二次电流来说，共阳极组晶闸管导通时与共阴极组晶闸管导通时的电流正好相反，相位相差180°，为交流电流。当控制角$\alpha$改变时，电路的工作情况也要发生变化，图 3-17 给出了$\alpha = 30°$时波形，从$\omega t_1$时刻开始将波形中的一个周期等分为六段，每段为60°。与控制角$\alpha = 0°$时的情况相比，一周期中整流输出电压$u_d$波形仍由六段线电压构成，晶闸管起始导通时刻推迟了30°，组成$u_d$的每一段线电压因此推迟30°，电路工作情况及每一段导通晶闸管的编号仍符合表 3-1 的规律。第Ⅰ段：$VT_1$、$VT_6$导通，电流从 a 相经 $VT_1$、负载、$VT_6$流回 b 相，负载上电压 $u_a-u_b=u_{ab}$，这一阶段虽然经过共阳极组的自然换相点，c 相电压开始低于 b 相电压，$VT_2$开始承受正向电压，但它的触发脉冲还未来临，故不能导通，由 $VT_6$继续导通，电流依然从 a 相经 $VT_1$、负载、$VT_6$流回 b 相，负载上电压$u_d=u_a-u_b=u_{ab}$。第Ⅱ段：$u_a$最高，$VT_1$继续导通，$VT_2$触发导通，$VT_6$承受反向阳极电压而关断，电流从 a 相经 $VT_1$、负载、$VT_2$流回 c 相，负载上电压 $u_d=u_a-u_c=u_{ac}$，依此类推其他阶段。

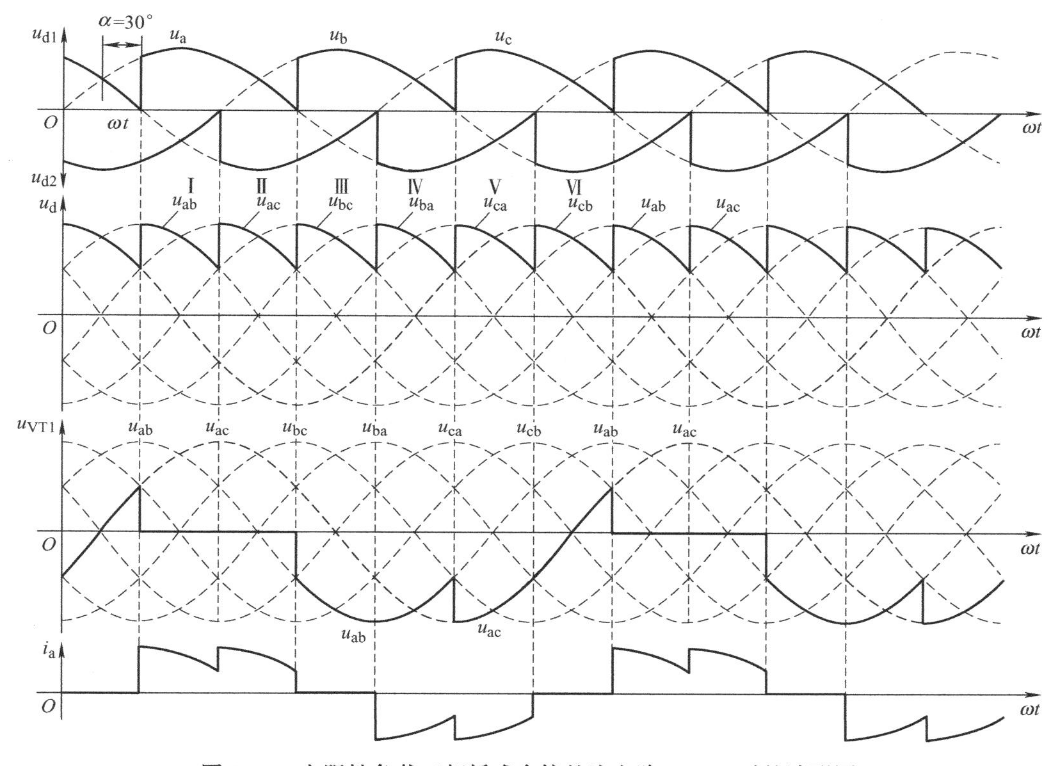


图 3-17 电阻性负载三相桥式全控整流电路 $\alpha=30°$时的波形图

如图 3-17 所示，晶闸管电压 $u_{VT1}$ 波形也发生了相应变化。变压器二次侧 a 相电流 $i_a$波形的特点是在 $VT_1$处于通态的 120°期间，$i_a$为正，$i_a$波形的形状与同时段的 $u_d$波形相同，在 $VT_4$处于通态的 120°期间，$i_a$波形的形状也与同时段的 $u_d$波形相同，但为负值。

图 3-18 给出了控制角 $\alpha=60°$时的波形，与控制角 $\alpha=0°$时的情况相比，一周期中整流输出电压 $u_d$波形仍由六段线电压构成，晶闸管起始导通时刻推迟了 60°，组成 $u_d$的每一段线电压因此推迟 60°，$u_d$平均值降低，电路工作情况及每一段导通晶闸管的编号仍符合表 3-1 的规律，但是出现了 $u_d$为零的点。综合以上分析，控制角 $\alpha=60°$是输出整流电压连续和断续的临界点。当控制角 $\alpha\leq60°$时，整流输出电压 $u_d$连续；当控制角 $\alpha>60°$时，整流输出电压 $u_d$断续。

当控制角 $\alpha>60°$时，图 3-19 给出了控制角 $\alpha=90°$时电阻性负载情况的工作波形，当 $\alpha=90°$时，a 相电压 $u_a$高于 b 相电压 $u_b$，线电压相电压 $u_{ab}>0$，晶闸管 $VT_1$、$VT_6$能被触发导通，整流输出电压 $u_d=u_a-u_b=u_{ab}$，直到共阴极自然换相点 $u_a=u_b$点，线电压 $u_{ab}=0$ 为止。a 相电压 $u_a$低于 b 相电压 $u_b$，线电压相电压 $u_{ab}<0$，晶闸管 $VT_1$、$VT_6$承受反向阳极电

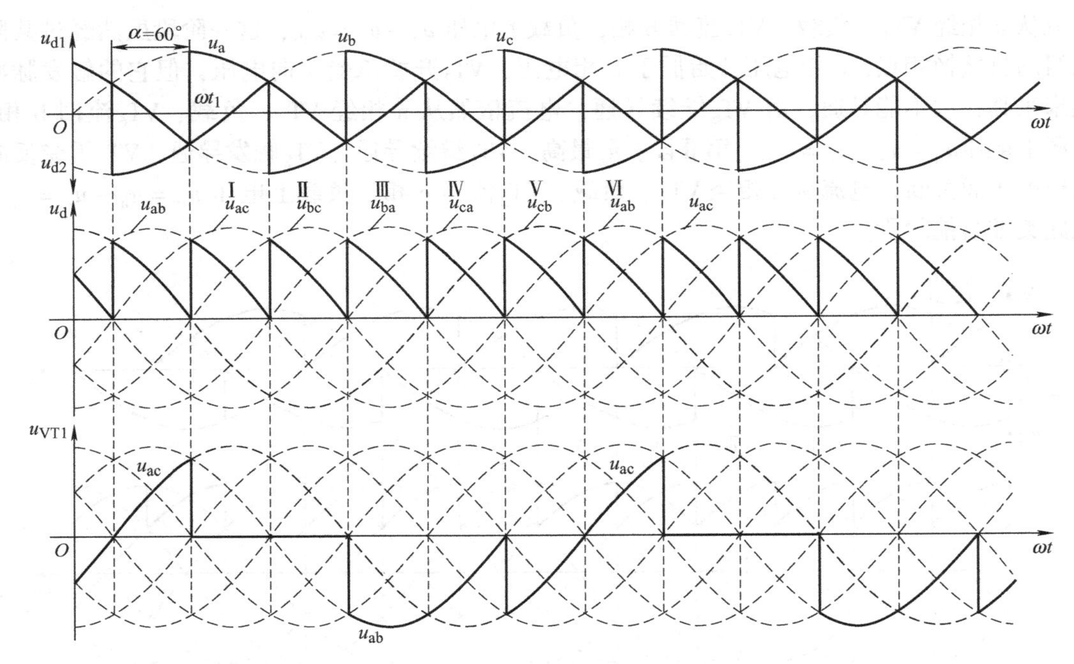


图 3-18　电阻性负载三相桥式全控整流电路 $\alpha=60°$时的波形图

压而关断，此时后续应导通的晶闸管对因触发脉冲尚未来临而不能导通，故整流输出电压 $u_d=0$，整流输出电流 $i_d=0$，出现断续现象，如此类推，可得到一系列断续的整流输出电压波形。在 $\alpha=90°$时，整流输出电压 $u_d$波形每 60°中有 30°为零。

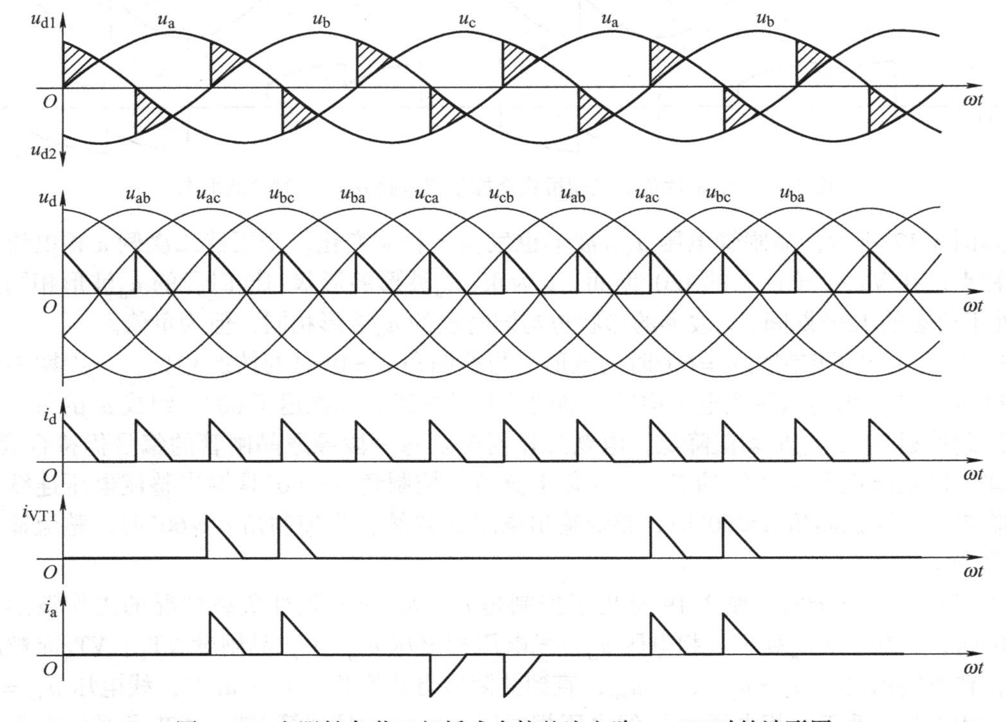


图 3-19　电阻性负载三相桥式全控整流电路 $\alpha=90°$时的波形图

控制角 $\alpha$ 继续增大至 120°，整流输出电压 $u_d$ 波形将全部为零，其平均值也为零，所以电阻性负载的三相桥式全控整流电路控制角 $\alpha$ 的移相范围是 0°～120°。

当控制角 $\alpha>60°$ 时，由于电流断续，一个周期内导通两次，晶闸管总的导通角为 $2(120°-\alpha)$。晶闸管承受电压除了包含电流连续时的零电压和两段线电压外，还包含电流断续时的相电压。

**2. 电感性负载的工作情况**

三相桥式全控整流电路大多用于给电感性负载和反电动势负载供电（用于直流电机传动），这里主要分析电感性负载的工作情况，对于反电动势负载的工作情况，可在电感性负载的基础上掌握其特点，从而分析其工作情况。

当控制角 $\alpha\leqslant60°$ 时，整流输出电压 $u_d$ 波形连续，工作情况与带电阻负载时十分相似，各晶闸管的通断情况、输出整流电压 $u_d$ 波形、晶闸管承受的电压波形等都一样。区别在于由于负载不同，同样的整流输出电压加到负载上，得到的负载电流 $i_d$ 波形不同。

电感性负载时，由于电感的作用，使得负载电流波形变得平直，当电感足够大时，负载电流的波形可近似为一条水平线。图 3-20 和图 3-21 分别给出了电感性负载三相桥式全控整流电路控制角 $\alpha=0°$ 和控制角 $\alpha=30°$ 时的整流输出电压 $u_d$、负载电流 $i_d$、晶闸管流过电流 $i_{VT1}$、变压器二次侧 a 相电流 $i_a$ 的波形。

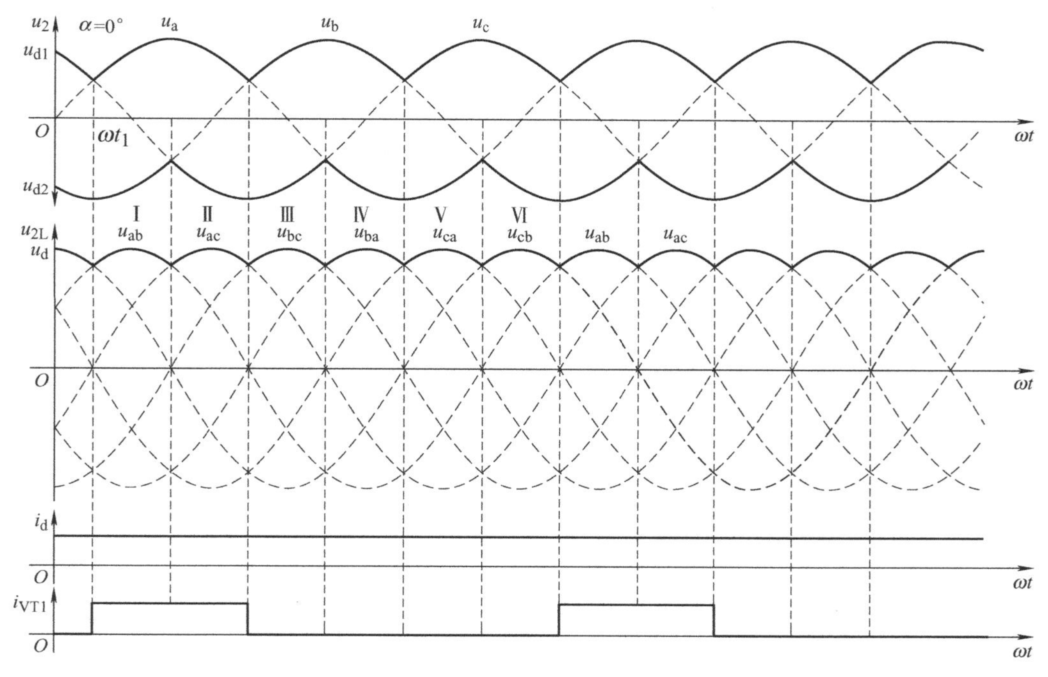


图 3-20　电感性负载三相桥式全控整流电路 $\alpha=0°$ 时的波形图

当控制角 $\alpha>60°$ 时，电感性负载的工作情况与电阻性负载时不同，当 $\alpha>60°$ 后，线电压瞬时值将过零变负，由于负载电感 $L$ 的电流有减小趋势，故电感 $L$ 上将出现顺向晶闸管单向导电方向的自感电势 $e_L$，这时作用在晶闸管对上的阳极电压为 $u_{2L}+e_L$。由于电感足够大，使得在下一晶闸管对触发导通之前能够使 $u_{2L}+e_L>0$，从而使原来导通的晶闸管对继续导

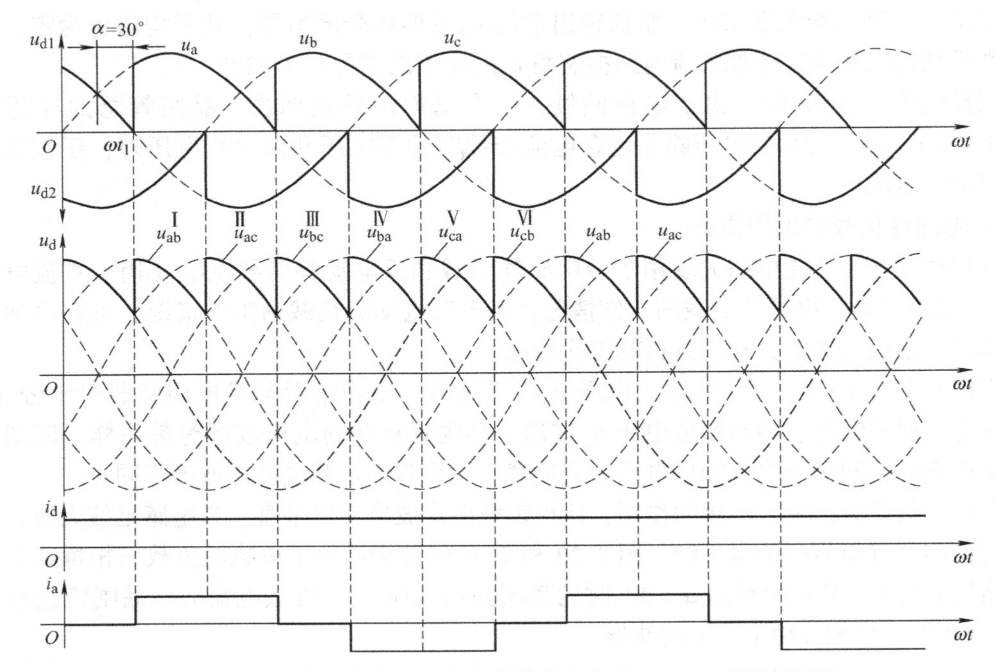


图 3-21　电感性负载三相桥式全控整流电路 $\alpha=30°$时的波形图

通，整流输出电压 $u_d$中出现了负电压波形，整流输出电压平均值 $U_d$是一周期内整流输出电压 $u_d$正、负面积之差。图 3-22 给出了 $\alpha=90°$时的波形，若电感足够大，则整流输出电压 $u_d$中正负面积将基本相等，整流输出电压平均值 $U_d$近似为零。所以，电感性负载时，三相桥式全控整流电路控制角 $\alpha$ 的移相范围为 0°~90°。

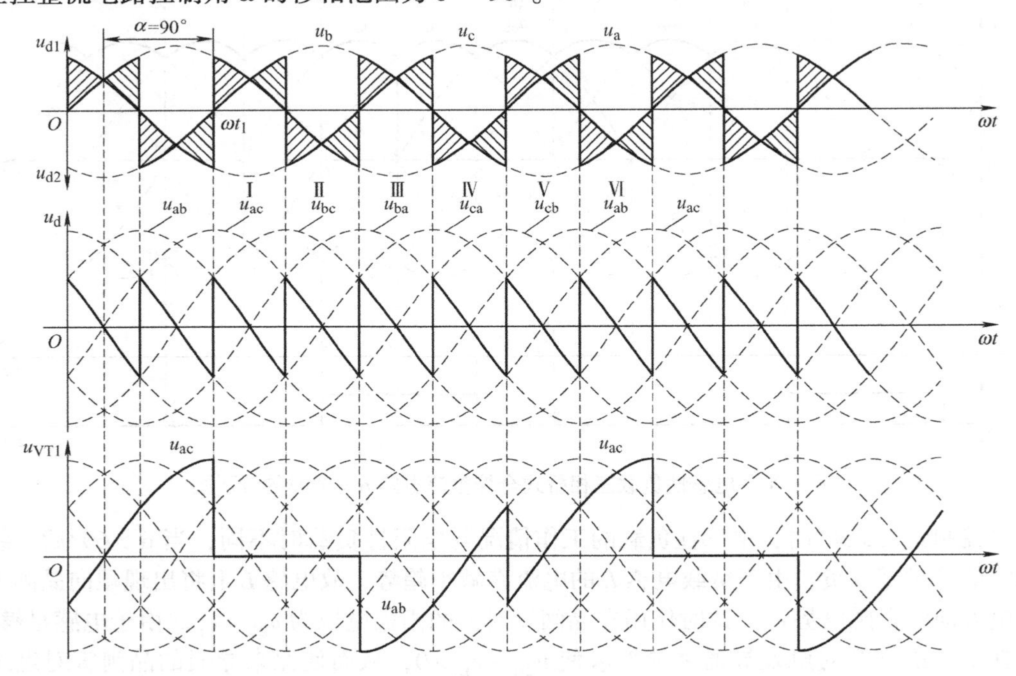


图 3-22　电感性负载三相桥式全控整流电路 $\alpha=90°$时的波形图

### 3. 基本数量关系

三相桥式全控整流电路整流输出电压 $u_d$ 是线电压波形中的一部分，在一个周期内整流输出电压 $u_d$ 脉动六次，所以计算时可以从线电压计算，同时对一个60°的周期重复计算其平均值即可。

电阻性负载时整流输出电压平均值如下：

控制角 $\alpha \leqslant 60°$ 时为

$$U_d = \frac{6}{2\pi}\int_{\pi/3+\alpha}^{2\pi/3+\alpha}\sqrt{6}U_2\sin\omega t\mathrm{d}\omega t = \frac{3\sqrt{6}}{\pi}U_2\cos\alpha = 2.34U_2\cos\alpha \tag{3-42}$$

控制角 $\alpha > 60°$ 时为

$$\begin{aligned}U_d &= \frac{6}{2\pi}\int_{\pi/3+\alpha}^{\pi}\sqrt{6}U_2\sin\omega t\mathrm{d}\omega t = \frac{3\sqrt{6}}{\pi}U_2\left[1+\cos\left(\frac{\pi}{3}+\alpha\right)\right] \\ &= 2.34U_2\left[1+\cos\left(\frac{\pi}{3}+\alpha\right)\right]\end{aligned} \tag{3-43}$$

输出电流平均值为

$$I_d = \frac{U_d}{R} \tag{3-44}$$

电感性负载时对于电感性负载，控制角 $\alpha$ 在0°~90°的范围内，由于电流连续，晶闸管导通角总是120°，输出电压平均值按式(3-42) 计算。

电感较大时，输出电流波形为一条水平线，晶闸管的电流波形为矩形波，其电流平均值和有效值为

$$I_{dVT} = \frac{1}{3}I_d,\ I_{VT} = \frac{I_d}{\sqrt{3}} = 0.577I_d \tag{3-45}$$

变压器二次电流（星形联结）波形为正负半周各宽120°，相位相差180°的矩形波，其有效值为

$$I_2 = \sqrt{\frac{1}{2\pi}\left(I_d^2\times\frac{2}{3\pi}+(-I_d)^2\times\frac{2}{3\pi}\right)} = \sqrt{\frac{2}{3}}I_d = 0.816I_d \tag{3-46}$$

## 3.4　变压器漏感对整流电路的影响

在前面分析整流电路的过程中，都忽略了包括变压器漏感在内的交流侧电感的影响，并且假设换相过程是瞬时完成的，即认为将要停止导通的晶闸管，其电流能够从 $I_d$ 瞬时下降到零；而刚刚开始导通的晶闸管，其电流能够从零瞬时上升到 $I_d$。实际上的变压器绕组总存在漏感，该漏感可以用一个集中的电感 $L_B$ 表示，并将其折算到变压器二次侧，由于对电流的变化有阻碍作用，电感中的电流不能突变，因此电流的换相不能瞬时完成，需要经过一段时间，因而在换相过程中会出现两条支路同时导通的现象，即所谓的重叠导通现象。

### 3.4.1　换相过程与换相重叠角

以三相半波可控整流电路为例，分析考虑变压器漏感时的换相过程以及有关参量的计算，其分析方法及分析结论可以推广到其他的电路结构形式，具有普遍性。

图3-23所示为考虑变压器漏感时电感性负载三相半波可控整流电路的电路图及波形，其中三相漏感 $L_a = L_b = L_c = L_B$，忽略交流侧的电阻，假设负载中电感很大，负载电流为水平线。电路在交流电源的一周期内有三次晶闸管换相过程，各次换相过程情况相同，这里只分析从 $VT_1$ 换相到 $VT_2$ 的过程。在负载电流从 a 相换到 b 相时，$\omega t_1$ 时刻之前 $VT_1$ 导通，$\omega t_1$ 时刻触发 $VT_2$，$VT_2$ 导通，此时 a、b 两相均有漏感 $L_B$，由于漏感 $L_B$ 阻止电流的变化，故 $i_a$、$i_b$ 均不能突变，a 相电流从 $I_d$ 逐渐减小到零，而 b 相电流从零逐渐增大到 $I_d$，这段时间 $VT_1$ 和 $VT_2$ 同时导通，相当于将 a、b 两相短路，两相间电压差为 $u_b - u_a$，它在两相组成的回路中产生环流 $i_K$，是完成两相换相的动力，称之为换相电压，换相电压有两个作用：一个是强制导通晶闸管中的电流下降到零；另一个是保证退出导通的晶闸管恢复阻断能力。由于回路中含有两个漏感 $L_B$，有 $2L_B(di_K/dt) = u_b - u_a$。此时，$i_b = i_K$ 逐渐增大，而 $i_a = I_d - i_K$ 逐渐减小。当 $i_K$ 增大到 $I_d$ 时，$i_a = 0$，$VT_1$ 关断，换相结束。

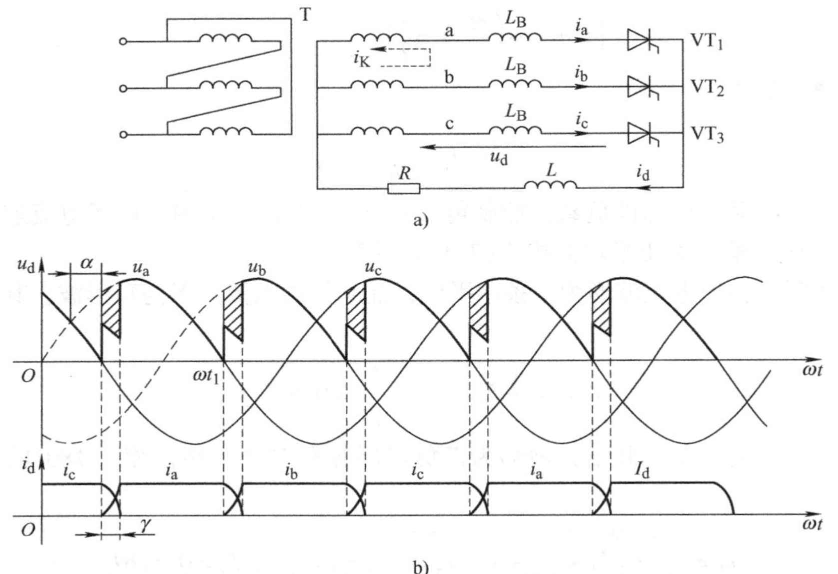


图3-23　考虑变压器漏感时电感性负载三相半波可控整流电路及波形

当 b 相晶闸管刚刚开始导通，在换相过程中，整流输出电压瞬时值为

$$u_d = u_a + L_B \frac{di_K}{dt} = u_b - L_B \frac{di_K}{dt} = \frac{u_a + u_b}{2} \tag{3-47}$$

换相期间的整流输出电压为换相的两相相电压的平均值。换相时产生的过渡过程称为换相过程，换相过程所对应的时间用电角度 $\gamma$ 表示，称为换相重叠角。从 b 相到 c 相和从 c 相到 a 相的换相过程也相同。

### 3.4.2　换相压降的计算

在换相过程中，整流输出电压 $u_d$ 为换相的两相相电压的平均值，整流输出电压 $u_d$ 的波形如图3-23b所示。与不考虑变压器漏感时相比，每次换相 $u_d$ 波形均少了阴影标出的一块，导致 $u_d$ 平均值降低，降低的多少称为换相压降，用 $\Delta U_d$ 表示。

以 $m$ 脉波电路为例，计算换相压降为

$$\Delta U_{\mathrm{d}}=\frac{m}{2\pi}\int_{\alpha+\frac{5\pi}{6}}^{\alpha+\gamma+\frac{5\pi}{6}}(u_{\mathrm{b}}-u_{\mathrm{d}})\mathrm{d}\omega t=\frac{m}{2\pi}\int_{\alpha+\frac{5\pi}{6}}^{\alpha+\gamma+\frac{5\pi}{6}}\frac{(u_{\mathrm{b}}-u_{\mathrm{a}})}{2}\mathrm{d}\omega t$$

$$=\frac{m}{2\pi}\int_{\alpha+\frac{5\pi}{6}}^{\alpha+\gamma+\frac{5\pi}{6}}\omega L_{\mathrm{B}}\frac{\mathrm{d}i_{\mathrm{K}}}{\mathrm{d}\omega t}\mathrm{d}\omega t=\frac{m}{2\pi}\int_{0}^{I_{\mathrm{d}}}X_{\mathrm{B}}\mathrm{d}i_{\mathrm{K}}=\frac{mX_{\mathrm{B}}}{2\pi}I_{\mathrm{d}} \tag{3-48}$$

式中，$m$ 为多相整流电路输出电压在一个周期的波头数（换相次数），对于单相全波电路，$m=2$；三相半波电路，$m=3$；三相桥式全控电路，$m=6$。$X_{\mathrm{B}}$为整流电路交流侧每相电抗值，相当于漏感为$L_{\mathrm{B}}$的变压器每相折算到二次侧的漏抗，可以根据变压器的铭牌数据求出$X_{\mathrm{B}}=\frac{U_2}{I_2}\frac{u_{\mathrm{K}}\%}{100}$，其中的 $U_2$为变压器二次绕组额定相电压；$I_2$为变压器二次侧绕组额定相电流（星形联结）；$u_{\mathrm{K}}\%$ 为变压器的短路电压比，可查阅电工手册，一般为 5，整流变压器的$u_{\mathrm{K}}\%$值比一般的变压器要大些。

### 3.4.3 换相重叠角的计算

以自然换相点 $\alpha=0$ 处作为坐标原点，以 $m$ 相普遍形式表示，$m$ 相电源中相邻两相的电压 $u_{\mathrm{a}}$和 $u_{\mathrm{b}}$的表达式分别为

$$u_{\mathrm{a}}=\sqrt{2}U_2\cos\left(\omega t+\frac{\pi}{m}\right),\ u_{\mathrm{b}}=\sqrt{2}U_2\cos\left(\omega t-\frac{\pi}{m}\right)$$

因此，$u_{\mathrm{b}}-u_{\mathrm{a}}=2\sqrt{2}U_2\sin\frac{\pi}{m}\sin\omega t$。

由式(3-47) 得$\frac{\mathrm{d}i_{\mathrm{K}}}{\mathrm{d}t}=\frac{u_{\mathrm{b}}-u_{\mathrm{a}}}{2L_{\mathrm{B}}}=\frac{\sqrt{2}U_2\sin\frac{\pi}{m}\sin\omega t}{L_{\mathrm{B}}}$

$$\mathrm{d}i_{\mathrm{K}}=\frac{1}{\omega L_{\mathrm{B}}}\sqrt{2}U_2\sin\frac{\pi}{m}\sin\omega t\mathrm{d}(\omega t)$$

$$i_{\mathrm{K}}=\frac{\sqrt{2}U_2}{\omega L_{\mathrm{B}}}\sin\frac{\pi}{m}\cos\omega t+K$$

当 $\omega t=\alpha$ 时，$i_{\mathrm{K}}=0$ 解得 $K$，代入上式得

$$i_{\mathrm{K}}=\frac{\sqrt{2}U_2\sin\frac{\pi}{m}}{\omega L_{\mathrm{B}}}(\cos\alpha-\cos\omega t) \tag{3-49}$$

它是一条余弦曲线，见图 3-23b 的换流段，换相结束，$i_{\mathrm{K}}=I_{\mathrm{d}}$，也可以对 $i_{\mathrm{K}}$进行积分计算，得

$$\int_0^{I_{\mathrm{d}}}i_{\mathrm{K}}=\frac{\sqrt{2}U_2\sin\frac{\pi}{m}}{\omega L_{\mathrm{B}}}\int_{\alpha}^{\alpha+\gamma}\sin\omega t\mathrm{d}\omega t$$

$$I_{\mathrm{d}}=\frac{\sqrt{2}U_2\sin\frac{\pi}{m}}{X_{\mathrm{B}}}[\cos\alpha-\cos(\alpha+\gamma)]$$

移相，得

$$\cos\alpha-\cos(\alpha+\gamma)=\frac{I_{\mathrm{d}}X_{\mathrm{B}}}{\sqrt{2}U_2\sin\frac{\pi}{m}} \tag{3-50}$$

式(3-50) 是一个普遍的公式，根据实际整流电路代入不同的 $m$ 值，可得相应的计算式。对于单相全波电路，以 $m=2$ 代入，得

$$\cos\alpha-\cos(\alpha+\gamma)=\frac{I_dX_B}{\sqrt{2}U_2}$$

三相半波电路，以 $m=3$ 代入，可得

$$\cos\alpha-\cos(\alpha+\gamma)=\frac{2I_dX_B}{\sqrt{6}U_2}$$

三相桥式全控电路等效为相电压为$\sqrt{3}U_2$ 的 6 脉波整流电路，故以 $m=6$ 代入，可得

$$\cos\alpha-\cos(\alpha+\gamma)=\frac{2I_dX_B}{\sqrt{6}U_2}$$

单相全控桥，在换相过程中，环流 $i_K$是从 $-I_d$变到 $I_d$，积分方程为

$$\int_{-I_d}^{I_d} i_K = \frac{\sqrt{2}U_2\sin\dfrac{\pi}{m}}{X_B}\int_{\alpha}^{\alpha+\gamma}\sin\omega t\mathrm{d}\omega t$$

即

$$2I_d=\frac{\sqrt{2}U_2\sin\dfrac{\pi}{m}}{X_B}\cos\alpha-\cos(\alpha+\gamma)$$

换相重叠角方程为

$$\cos\alpha-\cos(\alpha+\gamma)=\frac{I_dX_B}{\sqrt{2}U_2\sin\dfrac{\pi}{m}}$$

式中，$m$ 仍取 2，它表示了在一周期中整流电路输出波头（即换相次数），这样，单相全控桥虽然在一周期中有两次换相，但是实际上电路中却相当于发生了四次换相。在换相压降 $\Delta U_d$和换相重叠角 $\gamma$ 的计算公式中，以 $2I_d$取代 $I_d$即可

$$\cos\alpha-\cos(\alpha+\gamma)=\frac{2I_dX_B}{\sqrt{2}U_2}$$

由换相重叠角 $\gamma$ 计算公式，分析得出 $\gamma$ 随其他参数变化的规律如下：

1）整流输出电流平均值 $I_d$越大，换相重叠角 $\gamma$ 越大；

2）变压器漏抗 $X_B$越大，换相重叠角 $\gamma$ 越大；

3）当控制角 $\alpha\leqslant 90°$时，$\alpha$ 越小，换相重叠角 $\gamma$ 越大。

现将各种整流电路换相压降和换相重叠角的计算结果列于表 3-2 中，以方便读者使用。表中所列 $m$ 脉波整流电路的公式为通用公式，适用于各种整流电路。对于表中未列出的电路，可用该公式导出。

**表 3-2　各种整流电路换相压降和换相重叠角的计算**

| 电路形式 | 单相全波 | 单相全控桥 | 三相半波 | 三相全控桥 | m 脉波整流电路 |
|---|---|---|---|---|---|
| $\Delta U_d$ | $\frac{X_B}{\pi}I_d$ | $\frac{2X_B}{\pi}I_d$ | $\frac{3X_B}{2\pi}I_d$ | $\frac{3X_B}{\pi}I_d$ | $\frac{mX_B}{2\pi}I_d$ |

（续）

| 电路形式 | 单相全波 | 单相全控桥 | 三相半波 | 三相全控桥 | m 脉波整流电路 |
|---|---|---|---|---|---|
| $\cos\alpha-\cos(\alpha+\gamma)$ | $\frac{I_dX_B}{\sqrt{2}U_2}$ | $\frac{2I_dX_B}{\sqrt{2}U_2}$ | $\frac{2X_BI_d}{\sqrt{6}U_2}$ | $\frac{2X_BI_d}{\sqrt{6}U_2}$ | $\frac{I_dX_B}{\sqrt{2}U_2\sin\frac{\pi}{m}}$ |

通过上述的分析，变压器漏感对整流电路影响结论如下：

1）变压器的漏感与交流进线电抗器的作用一样，能够限制其短路电流，并且使电流的变化比较缓和，使晶闸管的 d$i$/d$t$ 减小，有利于晶闸管的安全导通。

2）出现换相重叠角 $\gamma$，整流输出电压平均值 $U_d$降低，整流电路的功率因数降低。

3）换相期间使相电压出现一个缺口，造成电网波形畸变，成为干扰源。

4）换相时晶闸管电压出现缺口，产生正的 d$u$/d$t$，可能使晶闸管误导通，为此必须加吸收电路。

5）整流电路的工作状态增多。

## 3.5 整流电路的谐波和功率因数

随着电力电子技术的飞速发展，各类电力电子装置在电力系统、工业、交通、民用等众多领域中得到广泛的应用。由此带来的谐波和无功问题对电网造成的不利影响，成为国内外专家学者研究的热门课题。

由前面整流电路波形分析可知，整流电路交流侧，即整流变压器的电流为非正弦波，并且功率因数低，以上两个问题将造成电网谐波电流和无功电流增大。谐波和无功问题对电网造成的危害称为电力公害。采取措施抑制电力公害是电力电子技术领域的一项重要研究课题。

电力电子装置中的无功功率对公共电网造成的不利影响表现在：

1）无功功率会导致电流增大和视在功率增大，从而使设备容量增大；

2）无功功率增加，造成设备和线路损耗增加；

3）使线路压降增大，冲击性无功电流还会使电压剧烈波动。

电力电子装置的谐波电流对公共电网造成的主要危害如下：

1）谐波损耗将降低发电、输电和用电设备的效率；大量的 3 次谐波流过中线会使线路过热甚至发生火灾；

2）谐波影响电网上其他电气设备的正常工作，如造成电动机机械振动、噪声和过热，使变压器局部过热，电缆、电容器设备过热，使绝缘老化、寿命降低；

3）谐波会引起电网局部的串联和并联谐振，从而使谐波放大，使谐波造成的危害大大增加，甚至引起严重事故；

4）谐波会导致继电保护和自动装置误动作，并使电气测量仪表计量不准确；

5）谐波会对邻近的通信系统产生干扰，轻者产生噪声、降低通信质量，重者导致信息丢失，使通信系统无法正常工作。

由于公用电网中的谐波电压和谐波电流对用电设备和电网本身都会造成很大的危害，因此许多国家都发布了限制电网谐波的国家标准，或由权威机构制定限制谐波的规定。制定这些标准和规定的基本原则是限制谐波源注入电网的谐波电流，把电网谐波电压控制在允许范围内，使接在电网中的电气设备能免受谐波干扰而正常工作。世界各国所制定的谐波标准大都比较接近。我国由国家技术监督局于1993年发布了国家标准（GB/T 14549—1993）《电能质量　公用电网谐波》，并从1994年3月1日起开始实施。

### 3.5.1　谐波和无功功率分析

**1. 谐波**

在供电系统中，总是希望交流电压和交流电流为正弦波。正弦波电压可表示为

$$u(t)=\sqrt{2}U\sin(\omega t+\varphi_u) \tag{3-51}$$

式中，$U$ 为电压有效值；$\varphi_u$ 为初相角；$\omega$ 为角频率，$\omega=2\pi f=2\pi/T$；$f$ 为频率；$T$ 为周期。

当正弦波电压施加在线性无源元件电阻、电感和电容上时，其电流和电压分别为比例、积分和微分关系，但仍为同频的正弦波。如果正弦波电压施加在非线性电路上时，电流就成为非正弦波，非正弦波电流在负载上产生压降，会使电压波形也变为非正弦波。当然，非正弦波电压施加在线性电路上时，电流也是非正弦的。对于周期为 $T=2\pi/\omega$ 的非正弦电压 $u(\omega t)$，一般满足狄里赫利条件（周期函数在一个周期内连续或只有有限个第一类间断点，并且至多只有有限个极值点），则可分解为傅里叶级数

$$u(\omega t)=a_{u0}+\sum_{n=1}^{\infty}(a_{un}\cos n\omega t+b_{un}\sin n\omega t) \tag{3-52}$$

式中

$$a_{u0}=\frac{1}{2\pi}\int_0^{2\pi}u(\omega t)\mathrm{d}(\omega t)$$

$$a_{un}=\frac{1}{\pi}\int_0^{2\pi}u(\omega t)\cos n\omega t\mathrm{d}(\omega t)$$

$$b_{un}=\frac{1}{\pi}\int_0^{2\pi}u(\omega t)\sin n\omega t\mathrm{d}(\omega t)$$

或

$$u(\omega t)=a_{u0}+\sum_{n=1}^{\infty}c_{un}\sin(n\omega t+\varphi_n) \tag{3-53}$$

式中，$c_{un}$、$\varphi_n$ 和 $a_{un}$、$b_{un}$的关系为

$$c_{un}=\sqrt{a_{un}^2+b_{un}^2}$$

$$\varphi_n=\arctan(a_{un}/b_{un})$$

$$a_{un}=c_{un}\sin\varphi_n$$

$$b_{un}=c_{un}\cos\varphi_n$$

以上公式均以非正弦电压为例，对于非正弦电流的情况也完全适用，把式中 $u(\omega t)$ 换为 $i(\omega t)$ 即可。在上述电压的傅里叶级数表达式中，频率与工频相同的分量称为基波，频率为基波频率整数倍（>1）的分量称为谐波，谐波次数为谐波频率和基波频率的整数比。

$n$ 次谐波电流含有率以 $HRI_n$表示

$$HRI_n = \frac{I_n}{I_1} \times 100\% \tag{3-54}$$

式中，$I_n$为 $n$ 次谐波电流有效值；$I_1$为基波电流有效值。

电流谐波总畸变率 THD 定义为

$$THD_i = \frac{I_h}{I_1} \times 100\% \tag{3-55}$$

式中，$I_h$为总谐波电流有效值。

**2. 功率因数**

正弦电路中，电路的有功功率就是其平均功率，即

$$P = \frac{1}{2\pi}\int_0^{2\pi} ui\mathrm{d}(\omega t) = UI\cos\varphi \tag{3-56}$$

式中，$U$、$I$ 分别为电压和电流的有效值；$\varphi$ 为电流滞后电压的相位差。

视在功率为电压、电流有效值的乘积，即

$$S = UI \tag{3-57}$$

无功功率定义为

$$Q = UI\sin\varphi \tag{3-58}$$

功率因数 $\lambda$ 定义为有功功率 $P$ 和视在功率 $S$ 的比值，即

$$\lambda = \frac{P}{S} \tag{3-59}$$

此时无功功率 $Q$ 与有功功率 $P$、视在功率 $S$ 之间关系如下：

$$S^2 = P^2 + Q^2 \tag{3-60}$$

在正弦电路中，功率因数 $\lambda$ 是由电流滞后电压的相位差 $\varphi$ 决定的，其值为

$$\lambda = \cos\varphi \tag{3-61}$$

在非正弦电路中，视在功率、有功功率、功率因数的定义均和正弦电路相同。在整流电路中，通常变压器一次电压的波形畸变很小，而变压器一次电流的波形畸变很大，其中只有基波电流与电压同频率，才能产生有功功率，其他高次谐波电流与电源电压频率不同，不能产生有功功率。

设整流电路中，正弦波电压有效值为 $U$，畸变电流总有效值为 $I$，基波电流有效值为 $I_1$，基波电流与电压的相位差 $\varphi_1$。

整流电路的功率因数定义为整流电路交流侧有功功率与视在功率之比

$$\lambda = \frac{P}{S} = \frac{UI_1\cos\varphi_1}{UI} = \frac{I_1}{I}\cos\varphi_1 = \xi\cos\varphi_1 \tag{3-62}$$

式中，$\xi = \frac{I_1}{I}$，即基波电流有效值 $I_1$和畸变电流总有效值 $I$ 之比，称为电流畸变因数，表示电流的波形对正弦的偏离度；而 $\cos\varphi_1$称为位移因数或基波功率因数，位移因数（基波功率因数）是基波的有功功率与基波的视在功率之比。由此可见，整流电路的功率因数与电压、电流间的滞后角、交流侧的感抗和电流的波形有关，前两个因素可用位移因数（基波功率因数）来反映，后一个因素可用电流畸变因数 $\xi$ 来表示。有些文献上也称整流电路的功率因数为总功率因数，以便与正弦电路中的功率因数 $\cos\varphi$ 区分。

含有谐波的非正弦电路地无功功率情况比较复杂，一种简单的定义是

$$Q = \sqrt{S^2 - P^2} \tag{3-63}$$

这样定义的无功功率 $Q$ 反映了能量的流动和交换，目前被广泛接受。

### 3.5.2 整流电路交流侧谐波和功率因数分析

**1. 单相桥式全控整流电路**

忽略换相过程和电流脉动时，电感性负载的单相桥式全控整流电路如图 3-6 所示。电路中直流电感 $L$ 足够大时变压器二次电流波形近似为理想方波，以换相点作为坐标原点将电流波形分解为傅里叶级数，可得

$$\begin{aligned} i_2 &= \frac{4}{\pi}I_d\left(\sin\omega t + \frac{1}{3}\sin3\omega t + \frac{1}{5}\sin5\omega t + \cdots\right) \\ &= \frac{4}{\pi}I_d\sum_{n=1,3,5,\cdots}\frac{1}{n}\sin n\omega t = \sum_{n=1,3,5,\cdots}\sqrt{2}I_n\sin n\omega t \end{aligned} \tag{3-64}$$

其中基波和各次谐波有效值为

$$I_n = \frac{2\sqrt{2}I_d}{n\pi},\ n = 1,3,5,\cdots \tag{3-65}$$

可见，电流中含有奇次谐波，各次谐波有效值与谐波次数成反比，且与基波有效值的比值为谐波次数的倒数。

基波电流有效值为

$$I_1 = \frac{2\sqrt{2}I_d}{\pi} \approx 0.9I_d \tag{3-66}$$

变压器二次电流 $i_2$ 的有效值 $I = I_d$，由此得畸变因数为

$$\xi = \frac{I_1}{I} = \frac{0.9I_d}{I_d} = 0.9 \tag{3-67}$$

基波电流与电压的相位差等于控制角 $\alpha$，故位移因数为

$$\lambda_1 = \cos\varphi_1 = \cos\alpha \tag{3-68}$$

所以，功率因数为

$$\lambda = \xi\,\lambda_1 = \frac{I_1}{I}\cos\varphi_1 = \frac{2\sqrt{2}}{\pi}\cos\alpha \approx 0.9\cos\alpha \tag{3-69}$$

**2. 三相桥式全控整流电路**

电感性负载的三相桥式全控整流电路，假设交流侧电抗为零，直流电感 $L$ 足够大，即忽略换相过程和电流脉动。当控制角 $\alpha = 30°$ 时，变压器二次电流波形为正负半周各宽 120°、前沿相差 180°的矩形波，三相电流波形相同，且依次相差 120°，其有效值与直流电流的关系为

$$I = \sqrt{\frac{2}{3}}I_d \tag{3-70}$$

同样可以将电流波形分解为傅里叶级数。以 a 相电流为例，将电流负、正两半波的中点作为时间零点，则有

$$\begin{aligned}i_a &= \frac{2\sqrt{3}}{\pi}I_d\left(\sin\omega t - \frac{1}{5}\sin5\omega t - \frac{1}{7}\sin7\omega t + \frac{1}{11}\sin11\omega t + \frac{1}{13}\sin13\omega t - \cdots\right)\\ &= \frac{2\sqrt{3}}{\pi}I_d\sin\omega t + \frac{2\sqrt{3}}{\pi}I_d\sum_{\substack{n=6k\pm1\\k=1,2,3,\cdots}}(-1)^k\frac{1}{n}\sin n\omega t\\ &= \sqrt{2}I_1\sin\omega t + \sum_{\substack{n=6k\pm1\\k=1,2,3,\cdots}}(-1)^k\sqrt{2}I_n\sin n\omega t\end{aligned} \tag{3-71}$$

由式(3-70) 可得电流基波和各次谐波有效值分别为

$$\begin{cases}I_1 = \dfrac{\sqrt{6}}{\pi}I_d\\ I_n = \dfrac{\sqrt{6}}{n\pi}I_d \quad n=6k\pm1,\ k=1,2,3,\cdots\end{cases} \tag{3-72}$$

由此可见，电流中仅含 $6k\pm1$（$k$ 为正整数）次谐波，各次谐波有效值与谐波次数成反比，且与基波有效值的比值为谐波次数的倒数。

由式(3-69) 和式(3-71) 可得电流畸变因数为

$$\xi = \frac{I_1}{I} = \frac{3}{\pi} \approx 0.955 \tag{3-73}$$

基波电流与电压的相位差等于控制角 $\alpha$，故位移因数为

$$\lambda_1 = \cos\varphi_1 = \cos\alpha \tag{3-74}$$

即功率因数为

$$\lambda = \xi\lambda_1 = \frac{I_1}{I}\cos\varphi_1 = \frac{3}{\pi}\cos\alpha \approx 0.955\cos\alpha \tag{3-75}$$

### 3.5.3 整流输出电压和电流的谐波分析

整流电路输出的脉动直流电压是周期性的非正弦函数，其中主要成分为直流，其余是各种频率的谐波，这些谐波对负载的工作是不利的。

**1. $\alpha=0°$时多相整流电路输出电压谐波分析**

设 $m$ 脉波（一周期输出电压波头数）整流电路的整流电压 $u_d$ 波形如图 3-24 所示（以 $m=3$为例）。将纵坐标选在整流电压的峰值处，则在 $-\pi/m \sim \pi/m$ 区间，整流电压的表达式为 $u_{d0}=\sqrt{2}U_2\cos\omega t$，进行傅里叶级数分解，得出

$$u_{d0} = U_{d0} + \sum_{n=mk}^{\infty}b_n\cos n\omega t = U_{d0}\left(1 - \sum_{n=mk}^{\infty}\frac{2\cos k\pi}{n^2-1}\cos n\omega t\right) \tag{3-76}$$

式中，$k=1，2，3，\cdots$ 且

$$U_{d0} = \sqrt{2}U_2\frac{m}{\pi}\sin\frac{\pi}{m} \tag{3-77}$$

$$b_n = -\frac{2\cos k\pi}{n^2-1}U_{d0} \tag{3-78}$$

整流输出电压 $u_{d0}$ 中谐波分量有效值 $U_R$ 与整流输出电压平均值 $U_{d0}$ 之比，称为电压纹波因数 $\gamma_u$，表示整流输出电压 $u_{d0}$ 中所含谐波的情况，即

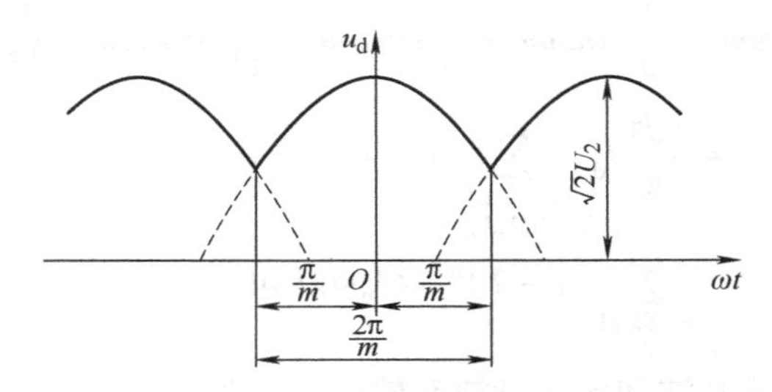


图 3-24　$\alpha=0°$时，$m$ 相整流电路的整流电压波形

$$\gamma_u = \frac{U_R}{U_{d0}} \tag{3-79}$$

其中，

$$U_R = \sqrt{\sum_{n=mk}^{\infty} U_n^2} = \sqrt{U^2 - U_{d0}^2} \tag{3-80}$$

式中，整流电压有效值 $U$ 为

$$U = \sqrt{\frac{m}{2\pi}\int_{-\frac{m}{\pi}}^{\frac{m}{\pi}} (\sqrt{2}U_2\cos\omega t)^2 \mathrm{d}(\omega t)} = U_2\sqrt{1+\frac{\sin\frac{2\pi}{m}}{\frac{2\pi}{m}}} \tag{3-81}$$

将式(3-80)、式(3-81) 和式(3-77) 代入式(3-79) 得

$$\gamma_u = \frac{U_R}{U_{d0}} = \frac{\sqrt{\frac{1}{2}+\frac{m}{4\pi}\sin\frac{2\pi}{m}-\frac{m^2}{\pi^2}\sin^2\frac{\pi}{m}}}{\frac{m}{\pi}\sin\frac{\pi}{m}} \tag{3-82}$$

表 3-3 给出了不同脉波数 $m$ 时的电压纹波因数值。

**表 3-3　不同脉波数 $m$ 时的电压纹波因数值**

| $m$ | 2 | 3 | 6 | 12 | ∞ |
|---|---|---|---|---|---|
| $\gamma_u$（%） | 48.2 | 18.27 | 4.18 | 0.994 | 0 |

负载电流的傅里叶级数可由整流电压的傅里叶级数求得

$$i_d = I_d + \sum_{n=mk}^{\infty} I_n\cos(n\omega t - \varphi_n) \tag{3-83}$$

当负载是 $R$、$L$ 和反电动势 $E$ 串联时，式(3-83) 中的直流分量为

$$I_d = \frac{U_{d0} - E}{R} \tag{3-84}$$

而 $n$ 次谐波的幅值 $I_n$ 为

$$I_n = \frac{b_n}{z_n} = \frac{b_n}{\sqrt{R^2 + (n\omega L)^2}} \tag{3-85}$$

$n$ 次谐波电流的滞后角为

$$\varphi_n = \arctan\frac{n\omega L}{R} \tag{3-86}$$

当 $\alpha=0°$时，整流电压、电流的谐波有以下规律：

1）$m$ 脉波整流电压 $u_{d0}$的谐波次数为 $mk$（$k=1$，2，3，…）次，即 $m$ 的整数倍；整流电流的谐波由整流电压的谐波决定，也为 $mk$ 次。

2）当 $m$ 一定时，随着谐波次数增大，谐波幅值迅速减小，表明最低次（$m$ 次）谐波是主要的，其他次数的谐波相对较少；当负载中有电感时，负载电流谐波幅值 $I_n$的减小更为迅速。

3）$m$ 增加时最低次谐波次数增大，且幅值迅速减小，电压纹波因数迅速下降。

**2. $\alpha>0°$时多相整流电路输出电压谐波分析**

当 $\alpha>0°$时，多相整流电路输出电压的表达式要复杂得多，整流脉动电压值随 $\alpha$ 变化而变化。这里以三相桥式全控整流电路为例说明谐波电压与 $\alpha$ 的关系。

三相桥式全控整流电路输出电压分解为傅里叶级数，如下：

$$u_{\mathrm{d}} = U_{\mathrm{d}} + \sum_{n=6k}^{\infty} c_n \cos(n\omega t - \theta_n) \quad k = 1,2,3,\cdots \tag{3-87}$$

式中，$\theta_n$与控制角 $\alpha$、换相重叠角 $\gamma$、谐波次数 $n$ 有关。

图 3-25 所示为以 $n$ 为参变量，$n$ 次谐波幅值$\left(\text{取标幺值}\dfrac{c_n}{\sqrt{2}U_{2\mathrm{L}}}\right)$与 $\alpha$ 的关系。由图可见，当 $0°<\alpha<90°$时，$u_{\mathrm{d}}$的谐波幅值随 $\alpha$ 增大而增大；$\alpha=90°$时，谐波幅值达到最大；当 $90°<\alpha<180°$时，电路工作于有源逆变工作状态（见 3.7 节），$u_{\mathrm{d}}$的谐波幅值随 $\alpha$ 图增大而减小。

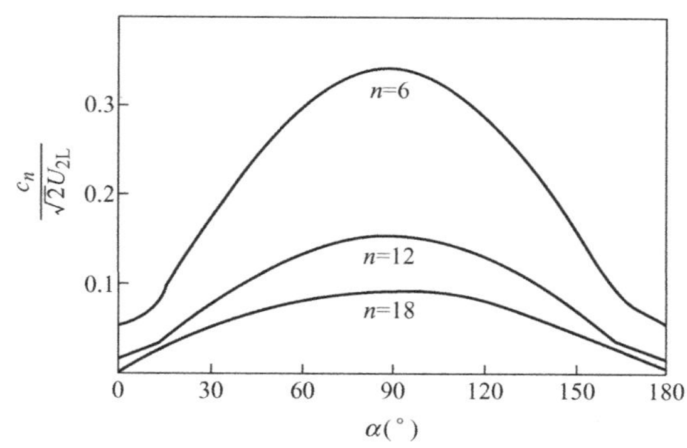


图 3-25　三相全控桥式整流电路电流连续时以 $n$ 为参变量的$\dfrac{c_n}{\sqrt{2}U_{2\mathrm{L}}}$与 $\alpha$ 的关系

## 3.6　大功率可控整流电路

实际生产中常需要一些大功率整流装置，有的要求提供大电流，有的要求高电压，有的则既要大电流又要高电压。前面介绍的三相桥式全控整流电路适用于电压高而电流不太大的场合，低电压、大电流的场合可选用带平衡电抗器的双反星形可控整流电路，而高电压、大电流则可用多重化整流电路。多重化整流电路的特点是：一方面在采用相同器件时可达到更大的功率，另一个重要方面是它可减少交流侧输入电流的谐波或提高功率因数，从而减小对电网的干扰。

### 3.6.1 带平衡电抗器的双反星形可控整流电路

在电解、电镀等工业应用中，经常需要低电压大电流（例如几十伏，几千至几万安）的可调直流电源。在这种情况下，常用带平衡电抗器的双反星形可控整流电路来提供负载所需要的低电压和大电流，其主电路结构如图3-26所示，该电路可简称双反星形电路。

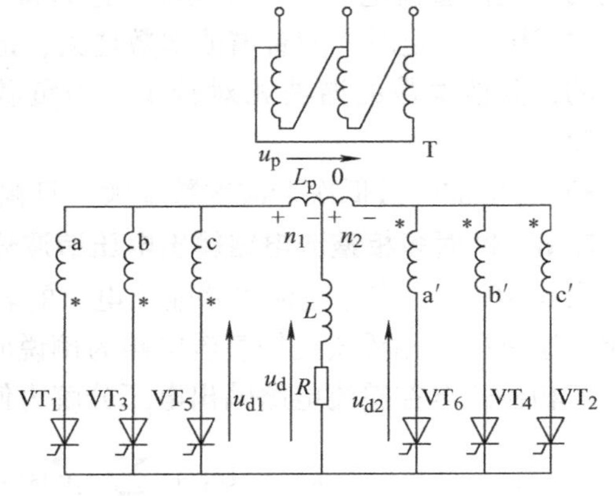

图3-26 带平衡电抗器的双反星形可控整流电路

电路整流变压器的二次侧每相有两个匝数相等极性相反的绕组，分别接成两组三相半波可控整流电路，两组电压相位相差180°，故称为双反星形电路。其输出的 $u_a$、$u_b$、$u_c$，$u'_a$、$u'_b$、$u'_c$六相电压作为两个相并联的三相半波可控整流电路的电源。两组星形的中点通过带中间抽头的平衡电抗器 $L_P$ 连接在一起。

**1. 平衡电抗器的作用**

双反星形整流电路实质上是两套独立的三相半波整流电路并联运行，变压器二次侧两套绕组相位互差180°。在图3-26的双反星形电路中，在两个星形的中点接有带中心抽头的平衡电抗器，这是因为两个直流电源并联运行时，只有当两个电源的电压平均值和瞬时值相等时，才能使负载电流平均分配。在双反星形整流电路中，尽管两套三相半波整流电路输出电压的平均值是相等的，但是它们的脉动波相差60°，它们的瞬时值是不同的，如图3-27所示。现将六个晶闸管的阴极连接在一起，因而两个星形的中点 $n_1$ 和 $n_2$ 间的电压便等于 $u_{d1}$ 和 $u_{d2}$ 之差。其波形是三倍频的三角波，如图3-28所示。这个电压加在平衡电抗器 $L_p$ 上，产生电流 $i_p$，它通过两组星形联结自成回路，不流到负载中去，这个电流称为环流或平衡电流。接入平衡电抗器的目的是为了减小在两套整流电路中的环流，起到平均分配负载电流的作用。平衡电抗器是一个普通的铁心电感，当电流从一端流向另一端时，呈现为一个很大的感抗，当电流从两端流向中心抽头时或从中心抽头流向两端时，这两个电流产生的磁动势是互相抵消的，所以负载电流不会在铁心中产生磁通。考虑到 $i_p$ 后，每组三相半波承受的电流分别为 $\frac{I_d}{2} \pm i_p$。为了使两组电流尽可能平均分配，一般使 $L_p$ 值足够大，以便限制环流在其负载额定电流的1% ~2%以内。

当两组三相半波电路的控制角 $\alpha = 0°$ 时两组整流电压、电流波形如图3-27所示。

若不接平衡电抗器，则成为六相半波整流电路，由于六个晶闸管为共阴极接法，因此在任一瞬间只能有一个晶闸管导电，其余五个晶闸管均承受反向电压而阻断，每个晶闸管最大的导通角为60°，每管的平均电流为 $I_d/6$，其 $u_d$ 波形如图3-28中的细实线所示。当 $\alpha = 0°$ 时，六相半波整流电路的输出电压 $u_{d0} = 1.35U_2$，比三相半波时的 $1.17U_2$ 略大些，很明显，六相半波整流电路中的晶闸管导电时间短，$I_T$ 方波的宽度仅为60°，变压器利用率低，故极少采用。

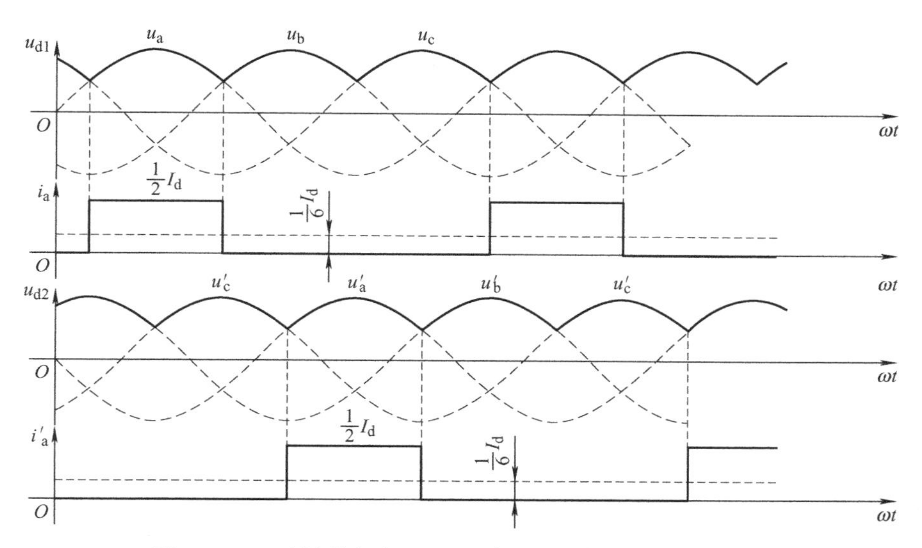


图 3-27 双反星形电路，$\alpha=0°$时两组整流电压、电流波形

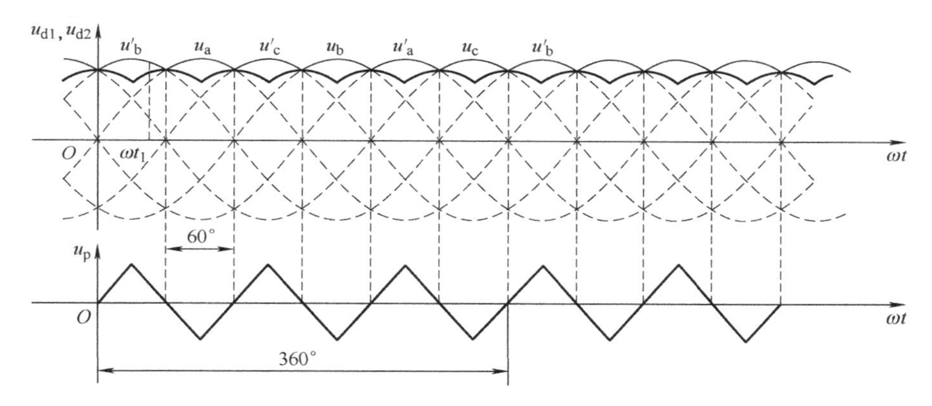


图 3-28 平衡电抗器作用下输出电压波形和平衡电抗器上电压的波形

当加上平衡电抗器后，就能使两组三相半波整流电路同时工作，现分析如下：

在图 3-28 中取任一瞬间，如 $\omega t_1$，这时 $u'_b$及 $u_a$均为正值，但 $u'_b > u_a$，如果两组三相半波整流电路的中点 $n_1$和 $n_2$直接相连，则必然只有 b′相的晶闸管 $VT_6$能导电。接了平衡电抗器后，$n_1$和 $n_2$间的电位差加在 $L_p$ 的两端，补偿了 $u'_b$和 $u_a$的电动势差，使得 $u'_b$和 $u_a$相的晶闸管能同时承受正向电压而导通，如图 3-29 所示。由于在 $\omega t_1$时 $u'_b$比 $u_a$的电位高，$VT_6$导通，同时，$n_1$和 $n_2$间的电位差加在 $L_p$ 的两端，就会产生一个平衡电流 $i_p$，此电流在流经 $L_p$时，在 $L_p$ 上会产生电动势 $u_p$，它的方向是要阻止电流增大，如图 3-29 中所标的极性。平衡电抗器两端电压和整流输出电压的表达式如下：

$$u_p = u_{d2} - u_{d1} \tag{3-88}$$

$$u_d = u_{d2} - \frac{1}{2}u_p = u_{d1} + \frac{1}{2}u_p = \frac{1}{2}(u_{d1} + u_{d2}) \tag{3-89}$$

只要 $u_p$的大小能使 $u_a + u_p > u'_b$，$VT_1$就能承受正向电压而导通。因此，$L_p$ 的存在使晶闸管 $VT_1$、$VT_6$同时导通，导通时晶闸管阳极电位相等。

以平衡电抗器中点作为整流输出电压 $u_d$ 的负端，此时 $u_d$ 为两组三相半波整流电压瞬时值的平均值，波形如图 3-28 中粗黑线所示。可以把它看成是一个新的六相半波，其峰值为原六相半波峰值乘以 sin60° = 0.866。而平衡电抗器 $L_p$ 上的电压波形 $u_p$ 为两组三相半波输出电压之差，近似如图 3-28 所示的三角波，其频率为 150Hz。

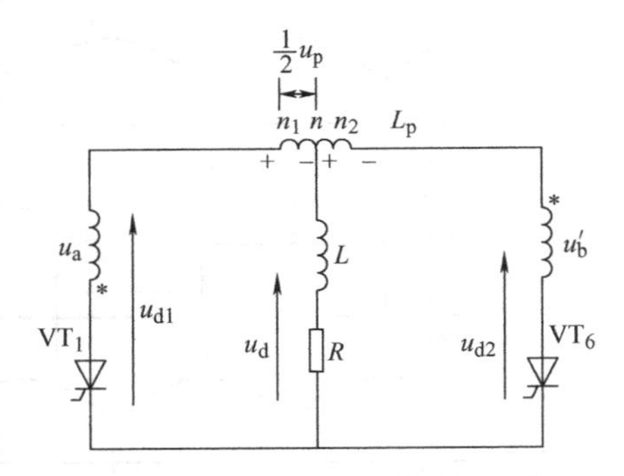


图 3-29 平衡电抗器作用下两个晶闸管同时导通的情况

从以上分析可知，虽然 $u_b' > u_a$，导致 $u_{d1} < u_{d2}$，但由于 $L_p$ 的平衡作用，使得晶闸管 $VT_6$ 和 $VT_1$ 都承受正向电压而同时导通。随着时间推迟至 $u_b'$ 与 $u_a$ 的交点时，由于 $u_b' = u_a$，两管继续导电，此时 $u_p = 0$。之后 $u_b' < u_a$，则流经 b′相的电流要减小，但 $L_p$ 有阻止电流减小的作用，$u_p$ 的极性与图 3-29 所示的相反，$L_p$ 仍起平衡的作用，使 $VT_6$ 继续导电，直到 $u_c' > u_b'$，电流才从 $VT_6$ 换至 $VT_2$。此时变成 $VT_1$、$VT_2$ 同时导电。每隔 60°有一个晶闸管换相，每一组中的一个晶闸管仍按三相半波的导电规律各轮流导电 120°。由此可见，由于接入平衡电抗器，使两组三相半波电路能同时工作，共同负担负载电流，故每组三相半波承担的电流分别为 $I_d/2$。而每个器件的导通角由 60°增大为 120°，故每管的平均电流为 $I_{dT} = I_d/6$，这虽然和六相半波一样，但 $i_T$ 方波的宽度已增加到 120°。流过晶闸管的电流波形 $i_{T1}$ 与 $i_a$ 相同。

**2. 双反星形整流电路及波形分析**

当需要分析各种控制角时的输出波形时，可先做出两组三相半波电路的 $u_{d1}$ 和 $u_{d2}$ 波形，然后做出波形 $(u_{d1} + u_{d2})/2$。

图 3-30 画出了 $\alpha = 30°$、$\alpha = 60°$ 和 $\alpha = 90°$ 时输出电压的波形。由图可以看出，双反星形电路的输出电压波形与三相半波电路比较，脉动程度减小了，脉动频率增大一倍，$f = 300$Hz。在电感负载情况下，当 $\alpha = 90°$ 时，输出电压波形正负面积相等，$U_d = 0$，因而要求的移相范围是 0° ~ 90°。如果是电阻负载，则 $u_d$ 波形不应出现负值，仅保留波形中正的部分。因此，当 $\alpha > 60°$ 时，$u_d$ 波形断续。同样可以得出，当 $\alpha = 120°$ 时，$U_d = 0$，因而电阻负载要求的移相范围为 0° ~ 120°。

双反星形电路是两组三相半波电路的并联，所以整流电压平均值与三相半波整流电路的输出电压平均值相等，在控制角 $\alpha$ 不同时，整流输出 $U_d = 1.17U_2\cos\alpha$（电感性负载或 $\alpha \leqslant 60°$ 的电阻负载）。当负载电流小于规定的最小电流时，将失去两组三相半波并联导电的特性，向六相半波整流电路过渡，每一瞬间只有一只晶闸管导通，输出电压平均值将变为 $U_d = 1.35U_2\cos\alpha$，一般应避免发生这种情况。为了确保电流断续后，两组三相半波整流电路还能同时工作，与三相桥式整流电路一样，也要求采用双窄脉冲或宽脉冲触发，窄脉冲脉宽应大于 30°。

在以上分析基础上，将双反星形电路与三相桥式电路进行比较可得出以下结论：

1）三相桥式电路是两组三相半波电路串联，而双反星形电路为两组三相半波电路并联，且后者需用平衡电抗器；

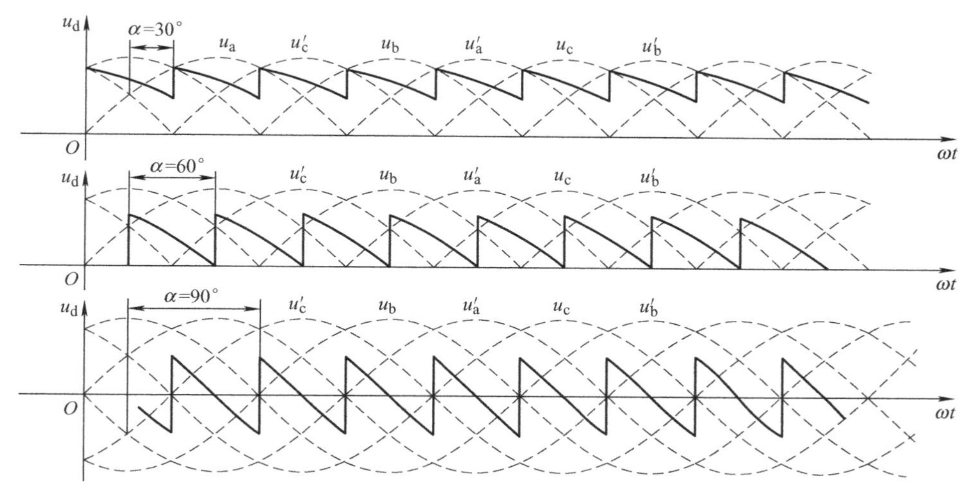


图 3-30 当 $\alpha=30°$、60°、90°时，双反星形电路的输出电压波形

2）当变压器二次电压有效值 $U_2$ 相等时，双反星形电路的整流输出电压 $U_d$ 是三相桥式电路的 1/2，而整流电流平均值 $I_d$ 是三相桥式电路的 2 倍；

3）两种电路中，晶闸管的导通及触发脉冲的分配关系一样，整流电压 $u_d$ 和整流电流 $i_d$ 的波形形状一样。

### 3.6.2 多重化整流电路

随着整流装置功率的进一步增大，整流装置所产生的谐波、无功功率等对电网的干扰也随之增大，为减轻干扰，可采用多重化整流电路，即按一定的规律将两个或多个相同结构的整流电路（如三相桥式电路、双反星形电路）进行组合而得。将整流电路进行移相多重连接可以减少交流侧输入电流谐波，而对串联多重整流电路采用顺序控制的方法可提高功率因数。

**1. 移相多重连接**

整流电路的多重连接有并联多重连接和串联多重连接。图 3-31 给出了两个三相全控整流电路并联连接而成的 12 脉波整流电路原理图，电路中使用了平衡电抗器来平衡各组整流装置的电流，其原理与双反星形电路中采用的平衡电抗器相同。

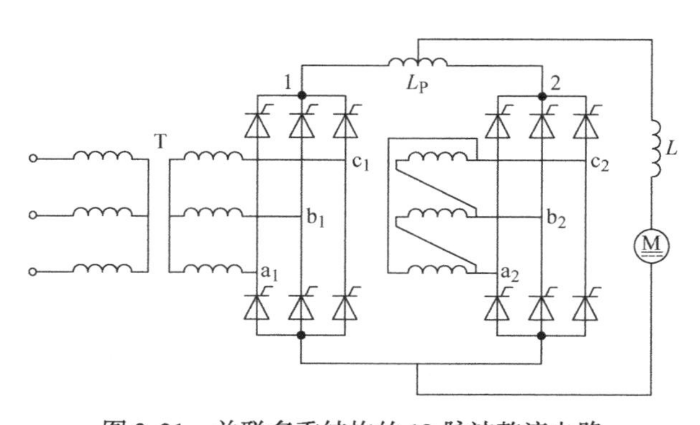


图 3-31 并联多重结构的 12 脉波整流电路

对于交流输入电流，采用并联多重连接和串联多重连接的效果是相同的。采用多重连接不仅可以减少交流输入电流的谐波，同时也可以减小直流输出电压中的谐波幅值并提高纹波频率，因而可减少平波电抗器。

图 3-32 是移相 30°构成串联双重连接电路的原理图，利用变压器二次绕组的接法不同，

使两组三相交流电源间相位错30°，从而使整流输出电压$u_d$在每个交流电源周期中脉动12次，故该电路为12脉波整流电路。为了得到12脉波波形，每个波头应错开30°，所以整流变压器二次绕组分别采用星形和三角形联结，构成相位相差30°、大小相等的两组电压，分别接到相互串联的两组整流桥。因绕组接法不同，为了使两组整流桥的输出电压相等，要求两组交流电源的线电压相等，所以三角形联结的二次绕组相电压应等于星形联结的相电压的$\sqrt{3}$倍。

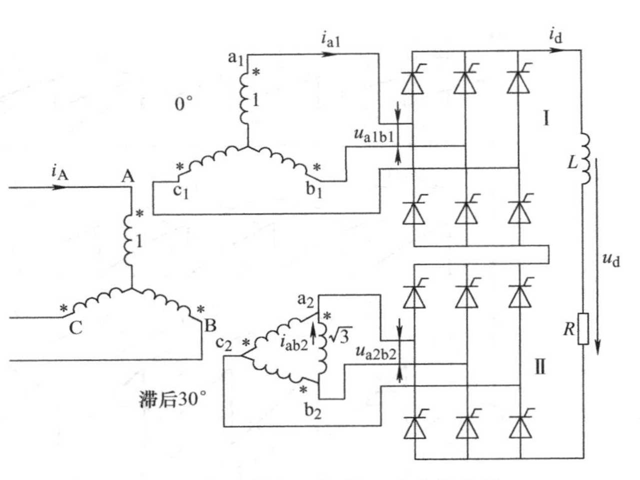


图3-32 移相30°串联双重连接电路

图3-33所示为电路输入电流波形图。其中图3-33c的$i'_{ab2}$在图3-32中未标出，它是第Ⅱ组桥电流$i_{ab2}$折算到变压器一次侧A相绕组中的电流。图3-33d的总输入电流$i_A$为图3-33a的$i_{a1}$和图3-33c的$i'_{ab2}$之和。

对图3-33中的波形$i'_{ab2}$进行傅里叶级数分析，可得其基波幅值$I_{m1}$和$n$次谐波幅值$I_{mn}$分别如下：

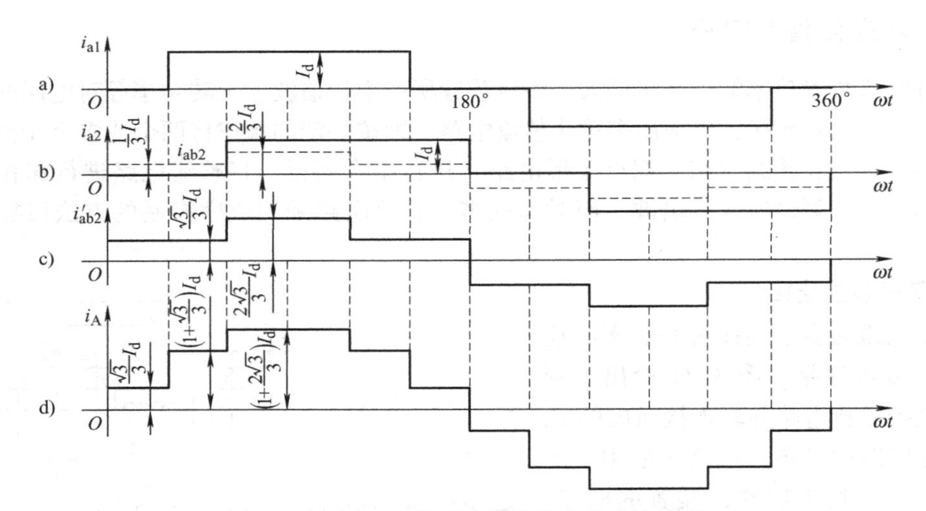


图3-33 移相30°串联双重连接电路电流波形

$$I_{m1}=\frac{4\sqrt{3}}{\pi}I_d \quad \left(单桥时为\frac{2\sqrt{3}}{\pi}I_d\right) \tag{3-90}$$

$$I_{mn}=\frac{1}{n}\frac{4\sqrt{3}}{\pi}I_d \quad n=12k\pm1,\ k=1,2,3,\cdots \tag{3-91}$$

即输入电流谐波次数为$12k\pm1$，其幅值与次数成反比而降低。

整流器总的功率因数$\lambda$等于位移因数$\cos\varphi_1$与畸变因数$\xi$之积，即$\lambda=\xi\cos\varphi_1$。式中，畸变因数$\xi$表示输入电流中基波的含量，当一次电流的波形越接近正弦波$\xi$值就越接近于1。

它表征电流的具体波形，与电源的相数和变压器的接线形式及负载性质有关。对于单相全控桥整流电路，如负载为电感性，则一次电流为一方波电流，可得基波因数 $\xi=0.9$；在三相桥式整流电路中，一次电流波形呈二阶梯波 $\xi=0.955$；当两组三相桥串联形成12脉波整流电路时，电流波形呈三阶梯波，此时 $\xi=0.9886$。

根据同样道理，利用变压器二次绕阻接法的不同，互相错开20°，可将三组桥构成串联三重连接。此时，整流变压器采用曲折接法。串联三重连接电路的整流电压 $u_d$ 在每个电源周期内脉动18次，此电路称为18脉波整流电路。其交流侧输入电流中所含谐波更少，次数为 $18k\pm1$（$k=1, 2, 3, \cdots$）次，整流电压 $u_d$ 的脉动也更小，此时 $\xi=0.995$；若将变压器的二次绕组移相15°，即构成串联四重连接电路，此电路为24脉波整流电路。其交流侧输入电流中谐波，为 $24k\pm1$（$k=1, 2, 3, \cdots$），此时 $\xi=0.997$；当波形的阶梯更多而接近正弦波时，畸变因数 $\xi\approx1$；所以功率因数 $\lambda=\cos\varphi_1$。

从以上分析可看出，采用多重连接的方式并不能提高位移因数，但可以使输入电流谐波大幅度减小，即提高畸变因数 $\xi$ 的值，从而在一定程度上提高功率因数。

**2. 串联多重连接电路的顺序控制**

前面介绍的多重连接电路中，各整流桥交流二次输入电压错开一定相位，但工作时各桥的控制角 $\alpha$ 是相同的。这样可使输入电流谐波含量大幅度降低。这里介绍的顺序控制则是另一种控制方法，这种控制方法只对串联多重连接的各整流桥中一个桥的 $\alpha$ 角进行相位控制，其余各桥的工作状态则根据需要输出的整流电压而定，或者不工作而使该桥输出直流电压为零，或者 $\alpha=0°$ 而使该桥输出电压最大，因此总的功率因数得以提高。这种根据所需总直流输出电压从低到高的变化，按顺序依次对各桥进行相位控制的方式，称为顺序控制法，我国电气机车的整流器大多采用这种方式。

图3-34a所示为用于电气机车的三重晶闸管整流桥顺序控制的一个例子。由于电气化铁道向电气机车供电是单相的，所以图中各桥均为单相桥，图3-34b和c分别为整流输出电压和交流输入电流的波形。该整流电路总的输出电压为三组桥输出电压之和，即 $u_d=u_{d1}+u_{d2}+u_{d3}$。当需要输出的直流电压低于1/3最高电压时，只对第Ⅰ组桥的 $\alpha$ 角进行控制，连续触发 $VT_{23}$、$VT_{24}$、$VT_{33}$、$VT_{34}$ 使其导通，这样第Ⅱ、Ⅲ组桥的直流输出电压就为零。当需要输出的直流电压达到1/3最高电压时，第Ⅰ组桥的 $\alpha$ 角为0°。需要输出电压为1/3到2/3最高电压时，第Ⅰ组桥的 $\alpha$ 角固定为0°，第Ⅲ组桥的 $VT_{33}$ 和 $VT_{34}$ 维持导通，使其输出电压为零，仅对第Ⅱ组桥的 $\alpha$ 角进行控制。需要输出电压为2/3最高电压以上时，第Ⅰ、Ⅱ组桥的 $\alpha$ 角固定为0°，仅对第Ⅲ组桥的 $\alpha$ 角进行控制。

在对上述电路中一个单元桥的 $\alpha$ 角进行控制时，为使直流输出电压波形不含负的部分，可采取以下控制方法：以第Ⅰ组桥为例，当电压相位为 $\alpha$ 时，触发 $VT_{11}$，、$VT_{14}$ 使其导通并流过直流电流 $I_d$，在电源电压相位为 $\pi$ 时，触发 $VT_{13}$，则 $VT_{11}$ 关断，$I_d$ 通过 $VT_{13}$、$VT_{14}$ 续流，使整流桥的输出电压为零而不出现负的部分。电压相位为 $\pi+\alpha$ 时，触发 $VT_{12}$，则 $VT_{14}$ 关断，由 $VT_{12}$、$VT_{13}$ 导通而输出直流电压。电压相位为 $2\pi$ 时，触发 $VT_{11}$，则 $VT_{13}$ 关断，由 $VT_{11}$ 和 $VT_{12}$ 续流，桥的输出电压为零，直至电压相位为 $2\pi+\alpha$ 时下一周期开始，重复上述过程。

图3-34b和c的波形是直流输出电压大于2/3最高电压时的总直流输出电压 $u_d$ 和总交流输入电流 $i$ 的波形。这时第Ⅰ、Ⅱ桥的 $\alpha$ 角均固定为0°，第Ⅲ组桥控制角为 $\alpha$，从电流 $i$ 的

波形可以看出，虽然波形并未改善，仍与单相全控桥时一样含有奇次谐波，但其基波分量比电压的滞后少，因而位移因数高，从而提高了总的功率因数。

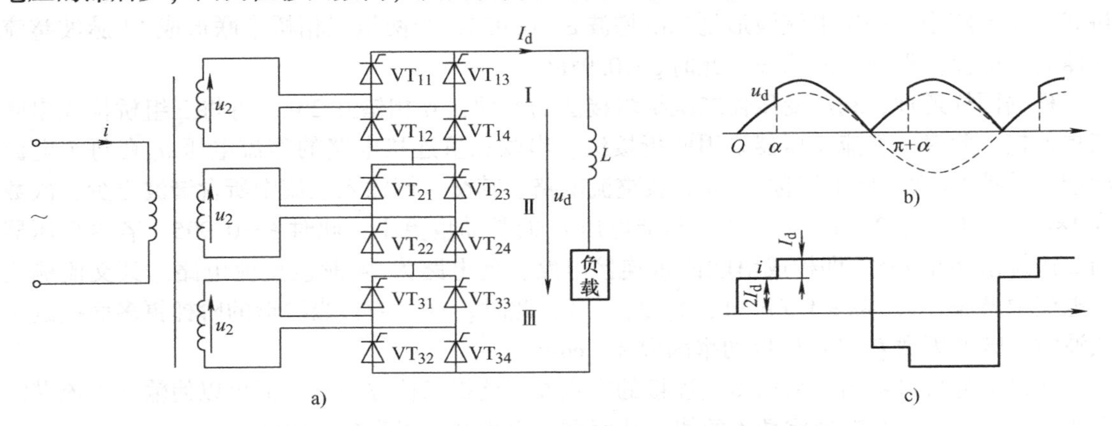


图 3-34　单相串联三重连接电路及顺序控制时的波形

# 3.7　整流电路的有源逆变工作状态

## 3.7.1　逆变的概念

**1. 什么是逆变?**

在生产实际中，存在着与整流过程相反的要求，对应于整流的逆向过程，即将直流电转变成交流电，称为逆变。把直流电逆变成交流电的电路称为逆变电路。在一定条件下，同一套可控整流电路既可工作在整流状态，又可工作在逆变状态。工作在逆变状态时，把整流电路的交流侧和电网连接，将直流电逆变为同频率的交流电反馈回电网，称为有源逆变，有源逆变电路常用于直流可逆调速系统、交流绕线转子异步电机串级调速以及高压直流输电等方面。

如果逆变电路的交流侧直接和负载连接，将直流电逆变为某一频率或可调频率的交流电供给负载，则称为无源逆变。

**2. 直流发电机-电动机系统电能的传递**

直流发电机-电动机系统如图 3-35 所示。图中 G 为发电机，M 为电动机，未画出励磁回路，通过控制发电机电动势的大小和极性，可以实现电动机四象限的运行状态。

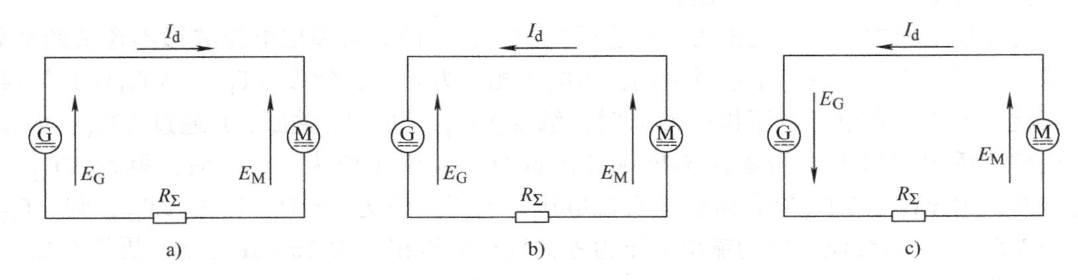


图 3-35　直流发电机-电动机之间电能的传动

(1) 图 3-35a　$E_G$和$E_M$同极性，$E_G > E_M$，电动机 M 做电动运转，电流$I_d$从发电机 G

流向电动机 M，$I_d$的值为

$$I_d=\frac{E_G-E_M}{R_\Sigma}$$

式中，$R_\Sigma$为回路的总电阻。由于$I_d$和$E_G$同方向，与$E_M$反方向，故发电机 G 输出电功率$E_GI_d$，电动机 M 吸收电功率$E_MI_d$，电能由 G 流向 M，转变为 M 轴上的机械能，$R_\Sigma$消耗的热能为$I_d^2R_\Sigma$。

（2）图 3-35b　回馈制动状态，$E_G$和$E_M$同极性，$E_G<E_M$，电动机 M 做发电运行，电流$I_d$从电动机 M 流向发电机 G，$I_d$的值为

$$I_d=\frac{E_M-E_G}{R_\Sigma}$$

此时，$I_d$和$E_M$同方向，与$E_G$反方向，故电动机 M 输出电功率$E_MI_d$，发电机 G 吸收电功率$E_GI_d$，电能由 M 流向 G，M 轴上输入的机械能转变为电能反送给 G，$R_\Sigma$消耗的热能为$I_d^2R_\Sigma$。

（3）图 3-35c　这时两个电动势顺向串联，向$R_\Sigma$供电，G 和 M 均输出功率，由于$R_\Sigma$一般都很小，实际上形成了短路，在实际工作中必须严格禁止此类情况发生。

如果将 G 和 M 换成两个直流电源，则可以有如下结论：

1）两个直流电源同极性相接时，电流总是从高电动势处流向低电动势处，电流的大小取决于两电动势的差值和回路电阻值。由于回路电阻很小，所以即使很小的电动势差值也能产生很大的电流，在两个电动势源之间交换很大的功率。

2）电流从电动势源正端流出者输出功率，电流从电动势源正端流入者吸收功率。

3）两个直流电源反极性相接时，若回路电阻很小，则形成短路，在工作中应严防此类事故发生。

**3. 逆变产生的条件**

以单相全波晶闸管变流电路代替图 3-35 中的 G 给电动机供电，如图 3-36 所示。分析此时电路内电能的流向。

（1）电动机 M 电动运行　如图 3-36a 所示，全波电路应工作在整流状态，$\alpha$ 的范围在 $0\sim\pi/2$间，直流侧输出电压平均值$U_d$为正值。当$U_d>E_M$时，输出电流$I_d$，其值为

$$I_d=\frac{U_d-E_M}{R_\Sigma}$$

式中，$R_\Sigma$为回路总电阻。一般情况下，$R_\Sigma$值很小，因此电路经常工作在$U_d\approx E_M$的条件下，交流电网输出电功率，电动机则输入电功率。

（2）电动机 M 发电回馈制动运行　如图 3-36b 所示，$E_M$反向，由于晶闸管器件的单向导电性，电路内电流$I_d$方向保持不变，欲改变电能的输送方向，只能改变$U_d$的极性，即$U_d$为负值，且$|E_M|>|U_d|$，才能把电能从直流侧送到交流侧，实现逆变。这时$I_d$为

$$I_d=\frac{E_M-U_d}{R_\Sigma}$$

电路内电能的流向与整流时相反，电动机输出电功率，电网吸收电功率。电动机轴上输入的机械功率越大，则逆变的功率也越大。为了防止过电流，同样应满足$E_M\approx U_d$的条件，$E_M$取决于电动机的转速，而$U_d$可通过改变 $\alpha$ 来进行调节。由于逆变时$U_d$为负值，故 $\alpha$ 在逆

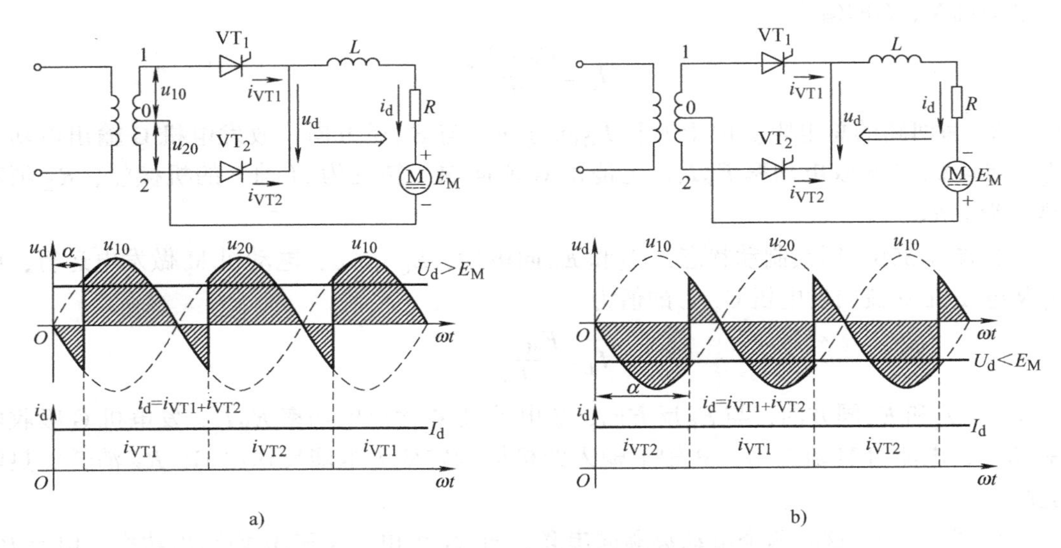


图 3-36 单相全波电路的整流和逆变

变状态时的范围应 π/2 ~ π 之间。

在逆变工作状态下，虽然晶闸管的阳极电位大部分处于交流电压为负的半周期，但由于有外接直流电动势 $E_M$ 的存在，使得晶闸管仍能承受正向电压而导通。

由上述分析中归纳出逆变的条件如下：

1）一定要有直流电动势源，其极性必须和晶闸管的导通方向一致，其值应稍大于变流器直流侧平均电压。

2）要求晶闸管的控制角 $\alpha > \pi/2$，使 $U_d$ 为负值。

3）电路直流回路中必须要有足够大的电感，以保证有源逆变连续进行。

半控桥或接有续流二极管的电路使得整流电压 $U_d$ 不会出现负值，故不能实现有源逆变。要实现有源逆变，必须采用全控电路。

## 3.7.2 三相桥整流电路的有源逆变工作状态

三相有源逆变比单相有源逆变复杂，整流电路带反电动势加电感性负载时，整流输出电压与控制角之间存在以下余弦关系：

$$U_d = U_{d0}\cos\alpha$$

逆变和整流的区别仅仅是控制角 α 的不同，当 $0 < \alpha < \pi/2$ 时，电路工作在整流状态，当 $\pi/2 < \alpha < \pi$ 时，电路工作在逆变状态。因而可沿用整流的办法来处理逆变时有关波形与参数计算等各项问题。

通常把 $\alpha > \pi/2$ 时的控制角用 $\beta(\beta = \pi - \alpha)$ 表示，β 称为逆变角。控制角 α 是以自然换相点作为起始点的，由此向右计量，而逆变角 β 与控制角 α 的计量方向相反，其大小自 $\beta = 0$ 的起始点向左计量，两者的关系是 $\alpha + \beta = \pi$，或 $\beta = \pi - \alpha$。

三相桥式电路工作于有源逆变状态，在不同逆变角时的输出电压波形及晶闸管两端电压波形如图 3-37 所示。

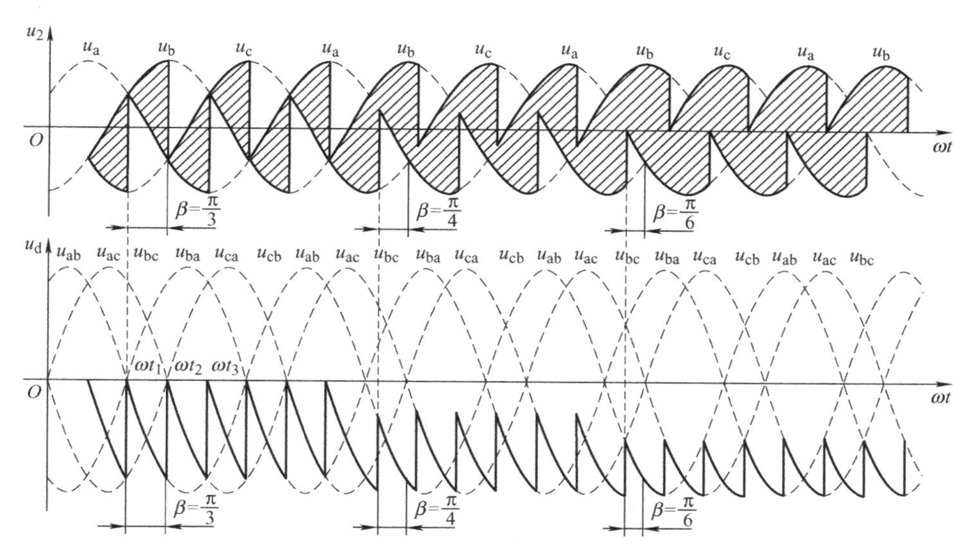


图 3-37　三相桥式电路工作于有源逆变状态时的电压波形

这时

$$U_d = -2.34U_2\cos\beta \tag{3-92}$$

输出直流电流的平均值为

$$I_d = \frac{U_d - E_M}{R_\Sigma} \tag{3-93}$$

在逆变状态时，$U_d$和$E_M$的极性都与整流状态时相反，均为负值。

从交流电源送到直流侧负载的有功功率为

$$P_d = R_\Sigma I_d^2 + E_M I_d \tag{3-94}$$

当逆变工作时，由于$E_M$为负值，故$P_d$为负值，表示功率由直流电源输送到交流电源。

## 3.7.3　逆变失败与最小逆变角的限制

逆变运行时，一旦发生换相失败，外接的直流电源就会通过晶闸管电路形成短路，或者使变流器的输出平均电压和直流电动势变成顺向串联，形成很大的短路电流，这种情况称为逆变失败，或者称为逆变颠覆。

**1. 逆变失败的原因**

造成逆变失败的原因很多，主要有以下几种情况：

1）触发电路工作不可靠，不能适时、准确地给各晶闸管分配触发脉冲，如脉冲丢失、脉冲延迟等，导致晶闸管不能正常换相，使交流电源和直流电动势顺向串联，形成短路。

2）晶闸管发生故障，在应该阻断期间，器件失去阻断能力，或在应该导通期间，器件不能导通，造成逆变失败。

3）在逆变工作时，交流电源发生缺相或突然消失，由于直流电动势$E_M$的存在，晶闸管仍可导通，此时变流器的交流侧由于失去了与直流电动势极性相反的交流电压，因此直流电动势就会通过晶闸管使电路短路。

4）由于变压器漏抗引起换相重叠角对逆变电路换相的影响，使得换相的裕量角不足，导致换相失败，如图 3-38 所示。

以 $VT_3$ 和 $VT_1$ 的换相过程为例，当逆变电路工作在 $\beta>\gamma$ 时，经过换相过程后，a 相电压 $u_a$ 高于 c 相电压 $u_c$，所以换相结束时，能使 $VT_3$ 承受反压而关断。如果换相的裕量角不足，即当 $\beta<\gamma$ 时，换相尚未结束，则在电路的工作状态到达自然换相点 p 点之后，c 相电压 $u_c$ 将高于 a 相电压 $u_a$，晶闸管承受反压而重新关断，使得应该关断的晶闸管不能关断却继续导通，且 c 相电压 $u_c$ 将随着时间的推迟越来越高，电动势顺向串联导致逆变失败。

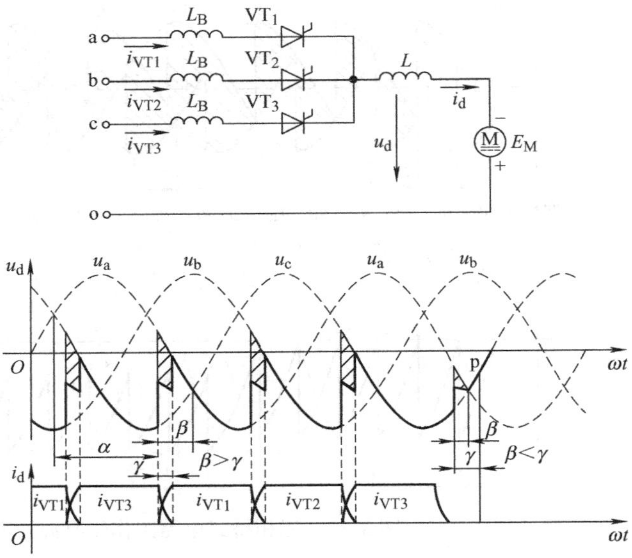

因此，为了防止逆变失败，逆变角 $\beta$ 不能太小，必须限制在某一允许的最小角度内。

图 3-38　交流侧电抗对逆变换相过程的影响

**2. 确定最小逆变角 $\beta_{min}$ 的依据**

逆变时允许采用的最小逆变角 $\beta_{min}$ 应为

$$\beta_{min}=\delta+\gamma+\theta' \tag{3-95}$$

式中，$\delta$ 为晶闸管的关断时间 $t_q$ 折合的电角度；$\gamma$ 为重叠换相角；$\theta'$ 为安全裕量角。晶闸管的关断时间 $t_q$ 长的可到达 200～300μs，折算成电角度 $\delta$ 约为 4°～5°。而换相重叠角 $\gamma$ 随着直流平均电流和换相电抗的增加而增大。设计变流器时，换相重叠角可查阅有关手册，也可按式(3-96) 计算

$$\cos\alpha-\cos(\alpha+\gamma)=\frac{I_dX_B}{\sqrt{2}U_2\sin\frac{\pi}{m}} \tag{3-96}$$

根据逆变工作时 $\alpha=\pi-\beta$，并设 $\beta=\gamma$，式(3-96) 可改写成

$$\cos\gamma=1-\frac{I_dX_B}{\sqrt{2}U_2\sin\frac{\pi}{m}} \tag{3-97}$$

变流器工作在逆变状态时，还会有种种原因影响逆变角，若不考虑安全裕量，则势必有可能破坏 $\beta>\beta_{min}$ 的关系，导致逆变失败。例如，在三相桥式逆变电路中，触发器输出的六个脉冲的相位角间隔不可能完全相等，有的比期望值偏前，有的比期望值偏后，脉冲的不对称程度一般可达 5°，若不考虑安全裕量角，则偏后的那些脉冲相当于 $\beta$ 变小，有可能小于 $\beta_{min}$，造成逆变失败。一般安全裕量角 $\theta'$ 取 10°，最小逆变角 $\beta_{min}$ 一般取 30°～35°。设计逆变电路时，必须保证 $\beta\geqslant\beta_{min}$，因此常在触发电路中附加一个保护环节，保证触发脉冲不进入小于 $\beta_{min}$ 的区域内。

# 3.8 Matlab 应用举例

## 3.8.1 单相整流电路的仿真分析

**仿真 1** 对图 3-3 带感性负载的单相半波可控整流电路进行仿真。

1）打开 Simulink 仿真窗口，在器件库中分别找到 Thyristor（晶闸管）模块、AC Voltage Source 模块、Series RLC Branch 模块、Pulse Generator 模块、Scope 模块和 powergui 模块，添加到仿真窗口并连接仿真模型，如图 3-39 所示。

2）设置各模块参数：AC Voltage Source 模块中幅值（Peak Amplitude）设置为 100V；Series RLC Branch 模块选择 Branch type 为 L，且 $L=10\mathrm{mH}$；在 Pulse Generator 模块中，脉冲周期设为 0.02s，脉冲幅度设为 10V，脉冲宽度设为脉冲周期的 5%。

3）在器件库中找到输入电压、输出电压和输出电流测量模块并连接到 Scope。

4）设置仿真参数：选择 obe23tb 算法，相对误差取 $1\mathrm{e}^{-3}$，仿真时间 0.1s。

5）$\alpha=0°$ 时，Pulse Generator 模块相位延迟（Phase Delay）设置为 0s，仿真结果如图 3-40所示。

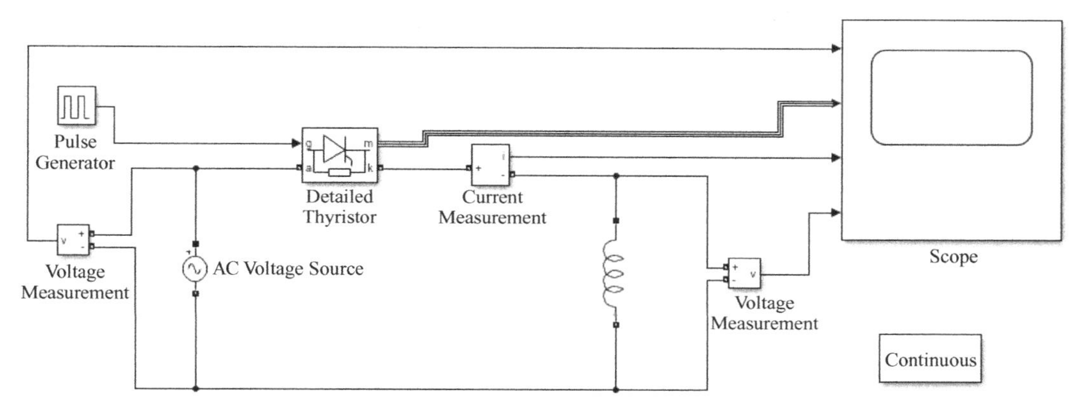


图 3-39 带感性负载的单相半波可控整流电路仿真模型

图 3-40 中，曲线①、曲线②和曲线③分别为输入电压曲线、输出电流曲线和输出电压曲线。从图中可以看出，当 $\alpha=0°$时，由于负载为感性负载，几乎整个周期晶闸管都处于导通状态，输出电流为正。

$\alpha=30°$时，Pulse Generator 模块相位延迟（Phase Delay）设置为 0.00167s，仿真结果如图 3-41 所示。从图中可以看出，在触发脉冲到来之前，晶闸管不导通，晶闸管两端电压为输入电压，负载两端电压为零。$\alpha=30°$时，触发脉冲触发晶闸管导通，负载两端电压等于输入电压。

**仿真 2** 对图 3-5 带电阻负载的单相桥式全控整流电路进行仿真。

在单相桥式可控整流电路中，整流器件全部采用晶闸管的电路称为单相桥式全控整流电路。

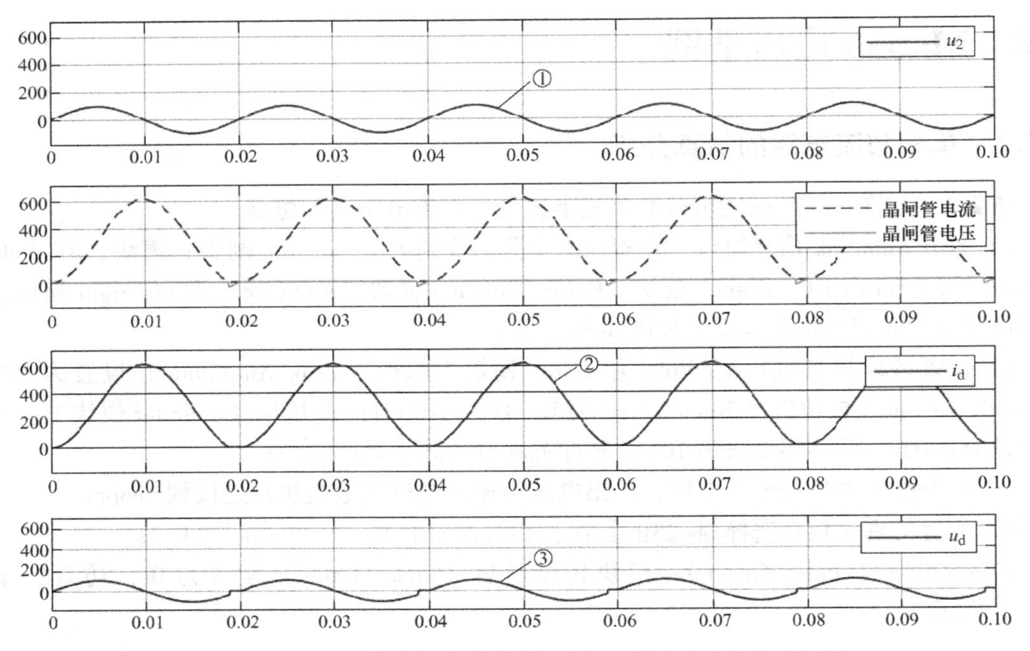


图 3-40　$\alpha=0°$时带感性负载的单相半波可控整流电路仿真波形

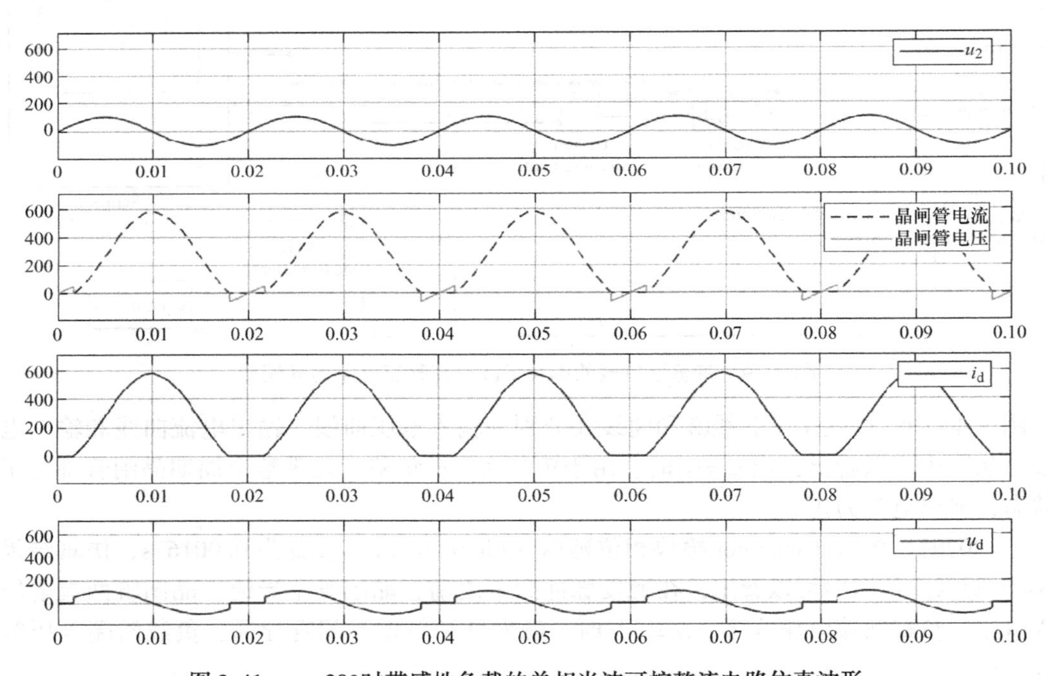


图 3-41　$\alpha=30°$时带感性负载的单相半波可控整流电路仿真波形

1）打开 Simulink 仿真窗口，在器件库中分别找到 Thyristor（晶闸管）模块、AC Voltage Source 模块、Series RLC Branch 模块、Pulse Generator 模块、Scope 模块和 powergui 模块，添加到仿真窗口并连接仿真模型，如图 3-42 所示。

2）设置各模块参数：AC Voltage Source 模块中幅值（Peak Amplitude）设置为 100V，频率 50Hz；Series RLC Branch 模块，选择 Branch type 为 R，且 $R=2\Omega$；在 Pulse Generator 模块 1 中，脉冲周期设为 0.02s，脉冲幅度设为 1V，脉冲宽度设为脉冲周期的 5%，相位延迟为 $\alpha/360*0.02$，Pulse Generator 模块 2 相位延迟为 $180/360*0.02+\alpha/360*0.02$。

3）在器件库中找到输入电压、输出电压和输出电流测量模块并连接到 Scope。

4）设置仿真参数：选择 obe23tb 算法，相对误差取 $1e^{-3}$，仿真时间为 0.1s。

5）$\alpha=30°$时，Pulse Generator 模块 1 相位延迟（Phase Delay）设置为 $30/360*0.02$s，Pulse Generator 模块 2 相位延迟为 $180/360*0.02+30/360*0.02$s 仿真结果如图 3-43 所示。

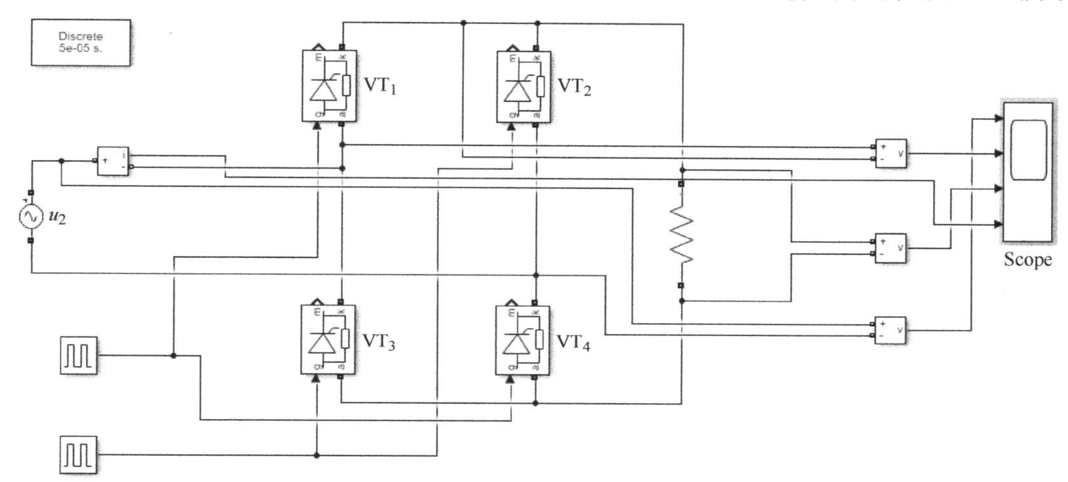


图 3-42　单相桥式全控整流电路仿真模型

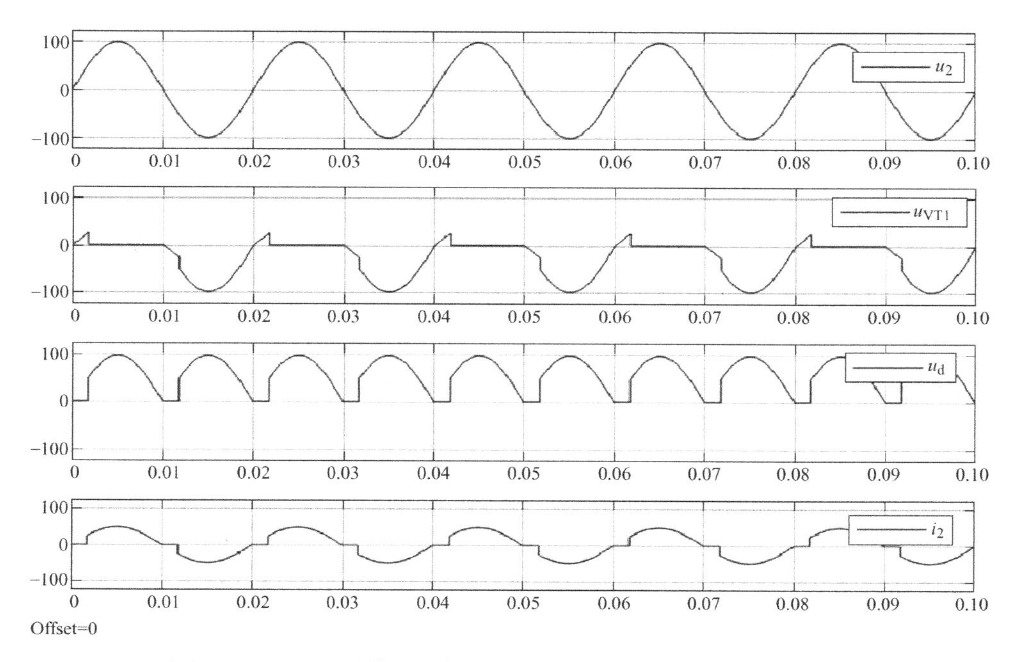


图 3-43　$\alpha=30°$时带电阻负载的单相桥式全控整流电路仿真波形

从仿真波形中可以看出，在自然换相点到控制角四个晶闸管都不导通，输出电压为零，每个晶闸管承受的电压为 $u_2/2$。$\omega t$ 在 30° ~ 180°之间，$VT_1$ 和 $VT_4$ 承受正向电压并在$\alpha = 30°$收到触发信号而导通，此时输出电压 $u_d = u_2$。$\omega t$ 在 180° ~ 210°之间，$VT_1$ 和 $VT_4$ 因承受反向电压关断，而 $VT_2$ 和 $VT_3$ 虽承受正向电压，但还未有触发脉冲，也处于关断状态。$\alpha = 30°$时，$VT_2$ 和 $VT_3$ 收到触发信号而导通，$u_d = -u_2$，输出电压仍为正向电压，直至 $\omega t = 360°$，如此循环往复。

6）负载改为阻感负载，取 $L = 1\text{mH}$，电阻仍为 2Ω，仿真结果如图 3-44 所示。和电阻负载的电路的输出波形相比较，输出电压出现负向的电压。这是由于在 $\omega t = 180°$之后，负载中电感的能量仍然存在，使得 $u_2$ 在换向时，原来导通的晶闸管仍然承受正向电压而导通一段时间。

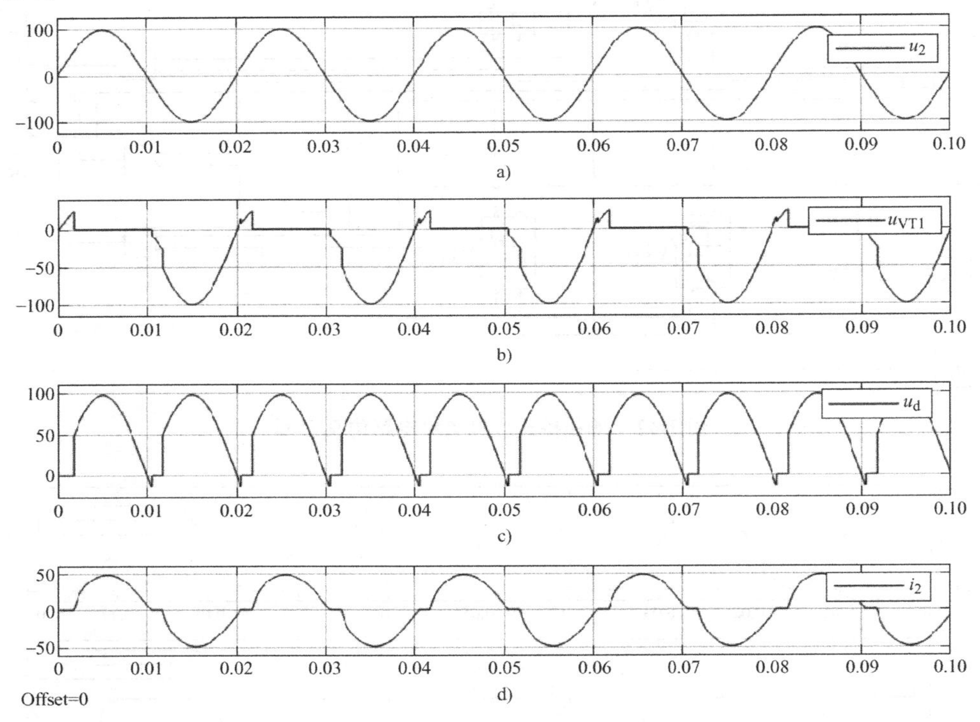


图 3-44 $\alpha = 30°$时带阻感负载的单相桥式全控整流电路仿真波形

7）$\alpha = 60°$时，Pulse Generator 模块 1 相位延迟（Phase Delay）设置为 30/360 * 0.02s，Pulse Generator 模块 2 相位延迟为 180/360 * 0.02 + 30/360 * 0.02s，$L = 1\text{mH}$，仿真结果如图 3-45所示。和图 3-44 相比较，由于控制角增大，晶闸管的导通角减小，输出电压正向波形的面积减小，进而使输出电压的平均值减小，从而达到控制输出电压的目的。但由于电感较小，电感中储存的能量较少，所以在 $VT_1$ 和 $VT_4$ 导通之后，$VT_2$ 和 $VT_3$ 导通之前输出电压就已为 0，$VT_1$ 和 $VT_4$ 截止，出现电流断续的情况。

8）仿真条件设为 $\alpha = 60°$，阻感负载中 $L = 1\text{H}$，使得 $\omega L >> R$，仿真结果如图 3-46 所示。由于电感足够大，能够存储足够的能量使得 $u_2$ 换向之后，$VT_1$ 和 $VT_4$ 保持导通，直到 $VT_2$ 和 $VT_3$ 触发脉冲到来，$VT_1$ 和 $VT_4$ 因 $VT_2$ 和 $VT_3$ 导通而截止，负载电流连续。此时，晶闸管的导通角为 180°。

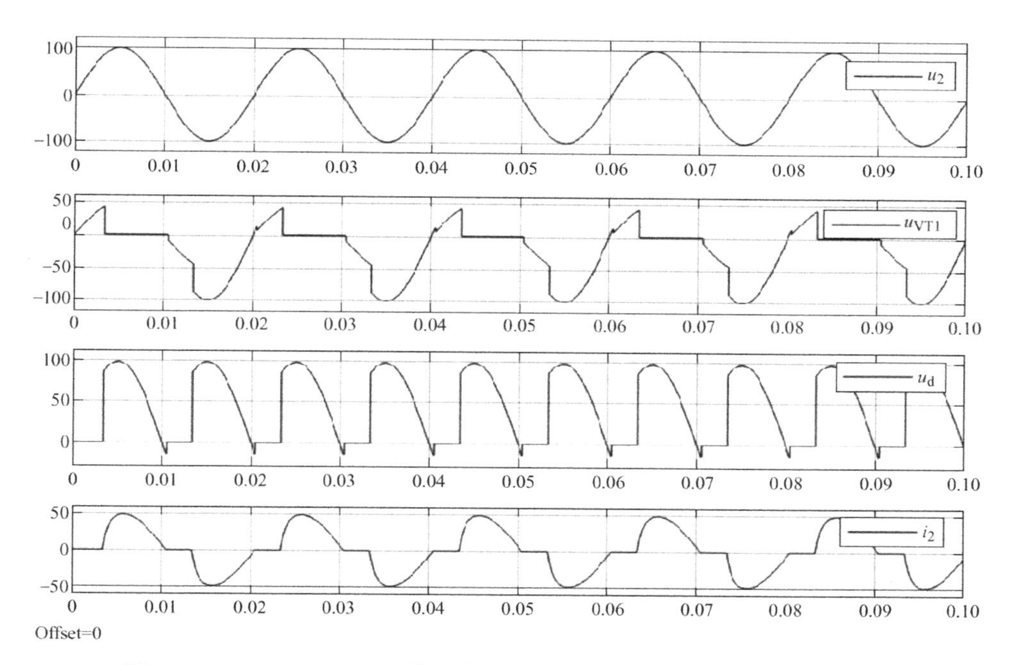


图 3-45　$\alpha=60°$、$L=1mH$ 带阻感负载的单相桥式全控整流电路仿真波形

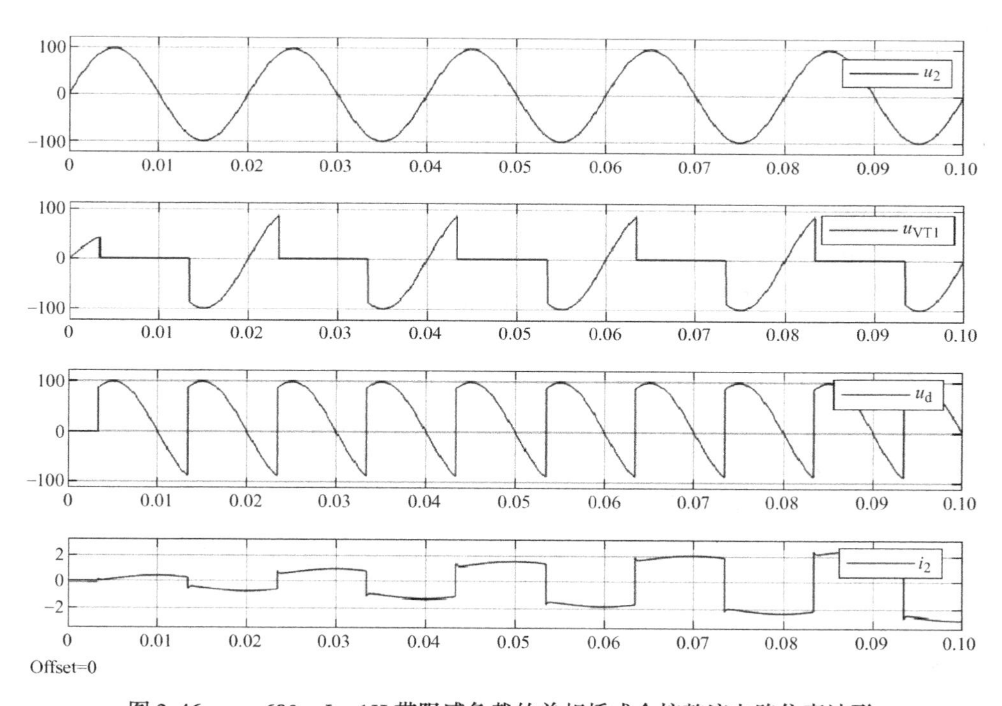


图 3-46　$\alpha=60°$、$L=1H$ 带阻感负载的单相桥式全控整流电路仿真波形

9）将控制角 $\alpha$ 改为 90°，仿真结果如图 3-47 所示。从仿真结果可以看出，由于此时 $\omega L>>R$，输出电压的正半周和负半周面积相等，输出平均电压为 0V，移相范围最大为 90°。

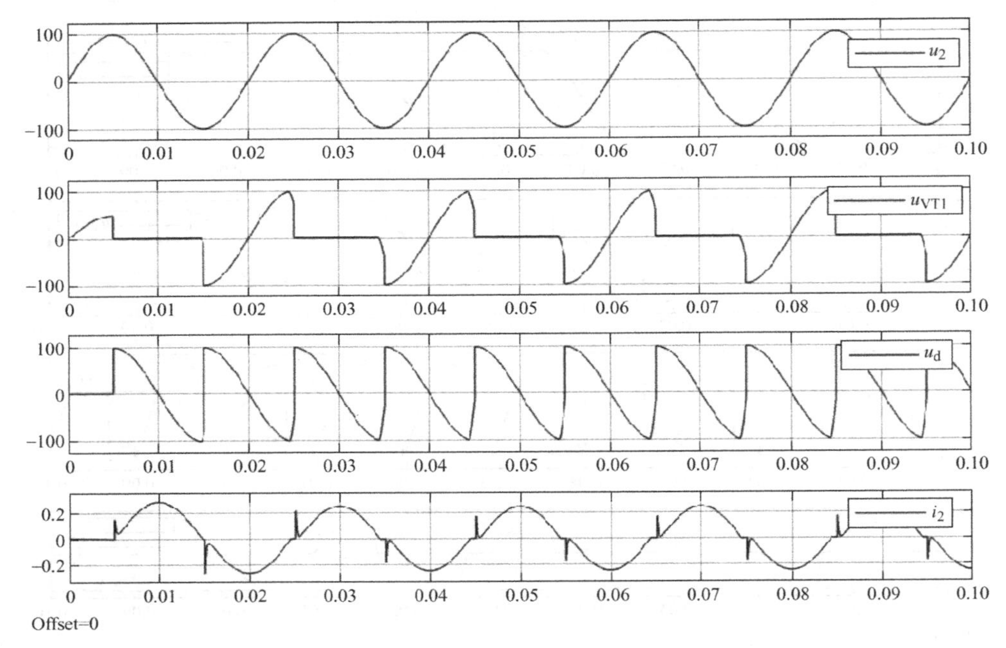


图 3-47 $\alpha=90°$、$L=1H$ 带阻感负载的单相桥式全控整流电路仿真波形

## 3.8.2 三相整流电路的仿真分析

**仿真 3** 对图 3-11 所示三相半波可控整流电路进行仿真。

三相半波可控整流电路的仿真模型如图 3-48 所示，电路主要由三个独立电源，三个晶闸管、负载和触发脉冲组成。

**1. 主电路的建模和参数设置**

主电路由三相交流电源、晶闸管和负载组成。三相交流电源中 a 相电源峰值电压设为 220V，相位为0°，频率为50Hz。b 相和 c 相的设置除了相位其他参数与 a 相相同，其中 b 相相位设为 −120°，c 相相位设为 120。负载模块 Series RLC Branch 首先设为 R，阻值为 10Ω。

晶闸管参数选择默认值，为了测量晶闸管的电压和电流，采用 Demux 模块来分别测量 $VT_1$ 的电压和电流。

**2. 控制电路的仿真模型**

控制电路部分由三个脉冲触发器组成，分别给 $VT_1$、$VT_2$ 和 $VT_3$ 提供触发脉冲。在 Pulse Generator 模块中，脉冲周期设为 0.02s，脉冲幅度设为 10V，脉冲宽度设为脉冲周期的 5%。通过 3.3 节的分析，三相半波可控整流电路的控制角并不是以 0°为起始，而是以 30°为起始的，因此在相应的脉冲触发器的参数框中相位延迟要加 30°，即 a 相触发脉冲 $PG_1$ 延迟角设为 30/360 * 0.02。b 相和 c 相触发脉冲器的延迟角与 a 相分别相差 120°和 240°，因此分别设为（30/360 * 0.02 + 120/360 * 0.02）和（30/360 * 0.02 + 240/360 * 0.02），其他参数和 a 相相同。

在器件库中找到输入电压、输出电压和输出电流测量模块并连接到 Scope。$\alpha=0°$时，仿真结果如图 3-49 和图 3-50 所示。在图 3-49 中，从上到下波形依次为 $u_a$、触发脉冲 $PG_1$、晶闸管 $VT_1$ 电压、晶闸管 $VT_1$ 电流，可看出触发脉冲加在了自然换相点，$PG_1$ 到来时 a 相电

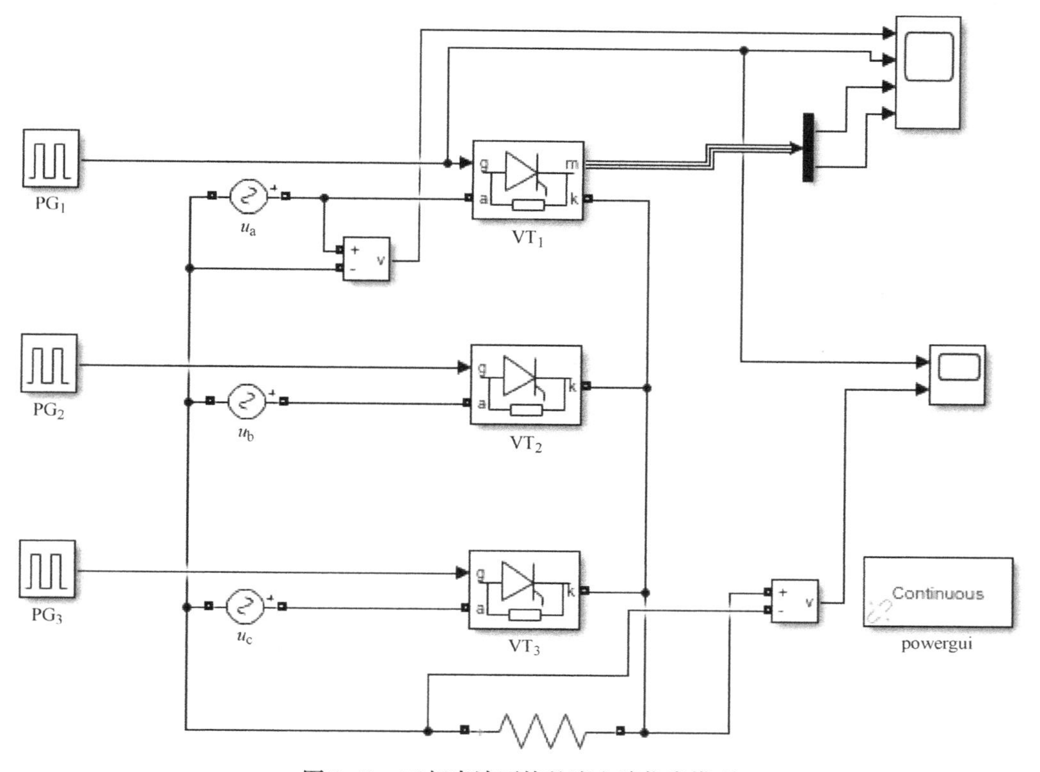


图 3-48　三相半波可控整流电路仿真模型

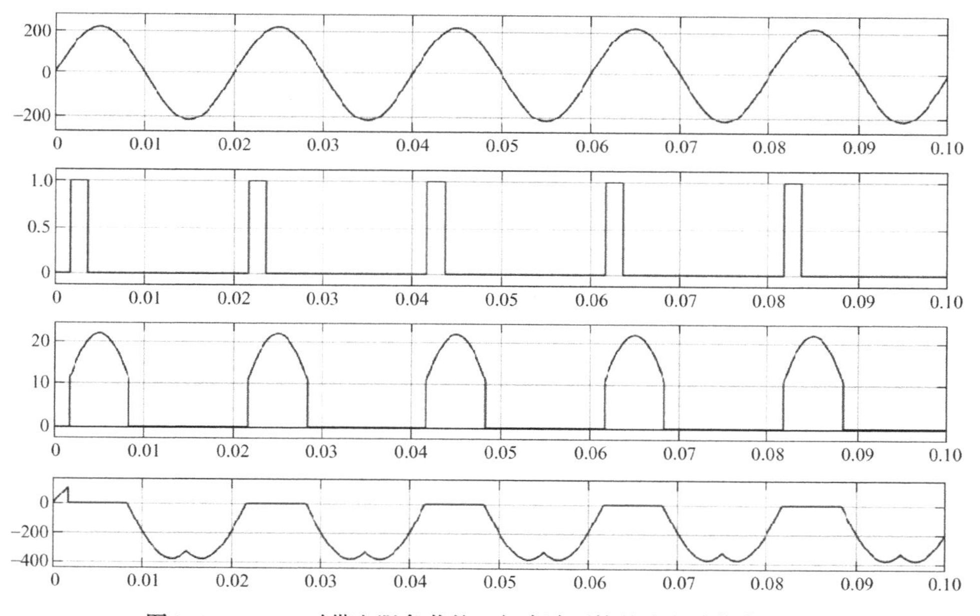

图 3-49　$\alpha=0°$时带电阻负载的三相半波可控整流电路仿真波形 1

压最高 $VT_1$ 导通，$VT_1$ 两端之间的电压为 0。此时，负载电压 $u_d=u_a$，晶闸管 $VT_1$ 导通 120°，当 $VT_1$ 承受反向电压截止时，其两端之间的电压为线电压。图 3-50 显示的是触发脉冲 $PG_1$ 和输出电压，可以看出输出电压为正向脉动的电压。

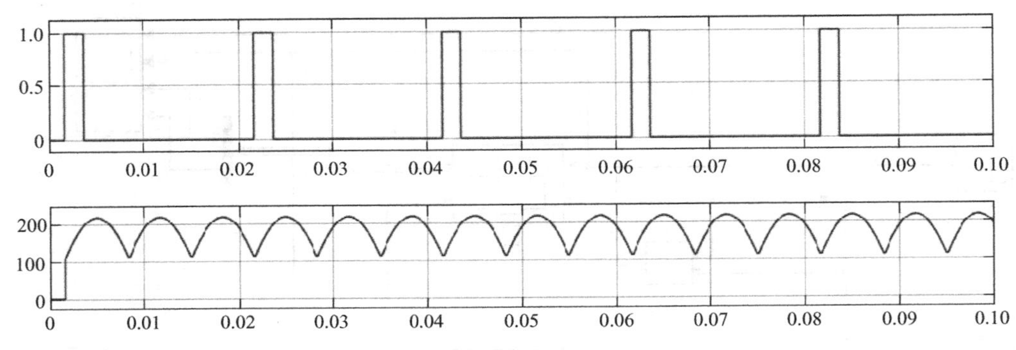

图 3-50　$\alpha=0°$时带电阻负载的三相半波可控整流电路仿真波形 2

$\alpha=30°$时，仿真结果如图 3-51 和图 3-52 所示。从图中可以看出，触发脉冲后移，各个晶闸管的导通角仍为 120°，此时负载处于电流连续和断续的临界状态。

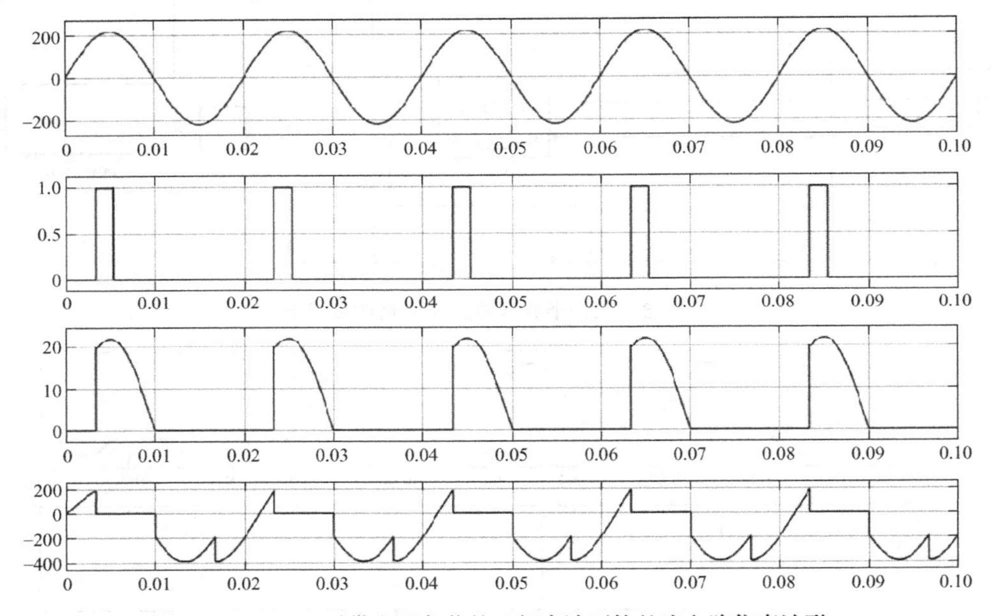

图 3-51　$\alpha=30°$时带电阻负载的三相半波可控整流电路仿真波形 1

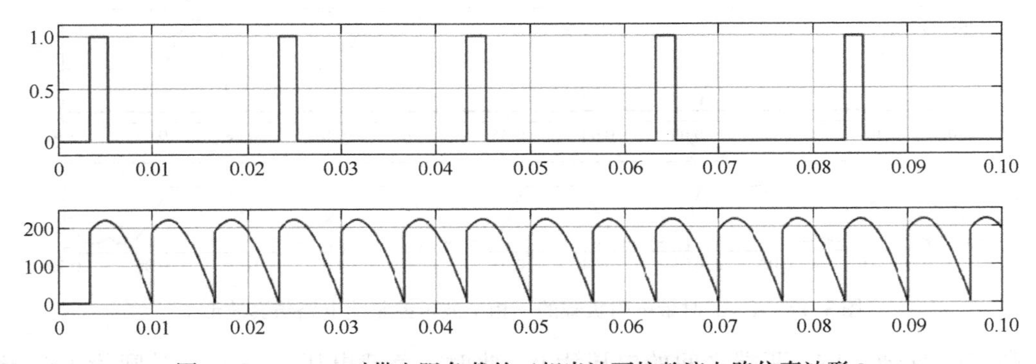

图 3-52　$\alpha=30°$时带电阻负载的三相半波可控整流电路仿真波形 2

$\alpha=60°$时，仿真结果如图 3-53 和图 3-54 所示。由于触发脉冲的后移，晶闸管 $VT_1$ 导通角不再是120°，而变成90°，其他两个晶闸管也是如此。输出电压出现为零的现象，也就是负载电流出现了断续。当控制角为150°时，整流输出电压为零。

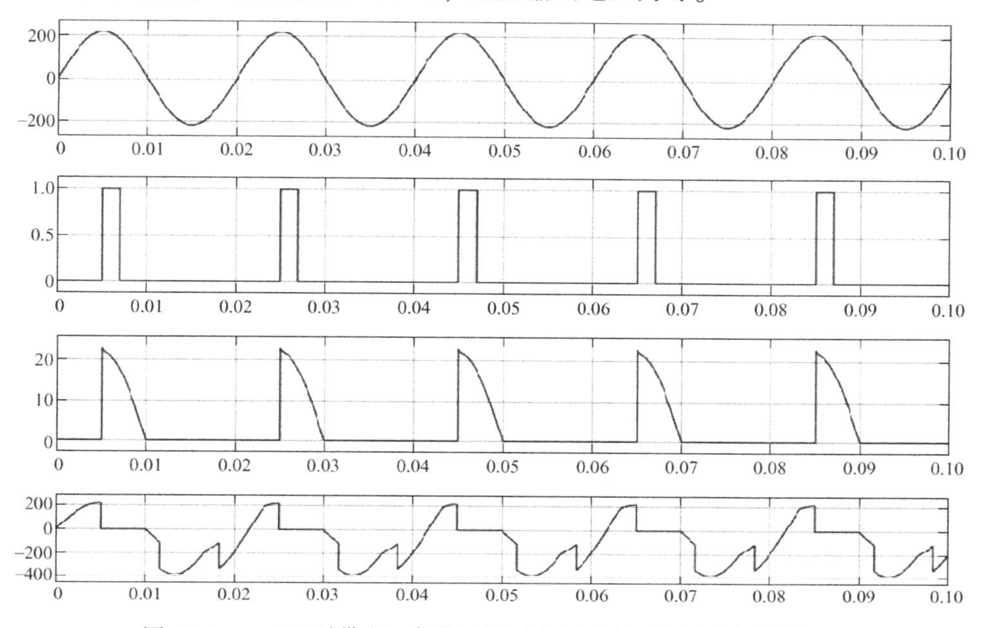

图3-53 $\alpha=60°$时带电阻负载的三相半波可控整流电路仿真波形1

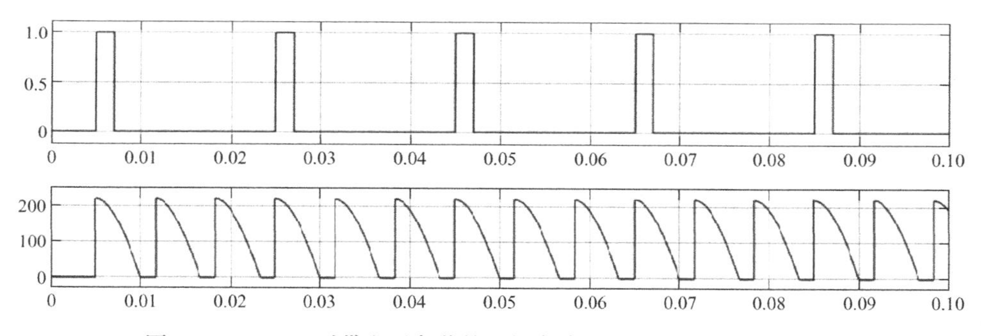

图3-54 $\alpha=60°$时带电阻负载的三相半波可控整流电路仿真波形2

**仿真4** 对图3-15所示三相桥式全控整流电路进行仿真。

仿真模型如图3-55所示，电路主要由三个独立电源，六个晶闸管、负载和触发脉冲组成。

**1. 主电路的建模和参数设置**

主电路由三相交流电源、晶闸管和负载组成。三相交流电源中a相电源峰值电压设为220V，相位为0°，频率为50Hz。b相和c相的设置除了相位其他参数与a相相同，其中b相相位设为-120°，c相相位设为120。负载模块Series RLC Branch首先设为R，阻值为10Ω。晶闸管参数选择默认值。

**2. 控制电路的仿真模型**

控制电路部分由六个脉冲触发器组成，分别给$VT_1$、$VT_2$、$VT_3$、$VT_4$、$VT_5$和$VT_6$提供触发脉冲。在Pulse Generator模块中，脉冲周期设为0.02s，脉冲幅度设为10V，脉冲宽度设为脉冲周期的20%。$PG_1 \sim PG_6$相位延迟分别设为$(30+\alpha)/360*0.02$、$[(30+\alpha)/360*0.02+60/$

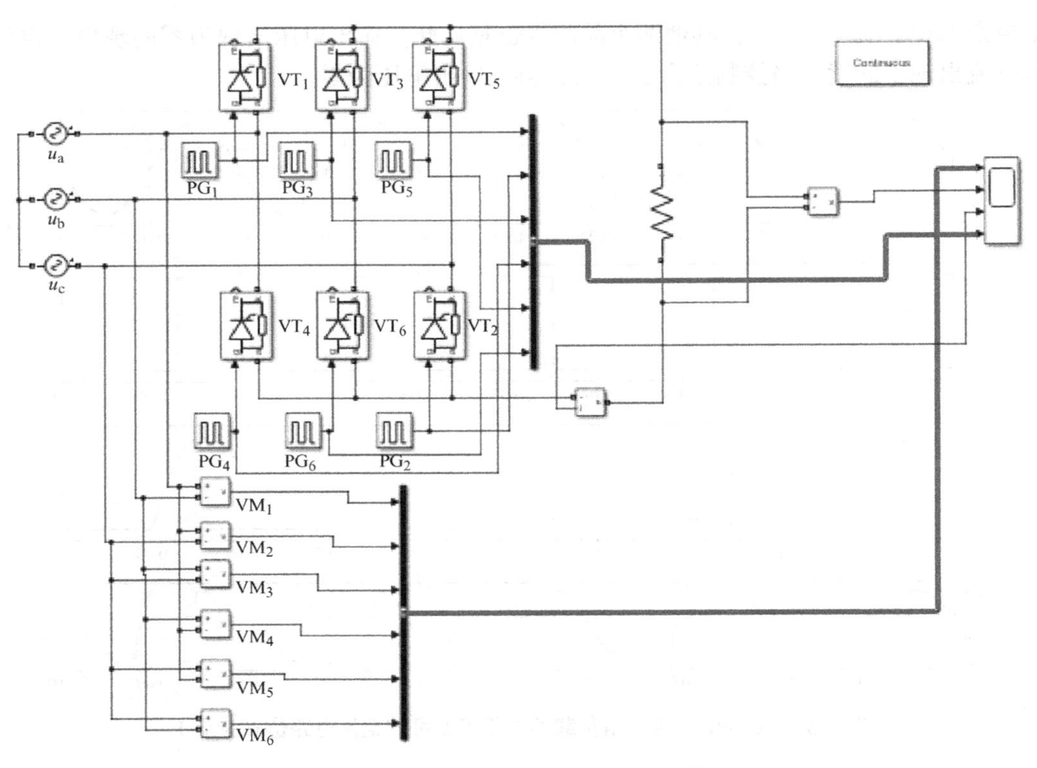


图 3-55　三相桥式全控整流电路仿真模型

360 * 0.02]、[(30 + α)/360 * 0.02 + 120/360 * 0.02]、[(30 + α)/360 * 0.02 + 180/360 * 0.02]、[(30 + α)/360 * 0.02 + 240/360 * 0.02]、[(30 + α)/360 * 0.02 + 300/360 * 0.02]。

$\alpha = 30°$时，仿真结果如图 3-56 所示，图中四个波形从上到下依次为电源线电压、负载电压、负载电流和脉冲触发信号。

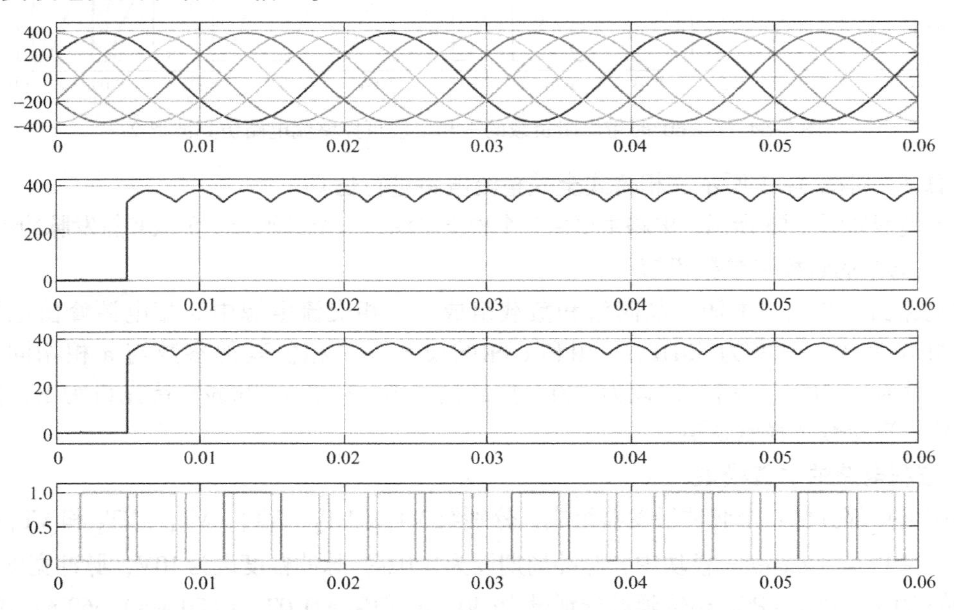


图 3-56　$\alpha = 30°$时带电阻负载三相桥式全控整流电路仿真波形

$\alpha=60°$时，仿真结果如图 3-57 所示，图中四个波形从上到下依次为电源线电压、负载电压、负载电流和脉冲触发信号。

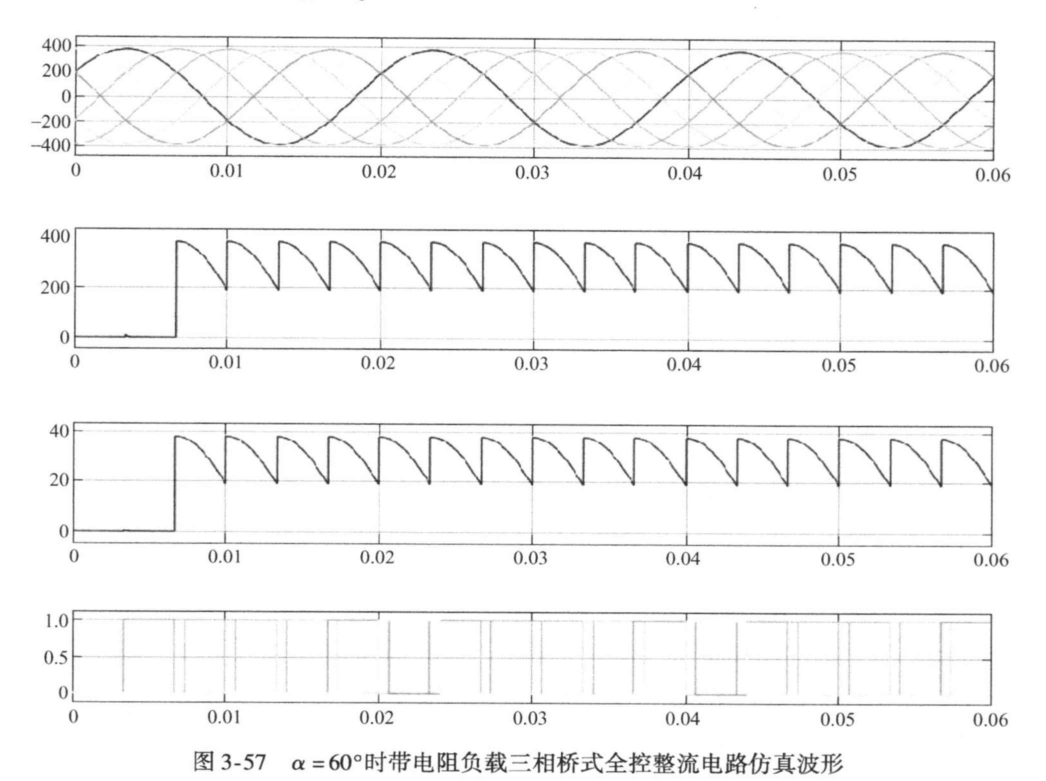


图 3-57　$\alpha=60°$时带电阻负载三相桥式全控整流电路仿真波形

## 本章小结

整流电路是电力电子电路中出现和应用最早的形式之一，本章讲述了整流电路及其相关的一些问题，本章是书中的一个重要组成部分，同时也是后面各章的一个重要基础。

本章的重要内容及要求包括：

1）相控整流电路，重点掌握电力电子电路作为分段线性电路分析的基本思想，单相全控桥式整流电路和三相全控桥式整流电路的原理分析与计算，以及各种负载对整流电路工作情况的影响。

2）变压器漏抗对整流电路的影响，重点建立换相压降、重叠角等概念，并掌握相关的计算，熟悉漏抗对整流电路工作情况的影响。

3）整流电路的谐波和功率因数分析，重点掌握谐波的概念、各种整流电路产生谐波情况的定性分析，功率因数分析的特点、各种整流电路的功率因数分析。

4）大功率可控整流电路的接线形式及特点，熟悉双反星形可控整流电路的工作情况，建立整流电路多重化的概念。

5）可控整流电路的有源逆变工作状态，重点掌握产生有源逆变的条件，三相可控整流电路有源逆变工作状态的分析计算，以及逆变失败和最小逆变角的限制等。

## 习题及思考题

1. 具有续流二极管的单相半波相控整流电路，$U_2=220\text{V}$，$R=7.5\Omega$，$L$值极大，当控制角$\alpha$为30°和60°时，要求：

① 做出$u_d$、$i_d$和$i_2$的波形；

② 计算整流输出平均电压$U_d$、输出电流$I_d$、变压器二次电流有效值$I_2$；

③ 计算晶闸管和续流二极管的电流平均值和有效值；

④ 考虑安全裕量，确定晶闸管的额定电压和额定电流。

2. 单相半波可控整流电路中，如晶闸管①不加触发脉冲，②SCR内部短路，③SCR内部断路，试分析器件两端与负载电压波形。

3. 具有变压器中心抽头的单相全波可控整流电路，问该变压器还有直流磁化问题吗？试说明：

① 晶闸管承受的最大反向电压为$2\sqrt{2}U_2$；

② 当负载是电阻或电感时，其输出电压和电流的波形与单相全控桥时相同。

4. 单相桥式全控整流电路，$U_2=100\text{V}$，负载中$R=2\Omega$，$L$值极大，当$\alpha=30°$时，要求：

① 做出$u_d$、$i_d$和$i_2$的波形；

② 求计算整流输出平均电压$U_d$、输出电流$I_d$、变压器二次电流有效值$I_2$；

③ 考虑安全裕量，确定晶闸管的额定电压和额定电流。

5. 单相桥式半控整流电路，电阻性负载，画出整流二极管在一周内承受的电压波形。

6. 单相桥式全控整流电路，$U_2=100\text{V}$，负载中$R=2\Omega$，$L$值极大，反电动势$E=60\text{V}$，当$\alpha=30°$时，要求：

① 做出$u_d$、$i_d$和$i_2$的波形；

② 计算整流输出平均电压$U_d$、输出电流$I_d$、变压器二次侧电流有效值$I_2$；

③ 考虑安全裕量，确定晶闸管的额定电压和额定电流。

7. 在三相半波整流电路中，如果a相的触发脉冲消失，试绘出在电阻性负载和电感性负载下整流电压$u_d$的波形。

8. 三相半波整流电路的共阴极接法与共阳极接法，a、b两相的自然换相点是同一点吗？如果不是，它们在相位上差多少度？

9. 有两组三相半波可控整流电路，一组是共阴极接法，一组是共阳极接法，如果它们的触发角都是$\alpha$，那么共阴极组的触发脉冲与共阳极组的触发脉冲对同一相来说，例如都是a相，在相位上差多少度？

10. 三相半波可控整流电路，$U_2=100\text{V}$，带电阻电感负载，$R=5\Omega$，$L$值极大，当$\alpha=60°$时，要求：

① 做出$u_d$、$i_d$和$i_{VT_1}$的波形；

② 计算$U_d$、$I_d$、$I_{dVT}$和$I_{VT}$。

11. 在三相桥式全控整流电路中接电阻负载，如果有一个晶闸管不能导通，那么此时的

整流电压 $u_d$ 波形如何？如果有一个晶闸管被击穿而短路，那么其他晶闸管受什么影响？

12. 三相桥式全控整流电路，$U_2=100V$，带电阻电感负载，$R=5\Omega$，$L$ 值极大，当 $\alpha=60°$ 时，要求：

① 做出 $u_d$、$i_d$ 和 $i_{VT_1}$ 的波形；

② 计算 $U_d$、$I_d$、$I_{dVT}$ 和 $I_{VT}$。

13. 单相全控桥接反电动势阻感负载，$R=1\Omega$，$L=\infty$，$E=40V$，$U_2=100V$，$L_B=0.5mH$，当 $\alpha=60°$ 时，求 $U_d$、$I_d$ 与 $\gamma$ 的数值，并画出整流电压 $u_d$ 的波形。

14. 三相半波可控整流电路接反电动势阻感负载，$U_2=100V$，$R=1\Omega$，$L=\infty$，$L_B=1mH$，求当 $\alpha=30°$，$E=50V$ 时，求 $U_d$、$I_d$、$\gamma$ 的值并做出 $u_d$ 与 $i_{VT_1}$ 和 $i_{VT_2}$ 的波形。

15. 三相桥式不可控整流电路，阻感负载，$R=5\Omega$，$L=\infty$，$U_2=220V$，$X_B=0.3\Omega$，求 $U_d$、$I_d$、$I_{VD}$、$I_2$ 和 $\gamma$ 的值并做出 $u_d$、$i_{VD}$ 和 $i_2$ 的波形。

16. 三相全控桥接反电动势阻感负载，$E=200V$，$R=1\Omega$，$L=\infty$，$U_2=220V$，$\alpha=60°$，当 $L_B=0$ 和 $L_B=1mH$ 情况下，分别求 $U_d$、$I_d$ 的值，后者还应求 $\gamma$，并分别做出 $u_d$ 与 $i_T$ 的波形。

17. 单相桥式全控整流电路，其整流输出电压中含有哪些次数的谐波？其中幅值最大的是哪一次？变压器二次电流中含有哪些次数的谐波？其中主要的是哪几次？

18. 三相桥式全控整流电路，其整流输出电压中含有哪些次数的谐波？其中幅值最大的是哪一次？变压器二次电流中含有哪些次数的谐波？其中主要的是哪几次？

19. 带平衡电抗器的双反星形可控整流电路与三相桥式全控整流电路相比有何主要异同？

20. 整流电路多重化的主要目的是什么？

21. 12 脉波、24 脉波整流电路的整流输出电压和交流输入电流中各含哪些次数的谐波？

22. 使变流器工作于有源逆变状态的条件是什么？

23. 什么是逆变失败？如何防止逆变失败？

24. 单相桥式全控整流电路、三相桥式全控整流电路中，当负载分别为电阻负载或电感负载时，要求的晶闸管移相范围分别是多少？

25. 用 Matlab 对图 3-6 所示电感性负载单相桥式整流电路进行仿真，分析晶闸管工作时的电压电流，控制角对输出电压和输出电流的影响。

26. 用 Matlab 对图 3-14 所示电感性负载三相半波可控整流电路进行仿真，分析晶闸管 $VT_1$ 工作时的电压波形，负载的电压电流波形，以及控制角对输出电压和输出电流的影响。

27. 用 Matlab 对图 3-15 所示电感性负载三相桥式全控整流电路进行仿真，分别给出 $\alpha=0°$、$\alpha=30°$ 和 $\alpha=90°$ 时负载上电压和电流的波形，同时给出晶闸管 $VT_1$ 的电流波形。

# 第4章

# 直流-直流变换

将一个固定的直流电压变换成另一个固定或可调的直流电压称为直流-直流（DC - DC）变换技术，与之对应的电路称为直流-直流（DC - DC）变换电路。按照 DC - DC 变换电路中输入与输出间是否有电气隔离，可分为不带隔离变压器的非隔离 DC - DC 变换电路和带隔离变压器的隔离 DC - DC 变换电路两类。本章将介绍这两类 DC - DC 变换电路的电路结构、工作原理及主要参数关系等。

## 4.1 非隔离 DC - DC 变换电路

非隔离 DC - DC 变换电路也称为直流斩波电路。根据电路结构的不同，可分为降压（Buck）型电路、升压（Boost）型电路、升降压（Buck-Boost）型电路、库克（Cuk）型电路、Zeta 型电路和 Spice 型电路。其中降压（Buck）型电路和升压（Boost）型电路是最基本的非隔离 DC - DC 变换电路。其余四种是由这两种基本电路派生而来的。

### 4.1.1 降压型电路

降压（Buck）型电路的是一种输出电压等于或小于输入电压的单管非隔离 DC - DC 变换电路，如图 4-1 所示。它由功率开关器件（本章用开关 S 表示，下同）、续流二极管 VD、输出滤波电感 $L$ 和输出滤波电容 $C$ 构成。输入和输出直流电压为 $U_{in}$ 和 $U_o$，负载为电阻 $R$。

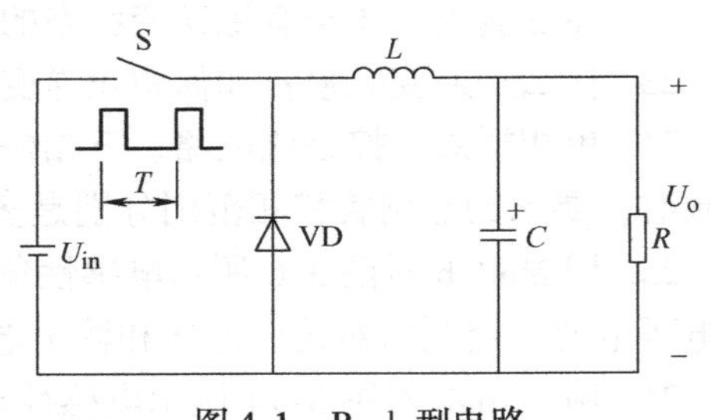

图 4-1 Buck 型电路

在实际电路中，开关 S 常采用全控型电力电子器件，如 GTR、MOSFET、IGBT 等。其控制方式可采用以下三种：

1）保持开关周期 $T$ 不变，调节开关导通时间 $t_{on}$，即脉冲宽度调制（Pulse Width Modulation，PWM）方式；

2）保持开关导通时间 $t_{on}$ 不变，改变开关周期 $T$，即脉冲频率调制（Pulse Frequency Modulation，PFM）方式；

3）$t_{on}$ 和 $T$ 都可调，即混合调制方式。

其中第一种 PWM 控制方式应用的最多。在以下的 DC - DC 变换电路的分析中，开关 S 均采用 PWM 控制方式。

另外，为获得 DC - DC 变换电路的基本工作特性而又能简化分析，假定 DC - DC 变换电路是理想电路，理想条件如下：

1）开关 S 和二极管 VD 导通和关断时间为零，且通态电压为零，断态漏电流也为零；

2）在一个开关周期中，输入电压 $U_{in}$保持不变；输出滤波电容电压，即输出电压 $u_o$ 有很小的纹波，但可认为输出直流电压平均值 $U_o$ 保持不变；

3）电感和电容均为无损耗的理想储能元件；且电路阻抗为零。

当施加输入直流电压 $U_{in}$后，Buck 型电路需经过一段较短时间的暂态过程，才能进入到稳定工作状态。在稳态工作过程中，Buck 型电路存在着滤波电感电流连续模式(Continuous Current Mode，CCM) 和电感电流断续模式(Discontinuous Current Mode，DCM) 两种工作模式。电感电流连续是指滤波电感 $L$ 电流 $i_L$ 总是大于零，而电感电流断续是指在开关 S 关断期间，有一段时间 $i_L=0$。下面分别分析这两种工作模式。

**1. 电感电流连续模式**

当电感电流连续时，Buck 型电路在一个开关周期内经历两个开关状态，即开关 S 导通和开关 S 关断，如图 4-2 所示（图中虚线表示该段电路在该时段没有电流流过，下同）。对应于一个开关周期 $T$ 的两个时段 $t_0 \sim t_1$ 和 $t_1 \sim t_2$ 内，电路中主要电压和电流波形如图 4-3 所示。

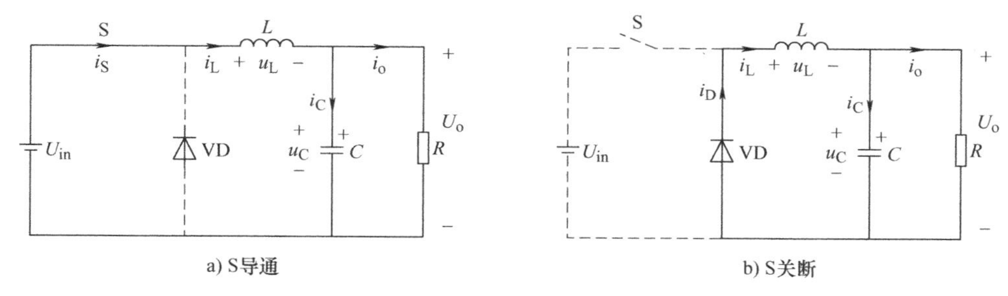


图 4-2 Buck 型电路电流连续时的开关状态

（1）工作原理

1）$t_0 \sim t_1$ 时段（对应图 4-2a）。在 $t=t_0$ 时刻，开关 S 受激励导通，输入直流电压 $U_{in}$通过开关 S 加到二极管 VD、输出滤波电感 $L$ 和输出滤波电容 $C$ 上，二极管 VD 因承受反向电压而截止。开关 S 保持导通到 $t_1$ 时刻，流过开关 S 的电流 $i_S$ 为滤波电感电流 $i_L$。这一时段，加在滤波电感 L 上的电压为 $U_{in}-U_o$，由于 $U_{in}>U_o$，这个电压差使电感电流 $i_L$ 线性上升，于是有

$$U_{in}-U_o=L\frac{di_L}{dt} \tag{4-1}$$

当 $t=t_1$，$\Delta t_1=t_1-t_0=t_{on}$时，$i_L$ 从最小值 $I_{Lmin}$线性上升到最大值 $I_{Lmax}$，$i_L$ 的增加量 $\Delta i_{L+}$为

$$\Delta i_{L+}=\frac{U_{in}-U_o}{L}t_{on}=\frac{U_{in}-U_o}{L}DT \tag{4-2}$$

式中，$D=t_{on}/T$，称为占空比，$t_{on}$为开关 S 的导通时间。

2）$t_1 \sim t_2$ 时段（对应图 4-2b）。在 $t=t_1$ 时刻，开关 S 关断。由于在 $t_0 \sim t_1$ 时段滤波电

感 $L$ 储能，电感电流 $i_L$ 通过续流二极管 VD 继续流通。这一时段，加在滤波电感 $L$ 两端的电压为 $-U_o$，电感电流 $i_L$ 线性减小。

当 $t=t_2$，$\Delta t_2=t_2-t_1=t_{off}$时，$i_L$ 从最大值 $I_{Lmax}$线性减小到最小值 $I_{Lmin}$，$i_L$ 的减小量 $\Delta i_{L-}$为

$$\Delta i_{L-}=\frac{U_o}{L}t_{off}=\frac{U_o}{L}(1-D)T \tag{4-3}$$

直到 $t_2$ 时刻，开关 S 再次受激励导通，开始下一个开关周期。

由图 4-3 可见，在开关 S 导通期间，二极管 VD 截止，流过开关 S 的电流 $i_S$ 就是电感电流 $i_L$；在开关 S 关断期间，二极管 VD 导通，流过二极管 VD 的电流 $i_{VD}$就是电感电流 $i_L$。稳态工作时，输出滤波电容电压平均值即为输出电压平均值 $U_o$。同样，稳态工作时，电感电流的平均值 $I_L$ 即为输出电流平均值 $I_o$。

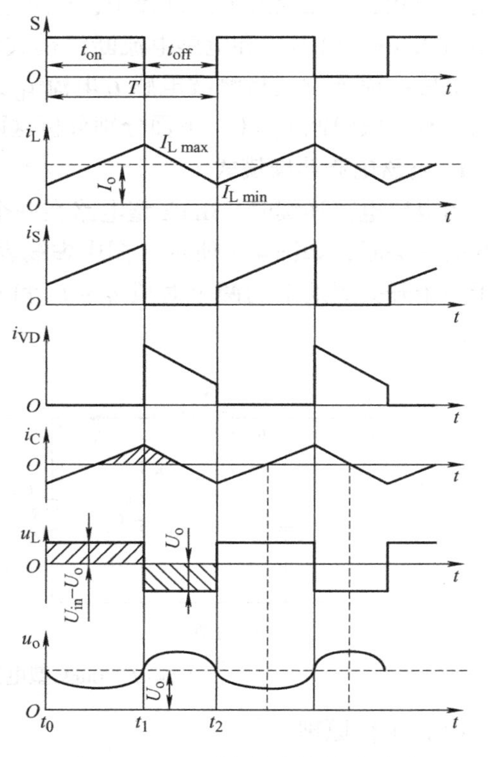


图 4-3 Buck 型电路电流连续时的主要电压、电流波形

（2）主要参数关系

1）输出电压与输入电压关系。由图 4-3 可见，开关 S 导通期间电感电流 $i_L$ 的增加量 $\Delta i_{L+}$等于开关 S 关断期间电感电流 $i_L$ 的减小量 $\Delta i_{L-}$，即 $\Delta i_{L+}=\Delta i_{L-}$。将式(4-2) 和式(4-3)代入上述关系中可得到 Buck 型电路在电感电流连续工作模式时的输入输出电压关系为

$$U_o=\frac{t_{on}}{T}U_{in}=DU_{in} \tag{4-4}$$

式(4-4) 表明 Buck 型电路的输出电压平均值 $U_o$ 与占空比 $D$ 成正比，由于 $0\leqslant D\leqslant 1$，因此 Buck 型电路输出电压不可能超过其输入电压，并且与输入电压极性相同。

上述输入输出电压关系也可利用“稳态条件下，电感电压在一个开关周期内平均值为零”的基本原理推导出。在图 4-3 中表现为电感电压 $u_L$ 曲线，在一个开关周期内围成的上下两个矩形的面积相等。

2）电流关系。由前述假定，忽略电路的损耗，Buck 型电路的输入功率和输出功率相等，即 $U_{in}I_{in}=U_oI_o$，结合式(4-4) 可得输入电流平均值 $I_{in}$和输出电流平均值 $I_o$ 关系为

$$I_{in}=DI_o \tag{4-5}$$

根据“稳态条件下，电容电流在一个开关周期内平均值为零”的基本原理，Buck 型电路的电感电流 $i_L$ 的平均值 $I_L$ 就是输出电流平均值 $I_o$，即

$$I_L=I_o=\frac{I_{Lmin}+I_{Lmax}}{2} \tag{4-6}$$

由图4-3中电感电流 $i_L$ 波形可知，$i_L$ 的最大值 $I_{Lmax}$ 和最小值 $I_{Lmin}$ 为

$$\left.\begin{aligned} I_{Lmax} &= I_o + \frac{1}{2}\Delta i_L = \frac{U_o}{R} + \frac{U_o}{2L}(1-D)T \\ I_{Lmin} &= I_o - \frac{1}{2}\Delta i_L = \frac{U_o}{R} - \frac{U_o}{2L}(1-D)T \end{aligned}\right\} \tag{4-7}$$

式中，$R$ 为电路的负载电阻。

开关S和二极管VD的最大电流 $I_{Smax}$ 和 $I_{VDmax}$ 与电感电流最大值 $I_{Lmax}$ 相等；开关S和二极管VD的最小电流 $I_{Smin}$ 和 $I_{VDmin}$ 与电感电流最小值 $I_{Lmin}$ 相等。开关S和二极管VD截止时，所承受的电压都是电路输入电压 $U_{in}$。因此设计Buck型电路时，可按以上各电流公式及开关器件所承受的电压值选用开关器件和二极管。

3）输出电压脉动。从图4-3中的电容电流 $i_C$ 和电容电压 $u_C$ 波形可知，$i_C = i_L - I_o$，当 $i_L > I_o$ 时，$i_C$ 为正值，滤波电容 $C$ 充电，电容电压 $u_C$，即瞬时输出电压 $u_o$ 升高；当 $i_L < I_o$ 时，$i_C$ 为负值，滤波电容 $C$ 放电，$u_o$ 下降，因此滤波电容 $C$ 一直处于周期性充放电状态。若滤波电容 $C\to\infty$，则 $u_o$ 可视为恒定的直流电压 $U_o$。当滤波电容 $C$ 有限时，$u_o$ 则有一定的脉动。

滤波电容 $C$ 在一个开关周期内的充电电荷 $\Delta Q$ 可等效为图4-3所示 $i_C$ 波形中的阴影面积，即

$$\Delta Q = \frac{1}{2}\,\frac{\Delta i_L}{2}\,\frac{T}{2} = \frac{\Delta i_L}{8f} \tag{4-8}$$

则输出脉动电压 $\Delta U_o$ 为

$$\Delta U_o = \frac{\Delta Q}{C} = \frac{\Delta i_L}{8Cf} = \frac{U_o(1-D)}{8LCf^2} \tag{4-9}$$

由式(4-9)可见，增加开关频率 $f$、加大滤波电感 $L$ 和滤波电容 $C$ 都可以减小输出脉动电压 $\Delta U_o$。

4）电感电流连续的临界条件

由图4-3中电感电流 $i_L$ 波形可以看出，要使电感电流 $i_L$ 连续，输出电流 $I_o$ 必须大于 $i_L$ 的脉动值 $\Delta i_L$ 的一半。当 $I_o = \Delta i_L/2$ 时，电感电流处于连续与断续的临界状态，此时在每个开关周期开始和结束的时刻，电感电流正好为零，如图4-4所示。分别将 $I_o$ 和 $\Delta i_L$ 的表达式带入上述关系中可得

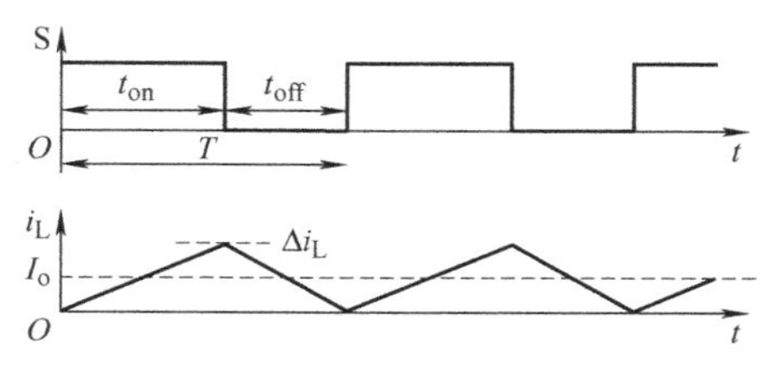

图4-4　Buck型电路电流临界连续时的波形

$$\frac{U_o}{R} \geqslant \frac{U_o}{2L}(1-D)T \tag{4-10}$$

整理得

$$\frac{L}{RT} \geqslant \frac{1-D}{2} \tag{4-11}$$

这就是用于判断Buck型电路电感电流是否连续的临界条件。可见，当电感值较小或负载较轻或开关频率较低时，Buck型电路容易发生电感电流断续。

**2. 电感电流断续模式**

对于非隔离 DC - DC 变换电路的电感电流断续模式，本节只对 Buck 型电路和 Boost 型电路进行介绍，其余几种非隔离 DC - DC 变换电路的电感电流断续模式，有兴趣的读者可参考有关书籍。

如前分析，当电感值较小或负载较轻或开关频率较低时，可能发生电感电流 $i_L$ 在一个开关周期结束前就下降到零的情况。这样，在下一个开关周期开始时，$i_L$ 必然从零开始上升，而不像电感电流连续时那样，从 $I_{Lmin}$ 开始上升，这就是电感电流断续模式。在电感电流断续模式下，Buck 型电路在一个开关周期内经历开关 S 导通、开关 S 关断和电感电流断续三个开关状态，如图 4-5 所示。对应于一个开关周期 $T$ 的三个时段 $t_0 \sim t_1$、$t_1 \sim t_2$ 和 $t_2 \sim t_3$ 内，电路中主要电压和电流波形如图 4-6 所示。

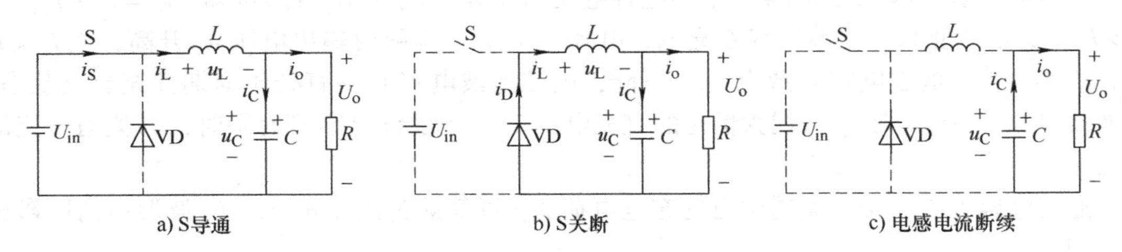


图 4-5　Buck 型电路电流断续时的开关状态

(1) 工作原理

1) $t_0 \sim t_1$ 时段（对应图 4-5a）。在 $t = t_0$ 时刻，开关 S 受激励导通，二极管 VD 截止。这一时段，由于 $u_L = U_{in} - U_o > 0$，故电感电流 $i_L$ 线性上升。当 $t = t_1$，$\Delta t_1 = t_1 - t_0 = t_{on}$ 时，$i_L$ 从零线性上升到最大值 $I_{Lmax}$，$i_L$ 的增加量 $\Delta i_{L+}$ 为

$$\Delta i_{L+} = I_{Lmax} = \frac{U_{in} - U_o}{L} t_{on} = \frac{U_{in} - U_o}{L} DT \tag{4-12}$$

2) $t_1 \sim t_2$ 时段（对应图 4-5b）。在 $t = t_1$ 时刻，开关 S 关断，续流二极管 VD 导通。这一时段，由于 $u_L = -U_o$，故电感电流 $i_L$ 线性减小。当 $t = t_2$，$\Delta t_2 = t_2 - t_1 = t'_{off}$ 时，$i_L$ 从 $I_{Lmax}$ 线性减小到零。设 $D' = t'_{off}/T$，则 $i_L$ 的减小量 $\Delta i_{L-}$ 为

$$\Delta i_{L-} = I_{Lmax} = \frac{U_o}{L} t'_{off} = \frac{U_o}{L} D'T \tag{4-13}$$

3) $t_2 \sim t_3$ 时段（对应图 4-5c）。在 $t = t_2$ 时刻，开关 S、续流二极管 VD 均关断。这一时段，电感电流 $i_L$ 保持为零，

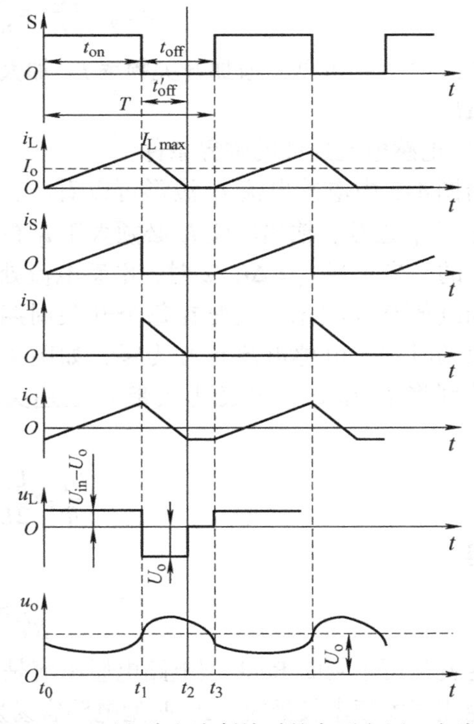

图 4-6　Buck 型电路电流断续时的主要电压、电流波形

电感电压 $u_L$ 也为零，负载由输出滤波电容 $C$ 供电。直到 $t_3$ 时刻，开关 S 再次受激励导通，开始下一个开关周期。

（2）输出电压与输入电压关系　与电感电流连续时分析类似，电感电流断续时，Buck 型电路在 $t_{on}$期间电感电流 $i_L$ 的增加量 $\Delta i_{L+}$ 等于 $t'_{off}$期间电感电流 $i_L$ 的减小量 $\Delta i_{L-}$，即 $\Delta i_{L+}=\Delta i_{L-}$。将式(4-12) 和式(4-13) 代入上述关系中可得

$$U_o=\frac{D}{D+D'}U_{in} \tag{4-14}$$

同样，由于电路输出电流平均值 $I_o$ 就是电感电流 $i_L$ 的平均值 $I_L$，故可以得出

$$\frac{U_o}{R}=\frac{1}{2}\Delta i_L(D+D') \tag{4-15}$$

从式(4-14) 解出 $D+D'$的表达式，同式(4-12) 一起代入式(4-15) 得

$$\frac{U_o}{R}=\frac{1}{2}\frac{U_{in}-U_o}{L}DT\frac{U_{in}}{U_o}D \tag{4-16}$$

整理得

$$\left(\frac{U_{in}}{U_o}\right)^2-\frac{U_{in}}{U_o}-\frac{2L}{D^2TR}=0 \tag{4-17}$$

令 $K=2L/D^2TR$，求解式(4-17)，略去负根得

$$U_o=\frac{2}{1+\sqrt{1+4K}}U_{in} \tag{4-18}$$

式(4-18) 为 Buck 型电路在电感电流断续时的输入输出电压关系。值得注意的是，该式只在电感电流断续条件下成立，电流连续时不成立。当电感电流处于临界连续状态时，将式(4-11) 代入式(4-18) 可得 $U_o=DU_{in}$，与式(4-4) 相同。从式(4-18) 可以看出，电流断续时输入输出电压比与占空比 $D$ 和负载 $R$ 相关，也与电路参数 $L$ 和 $T$ 有关。

## 4.1.2 升压型电路

升压（Boost）型电路的是一种输出电压 $U_o$ 高于输入电压 $U_{in}$的单管非隔离 DC－DC 变换电路。它所用的电路元器件和 Buck 型电路完全相同，仅电路拓扑不同，Boost 型电路原理图如图 4-7 所示。比较图 4-1 和图 4-7 可见，Boost 型电路的电感 $L$ 在输入侧，一般称之为升压电感。开关 S 仍采用 PWM 控制方式。和 Buck 型电路一样，稳态工作时，Boost 型电路也有电感电流连续和断续两种工作模式，下面分别分析。

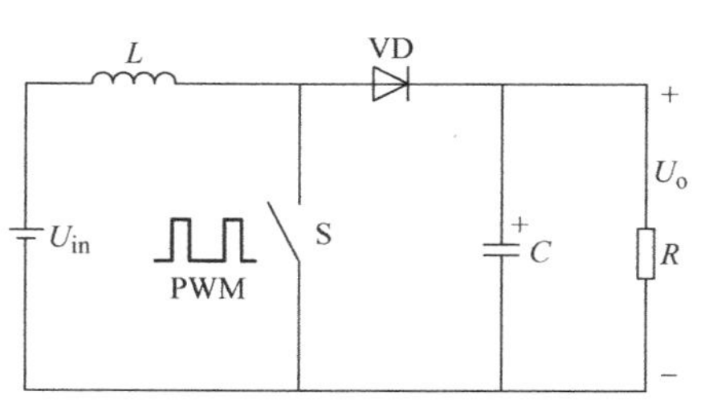

图 4-7　Boost 型电路

### 1. 电感电流连续模式

（1）工作原理　当电感电流连续时，Boost 型电路在一个开关周期内经历开关 S 导通、开关 S 关断两个开关状态，如图 4-8 所示。对应于一个开关周期 $T$ 的两个时段 $t_0\sim t_1$ 和 $t_1\sim t_2$ 内，电路中主要电压和电流波形如图 4-9 所示。

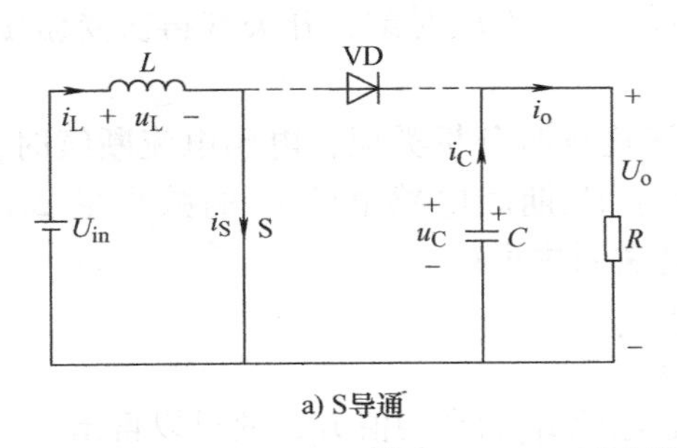


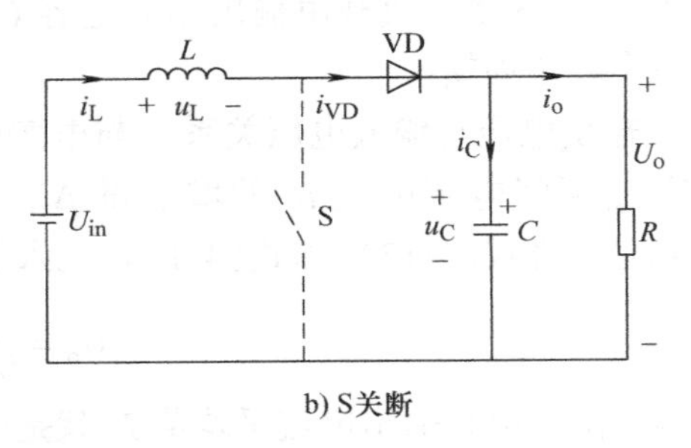


图 4-8 Boost 型电路电流连续时的开关状态

1）$t_0 \sim t_1$ 时段（对应图 4-8a）。在 $t = t_0$ 时刻，开关 S 受激励导通，并保持导通到 $t_1$ 时刻，二极管 VD 承受反向电压而截止，负载由输出滤波电容 $C$ 供电。这一时段，由于输入直流电压 $U_{in}$ 通过开关 S 全部加到升压电感 $L$ 上，即 $u_L = U_{in}$，升压电感电流 $i_L$ 线性上升。

当 $t = t_1$，$\Delta t_1 = t_1 - t_0 = t_{on}$ 时，$i_L$ 从最小值 $I_{Lmin}$ 线性上升到最大值 $I_{Lmax}$，$i_L$ 的增加量 $\Delta i_{L+}$ 为

$$\Delta i_{L+} = \frac{U_{in}}{L} t_{on} = \frac{U_{in}}{L} DT \tag{4-19}$$

2）$t_1 \sim t_2$ 时段（对应图 4-8b）。在 $t = t_1$ 时刻，开关 S 关断，二极管 VD 导通。这一时段，升压电感电流 $i_L$ 通过二极管 VD 向输出侧流动，输入能量和升压电感 $L$ 在 $t_0 \sim t_1$ 时段的储能向负载 $R$ 和输出滤波电容 $C$ 转移，$C$ 充电。同时，加在升压电感 $L$ 上的电压为 $U_{in} - U_o$，因为 $U_{in} - U_o < 0$，故升压电感电流 $i_L$ 线性减小。

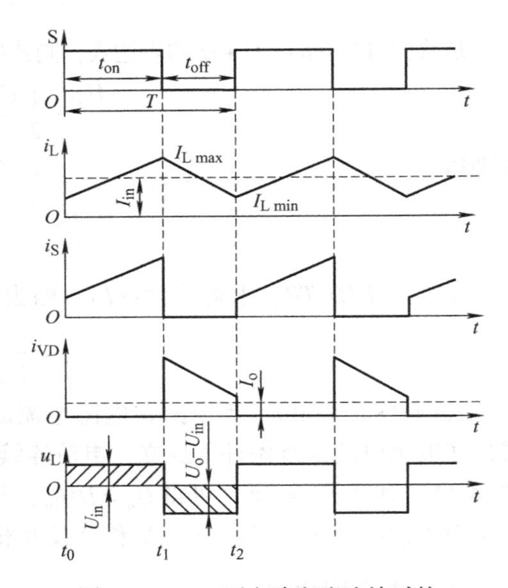


图 4-9 Boost 型电路电流连续时的主要电压、电流波形

当 $t = t_2$，$\Delta t_2 = t_2 - t_1 = t_{off}$ 时，$i_L$ 从最大值 $I_{Lmax}$ 线性减小到最小值 $I_{Lmin}$，$i_L$ 的减小量 $\Delta i_{L-}$ 为

$$\Delta i_{L-} = \frac{U_o - U_{in}}{L} t_{off} = \frac{U_o - U_{in}}{L} (1 - D) T \tag{4-20}$$

直到 $t_2$ 时刻，开关 S 再次受激励导通，开始下一个开关周期。

经过上述分析可见，Boost 型电路在开关 S 导通期间，升压电感 $L$ 储能，输入直流电源不向负载提供能量，负载靠输出滤波电容 $C$ 的储能维持工作。在开关 S 关断期间，输入直流电源和升压电感 $L$ 同时向负载供电，并给电容 $C$ 充电。

由图 4-8 和图 4-9 可知，Boost 型电路的输入电流就是升压电感 $L$ 的电流，电流平均值 $I_{in} = I_L = (I_{Lmax} + I_{Lmin})/2$。开关 S 和二极管 VD 轮流工作，开关 S 导通时，电感电流 $i_L$ 流过开关 S，二极管 VD 导通时，电感电流 $i_L$ 流过二极管 VD。故电感电流 $i_L$ 是开关 S 导通时的 $i_S$ 电流和二极管 VD 导通时的 $i_{VD}$ 电流的合成。稳态时，流入滤波电容 $C$ 的平均值为零，

故流过二极管VD的电流平均值$I_{VD}$就是输出电流平均值$I_o$。

（2）主要参数关系

1）输出电压与输入电压关系。Boost型电路在$t_{on}$期间电感电流$i_L$的增加量$\Delta i_{L+}$等于$t_{off}$期间电感电流$i_L$的减小量$\Delta i_{L-}$，即$\Delta i_{L+}=\Delta i_{L-}$。将式(4-19）和式(4-20）代入上述关系中可得

$$U_o=\frac{1}{1-D}U_{in} \tag{4-21}$$

式(4-21）表明由于$0\leqslant D\leqslant 1$，因此Boost型电路输出电压平均值$U_o$不可能低于其输入电压，且与输入电压极性相同。同时应注意，$D\to 1$时，$U_o\to\infty$，故应避免$D$过于接近1，以免造成电路损坏。

2）电流关系。若忽略电路的损耗，则Boost型电路的输入功率和输出功率相等，即$U_{in}I_{in}=U_oI_o$，结合式(4-21）可得输入电流平均值$I_{in}$和输出电流平均值$I_o$关系为

$$I_{in}=I_L=\frac{1}{1-D}I_o \tag{4-22}$$

流过二极管VD的电流平均值$I_D$等于输出电流平均值$I_o$，即

$$I_D=I_o \tag{4-23}$$

流过开关S的电流平均值$I_S$为

$$I_S=I_{in}-I_o=\frac{D}{1-D}I_o \tag{4-24}$$

电感电流$i_L$的变化量$\Delta i_L$，即输入电流的变化量为

$$\Delta i_L=\Delta i_{in}=\Delta i_{L+}=\Delta i_{L-}=\frac{U_{in}}{L}DT=\frac{U_o-U_{in}}{L}(1-D)T=\frac{(1-D)DTU_o}{L} \tag{4-25}$$

流过开关S和二极管VD的电流最大值$I_{Smax}$和$I_{Dmax}$与电感电流最大值$I_{Lmax}$相等，为

$$I_{Smax}=I_{Dmax}=I_{Lmax}=I_{in}+\frac{1}{2}\Delta i_L=\frac{I_o}{1-D}+\frac{(1-D)DTU_o}{2L} \tag{4-26}$$

开关S和二极管VD截止时所承受的电压均为输出电压$U_o$。

设计Boost型电路时，可根据上述各电流公式及开关器件所承受的电压值选用开关器件和二极管。

3）输出电压脉动。输出电压脉动$\Delta U_o$等于开关S导通期间电容向负载放电引起的电压变化量，放电电流为$I_o$。$\Delta U_o$可近似地由式(4-27）确定

$$\Delta U_o=U_{omax}-U_{omin}=\frac{\Delta Q}{C}=\frac{1}{C}I_ot_{on}=\frac{1}{C}I_oDT=\frac{D}{Cf}I_o \tag{4-27}$$

4）电感电流连续的临界条件。与Buck型电路不同，稳态时，Boost型电路中，二极管VD的电流平均值$I_D$等于输出电流平均值$I_o$。由图4-10中电感电流临界连续时$i_L$波形可以看出，电感电流临界连续时二极管VD的电流平均值$I'_{VD}$为

$$I'_{VD}=\frac{1}{2}\Delta i_L(1-D)=\frac{D(1-D)^2TU_o}{2L} \tag{4-28}$$

因此，电感电流连续的临界条件为$I_o\geqslant I'_{VD}$，分别将$I_o$和$I'_{VD}$的表达式带入此关系中可得

$$\frac{U_o}{R} \geqslant \frac{D(1-D)^2 T U_o}{2L} \tag{4-29}$$

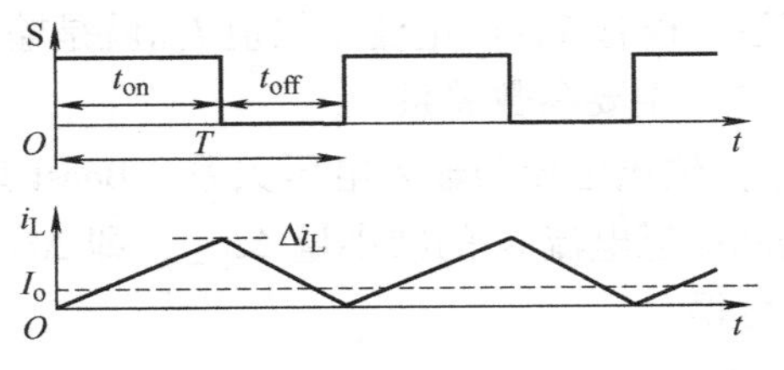

图 4-10　Boost 型电路电流临界连续时的波形

整理得

$$\frac{L}{RT} \geqslant \frac{D(1-D)^2}{2} \tag{4-30}$$

这就是用于判断 Boost 型电路电感电流是否连续的临界条件。可见与 Buck 型电路一样，当电感值较小或负载较轻或开关频率较低时，Boost 型电路容易发生电感电流断续。

**2. 电感电流断续模式**

在电感电流断续模式下，Boost 型电路在一个开关周期内经历开关 S 导通、开关 S 关断和电感电流断续三个开关状态，如图 4-11 所示。对应于一个开关周期 $T$ 的三个时段 $t_0 \sim t_1$、$t_1 \sim t_2$ 和 $t_2 \sim t_3$ 内，电路中主要电压和电流波形如图 4-12 所示。

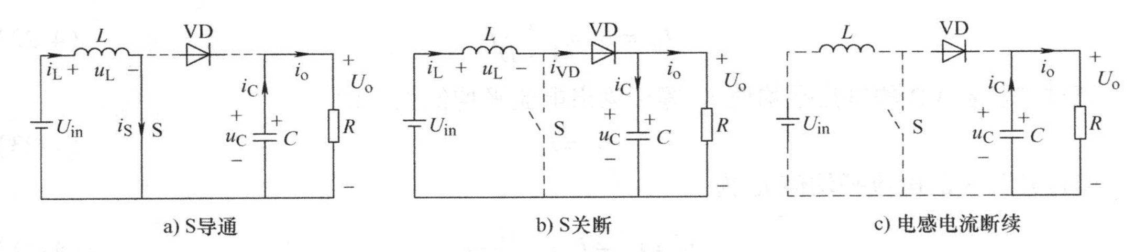

图 4-11　Boost 型电流断续时的开关状态

（1）工作原理

1）$t_0 \sim t_1$ 时段（对应图 4-11a）。在 $t = t_0$ 时刻，开关 S 受激励导通，二极管 VD 截止，负载由输出滤波电容 $C$ 供电。这一时段，由于 $u_L = U_{in}$，故升压电感电流 $i_L$ 线性上升。当 $t = t_1$，$\Delta t_1 = t_1 - t_0 = t_{on}$ 时，$i_L$ 从零线性上升到最大值 $I_{Lmax}$，$i_L$ 的增加量 $\Delta i_{L+}$ 为

$$\Delta i_{L+} = \frac{U_{in}}{L} t_{on} = \frac{U_{in}}{L} DT \tag{4-31}$$

2）$t_1 \sim t_2$ 时段（对应图 4-11b）。在 $t = t_1$ 时刻，开关 S 关断，二极管 VD 导通。这一时段，由于 $u_L = U_{in} - U_o < 0$，故升压电感电流 $i_L$ 线性减小。当 $t = t_2$，$\Delta t_2 = t_2 - t_1 = t'_{off}$ 时，$i_L$ 从最大值 $I_{Lmax}$ 线性减小到零，设 $D' = t'_{off}/T$，$i_L$ 的减小量 $\Delta i_{L-}$ 为

$$\Delta i_{L-} = \frac{U_o - U_{in}}{L} t'_{off} = \frac{U_o - U_{in}}{L} D'T \tag{4-32}$$

3）$t_2 \sim t_3$ 时段（对应图 4-11c）。在 $t = t_2$ 时刻，开关 S、二极管 VD 均关断。这一时段，电感电流 $i_L$ 保持为零，电感电压 $u_L$ 也为零，负载由输出滤波电容 $C$ 供电。直到 $t_3$ 时刻，开关 S 再次受激励导通，开始下一个开关周期。

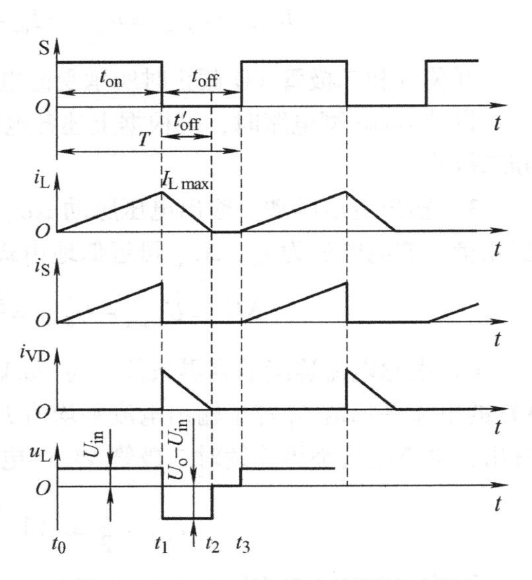

图 4-12　Boost 型电路电流断续时的主要电压、电流波形

（2）输出电压与输入电压关系　与电感电流连续时分析类似，电感电流断续时，Boost 型电路在 $t_{on}$期间电感电流 $i_L$ 的增加量 $\Delta i_{L+}$ 等于 $t'_{off}$期间电感电流 $i_L$ 的减小量 $\Delta i_{L-}$，即 $\Delta i_{L+}=\Delta i_{L-}$，将式(4-31）和式(4-32）代入上述关系中可得

$$U_o=\frac{D+D'}{D'}U_{in} \tag{4-33}$$

电感电流断续时，二极管 VD 的电流平均值 $I''_{VD}$为

$$I''_{VD}=\frac{1}{2}\Delta i_L D' \tag{4-34}$$

稳态时，电路输出电流平均值 $I_o$ 等于二极管 VD 的电流平均值 $I_{VD}$，即

$$\frac{U_o}{R}=\frac{1}{2}\Delta i_L D' \tag{4-35}$$

从式(4-33）解出 $D'$的表达式，同式(4-31）一起代入式(4-35）并整理得

$$\frac{U_{in}^2}{U_o^2-U_{in}U_o}=\frac{2L}{D^2TR} \tag{4-36}$$

令 $K=2L/D^2TR$，求解式(4-36)，略去负根得

$$U_o=\frac{1+\sqrt{1+\frac{4}{K}}}{2}U_{in} \tag{4-37}$$

式(4-37）为 Boost 型电路在电感电流断续时得输入输出电压关系。同样，该式只在电感电流断续条件下成立，电流连续时不成立。当电感电流处于临界连续状态时，将式(4-30）代入式(4-37）可得 $U_o=U_{in}/(1-D)$，与式(4-21）相同。同样，Boost 型电路电流断续时输入输出电压比与占空比 $D$ 和负载 $R$ 相关，也与电路参数 $L$ 和 $T$ 有关。

## 4.1.3　升降压型电路

升降压（Buck-Boost）型电路的是一种输出电压 $U_o$ 既可低于也可高于输入电压 $U_{in}$ 的单管非隔离 DC－DC 变换电路。所用的电路元器件和 Buck 型电路或 Boost 型电路相同，仅电路拓扑不同。Buck-Boost 型电路原理图如图 4-13 所示。与 Buck 型电路或 Boost 型电路不同的是，其输出电压的极性和输入电压相反。开关 S 仍采用 PWM 控制方式。和 Buck 型或 Boost 型电路一样，Buck-Boost 型电路也有电感电流连续和断续两种工作模式，下面只对电感电流连续模式进行分析。

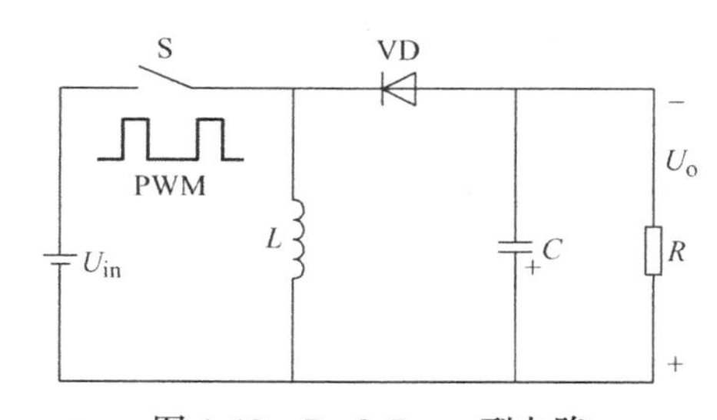


图 4-13　Buck-Boost 型电路

**1. 工作原理**

当电感电流连续时，Buck-Boost 型电路在一个开关周期内经历开关 S 导通、开关 S 关断两个开关状态，如图 4-14 所示。对应于一个开关周期 $T$ 的两个时段 $t_0\sim t_1$ 和 $t_1\sim t_2$ 内，电路中主要电压和电流波形如图 4-15 所示。

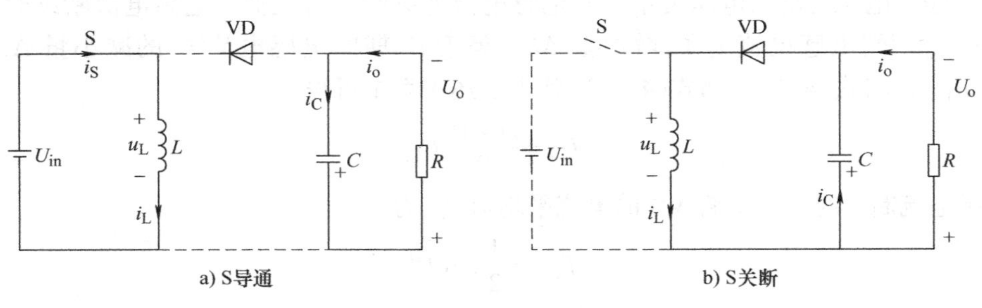


图 4-14 Buck-Boost 型电路电流连续时的开关状态

1）$t_0 \sim t_1$ 时段（对应图4-14a）。在 $t=t_0$ 时刻，开关 S 受激励导通，并保持导通到 $t_1$ 时刻，二极管 VD 承受反向电压而截止，负载由输出滤波电容 $C$ 供电。这一时段，由于输入直流电压 $U_{in}$通过开关 S 全部加到升压电感 $L$ 上，即 $u_L=U_{in}$，电感电流 $i_L$ 线性上升。当 $t=t_1$，$\Delta t_1=t_1-t_0=t_{on}$时，$i_L$ 从最小值 $I_{Lmin}$线性上升到最大值 $I_{Lmax}$，$i_L$ 的增加量 $\Delta i_{L+}$为

$$\Delta i_{L+}=\frac{U_{in}}{L}t_{on}=\frac{U_{in}}{L}DT \tag{4-38}$$

2）$t_1 \sim t_2$ 时段（对应图4-14b）。在 $t=t_1$ 时刻，开关S关断，二极管 VD 续流导通。此时，电感 $L$ 在 $t_0 \sim t_1$ 时段的储能向负载 $R$ 和输出滤波电容 $C$ 转移，$C$ 充电。同时，由于 $u_L=-U_o$，电感电流 $i_L$ 线性减小。当 $t=t_2$，$\Delta t_2=t_2-t_1=t_{off}$时，$i_L$ 从最大值 $I_{Lmax}$线性减小到最小值 $I_{Lmin}$，$i_L$ 的减小量 $\Delta i_{L-}$为

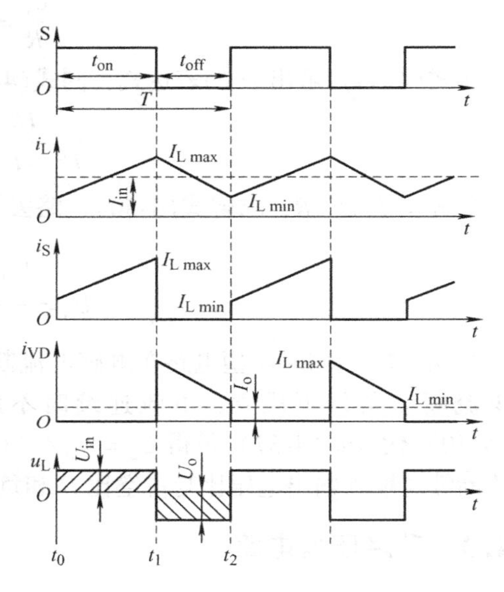


图 4-15 Buck-Boost 型电路电流连续时的主要电压、电流波形

$$\Delta i_{L-}=\frac{U_o}{L}t_{off}=\frac{U_o}{L}(1-D)T \tag{4-39}$$

直到 $t_2$ 时刻，开关 S 再次受激励导通，开始下一个开关周期。

经过上述分析可见，Buck-Boost 型电路中电感 $L$ 用于储存和转换能量，在开关 S 导通期间，电感 $L$ 储能，负载靠电容 $C$ 供电；在开关 S 关断期间，电感 $L$ 向负载供电，同时还给电容 $C$ 充电。从这一点看，Buck-Boost 型电路更接近 Boost 型电路。

**2. 输入与输出电压、电流关系**

Buck-Boost 型电路在 $t_{on}$期间电感电流 $i_L$ 的增加量 $\Delta i_{L+}$等于 $t_{off}$期间电感电流 $i_L$ 的减小量 $\Delta i_{L-}$，即 $\Delta i_{L+}=\Delta i_{L-}$。将式(4-38) 和式(4-39) 代入上述关系中可得

$$U_o=\frac{D}{1-D}U_{in} \tag{4-40}$$

由式(4-40) 可知，当 $D=0.5$ 时，$U_o=U_{in}$；当 $D<0.5$ 时，$U_o<U_{in}$，降压；当 $D>0.5$

时，$U_o > U_{in}$，升压。因此 Buck-Boost 型电路称为升降压型电路，输出电压与输入电压极性相反。

若忽略电路的损耗，则 Buck-Boost 型电路的输入输出功率相等，即 $U_{in}I_{in} = U_oI_o$，结合式(4-40)可得输入电流平均值 $I_{in}$ 和输出电流平均值 $I_o$ 关系为

$$I_{in} = I_L = \frac{D}{1-D}I_o \tag{4-41}$$

同时还应注意，Buck-Boost 型电路在开关 S 导通时加在二极管 VD 上的电压和在二极管 VD 导通时加在开关 S 上的电压均为 $U_{in} + U_o$。可见 Buck-Boost 型电路的开关 S 和二极管 VD 的电压要高于 Buck 型电路或 Boost 型电路的开关 S 和二极管 VD 的电压。在 Buck-Boost 型电路设计时，应给予考虑。

### 4.1.4 库克型电路

由于电感在中间，因此 Buck-Boost 型电路的输入和输出电流的脉动都很大。针对 Buck-Boost 型电路的这一缺点，美国加州理工学院的 Slobodan Cuk 提出了一种单管非隔离 DC-DC 变换电路，人们称之为库克（Cuk）型电路。Cuk 型电路在输入端和输出端均有电感，从而有效地减小了输入和输出电流的脉动。电路原理图如图 4-16 所示。与 Buck 型电路或 Boost 型电路相比，Cuk 型电路有两个电感，即输入电感 $L_1$ 和输出电感 $L_2$，另外还增加了一个电容 $C_1$。与 Buck-Boost 型电路相同，Cuk 型电路的输出电压 $U_o$ 和输入电压 $U_{in}$ 极性相反。另一个与 Buck-Boost 型电路的相同点是 Cuk 型电路的输出电压 $U_o$ 也可低于、等于或高于输入电压 $U_{in}$。开关 S 仍采用 PWM 控制方式。

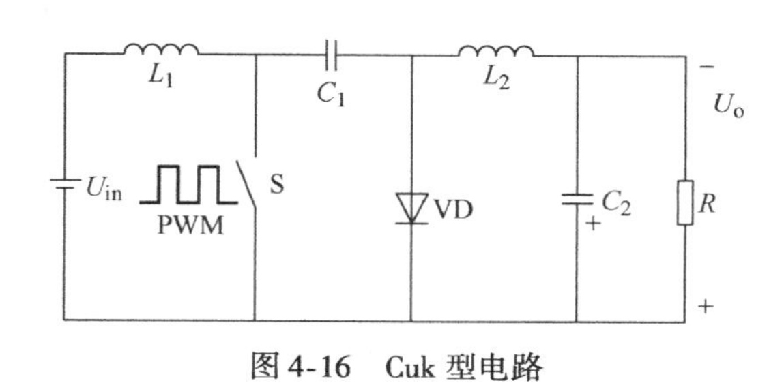

图 4-16 Cuk 型电路

**1. 工作原理**

当输入电感 $L_1$ 和输出电感 $L_2$ 电流都连续时，Cuk 型电路在一个开关周期内经历开关 S 导通、开关 S 关断两个开关状态，如图 4-17 所示。对应于一个开关周期 $T$ 的两个时段 $t_0 \sim t_1$ 和 $t_1 \sim t_2$ 内，电路中主要电压和电流波形如图 4-18 所示。

在分析工作原理之前，假定 Cuk 型电路中电容 $C_1$ 容量很大，电路稳态工作时，电容 $C_1$ 的电压 $U_{C1}$ 保持恒定。

1）$t_0 \sim t_1$ 时段（对应图 4-17a）。在 $t = t_0$ 时刻，开关 S 受激励导通，二极管 VD 在 $U_{C1}$ 的作用下反偏截止，Cuk 型电路以开关 S 为界分为左右两个回路。这一时段，在左回路中，输入电压 $U_{in}$ 全部加到电感 $L_1$ 上，$u_{L1} = U_{in}$，电感电流 $i_{L1}$ 线性上升，输入电能变为磁能储存在电感 $L_1$ 中。同时，在右回路中，电容 $C_1$ 经负载 $R$ 和电感 $L_2$ 放电，$u_{L2} = U_{C1} - U_o > 0$（根据后面推导的 $U_{C1}$ 表达式可以证明），电感电流 $i_{L2}$ 也线性上升，电感 $L_2$ 也储存磁能。电感电流 $i_{L1}$ 和 $i_{L2}$ 全部流经开关 S，即 $i_S = i_{L1} + i_{L2}$。当 $t = t_1$，$\Delta t_1 = t_1 - t_0 = t_{on}$ 时，$i_{L1}$ 和 $i_{L2}$ 分别从最小值 $I_{L1min}$、$I_{L2min}$ 线性上升到最大值 $I_{L1max}$、$I_{L2max}$，$i_{L1}$ 和 $i_{L2}$ 的增加量 $\Delta i_{L1+}$ 和 $\Delta i_{L2+}$ 分别为

$$\Delta i_{L1+}=\frac{U_{in}}{L_1}t_{on}=\frac{U_{in}}{L_1}DT \tag{4-42}$$

$$\Delta i_{L2+}=\frac{U_{C1}-U_o}{L_2}t_{on}=\frac{U_{C1}-U_o}{L_2}DT \tag{4-43}$$

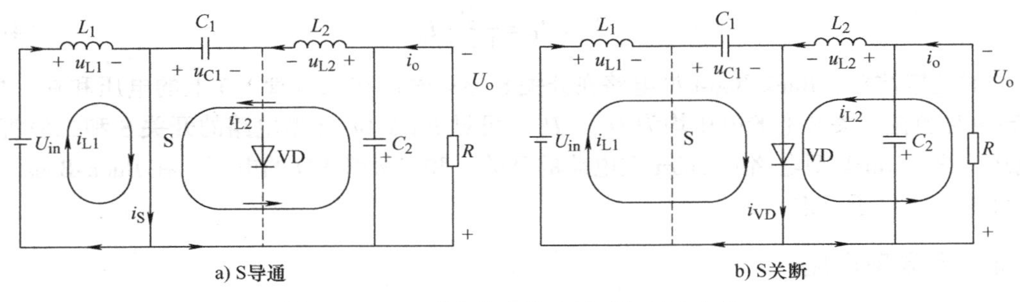


图 4-17　Cuk 型电路电流连续时的开关状态

2）$t_1\sim t_2$ 时段（对应图 4-17b）。在 $t=t_1$ 时刻，开关 S 关断，二极管 VD 续流导通，Cuk 型电路以二极管 VD 为界分为左右两个回路。这一时段，在左回路中，输入电压 $U_{in}$和输入电感 $L_1$ 串联，给电容 $C_1$ 充电，但由于电容 $C_1$ 的容量较大，充电时电容电压 $U_{C1}$增加不大，可认为 $U_{C1}$恒定。而电感 $L_1$ 在 $t_0\sim t_1$ 时段储存的磁能转换为电能向电容 $C_1$ 转移，$u_{L1}=U_{in}-U_{C1}<0$（根据后面推导的 $U_{C1}$表达式可以证明），电感电流 $i_{L1}$下降。同时，在右回路中，电感 $L_2$ 在 $t_0\sim t_1$ 时段储存的磁能转换为电能向负载供电，$u_{L2}=-U_o$，电感电流 $i_{L2}$也下降，电感电流 $i_{L1}$和 $i_{L2}$全部流经二极管 VD，即 $i_{VD}=i_{L1}+i_{L2}$。当 $t=t_2$，$\Delta t_2=t_2-t_1=t_{off}$时，$i_{L1}$ 和 $i_{L2}$ 分别从最大值 $I_{L1max}$、$I_{L2max}$线性减小到最小值 $I_{L1min}$、$I_{L2min}$，$i_{L1}$和 $i_{L2}$的减小量 $\Delta i_{L1-}$ 和 $\Delta i_{L2-}$ 分别为

$$\Delta i_{L1-}=\frac{U_{C1}-U_{in}}{L_1}t_{off}=\frac{U_{C1}-U_{in}}{L_1}(1-D)T \tag{4-44}$$

$$\Delta i_{L2-}=\frac{U_o}{L_2}t_{off}=\frac{U_o}{L_2}(1-D)T \tag{4-45}$$

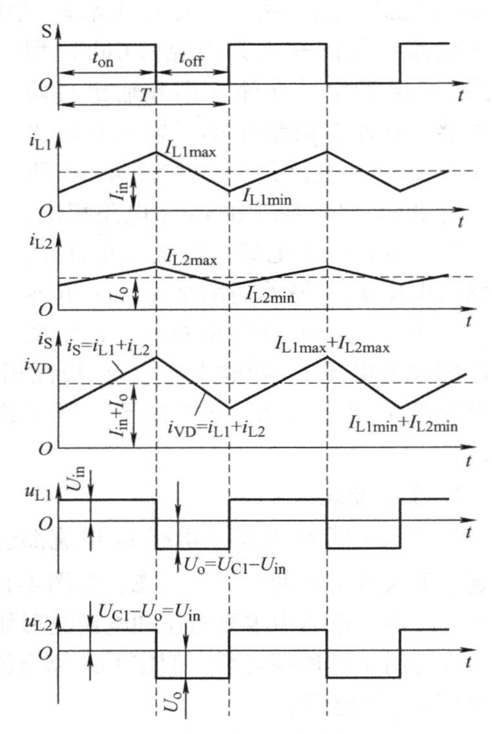


图 4-18　Cuk 型电路电流连续时的主要电压、电流波形

直到 $t_2$ 时刻，开关 S 再次受激励导通，开始下一个开关周期。

经过上述分析可见，Cuk 型电路中，在一个开关周期中，输入能量需要经过三次变换才到负载。第一次是开关 S 导通 $t_0\sim t_1$ 时段，电感 $L_1$ 将输入电能转换为磁能储存；第二次是开关 S 关断 $t_1\sim t_2$ 时段，电感 $L_1$ 储存的磁能转换为电能向电容 $C_1$ 转移，电感 $L_2$ 储存的磁能转换为电能向负载转移；第三次是开关 S 导通 $t_0\sim t_1$ 时段，电容 $C_1$ 储存的电能向负

载和输出回路的电感 $L_2$ 和电容 $C_2$ 转移。实际上，第一次和第三次的两个转换是同时进行的。

**2. 输入与输出电压、电流关系**

Cuk 型电路稳态工作时，开关 S 导通期间电感 $L_1$ 和 $L_2$ 的电流增长量 $\Delta i_{L1+}$ 和 $\Delta i_{L2+}$ 分别等于开关 S 关断期间电感 $L_1$ 和 $L_2$ 的电流减小量 $\Delta i_{L1-}$ 和 $\Delta i_{L2-}$，即 $\Delta i_{L1+}=\Delta i_{L1-}$，$\Delta i_{L2+}=\Delta i_{L2-}$。将式(4-42)～式(4-45)代入上述关系有

$$\left.\begin{aligned}\frac{U_{in}}{L_1}DT=\frac{U_{C1}-U_{in}}{L_1}(1-D)T\\ \frac{U_{C1}-U_o}{L_2}DT=\frac{U_o}{L_2}(1-D)T\end{aligned}\right\}\tag{4-46}$$

求解该方程组可得

$$U_o=\frac{D}{1-D}U_{in}\tag{4-47}$$

$$U_{C1}=U_{in}+U_o\tag{4-48}$$

式(4-47)为 Cuk 型电路输入输出电压关系式，式(4-48)为电路中电容 $C_1$ 的电压表达式。将式(4-47)同式(4-40)相比较会发现，Cuk 型电路和 Buck－Boost 型电路的输入输出电压关系式相同，输出电压 $U_o$ 可低于、等于或高于输入电压 $U_{in}$，同样输出电压与输入电压极性相反。

若忽略电路的损耗，则 Cuk 型电路的 $U_{in}I_{in}=U_oI_o$，结合式(4-47)可得输入电流平均值 $I_{in}$ 和输出电流平均值 $I_o$ 关系为

$$I_{in}=\frac{D}{1-D}I_o\tag{4-49}$$

## 4.1.5 Zeta 型电路

Zeta 型电路和 Cuk 型电路相似，也有两个电感 $L_1$ 和 $L_2$，一个能量存储和传输用电容 $C_1$。不同的是 Zeta 型电路的输出电压极性和输入电压极性相同。Zeta 型电路原理图如图 4-19 所示。它的左半部分类似于 Buck-Boost 型电路，右半部分类似于 Buck 型电路，中间由电容 $C_1$ 耦合。开关 S 仍采用 PWM 控制方式。

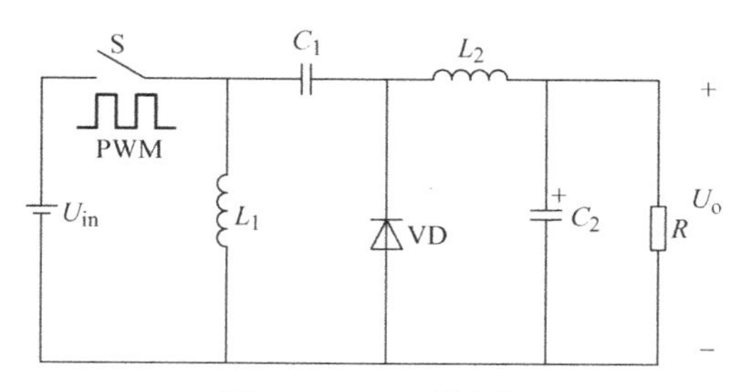


图 4-19 Zeta 型电路

**1. 工作原理**

当电感 $L_1$ 和电感 $L_2$ 电流都连续时，Zeta 型电路在一个开关周期内经历开关 S 导通、开关 S 关断两个开关状态，如图 4-20 所示。对应于一个开关周期 $T$ 的两个时段 $t_0\sim t_1$ 和 $t_1\sim t_2$ 内，电路中主要电压和电流波形如图 4-21 所示。

与 Cuk 型电路类似，假定 Zeta 型电路中电容 $C_1$ 容量很大，电路稳态工作时，电容 $C_1$ 的电压 $U_{C1}$ 保持恒定。

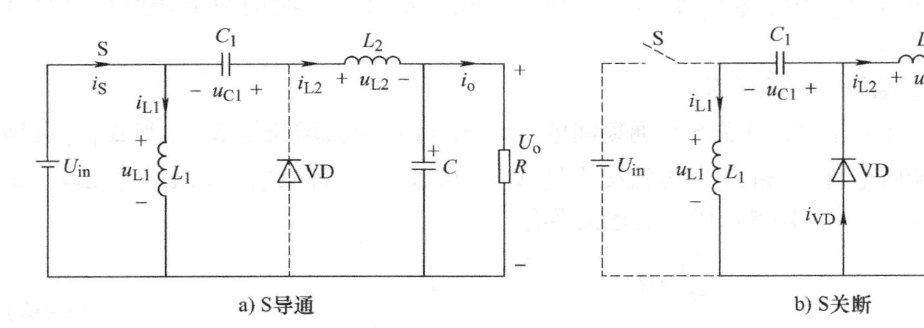


图 4-20 Zeta 型电路电流连续时的开关状态

1）$t_0 \sim t_1$ 时段（对应图 4-20a）。在 $t=t_0$ 时刻，开关 S 受激励导通，二极管 VD 截止。这一时段，输入电压 $U_{in}$ 全部加到电感 $L_1$ 上，$u_{L1}=U_{in}$，电感电流 $i_{L1}$ 线性上升。同时，输入电压 $U_{in}$ 和电容 $C_1$ 的电压 $U_{C1}$ 作用于电感 $L_2$ 和负载，$u_{L2}=U_{in}+U_{C1}-U_o>0$（根据后面推导的 $u_{C1}$ 表达式可以证明），电感电流 $i_{L2}$ 线性上升。电感电流 $i_{L1}$ 和 $i_{L2}$ 全部流经开关 S，即 $i_S=i_{L1}+i_{L2}$。当 $t=t_1$，$\Delta t_1=t_1-t_0=t_{on}$ 时，$i_{L1}$ 和 $i_{L2}$ 分别从最小值 $I_{L1min}$、$I_{L2min}$ 线性上升到最大值 $I_{L1max}$、$I_{L2max}$，$i_{L1}$ 和 $i_{L2}$ 的增加量 $\Delta i_{L1+}$ 和 $\Delta i_{L2+}$ 分别为

$$\Delta i_{L1+}=\frac{U_{in}}{L_1}t_{on}=\frac{U_{in}}{L_1}DT \tag{4-50}$$

$$\Delta i_{L2+}=\frac{U_{in}+U_{C1}-U_o}{L_2}t_{on}=\frac{U_{in}+U_{C1}-U_o}{L_2}DT \tag{4-51}$$

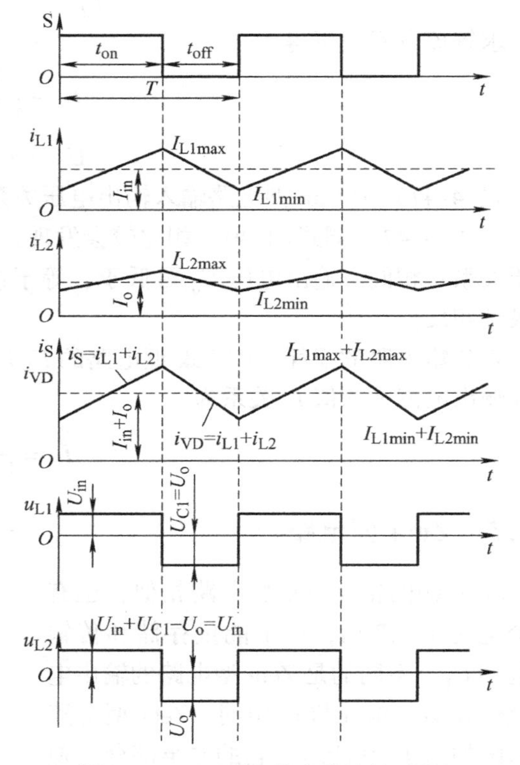


图 4-21 Zate 型电路电流连续时的主要电压、电流波形

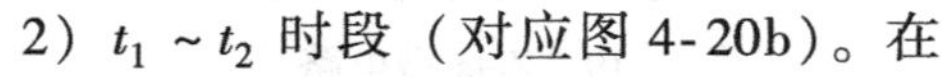

2）$t_1 \sim t_2$ 时段（对应图 4-20b）。在 $t=t_1$ 时刻，开关 S 关断，$i_{L1}$ 和 $i_{L2}$ 通过二极管 VD 续流，形成两个续流回路。一个续流回路由电感 $L_1$、二极管 VD 和电容 $C_1$ 构成，电感 $L_1$ 储能向电容 $C_1$ 转移，$u_{L1}=-U_{C1}<0$（根据后面推导的 $u_{C1}$ 表达式可以证明），电感电流 $i_{L1}$ 减小，电容 $C_1$ 充电，但由于电容 $C_1$ 的容量较大，$U_{C1}$ 的增大量较小，可认为 $U_{C1}$ 恒定。另一个续流回路由电感 $L_2$、二极管 VD 和电容 $C_2$ 构成，电感 $L_2$ 的储能向电容 $C_2$ 和负载转移，$U_{L2}=-U_o$，电感电流 $i_{L2}$ 减小。电感电流 $i_{L1}$ 和 $i_{L2}$ 全部流经二极管 VD，即 $i_{VD}=i_{L1}+i_{L2}$。当 $t=t_2$，$\Delta t_2=t_2-t_1=t_{off}$ 时，$i_{L1}$ 和 $i_{L2}$ 分别从最大值 $I_{L1max}$、$I_{L2max}$ 线性减小到最小值 $I_{L1min}$、$I_{L2min}$，$i_{L1}$ 和 $i_{L2}$ 的减小量 $\Delta i_{L1-}$ 和 $\Delta i_{L2-}$ 分别为

$$\Delta i_{L1-}=\frac{U_{C1}}{L_1}t_{off}=\frac{U_{C1}}{L_1}(1-D)T \tag{4-52}$$

$$\Delta i_{L2-}=\frac{U_o}{L_2}t_{off}=\frac{U_o}{L_2}(1-D)T \tag{4-53}$$

直到 $t_2$ 时刻，开关 S 再次受激励导通，开始下一个开关周期。

**2. 输入与输出电压、电流关系**

Zeta 型电路稳态工作时，开关 S 导通期间电感 $L_1$ 和 $L_2$ 的电流增长量 $\Delta i_{L1+}$ 和 $\Delta i_{L2+}$ 分别等于开关 S 关断期间电感 $L_1$ 和 $L_2$ 的电流减小量 $\Delta i_{L1-}$ 和 $\Delta i_{L2-}$，即 $\Delta i_{L1+}=\Delta i_{L1-}$，$\Delta i_{L2+}=\Delta i_{L2-}$。将式(4-50) ~式(4-53) 代入上述关系有

$$\left.\begin{aligned}\frac{U_{in}}{L_1}DT&=\frac{U_{C1}}{L_1}(1-D)T\\ \frac{U_{in}+U_{C1}-U_o}{L_2}DT&=\frac{U_o}{L_2}(1-D)T\end{aligned}\right\} \tag{4-54}$$

求解该方程组可得

$$U_o=\frac{D}{1-D}U_{in} \tag{4-55}$$

$$U_{C1}=U_o \tag{4-56}$$

式(4-55) 为 Zeta 型电路输入输出电压关系式，式(4-56) 为电路中电容 $C_1$ 的电压表达式。将式(4-55) 同式(4-47) 相比较会发现，Zeta 型电路和 Cuk 型电路的输入输出电压关系式相同，输出电压 $U_o$ 可低于、等于或高于输入电压 $U_{in}$，但 Zeta 型电路的输出电压与输入电压极性相同。

若忽略电路的损耗，则 Zeta 型电路的 $U_{in}I_{in}=U_oI_o$，结合式(4-55) 可得输入电流平均值 $I_{in}$和输出电流平均值 $I_o$ 关系为

$$I_{in}=\frac{D}{1-D}I_o \tag{4-57}$$

### 4.1.6　Spice 型电路

与 Zeta 型电路相比，Spice 型电路是将 Zeta 型电路的开关 S 和电感 $L_1$ 的位置对调，将电感 $L_2$ 和二极管 VD 的位置对调，其电路原理图如图 4-22 所示。Spice 型电路是电感输入，类似于 Boost 型电路，输出电路类似于 Buck-Boost 型电路，但为正极性输出，即输出电压与输入电压极性相同。开关 S 仍采用 PWM 控制方式。

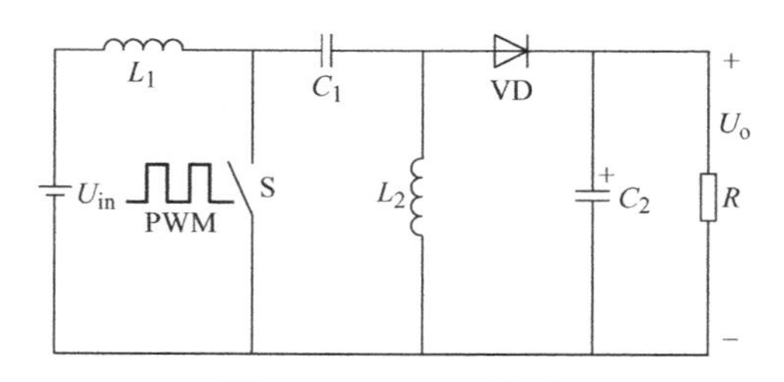


图 4-22　Spice 型电路

当电感 $L_1$ 和电感 $L_2$ 电流都连续时，Spice 型电路在一个开关周期内经历开关 S 导通、开关 S 关断两个开关状态，如图 4-23 所示。对应于一个开关周期 $T$ 的两个时段 $t_0\sim t_1$ 和 $t_1\sim t_2$ 内，电路中主要电压和电流波形如图 4-24 所示。

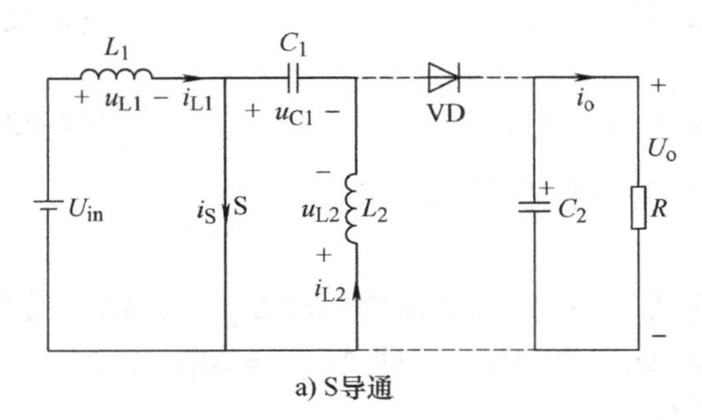

a) S导通

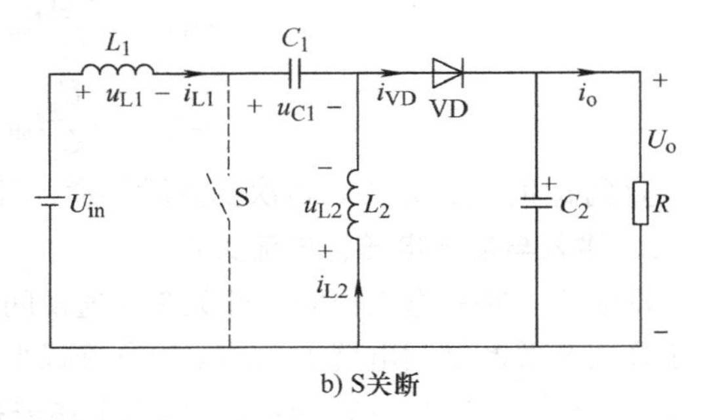

b) S关断

图 4-23　Spice 型电路电流连续时的开关状态

Spice 型电路两个开关状态工作原理的分析方法与前述的 Cuk 型电路或 Zeta 型电路的分析方法基本相同。同样，可根据 $t_{on}$ 和 $t_{off}$ 两个时段的电感 $L_1$ 和 $L_2$ 电流的变化量相等的关系，即 $\Delta i_{L1+}=\Delta i_{L1-}$，$\Delta i_{L2+}=\Delta i_{L2-}$，推导出 Spice 电路输入输出电压关系式和 $U_{C1}$ 电压表达式为

$$U_o=\frac{D}{1-D}U_{in} \tag{4-58}$$

$$U_{C1}=U_{in} \tag{4-59}$$

根据理想电路输入输出功率相等的关系，也可推导出 Spice 电路输入输出电流关系为

$$I_{in}=\frac{D}{1-D}I_o \tag{4-60}$$

上述结论的具体推导过程，有兴趣的读者可参照 Cuk 型电路或 Zeta 型电路的推导过程自行完成。

综上所述，各种不同的非隔离 DC－DC 变换电路有着各自不同的特点，应用场合也各不相同，表 4-1 给出了它们的比较。

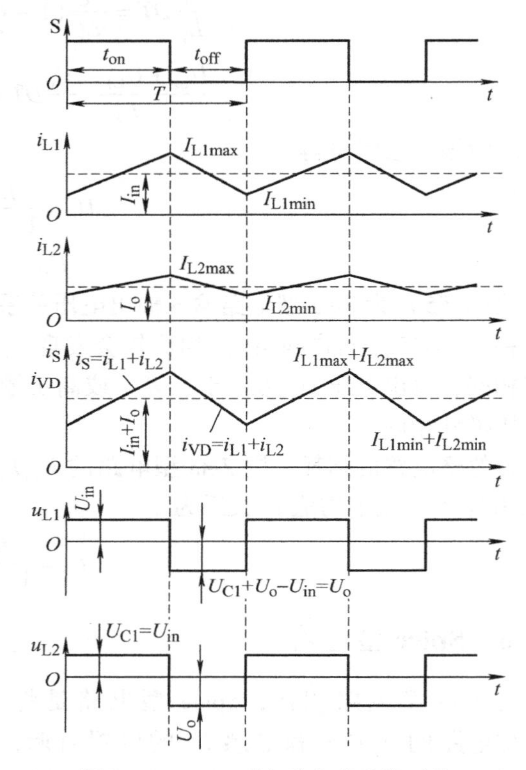

图 4-24　Spice 型电路电流连续时的主要电压、电流波形

**表 4-1　各种不同的非隔离 DC－DC 变换器的比较**

| 电路类型 | 主要特点 | 输入输出电压关系 | S、VD 承受的最高电压 | 应用场合 |
| --- | --- | --- | --- | --- |
| 降压型 | 只能降压，输入输出电压极性相同，输入电流脉动大，输出电流脉动小，结构简单 | $U_o=DU_{in}$ | $U_{Smax}=U_{in}$<br>$U_{VDmax}=U_{in}$ | 降压型开关稳压器 |

（续）

| 电路类型 | 主要特点 | 输入输出电压关系 | S、VD 承受的最高电压 | 应用场合 |
| --- | --- | --- | --- | --- |
| 升压型 | 只能升压，输入输出电压极性相同，输入电流脉动小，输出电流脉动大，不能空载工作，结构简单 | $U_o=\frac{1}{(1-D)}U_{in}$ | $U_{Smax}=U_o$<br>$U_{VDmax}=U_o$ | 升压型开关稳压器，功率因数校正（PFC）电路 |
| 升降压型 | 能降压能升压，输入输出电压极性相反，输入输出电流脉动大，不能空载工作，结构简单 | $U_o=-\frac{D}{(1-D)}U_{in}$ | $U_{Smax}=U_{in}+U_o$<br>$U_{VDmax}=U_{in}+U_o$ | 升降压型开关稳压器 |
| Cuk 型 | 能降压能升压，输入输出电压极性相反，输入输出电流脉动小，不能空载工作，结构复杂 | $U_o=-\frac{D}{(1-D)}U_{in}$ | $U_{Smax}=U_{C1}$<br>$U_{VDmax}=U_{C1}$ | 对输入输出脉动要求较高的升降压型开关稳压器 |
| Zeta 型 | 能降压能升压，输入输出电压极性相同，输入电流脉动大，输出电流脉动小，不能空载工作，结构复杂 | $U_o=\frac{D}{(1-D)}U_{in}$ | $U_{Smax}=U_{C1}+U_{in}$<br>$U_{VDmax}=U_{C1}+U_{in}$ | 对输出脉动要求较高的升降压型开关稳压器 |
| Spice 型 | 能降压能升压，输入输出电压极性相同，输入电流脉动小，输出电流脉动大，不能空载工作，结构复杂 | $U_o=\frac{D}{(1-D)}U_{in}$ | $U_{Smax}=U_{C1}+U_o$<br>$U_{VDmax}=U_{C1}+U_o$ | 升压型功率因数校正（PFC）电路 |

## 4.2　隔离 DC－DC 变换电路

隔离 DC－DC 变换电路是指电路输入与输出之间通过隔离变压器实现电气隔离的 DC－DC 变换电路。同直流斩波电路相比，直流变流电路中增加了交流环节，因此也称为直-交-直电路。采用这种结构较为复杂的电路来完成直流—直流的变换有以下原因：①输出端与输入端需要隔离；②某些应用中需要相互隔离的多路输出；③输出电压与输入电压的比例远小于 1 或远大于 1；④交流环节采用较高的工作频率，可以减小变压器和滤波电感、滤波电容的体积和重量。通常，工作频率应高于 20kHz 这一人耳的听觉极限，以免变压器和电感产生刺耳的噪声。随着电力半导体器件和磁性材料的技术进步，电路的工作频率已达几百千赫兹至几兆赫兹，进一步减小了体积和重量。

由于工作频率较高，逆变电路通常使用全控型器件，如 GTR、MOSFET、IGBT 等。整流电路中通常采用快恢复二极管或通态压降较低的肖特基二极管，在低电压输出的电路中，还采用低导通电阻的 MOSFET 构成同步整流电路，以进一步降低损耗。

根据电路中主功率开关器件的个数，隔离 DC－DC 变换电路分可为单管、双管和四管三类。单管隔离 DC－DC 变换电路有正激（Forward）和反激（Flyback）两种。双管隔离 DC－DC 变换电路有推挽（Push-pull）和半桥（Half-bridge）两种。四管隔离 DC－DC 变换电路只有全桥（Full-Bridge）一种。下面分别介绍这五种隔离 DC－DC 变换电路的电路结构、工作原理和主要参数关系等。

### 4.2.1 正激电路

隔离 DC－DC 变换电路中的隔离变压器为高频变压器，需采用高频磁心绕制。根据变压器的磁心磁复位方法的不同，正激（Forward）电路包含多种不同的拓扑结构。其中，在电路输入端接复位绕组是最基本的磁心磁复位方法。这里就分析有复位绕组的正激电路。

有复位绕组的正激电路原理图如图 4-25 所示。开关 S 采用 PWM 控制方式、$VD_1$ 是输出整流二极管、$VD_2$ 是续流二极管、$L$ 是输出滤波电感、$C$ 是输出滤波电容。隔离变压器有三个绕组，一次绕组 $W_1$，匝数为 $N_1$，二次绕组 $W_2$，匝数为 $N_2$，复位绕组 $W_3$，匝数为 $N_3$。绕组中标有“·”的一端为同名端。$VD_3$ 是复位绕组 $W_3$ 的串联二极管。

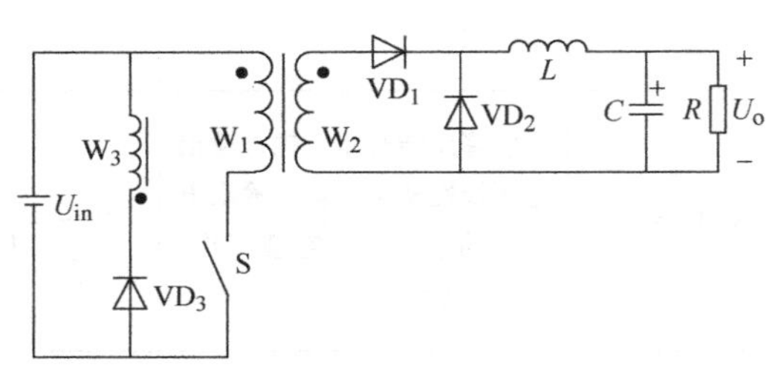


图 4-25 正激电路原理图

正激电路在一个开关周期内经历开关 S 导通、开关 S 关断两个开关状态，如图 4-26 所示。对应于一个开关周期 $T$ 的两个时段 $t_0 \sim t_1$ 和 $t_1 \sim t_2$ 内，电路中主要电压和电流波形如图 4-27 所示。

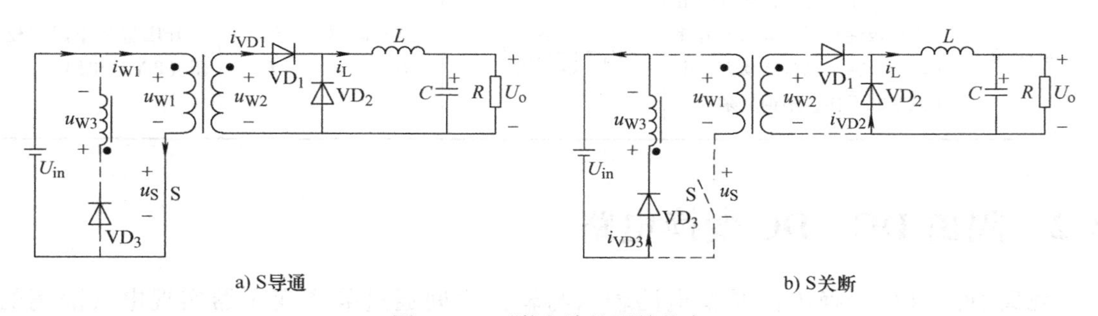


图 4-26 正激电路的开关状态

1）$t_0 \sim t_1$ 时段（对应图 4-26a）。在 $t=t_0$ 时刻，开关 S 受激励导通，变压器励磁，一次绕组 $W_1$ 的电压 $u_{W1}$ 为上正下负，与其耦合的二次绕组 $W_2$ 的电压 $u_{W2}$ 也是上正下负，输出整流二极管 $VD_1$ 导通，续流二极管 $VD_2$ 截止，输出滤波电感 $L$ 电流 $i_L$ 逐渐增大，直到 $t_1$ 时刻，开关 S 关断。

2）$t_1 \sim t_2$ 时段（对应图 4-26b）。在 $t=t_1$ 时刻，开关 S 关断，变压器一次绕组电压 $u_{W1}$ 和二次绕组电压 $u_{W2}$ 变为是上负下正（注意图中标示为电压的参考方向）。整流二极管 $VD_1$ 关断，续流二极管 $VD_2$ 导通，输出滤波电感电流 $i_L$ 通过续流二极管 $VD_2$ 续流，并逐渐下降。此时变压器复位绕组 $W_3$ 电压 $u_{W3}$ 为上正下负，二极管 $VD_3$ 导通。变压器励磁电流经复位绕组 $W_3$ 和二极管 $VD_3$ 流回输入端，变压器磁复位。在变压器磁复位未完成前，即 $t_1 \sim t_r$ 时段，开关 S 承受的电压为

$$u_S=\left(1+\frac{N_1}{N_3}\right)U_{in} \tag{4-61}$$

变压器磁复位完成后，即 $t_r \sim t_2$ 时段，开关 S 承受的电压 $u_S = U_{in}$。

在正激电路中，变压器磁复位过程非常重要，如图 4-28 所示。开关 S 导通后，变压器的励磁电流 $i_m$ 由零开始，随着时间的增加而线性地增长，直到开关 S 关断。开关 S 关断后到下一次再导通的时间内，必须设法使励磁电流降回到零，否则下一个开关周期中，励磁电流将在本周期结束时的剩余值基础上继续增加，并在以后的开关周期中依次累积起来，变得越来越大，从而导致变压器的励磁电感饱和。励磁电感饱和后，励磁电流会更加迅速地增长，最终损坏电路中的开关器件。因此，在开关 S 关断后，使励磁电流降回到零的过程称为变压器的磁复位。

在有复位绕组的正激电路中，变压器的复位绕组 $W_3$ 和二极管 $VD_3$ 组成复位电路。当开关 S 关断后，变压器励磁电流 $i_m$ 通过复位绕组 $W_3$ 和二极管 $VD_3$ 流回输入端，线性下降，到 $t_r$ 时刻为零。根据变压器在 $t_0 \sim t_1$ 时段磁通的增加量 $\Delta\Phi_+$ 等于在 $t_1 \sim t_r$ 时段磁通的减小量 $\Delta\Phi_-$，等效为图 4-28 中两个阴影矩形面积（电压伏秒面积）相等，可以得出从开关 S 关断到励磁电流 $i_m$ 电流下降到零所需的复位时间 $t_{rst}$ 为

$$t_{rst}=t_r-t_1=\frac{N_3}{N_1}(t_1-t_0)=\frac{N_3}{N_1}t_{on} \tag{4-62}$$

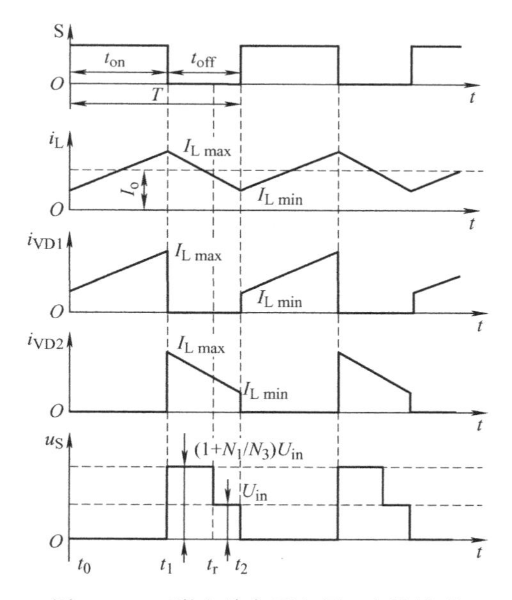


图 4-27　正激电路主要电压、电流波形

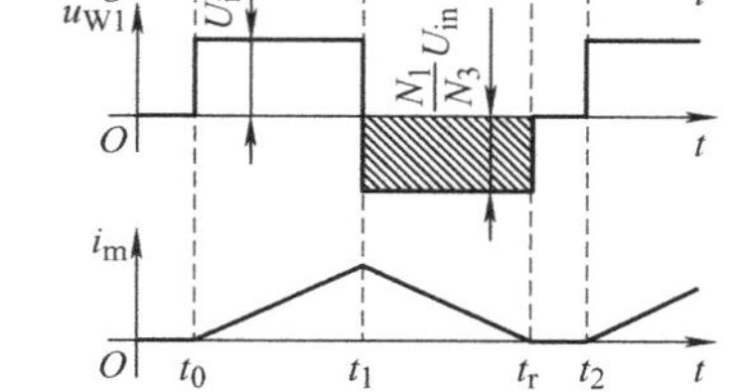


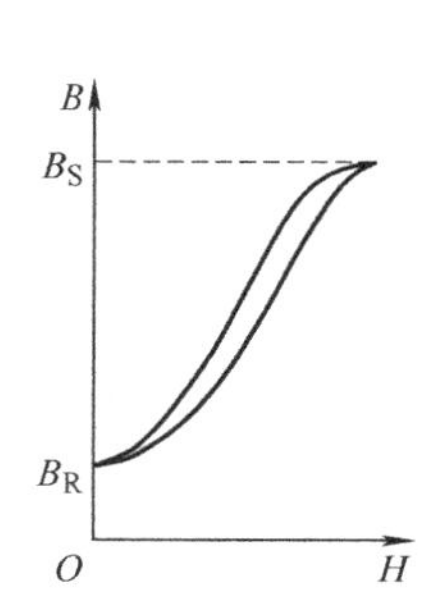


图 4-28　正激电路磁复位过程

只有保证 $t_{off} > t_{rst}$，开关 S 在下一次开通前励磁电流才能降为零，使变压器磁心可靠复位。

在输出滤波电感电流 $i_L$ 连续的情况下，即开关 S 导通时，电流 $i_L$ 不为零，正激电路的输入输出电压关系为

$$U_o=\frac{N_2}{N_1}\frac{t_{on}}{T}U_{in}=\frac{N_2}{N_1}DU_{in} \tag{4-63}$$

可见，正激电路的输入输出电压关系和 Buck 型电路非常相似，仅有的差别在于变压器的变比。实际上，正激电路就是一个插入隔离变压器的 Buck 型电路，因此正激电路的输入输出电压关系可以看成是将输入电压 $U_{in}$ 按变压器的变比折算至变压器二次侧后，根据 Buck 型电路得到的。不仅正激电路是这样，后面将要讲到的推挽、半桥和全桥电路也是这样。

正激电路也有电感电流不连续的工作模式，这时输出电压 $U_o$ 将高于式(4-63）的计算值，并随负载减小而升高。在负载为零的极限情况下，$U_o=(N_2/N_1)U_{in}$。电流不连续时，正激电路的各开关状态的工作过程和输入输出电压关系可参照 Buck 型电路电流不连续时的方法进行分析和推导。

### 4.2.2 反激电路

反激（Flyback）电路原理图如图 4-29 所示。它由开关 S、输出整流二极管 VD、输出滤波电容 $C$ 和隔离变压器构成。开关 S 采用 PWM 控制方式。反激电路可以看成是将 Buck-Boost 型电路中的电感换成变压器绕组 $W_1$ 和 $W_2$ 相互耦合的电感而得到的。因此反激电路中的变压器在工作中总是经历着储能–放电的过程，这一点与正激电路以及后面要介绍的几种隔离型电路不同。

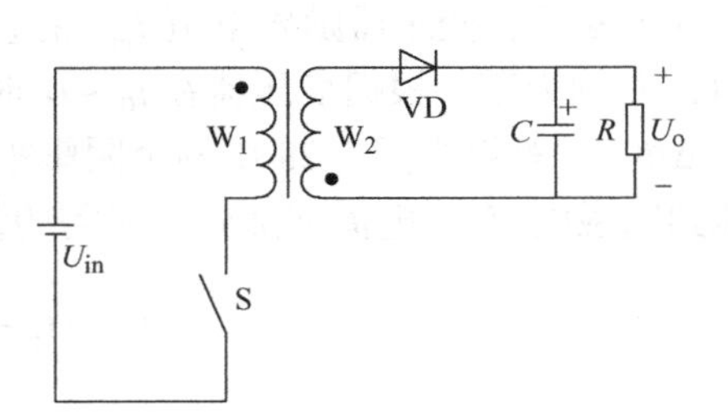


图 4-29　反激电路原理图

反激电路也存在电流连续和电流断续两种工作模式。与其余几种非隔离 DC－DC 变换电路不同，反激电路电流连续与否指的是变压器二次绕组的电流。当开关 S 开通时，变压器二次绕组中的电流尚未下降到零，则电路工作于电流连续模式。当开关 S 开通时，变压器二次绕组中的电流已下降到零，则电路工作于电流断续模式。值得注意的是，反激电路工作于电流连续模式时，其变压器铁心的利用率会显著下降，因此实际使用中，通常避免反激电路工作于电流连续模式。为了保持电路原理阐述的完整性，这里首先介绍电流连续工作模式。

**1. 电流连续工作模式**

反激电路工作于电流连续模式时，在一个开关周期经历开关 S 导通、开关 S 关断两个开关状态，如图 4-30 所示。对应于一个开关周期 $T$ 的两个时段 $t_0 \sim t_1$ 和 $t_1 \sim t_2$ 内，电路中主要电压和电流波形如图 4-31 所示。

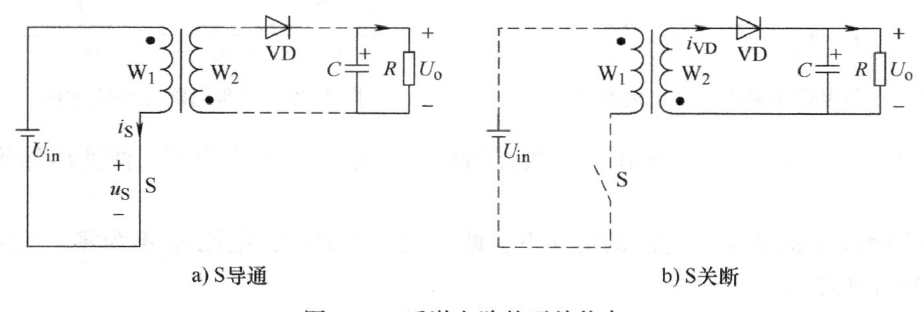


图 4-30　反激电路的开关状态

1）$t_0 \sim t_1$ 时段（对应图4-30a）。在 $t=t_0$ 时刻，开关S受激励导通，根据绕组间同名端关系，二极管VD反向偏置而截止，变压器一次绕组 $W_1$ 电流，即开关S电流 $i_S$ 线性增长，变压器储能增加。

2）$t_1 \sim t_2$ 时段（对应图4-30b）。在 $t=t_1$ 时刻，开关S关断，二极管VD导通，变压器一次绕组 $W_1$ 的电流被切断，变压器在 $t_0 \sim t_1$ 时段储存的磁场能量通过变压器二次绕组 $W_2$ 和二极管VD向输出端释放。开关S关断后所承受的电压为

$$u_S = U_{in} + \frac{N_1}{N_2}U_o \tag{4-64}$$

式中，$N_1$ 和 $N_2$ 为变压器一次绕组 $W_1$ 和二次绕组 $W_2$ 的匝数。

当反激电路工作于电流连续模式时，输入输出电压关系为

$$U_o = \frac{N_2 t_{on}}{N_1 t_{off}}U_{in} = \frac{N_2}{N_1}\frac{D}{1-D}U_{in} \tag{4-65}$$

可见，反激电路的输入输出电压关系和Buck-Boost型电路的差别也仅在于变压器的变比。但反激电路输入输出电压极性相同，而Buck-Boost型电路输入输出电压极性相反。

**2. 电流断续工作模式**

反激电路工作于电流断续模式时，在一个开关周期经历开关S导通、开关S关断和电感电流为零三个开关状态，如图4-32所示。对应于一个开关周期 $T$ 的三个时段 $t_0 \sim t_1$、$t_1 \sim t_2$ 和 $t_2 \sim t_3$ 内，电路中主要电压和电流波形如图4-33所示。

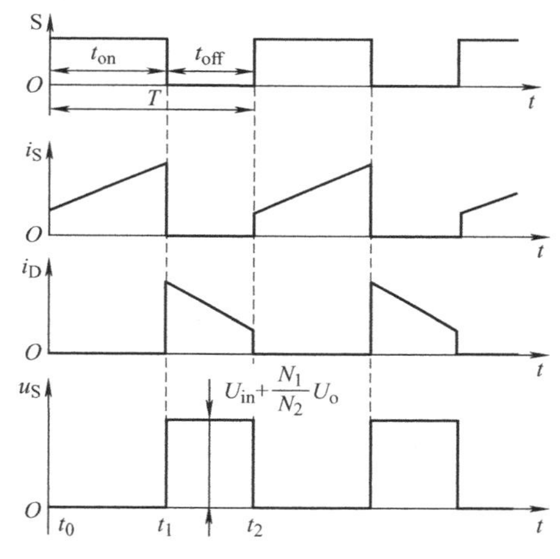


图4-31 反激电路电流连续时主要电压、电流波形

1）$t_0 \sim t_1$ 时段（对应图4-32a）。在 $t=t_0$ 时刻，开关S受激励导通，二极管VD截止，变压器一次绕组 $W_1$ 电流，即开关S电流 $i_S$ 线性增长，变压器储能增加。

2）$t_1 \sim t_2$ 时段（对应图4-32b）。在 $t=t_1$ 时刻，开关S关断，二极管VD导通，变压器一次绕组 $W_1$ 的电流被切断，变压器在 $t_0 \sim t_1$ 时段储存的磁场能量通过变压器二次绕组 $W_2$ 和二极管VD向输出端释放。直到 $t_2$ 时刻，变压器中的磁场能量释放完毕，绕组 $W_2$ 中电流下降到零，二极管VD截止。

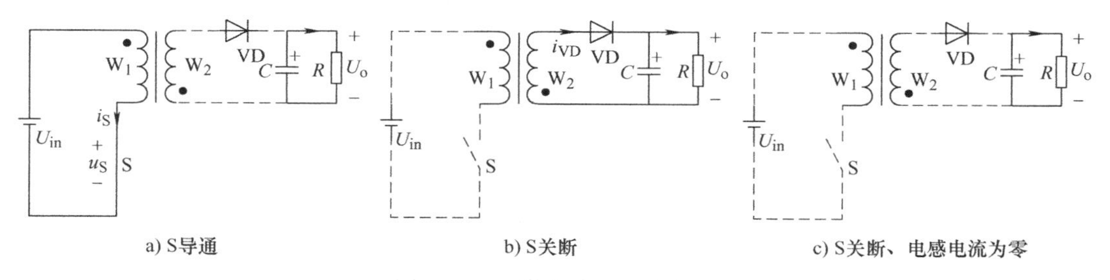


a) S导通　b) S关断　c) S关断、电感电流为零

图4-32 反激电路的开关状态

3）$t_2 \sim t_3$ 时段（对应图 4-32c）。变压器一次绕组 $W_1$ 和二次绕组 $W_2$ 中电流均为零，电容 $C$ 向负载提供能量。

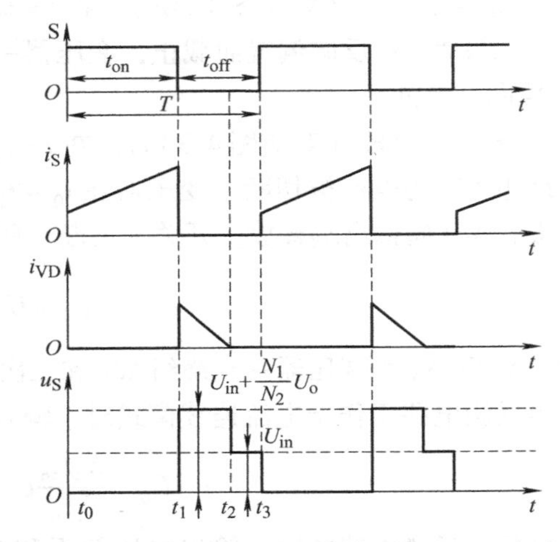


图 4-33　反激电路电流断续时主要电压、电流波形

反激电路电流断续工作时，输出电压 $U_o$ 将高于式(4-65) 的计算值，并随负载减小而升高。在负载为零的极限情况下，$U_o \to \infty$，将造成电路损坏，因此反激电路的负载不应该开路。

因为反激电路变压器的绕组 $W_1$ 和 $W_2$ 在工作中不会同时有电流流过，不存在磁动势相互抵消的可能，因此变压器磁心的磁通密度取决于绕组中电流的大小。这与正激以及后面介绍的几种隔离型 DC－DC 变换电路是不同的。图 4-34 给出了反激电路的变压器磁通密度与绕组电流的关系。从图 4-34 中可以看出，在最大磁通密度相同的条件下，连续工作时，磁通密度的变化范围 $\Delta B$ 小于断续方式。在反激电路中，$\Delta B$ 正比于一次绕组每匝承受的电压乘以开关导通时间 $t_{on}$，在输入电压 $U_{in}$ 和 $t_{on}$ 相同的条件下，较大的 $\Delta B$ 意味着变压器需要较少的匝数，或较小尺寸的磁心。从这个角度来说，反激电路工作于电流断续模式时，变压器磁心的利用率较高、较合理，故通常在设计反激电路时应保证其工作于电流断续方式。

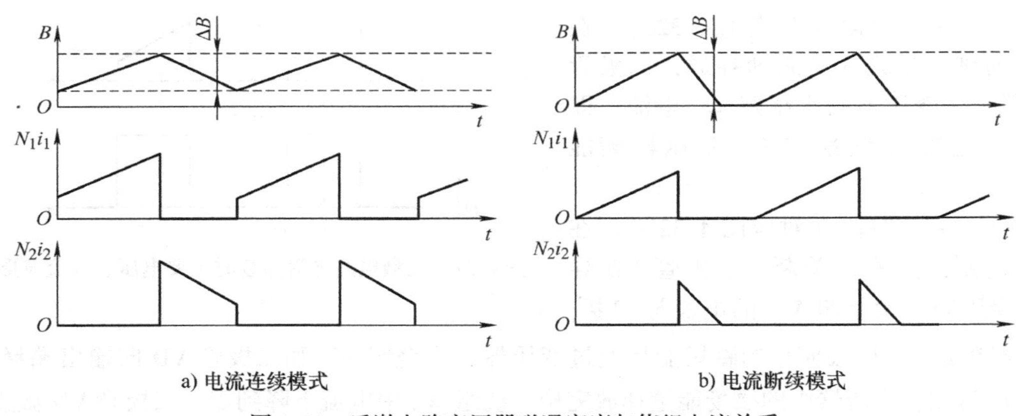


图 4-34　反激电路变压器磁通密度与绕组电流关系

### 4.2.3　推挽电路

推挽（Push-Pull）电路原理图如图 4-35 所示。变压器是具有中间抽头的变压器，一次绕组 $W_{11}$ 和 $W_{12}$ 匝数相等，均为 $N_1$；二次绕组 $W_{21}$ 和 $W_{22}$ 匝数也相等，均为 $N_2$，绕组间同名端如图所示。开关 $S_1$ 和 $S_2$ 均采用 PWM 控制方式，且开关 $S_1$ 和 $S_2$ 交替导通。变压器右侧的整流电路采用由二极管 $VD_1$ 和 $VD_2$ 构成的全波整流电路，$L$ 为输出滤波电感，$C$ 为输出滤波电容。推挽电路可看成是两个正激（Forward）电路的组合，这两个正激电路的开关 $S_1$

和$S_2$交替导通，故变压器磁心是交变磁化的。

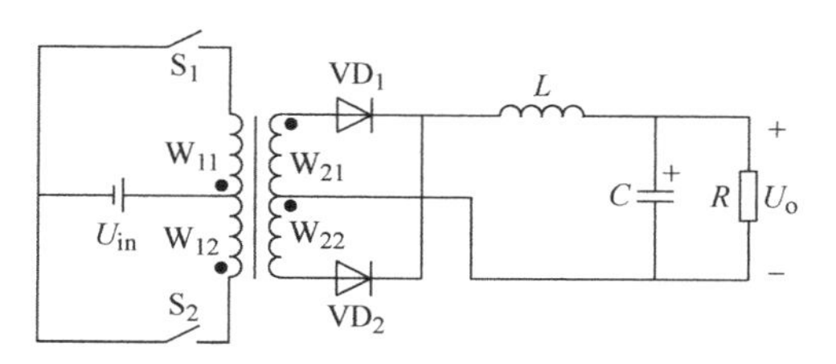

图4-35 推挽电路原理图

推挽电路也存在电流连续和电流断续两种工作模式，下面分析电流连续时的电路工作原理。

推挽电路工作于电流连续模式时，在一个开关周期内电路经历开关$S_1$导通、开关全部关断、开关$S_2$导通和开关全部关断四个开关状态，如图4-36所示，其中开关状态2和开关状态4是相同的。对应于一个开关周期$T$的四个时段$t_0 \sim t_1$、$t_1 \sim t_2$、$t_2 \sim t_3$和$t_3 \sim t_4$内，电路中主要电压和电流波形如图4-37所示。

推挽电路中，开关$S_1$和$S_2$交替导通，在一次绕组$W_{11}$和$W_{12}$两端分别形成幅值为$U_{in}$的交流电压。改变开关$S_1$和$S_2$的占空比，就可改变二次整流电压$u_d$的平均值，也就改变了输出电压$U_o$。开关$S_1$导通时，二极管$VD_1$导通；开关$S_2$导通时，二极管$VD_2$导通；当开关$S_1$和$S_2$都关断时，二极管$VD_1$和$VD_2$都导通，各分担电感电流的一半。开关$S_1$和$S_2$导通时，输出滤波电感$L$的电流逐渐上升；开关$S_1$和$S_2$都关断时，电感$L$的电流逐渐下降。开关$S_1$和$S_2$关断时承受的峰值电压均为$2U_{in}$。

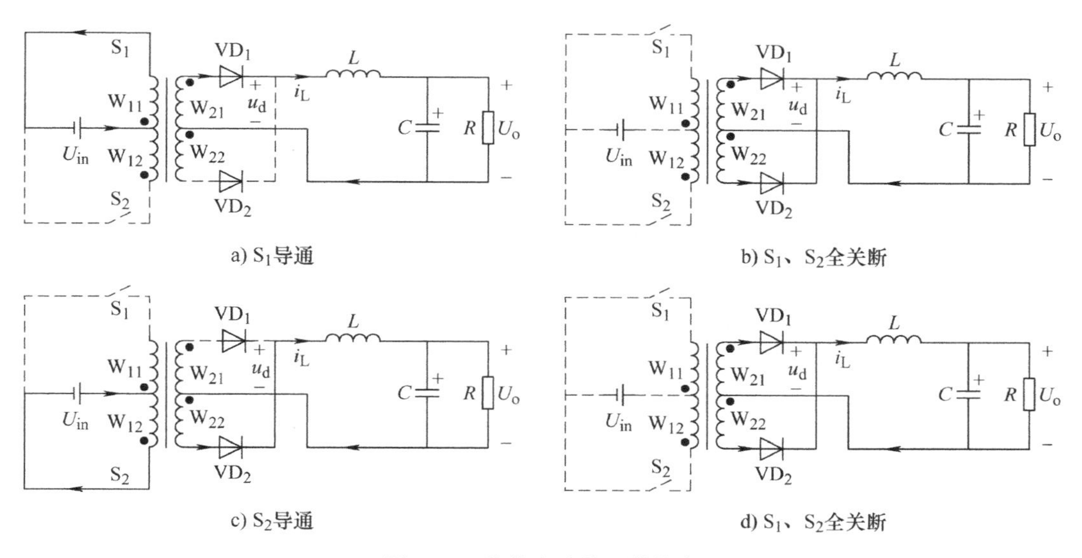

图4-36 推挽电路的开关状态

1）$t_0 \sim t_1$时段（对应图4-36a）。开关$S_1$受激励导通，输入电压$U_{in}$加到一次绕组$W_{11}$两端，根据绕组间同名端关系，二极管$VD_1$正向偏置导通，电感$L$电流$i_L$流经二次绕组$W_{21}$、二极管$VD_1$、输出滤波电容$C$及负载$R$，电感电流$i_L$线性上升。

2）$t_1 \sim t_2$时段（对应图4-36b）。开关$S_1$和$S_2$都关断，一次绕组$W_{11}$中的电流为零，电感通过二极管$VD_1$和$VD_2$续流，每个二极管流过电感电流的一半，即$i_{VD1}=i_{VD2}=i_L/2$，电感$L$电流$i_L$线性下降。

3）$t_2 \sim t_3$时段（对应图4-36c）。开关$S_2$受激励导通，输入电压$U_{in}$加到一次绕组$W_{12}$

两端，根据绕组间同名端关系，二极管 $VD_2$ 正向偏置导通，电感 $L$ 电流 $i_L$ 流经二次绕组 $W_{22}$、二极管 $VD_2$、输出滤波电容 $C$ 及负载 $R$，电感电流 $i_L$ 线性上升。

4）$t_3 \sim t_4$ 时段（对应图 4-36d）。与 $t_1 \sim t_2$ 时段的电路工作过程相同。

推挽电路中，如果开关 $S_1$ 和 $S_2$ 同时处于通态，就相当于变压器一次绕组短路。因此，必须避免开关 $S_1$ 和 $S_2$ 同时导通，开关 $S_1$ 和 $S_2$ 各自的占空比不能超过 50%，并且要留有死区。

输出电感电流连续时，推挽电路的输入输出电压关系为

$$U_o = \frac{N_2}{N_1}\frac{2t_{on}}{T}U_{in} = \frac{N_2}{N_1}DU_{in} \qquad (4\text{-}66)$$

推挽电路的占空比定义为

$$D = \frac{2t_{on}}{T} \qquad (4\text{-}67)$$

如果输出电感电流不连续，则输出电压 $U_o$ 将高于式(4-66）的计算值，并随负载减小而升高。在负载为零的极限情况下，$U_o = (N_2/N_1)\ U_{in}$。

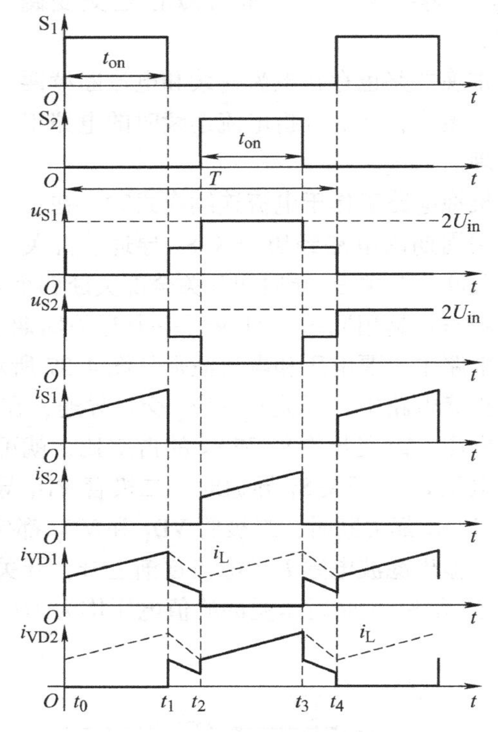

图 4-37　推挽电路电流连续时主要的电压、电流波形

在推挽电路中，还必须注意变压器的磁心偏磁问题。开关 $S_1$ 和 $S_2$ 交替导通，使变压器磁心交替磁化和去磁，完成能量从一次侧到二次侧的传递。由于电路不可能完全对称，例如开关 $S_1$ 和 $S_2$ 的开通时间可能不同，或开关 $S_1$ 和 $S_2$ 导通时的通态压降可能不同等，会在变压器一次侧的高频交流上叠加一个数值较小的直流电压，这就是所谓的直流偏磁。由于一次绕组电阻很小，即使是一个较小的直流偏磁电压，如果作用时间太长，也会使变压器磁心单方向饱和，引起较大的磁化电流，导致器件损坏。因此只能靠精确的控制信号和电路元器件参数的匹配来避免电压直流分量的产生。

## 4.2.4　半桥电路

半桥（Half-bridge）电路原理图如图 4-38 所示。变压器是具有中间抽头的变压器，一次绕组 $W_1$ 的匝数为 $N_1$；二次绕组 $W_{21}$ 和 $W_{22}$ 匝数相等，均为 $N_2$，绕组间同名端如图所示。两个容量相等的电容 $C_1$ 和 $C_2$ 构成一个桥臂，由于电容 $C_1$ 和 $C_2$ 的容量较大，故 $U_{C1} = U_{C2} = U_{in}/2$。开关 $S_1$ 和 $S_2$ 构成另一个桥臂，$S_1$ 和 $S_2$ 均采用 PWM 控制方式，且开关 $S_1$ 和 $S_2$ 交替导通。变压器右侧的整流电路仍采用由二极管 $VD_1$

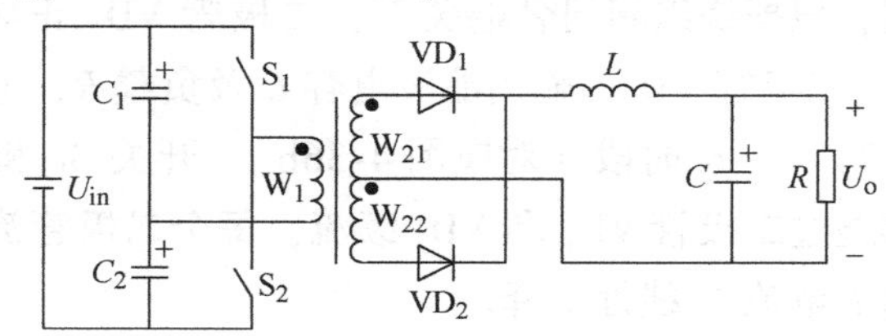

图 4-38　半桥电路原理图

和 $VD_2$ 构成的全波整流电路，$L$ 为输出滤波电感，$C$ 为输出滤波电容。

半桥电路也存在电流连续和电流断续两种工作模式，下面分析电流连续时的电路工作原理。

半桥电路工作于电流连续模式时，在一个开关周期内电路经历开关 $S_1$ 导通、开关全部关断、开关 $S_2$ 导通和开关全部关断四个开关状态，如图4-39所示，其中开关状态2和开关状态4是相同的。对应于一个开关周期 $T$ 的四个时段 $t_0 \sim t_1$、$t_1 \sim t_2$、$t_2 \sim t_3$ 和 $t_3 \sim t_4$ 内，电路中主要电压和电流波形如图4-40所示。

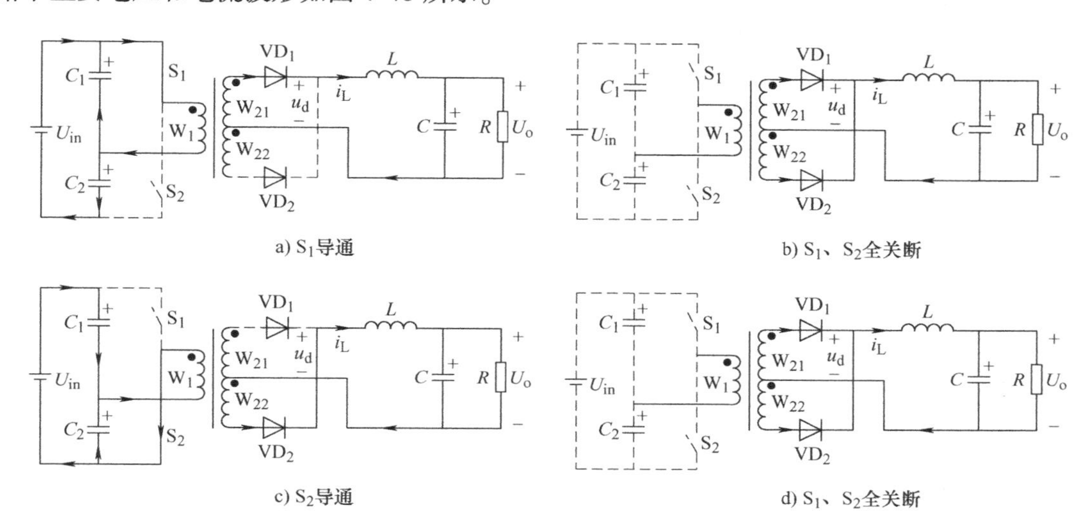


图4-39 半桥电路的开关状态

在半桥型电路中，变压器一次绕组两端分别连接在开关 $S_1$ 和 $S_2$ 的连接点和电容 $C_1$ 和 $C_2$ 的连接点。电容 $C_1$ 和 $C_2$ 的电压分别为 $U_{in}/2$。开关 $S_1$ 和 $S_2$ 交替导通，使变压器一次侧形成幅值为 $U_{in}/2$ 的交流电压。改变开关 $S_1$ 和 $S_2$ 的占空比，就可改变二次整流电压 $u_d$ 的平均值，也就改变了输出电压 $U_o$。开关 $S_1$ 和 $S_2$ 关断时承受的峰值电压均为 $U_{in}$，是推挽电路的一半。故半桥电路适用于在输入电压较高的场合。

1）$t_0 \sim t_1$ 时段（对应图4-39a）。开关 $S_1$ 受激励导通，电容 $C_1$ 电压加到一次绕组 $W_1$ 两端，根据绕组间同名端关系，二极管 $VD_1$ 正向偏置导通，电感 $L$ 电流 $i_L$ 流经二次绕组 $W_{21}$、二极管 $VD_1$、输出滤波电容 $C$ 及负载 $R$，电感电流 $i_L$ 线性上升。

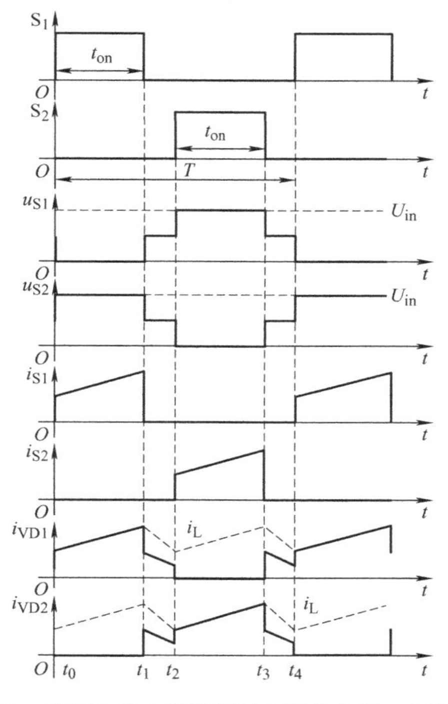

图4-40 半桥电路电流连续时主要的电压、电流波形

2）$t_1 \sim t_2$ 时段（对应图4-39b）。开关 $S_1$ 和 $S_2$ 都关断，一次绕组 $W_1$ 中的电流为零，电感通过二极管 $VD_1$ 和 $VD_2$ 续流，每个二极管流过电感电流的一半，即 $i_{VD_1}=i_{VD_2}=i_L/2$，电感 $L$ 电流 $i_L$ 线性下降。

3）$t_2 \sim t_3$ 时段（对应图4-39c）。开关 $S_2$ 受激励导通，电容 $C_2$ 电压加到一次绕组 $W_1$ 两端，根据绕组间同名端关系，二极管 $VD_2$ 正向偏置导通，电感 $L$ 电流 $i_L$ 流经二次绕组 $W_{22}$、二极管 $VD_2$、输出滤波电容 $C$ 及负载 $R$，电感电流 $i_L$ 线性上升。

4）$t_3 \sim t_4$ 时段（对应图4-39d）。与 $t_1 \sim t_2$ 时段的电路工作过程相同。

与推挽电路不同，由于电容 $C_1$ 和 $C_2$ 的隔直作用，半桥型电路对由于开关 $S_1$ 和 $S_2$ 导通时间不对称等造成的变压器一次电压的直流分量有自动平衡作用，因此半桥电路不容易发生变压器偏磁和直流磁饱和的问题。

半桥电路中，为了避免开关 $S_1$ 和 $S_2$ 在换相过程中发生短暂的同时导通而造成短路损坏开关，开关 $S_1$ 和 $S_2$ 各自的占空比不能超过50%，并且要留有死区。

输出电感电流连续时，半桥电路的输入输出电压关系为

$$U_o=\frac{1}{2}\frac{N_2}{N_1}\cdot\frac{2t_{on}}{T}U_{in}=\frac{1}{2}\frac{N_2}{N_1}DU_{in} \tag{4-68}$$

半桥电路的占空比同样定义为 $D=2t_{on}/T$。

如果输出电感电流不连续，则输出电压 $U_o$ 将高于式(4-68）的计算值，并随负载减小而升高。在负载为零的极限情况下，$U_o=(N_2/2N_1)U_{in}$。

### 4.2.5 全桥电路

全桥（Full-bridge）电路原理图如图4-41所示。变压器一次绕组 $W_1$ 的匝数为 $N_1$；二次绕组 $W_2$ 匝数为 $N_2$，绕组间同名端如图所示。开关 $S_1$、$S_2$ 和开关 $S_3$、$S_4$ 分别构成一个桥臂，$S_1$、$S_2$、$S_3$、$S_4$ 均采用PWM控制方式。互为对角的两个开关 $S_1$、$S_3$ 和 $S_2$、$S_4$ 同时导通，而同一桥臂上下两开关 $S_1$、$S_2$ 和 $S_3$、$S_4$ 交替导通。变压器右侧的整流电路采用由二极管 $VD_1$、$VD_2$、$VD_3$、$VD_4$ 构成的全桥整流电路，$L$ 为输出滤波电感，$C$ 为输出滤波电容。

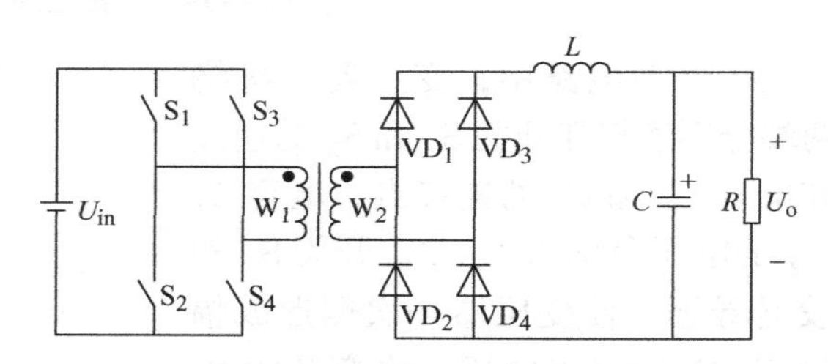

图4-41　全桥电路原理图

全桥型电路也存在电流连续和电流断续两种工作模式。下面分析电流连续时的电路工作过程。

全桥电路工作于电感电流连续模式时，在一个开关周期内电路经历开关 $S_1$、$S_4$ 导通、开关全部关断、开关 $S_2$、$S_3$ 导通和开关全部关断四个开关状态，如图4-42所示，其中开关状态2和开关状态4是相同的。对应于一个开关周期 $T$ 的四个时段 $t_0 \sim t_1$、$t_1 \sim t_2$、$t_2 \sim t_3$ 和 $t_3 \sim t_4$ 内，电路中主要电压和电流波形如图4-43所示。

在全桥电路中，变压器一次绕组 $W_1$ 两端分别连接在开关 $S_1$、$S_2$ 和开关 $S_3$、$S_4$ 的连接点。由于互为对角的两个开关同时导通，而同一桥臂上下两开关交替导通，所以输入电压将逆变成幅值为 $U_{in}$ 的交流电压，加在变压器一次侧。改变开关 $S_1$、$S_4$ 和 $S_2$、$S_3$ 的

占空比，就可以改变二次整流电压 $u_d$ 的平均值，也就改变了输出电压 $U_o$。每个开关断态时承受的峰值电压均为 $U_{in}$，是推挽电路的一半。故全桥电路也适用于在输入电压较高的场合。

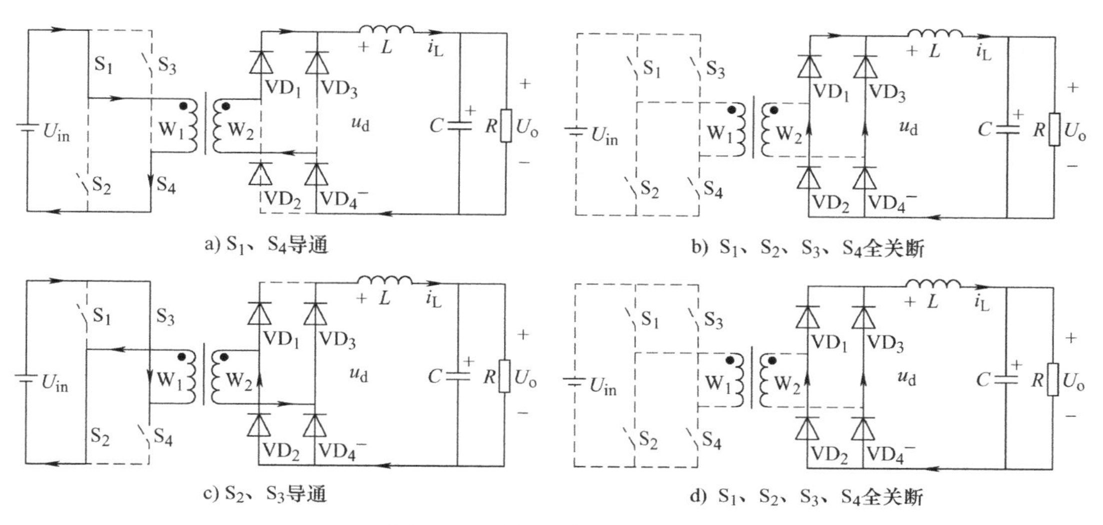


图 4-42　全桥电路的开关状态

1）$t_0 \sim t_1$ 时段（对应图 4-42a）。开关 $S_1$、$S_4$ 受激励导通，输入电压 $U_{in}$ 加到一次绕组 $W_1$ 两端，根据绕组间同名端关系，二极管 $VD_1$、$VD_4$ 正向偏置导通，电感 $L$ 电流 $i_L$ 流经二次绕组 $W_2$、二极管 $VD_1$ 和 $VD_4$、输出滤波电容 $C$ 及负载 $R$，电感电流 $i_L$ 线性上升。

2）$t_1 \sim t_2$ 时段（对应图 4-42b）。开关 $S_1$、$S_2$、$S_3$、$S_4$ 都关断，一次绕组 $W_1$ 中的电流为零，电感通过二极管 $VD_1$、$VD_4$ 和 $VD_2$、$VD_3$ 续流，每个二极管流过电感电流的一半，即 $i_{VD1} = i_{VD2} = i_{VD3} = i_{VD4} = i_L/2$，电感 $L$ 电流 $i_L$ 线性下降。

3）$t_2 \sim t_3$ 时段（对应图 4-42c）。开关 $S_2$、$S_3$ 受激励导通，输入电压 $U_{in}$ 加到一次绕组 $W_1$ 两端，根据绕组间同名端关系，二极管 $VD_2$、$VD_3$ 正向偏置导通，电感 $L$ 电流 $i_L$ 流经二次绕组 $W_2$、二极管 $VD_2$ 和 $VD_3$、输出滤波电容 $C$ 及负载 $R$，电感电流 $i_L$ 线性上升。

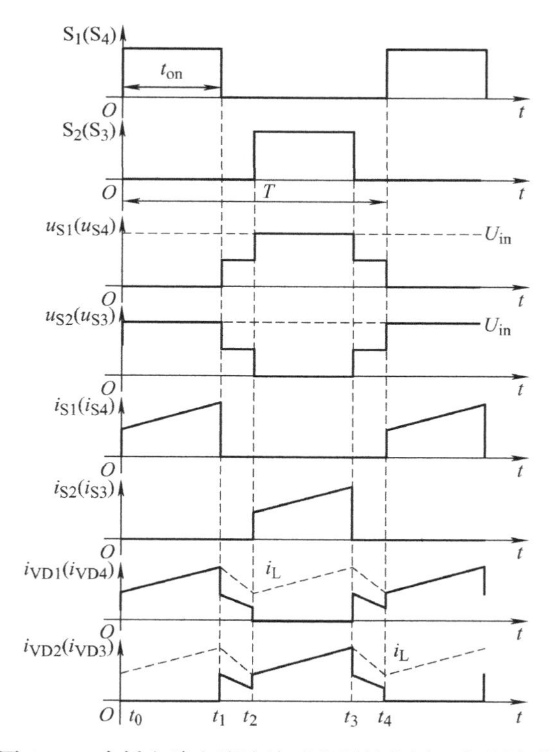

图 4-43　全桥电路电流连续时主要的电压、电流波形

4）$t_3 \sim t_4$ 时段（对应图 4-42d）。

与$t_1 \sim t_2$时段的电路工作过程相同。

若开关$S_1$、$S_4$与开关$S_2$、$S_3$的导通时间不对称，则交流电压中将含有直流分量，会在变压器一次电流中产生较大的直流分量，并可能造成磁路饱和，故全桥电路应注意避免电压直流分量的产生，也可以在一次回路中串联一个电容，以阻断直流电流。

全桥电路中，为了避免上下两开关在换相过程中发生短暂的同时导通而造成短路损坏开关，每个开关各自的占空比不能超过50%，并应留有裕量。

输出电感电流连续时，全桥电路的输入输出电压关系为

$$U_o = \frac{N_2}{N_1}\frac{2t_{on}}{T}U_{in} = \frac{N_2}{N_1}DU_{in} \tag{4-69}$$

全桥电路的占空比同样定义为$D = 2t_{on}/T$。

如果输出电感电流不连续，则输出电压$U_o$将高于式(4-69)的计算值，并随负载减小而升高。在负载为零的极限情况下，$U_o = (N_2/N_1)\ U_{in}$。

综上所述，各种不同的隔离DC-DC变换电路有着各自不同的特点，应用场合也各不相同，表4-2给出了它们的比较。

**表4-2　各种不同的隔离DC-DC变换器的比较**

| 电路类型 | 主要特点 | 输入输出电压关系 | S承受的最高电压 | 应用场合 |
|---|---|---|---|---|
| 正激 | 优点：电路较简单，成本低，可靠性高，驱动电路简单<br>缺点：变压器单向励磁，利用率低 | $U_o = \frac{N_2}{N_1}DU_{in}$ | $U_{Smax} = \left(1 + \frac{N_1}{N_3}\right)U_{in}$ | 中、小功率开关电源 |
| 反激 | 优点：电路非常简单，成本很低，可靠性高，驱动电路简单<br>缺点：难以达到较大的功率，变压器单向励磁，利用率低 | $U_o = \frac{N_2}{N_1}\frac{D}{1-D}U_{in}$ | $u_{Smax} = U_{in} + \frac{N_1}{N_2}U_o$ | 小功率开关电源 |
| 推挽 | 优点：变压器双向励磁，变压器一次电流回路中只有一个开关，通态损耗较小，驱动简单<br>缺点：有磁偏问题 | $U_o = \frac{N_2}{N_1}DU_{in}$ | $u_{Smax} = 2U_{in}$ | 低输入电压开关电源 |
| 半桥 | 优点：变压器双向励磁，无变压器偏磁问题，开关较少，成本低<br>缺点：有直通问题，可靠性低，需要复杂的隔离驱动电路 | $U_o = \frac{N_2}{N_1}DU_{in}$ | $u_{Smax} = U_{in}$ | 工业用开关电源，<br>计算机设备用开关电源 |

（续）

| 电路类型 | 主要特点 | 输入输出电压关系 | S 承受的最高电压 | 应用场合 |
|---|---|---|---|---|
| 全桥 | 优点：变压器双向励磁，容易达到大功率<br>缺点：结构复杂，成本高，可靠性低，需要复杂的多组隔离驱动电路，有直通和偏磁问题 | $U_o=\frac{N_2}{N_1}DU_{in}$ | $u_{Smax}=U_{in}$ | 大功率工业用开关电源、焊接电源、电解电源 |

## 4.3 Matlab 应用举例

**仿真 1** 对图 4-1 所示 Buck 型电路进行仿真

1）仿真模型的建立：Buck 型电路包括直流电源、一个 MOSFET、一个二极管、一个滤波电感、一个稳压电容、一个脉冲触发器和负载，按照电路结构组成电路如图 4-44 所示。此外，为了测量和显示信号，增加了电压测量模块和示波器。

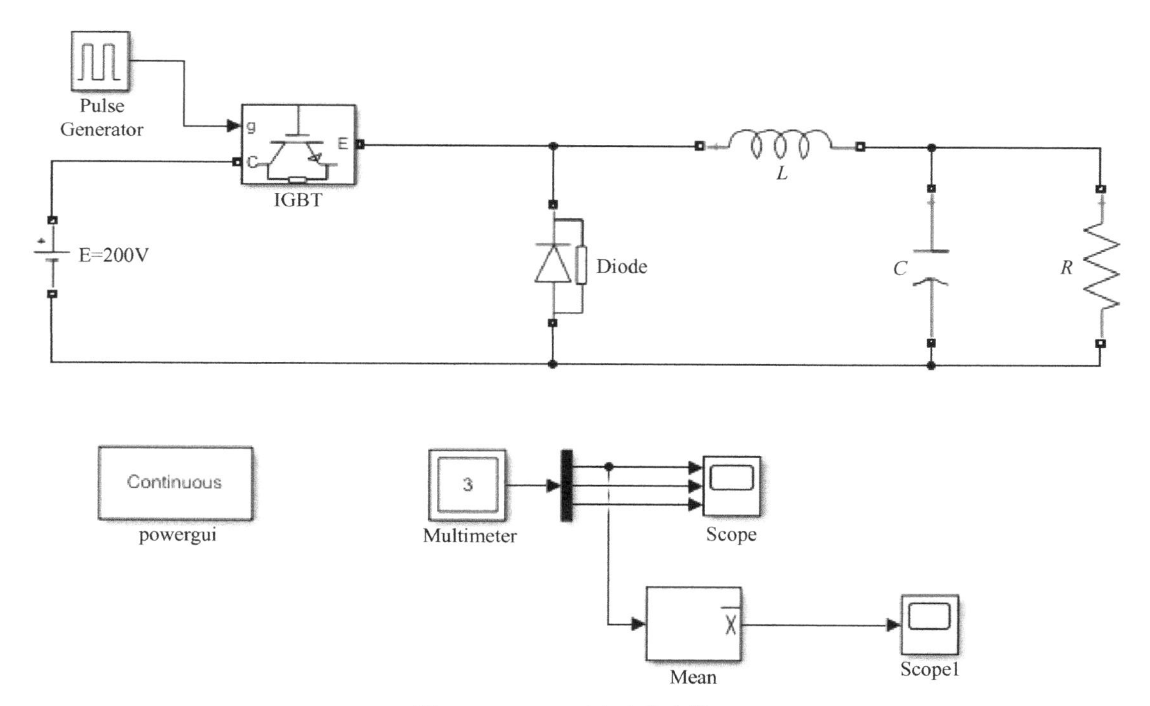


图 4-44 Buck 型电路仿真模型

2）仿真条件：输入电压为 200V；触发脉冲幅值设为 1，周期 0.02s，脉冲宽度 50%，相位延迟为 0；$L=1\text{mH}$，$C=10\mu\text{F}$；负载为电阻 $R=10\Omega$；仿真时间为 0.2s，仿真波形如图 4-45 和图 4-46 所示。

3）波形分析：在图 4-46 中，给出了负载电压、负载电流和电感电流的瞬时值波形。图 4-47 所示为输出电压的平均值波形。

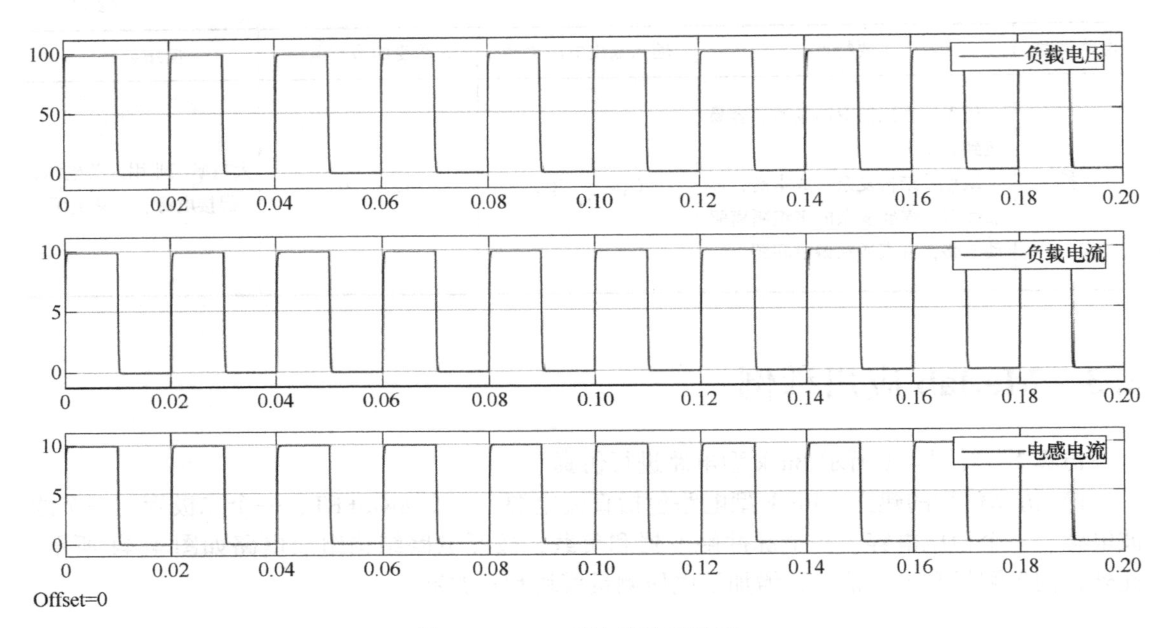


图 4-45　Buck 型电路仿真波形 1

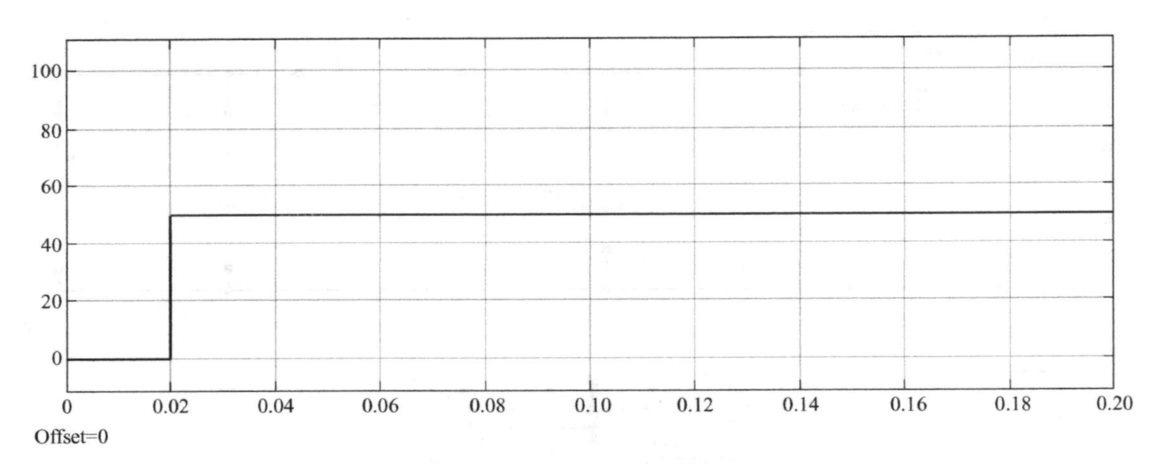


图 4-46　Buck 型电路仿真模型波形 2

**仿真 2**　对图 4-7 所示 Boost 型电路进行仿真

1）仿真模型的建立：Buck 型电路包括直流电源、一个 MOSFET、一个二极管、一个滤波电感、一个稳压电容、一个脉冲触发器和负载，按照电路结构组成电路如图 4-47 所示。此外，为了测量和显示信号，增加了电压测量模块和示波器。

2）仿真条件：输入电压为 200V；触发脉冲幅值设为 1，周期为 $2\times10^{-4}$s，脉冲宽度为 50%，相位延迟为 0；$L=1$mH，$C=1$mF；负载为电阻 $R=10\Omega$；仿真时间为 0.01s，仿真波形如图 4-48 和图 4-49 所示。

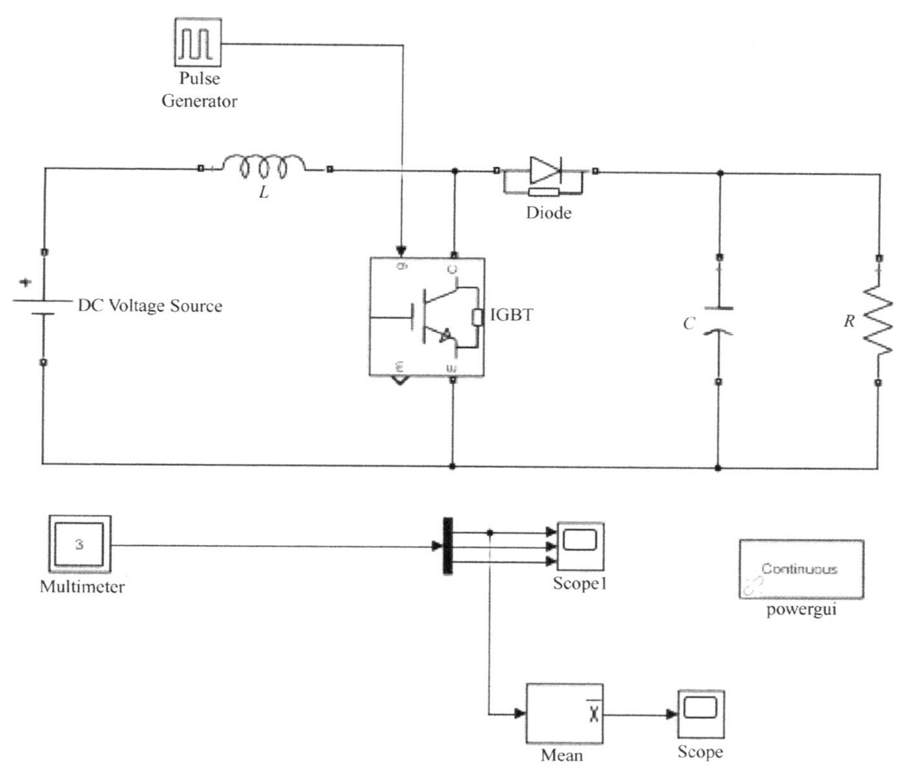


图 4-47 Boost 型电路仿真模型

3）波形分析：通过测量模块，图 4-48 给出了负载电压、负载电流和电感电流的瞬时值波形，电压经过一段较短时间的暂态过程，逐渐稳定下来。将仿真时间改为 0.1s，图 4-49 所示为输出电压的平均值波形，平均电压在 0.02s 后稳定在 400V。

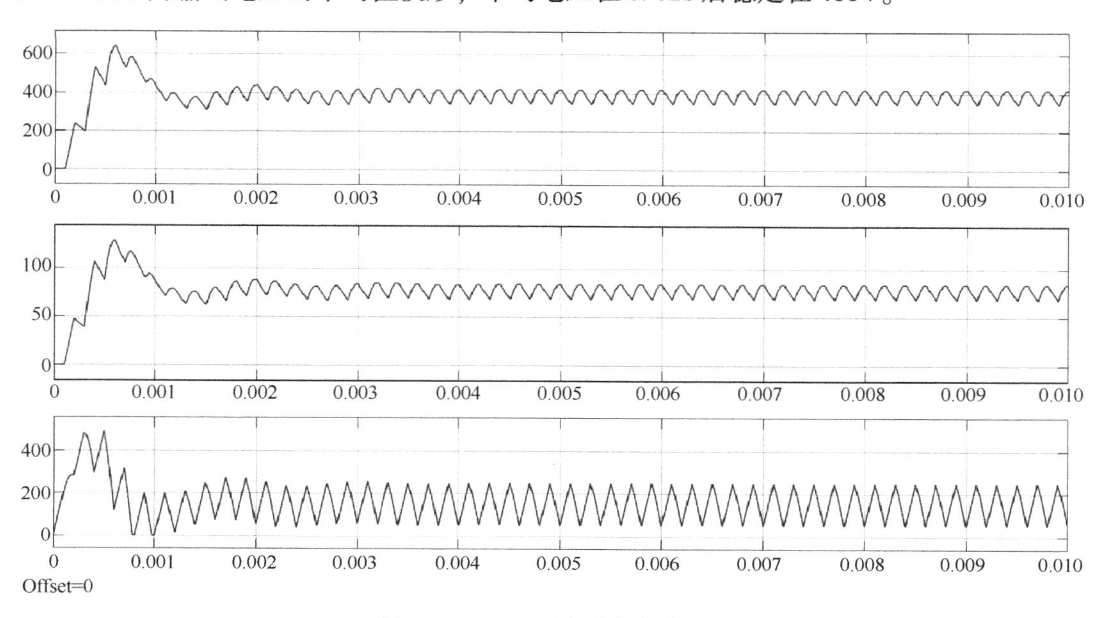


图 4-48 Boost 型电路仿真波形 1

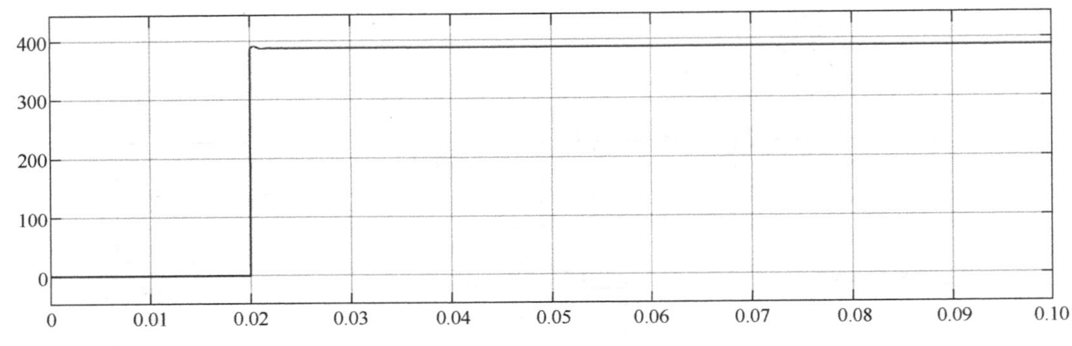


图 4-49 Boost 型电路仿真波形 2

## 本章小结

本章介绍了 DC－DC 变换电路、其中包括六种非隔离 DC－DC 变换电路和五种隔离 DC－DC 变换电路。Buck 型电路和 Boost 型电路是最基本的 DC－DC 变换电路，对这两种电路的理解和掌握是学习本章的关键和核心，也是学习其他 DC－DC 变换电路的基础。因此，本章的重点是理解 Buck 型电路和 Boost 型电路的工作原理、掌握这两种电路在不同工作模式下的输入输出关系、电路分析方法和工作特点等。隔离 DC－DC 变换电路与非隔离 DC－DC 变换路的本质是相同的。但电路中插入隔离变压器不仅提高了变换电路工作安全可靠性，而且输入输出电压更灵活，此外还可以同时获得几个不同数值的输出电压。DC－DC 变换电路广泛应用于各种开关电源的设计中，是电力电子领域的一大热点。

## 习题及思考题

1. 画出 Buck 型和 Boost 型电路的原理图，简述其工作原理。

2. 在图 4-1 所示的 Buck 型电路中，已知 $U_{in}=100V$，$R=10\Omega$，$L=\infty$，$C=\infty$，采用 PWM 控制方式。当 $T=50\mu s$，$t_{on}=20\mu s$，计算输出电压平均值 $U_o$ 和输出电流平均值 $I_o$。

3. 在图 4-1 所示的 Buck 型电路中，已知 $U_{in}=12V$，$U_o=5V$，开关频率 $f=100kHz$，$C=330\mu F$，采用 PWM 控制方式，工作于电流连续模式，计算：

① 占空比 $D$；

② 当输出电流为 1A 时，保证电感电流连续的临界电感值 $L$；

③ 电感纹波电流 $\Delta i_L$；

④ 输出电压的纹波 $\Delta U_o$。

4. 在图 4-7 所示的 Boost 型电路中，已知 $U_{in}=50V$，$L=\infty$，$C=\infty$，$R=20\Omega$，采用 PWM 控制方式。当 $T=40\mu s$，$t_{on}=25\mu s$，计算输出电压平均值 $U_o$ 和输出电流平均值 $I_o$。

5. 设计一个 Boost 型电路。已知 $U_{in}=3V$，$U_o=15V$，$I_o=2A$，开关频率 $f=120kHz$，工作于电流连续模式。要求电感纹波电流 $\Delta i_L \leqslant 0.01A$，输出电压的纹波 $\Delta u_o \leqslant 10mV$，计算电感的最小取值和电容的最小取值。

6. 简述 Buck-Boost 型电路和 Cuk 型电路的工作原理。

7. 简述 Zeta 型电路和 Spice 型电路的工作原理。

8. 画出正激和反激电路的原理图，简述其工作原理。

9. 简述正激电路中磁芯磁复位的必要性。

10. 简述推挽、半桥、全桥电路的工作原理。

11. 对图 4-1 所示的 Buck 型电路进行仿真，$U_{in}=200V$，$R=10\Omega$，$L=5mH$，$C=\mu F$，采用 PWM 控制方式，当 $T=40\mu s$，$t_{on}=20\mu s$，计算输出电压平均值和输出电流平均值，并给出相应的仿真波形。

12. 对 Boost 型电路进行仿真，参数可参考题 11。

# 第5章

# 直流-交流变换

直流-交流（DC－AC）变换是指把直流电变换成交流电，也称为逆变。逆变电路分为有源逆变和无源逆变两种，通常把直流电经过直流-交流（DC－AC）变换，向交流电源反馈能量的逆变电路，称为有源逆变；把直流电经过DC－AC变换，直接向非电源负载供电的逆变电路，称为无源逆变。第3章对整流电路工作在有源逆变状态时的情况，已经做过分析，本章主要介绍无源逆变技术，在不加说明时，逆变电路一般多指无源逆变电路。

逆变电路的应用非常广泛。在已有的各种电源中，蓄电池、干电池、太阳能电池等都是直流电源，当需要这些电源向交流负载供电时，就需要逆变电路。另外，交流电动机调速用变频器、不间断电源、感应加热电源等电力电子装置使用非常广泛，其电路的核心部分都是逆变电路。有人甚至说，电力电子技术早期曾处在整流器时代，后来则进入逆变器时代。随着电力半导体器件的发展，DC－AC变换技术的应用范围得到进一步拓宽，它几乎渗透到国民经济的各个领域。尤其是高电压、大电流和高频自关断器件的迅速发展，简化了逆变主电路，从而提高了逆变器的性能，推动着高频逆变技术的进一步发展。

变流电路在工作过程中不断发生电流从一个支路向另一个支路的转移，这就是换流。换流方式在逆变电路中占有突出的地位，本章将在5.1节予以介绍。逆变电路可以从不同的角度进行分类，例如可以按换流方式和按输出的相数分类，也可按直流电源的性质分类。若按直流电源的性质分类，可分为电压型和电流型两大类。本章也将分别讲述电压型逆变电路和电流型逆变电路的结构和基本工作原理。PWM控制技术在逆变电路中的应用最为广泛，对逆变电路的影响也最为深刻。现在大量应用的逆变电路中，绝大部分都是PWM型逆变电路。可以说PWM控制技术正是依赖于在逆变电路中的应用，才发展得比较成熟，从而确定了它在电力电子技术中的重要地位。正因为如此，本章将在介绍逆变电路的基本拓扑和工作原理基础上来介绍PWM控制技术在逆变电路中的应用。这样才能掌握逆变电路的基本内容，使读者对逆变电路有较为全面的了解。

## 5.1 逆变电路概述

### 5.1.1 逆变器的基本结构

要构成一个完整的逆变器系统，不仅要有主电路，还要有输入、输出、驱动与控制以及保护等电路，其基本结构如图5-1所示。

（1）输入电路 逆变主电路输入应为直流电，如直流电源或蓄电池等，若电源是交流电，则首先要经过整流电路转换为直流电。

（2）输出电路 输出电路主要是滤波电路。对于隔离式逆变电路，在输出电路的前面还有逆变变压器；对于开环控制的逆变系统，输出量不用反馈到控制电路；而对于闭环控制的逆变系统，输出量还要反馈到控制电路。

（3）驱动与控制电路 驱动与控制电路的功能就是按要求产生一系列的控制脉冲来控制逆变开关管的导通和关断，并能调节其频率，控制逆变主电路完成逆变功能。在逆变系统中，控制电路和逆变主电路具有同样的重要性。

（4）辅助电源 辅助电源的功能是将逆变器的输入电压变换成适合控制电路工作的直流电压。

（5）保护电路 保护电路主要具有输入过电压保护、欠电压保护功能，输出过电压保护、欠电压保护功能，过载保护功能，过电流和短路保护功能。

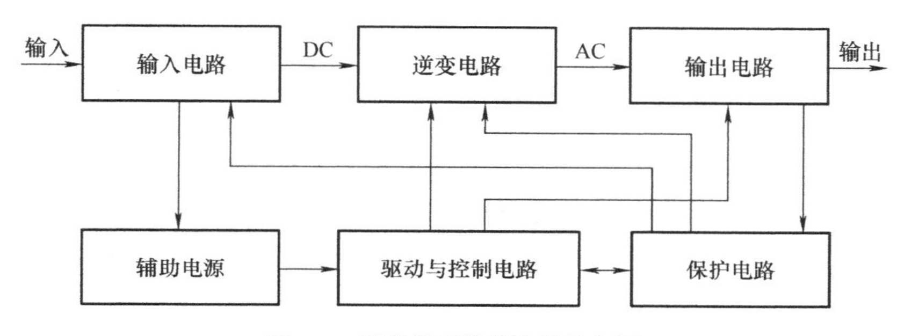


图 5-1 逆变器系统基本结构框图

## 5.1.2 逆变电路的基本工作原理

以图 5-2a 所示的单相桥式逆变电路为例说明其最基本的工作原理。图中 $S_1$、$S_2$、$S_3$、$S_4$ 是桥式电路的四个桥臂，它们由电力电子器件及其辅助电路组成。当开关 $S_1$、$S_4$ 闭合，$S_2$、$S_3$ 断开时，负载电压 $u_o$ 为正；当开关 $S_1$、$S_4$ 断开，$S_2$、$S_3$ 闭合时 $u_o$ 为负，其波形如图 5-2b 所示。这样，就把直流电变成了交流电，改变两组开关的切换频率，即可改变输出交流电的频率。这就是逆变电路最基本的工作原理。

当负载为纯阻性负载时，负载电流 $i_o$ 和电压 $u_o$ 的波形形状相同，相位也相同。当负载为阻感性负载时，$i_o$ 的基波相位滞后于 $u_o$ 的基波，两者的波形形状也不同，图 5-2b 给出的就是阻感负载时的 $i_o$ 波形。设 $t_1$ 时刻以前，$S_1$、$S_4$ 导通，$u_o$ 和 $i_o$ 均为正。在 $t_1$ 时刻，断开 $S_1$、$S_4$，同时合上 $S_2$、$S_3$，则 $u_o$ 的极性立刻变为负。但是因为负载中有电感，所以输出电流极性不能立刻改变而仍维持原方向。这时，负载电流从直流电源负极流出，经 $S_3$、负载和 $S_2$ 流回直流电源正极，负载电感中储存的能量向直流电源反馈，负载电流逐渐减小，到 $t_2$ 时刻降为零，之后 $i_o$ 才改变方向并逐渐增大。$S_2$、$S_3$ 断开，$S_1$、$S_4$ 闭合时的情况与其类似。上面是 $S_1$、$S_2$、$S_3$、$S_4$ 均为理想开关时的分析，实际电路的工作过程要复杂一些。

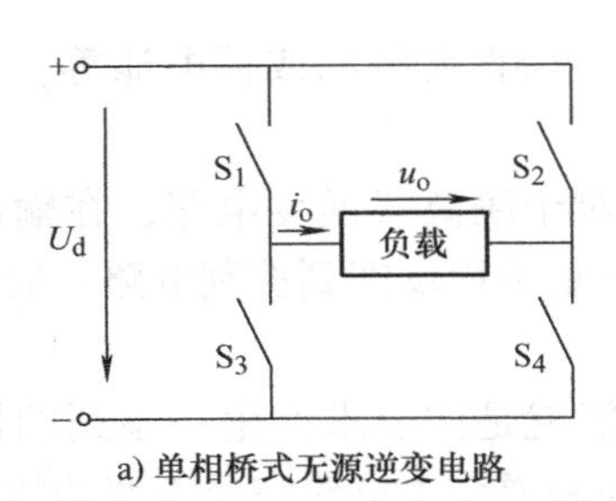

a) 单相桥式无源逆变电路

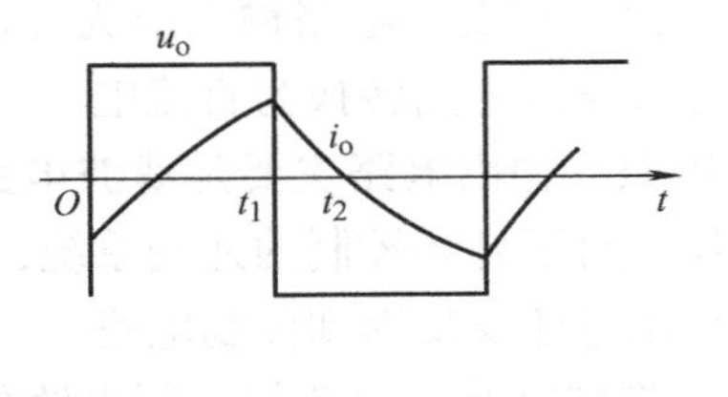

b) 负载的电压与电流波形

图 5-2 逆变电路及负载波形

## 5.1.3 逆变电路的换流方式

逆变电路工作时，电流从一个支路向另一个支路转移的过程称为换流，也称为换相。在换流过程中，有的支路要从通态转为断态，有的支路要从断态转为通态。从断态到通态时，无论全控型器件还是半控型器件，只要门极给以适当的驱动控制信号，就可以使其导通。但从通态到断态的情况就大不相同，全控型器件通过对门极的控制可使其关断，而对半控型器件的晶闸管来说，就不能通过对门极的控制使其关断，必须利用外部条件或采取相应措施才能使其关断。由于半控型器件的关断要比导通复杂得多，因此，研究换流方式主要是研究如何使器件关断。应该指出，换流并不是只在逆变电路中才有的概念，在前面讲过的整流电路和直流-直流变换电路，以及后面将要讲到的交流-交流变换电路中都涉及换流问题。但在逆变电路中，换流及换流方式问题反映得最为全面和集中。因此，把换流方式安排在本章讲述。在逆变电路中，换流方式可分为以下几种：

（1）器件换流　利用全控型器件自身的关断能力进行换流称为器件换流。在采用 IGBT、功率 MOSFET、GTO 晶闸管、GTR 等全控型器件的电路中，其换流方式均为器件换流。

（2）电网换流　由电网提供换流电压称为电网换流，也称为自然换流。在可控整流电路中，无论其工作在整流状态，还是工作在有源逆变状态，都是利用电网电压来实现换流的，均属电网换流。在换流过程中，只要把负的电网电压加在欲关断的晶闸管上，即可使其关断。这种换流方式不要求器件具有门极关断能力，也不需要为换流附加任何器件。但是，这种换流方式不适用于无源逆变电路。

（3）负载换流　由负载提供换流电压称为负载换流。凡是负载电流的相位超前于负载电压的场合，都可以实现负载换流。当负载为电容性负载时，即可实现负载换流。此外，当负载为同步电动机时，由于可以控制励磁电流使负载呈现为容性，因而也可以实现负载换流。

（4）强迫换流　通过附加的换流装置，给欲关断的晶闸管强迫施加反向电压或反向电流的换流方式称为强迫换流。强迫换流通常由电感、电容以及小容量晶闸管等组成。

上述四种换流方式中，器件换流只适用于全控型器件，其余三种方式主要是针对晶闸管而言的。器件换流和强迫换流都是因为器件或变流器自身的原因而实现换流的，二者都属于自换流；电网换流和负载换流不是依靠变流器内部的原因，而是借助于外部手段（电网电压或负载电压）来实现换流的，它们属于外部换流。采用自换流方式的逆变电路称为自换流逆变电路，采用外部换流方式的逆变电路称为外部换流逆变电路。当电流不是从一个支路向另一个支路转移，而是在支路内部终止流通而变为零时，则称为熄灭。

### 5.1.4 逆变电路的分类

逆变电路分类方法很多，根据不同的分类方法主要有以下几种分类：

1）根据输入直流电源的性质可分为电压型逆变电路（Voltage Source Type Inverter，VSTI）和电流型逆变电路（Curent SourceType Inverter，CSTI）。DC－AC 变换由直流电源提供能量，为了保证直流电源为恒压源或恒流源，在直流电源的输出端必须设置储能元件。采用大电容作为储能元件能够保证电压的稳定；采用大电感作为储能元件是可以保证电流的稳定。

2）根据逆变电路结构的不同，可分为半桥式、全桥式和推挽式逆变电路。

3）根据所用的电力电子器件的换流方式不同，可分为自关断（如 GTO 晶闸管、GTR、电力 MOSFET、IGBT 等）、强迫换流、交流电源电动势换流以及负载谐振换流逆变电路等。

4）由于负载的控制要求，逆变电路的输出电压（电流）和频率往往是需要变化的，根据电压和频率控制方法不同，可分为：

1）脉冲宽度调制（PWM）逆变电路；

2）脉冲幅值调制（PAM）逆变电路；

3）用阶梯波调幅或用数台逆变器通过变压器实现串、并联的移相调压，这类逆变器称为方波或阶梯波逆变器。

## 5.2 电压型逆变电路

逆变电路根据直流侧电源性质的不同可分为两种：直流侧是电压源的称为电压型逆变电路；直流侧是电流源的称为电流型逆变电路，它们也分别被称为电压源型逆变电路（Voltage Source Inverter，VSI）和电流源型逆变电路（Current Source Inverter，CSI）。本节主要介绍各种电压型逆变电路的基本构成、工作原理和特性。

电压型逆变电路有以下主要特点：

1）直流侧为电压源，或并联有大电容，相当于电压源。直流侧电压基本无脉动，直流回路呈现低阻抗。

2）由于直流电压源的钳位作用，交流侧输出电压波形为矩形波，并且与负载阻抗角无关。而交流侧输出电流波形和相位因负载阻抗情况的不同而不同。

3）当交流侧为阻感负载时需要提供无功功率，直流侧电容起缓冲无功能量的作用。为了给交流侧向直流侧反馈的无功能量提供通道，逆变桥各臂都并联了反馈二极管。

对上述有些特点的理解要在后面内容的学习中才能加深。下面分别就单相和三相电压型逆变电路进行讨论。

### 5.2.1 单相电压型逆变电路

#### 1. 单相半桥逆变电路

单相半桥逆变电路是结构最简单的逆变电路，其原理图如图 5-3a 所示。电路中有两个桥臂，每个桥臂由一个可控器件和一个反并联二极管组成。在直流侧接有两个相互串联的足够大的电容，两个电容的连接点即为直流电源的中点。负载连接在直流电源中点和两个桥臂连接点之间。负载电压、电流分别用 $u_o$ 和 $i_o$ 表示。

$V_1$ 和 $V_2$ 是全控型开关器件，它们交替地处于通、断状态。如果在 $0<t<T_0/2$ 期间，给 $V_1$ 加栅极信号，即 $V_1$ 导通，$V_2$ 截止，则输出电压 $u_o=+U_d/2$；在 $T_0/2<t<T_0$ 期间给 $V_2$ 加栅极信号，即 $V_2$ 导通，$V_1$ 截止，则输出电压 $u_o=-U_d/2$。因此 $u_o$ 为矩形波，其幅值为 $U_m=U_d/2$，如图 5-3b 所示。

输出电流 $i_o$ 波形随负载情况而异。当负载为阻性负载时，其电流波形与电压相同；当为感性负载时，其输出电流 $i_o$ 波形如图 5-3c 所示。设 $T_0/2$ 时刻以前 $V_1$ 为通态，$V_2$ 为断态。$T_0/2$ 时刻给 $V_1$ 关断信号，给 $V_2$ 导通信号，则 $V_1$ 关断，但感性负载中的电流 $i_o$ 不能立即改变方向，于是 $VD_2$ 导通续流。当 $t_2$ 时刻 $i_o$ 降为零时，$VD_2$ 截止，$V_2$ 导通，$i_o$ 开始反向。同样，在 $T_0$ 时刻给 $V_2$ 关断信号，给 $V_1$ 导通信号后，$V_2$ 关断，$VD_1$ 先导通续流，$i_o=0$ 时 $V_1$ 才导通。各段时间内导通器件的名称标于图 5-3c。

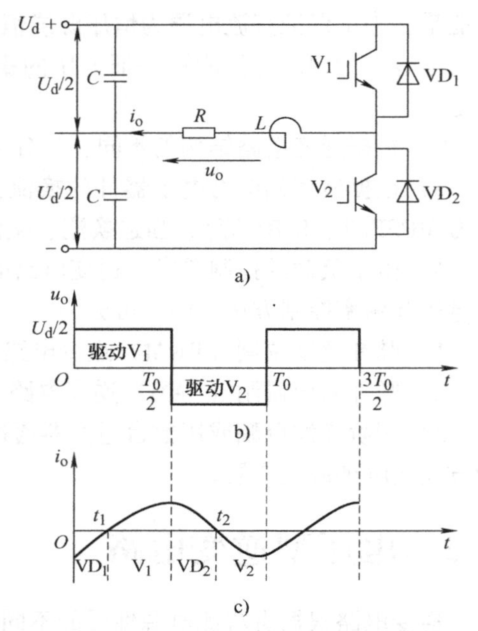


图 5-3 单相半桥电压型逆变电路及其工作波形

当 $V_1$ 或 $V_2$ 为导通状态时，负载电流和电压同方向，直流侧向负载提供能量；而当 $VD_1$ 或 $VD_2$ 为导通状态时，负载电流和电压反向，负载电感中储存的能量向直流侧反馈，即负载电感将其吸收的无功能量反馈回直流侧。反馈回的能量暂存在直流侧电容器中，直流侧电容起到缓冲无功能量的作用。二极管 $VD_1$ 和 $VD_2$ 起到使负载电流连续的作用，也是负载向直流侧反馈能量的通道，故称为续流二极管或反馈二极管。

半桥逆变电路的优点是简单、使用器件少；其缺点是输出交流电压的幅值 $U_m$ 仅为 $U_d/2$，且直流侧需要两个电容器串联，工作时还要控制两个电容器电压的均衡，因此，半桥电路常用于几千瓦以下的小功率逆变电源。以下讲述的单相全桥逆变电路、三相桥式逆变电路，都可看成是由若干个半桥逆变电路组合而成的。因此，正确分析半桥电路的工作原理很有意义。

**2. 单相全桥逆变电路**

单相全桥逆变电路的原理图如图 5-4 所示，它共有四个桥臂，可以看成由两个半桥电路组合而成。把桥臂 1 和 4 作为一对，桥臂 2 和 3 作为另一对，成对的两个桥臂同时导通，两对交替各导通 180°。其输出电压 $u_o$ 的波形与图 5-3b 的半桥电路的波形 $u_o$ 形状相同，也是矩形波，但其幅值高出半桥电路一倍，即 $U_m=U_d$。在负载及直流电压都相同的情况下，其输出电流 $i_o$ 的波形也和图 5-3c 中的 $i_o$ 形状相同，仅幅值增加一倍。图 5-3 中的 $VD_1$、$V_1$、$VD_2$、$V_2$ 相继导

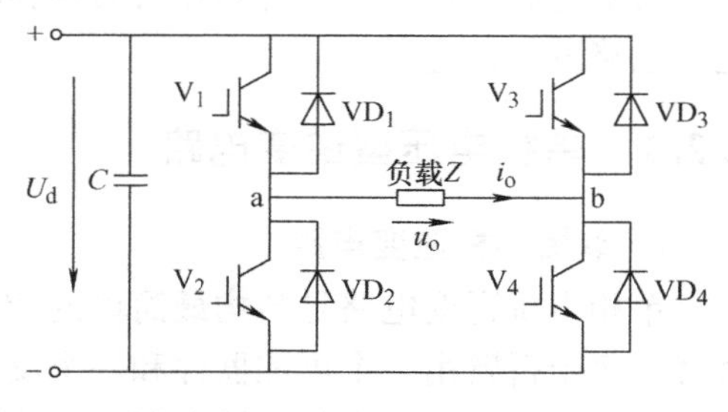


图 5-4 电压型全桥逆变电路

通的区间分别对应于图 5-4 中的 $VD_1$ 和 $VD_4$，$V_1$ 和 $V_4$，$VD_2$ 和 $VD_3$，$V_2$ 和 $V_3$ 相继导通的区间。关于无功能量的交换，对于半桥逆变电路的分析，也完全适用于全桥逆变电路。

全桥逆变电路是单相逆变电路中应用最多的，以下将对输出电压波形做定量分析。把幅值为 $U_d$ 的矩形波 $u_o$ 展开成傅里叶级数，得出

$$u_o = \frac{4U_d}{\pi}\left(\sin\omega t + \frac{1}{3}\sin3\omega t + \frac{1}{5}\sin5\omega t + \dots\right) \tag{5-1}$$

其中，基波的幅值 $U_{o1m}$ 和基波有效值 $U_{o1}$ 分别为

$$U_{o1m} = \frac{4U_d}{\pi} = 1.27U_d \tag{5-2}$$

$$U_{o1} = \frac{2\sqrt{2}U_d}{\pi} = 0.9U_d \tag{5-3}$$

上述公式对于半桥逆变电路也是适用的，只是式中的 $U_d$ 要换成 $U_d/2$。

### 5.2.2 三相电压型逆变电路

在三相逆变电路中，应用最广的还是三相桥式逆变电路。采用 IGBT 作为开关器件的三相电压型桥式逆变电路，如图 5-5 所示，可以看成由三个半桥逆变电路组成。图 5-5 所示电路的直流侧通常只有一个电容器就可以了，但为了分析方便，画成串联的两个电容器，并标出了假想中点 N′，在大部分应用中并不需要该中点。

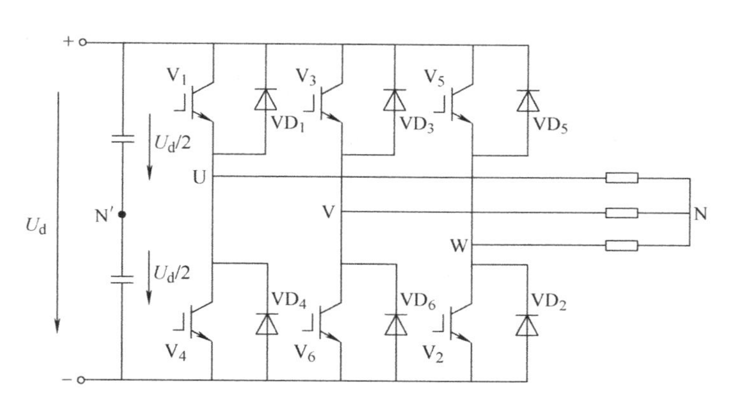


图 5-5 三相电压型桥式逆变电路图

和单相半桥、全桥逆变电路相同，三相电压型桥式逆变电路的基本工作方式也是 180° 导电方式，即每个桥臂的导电角度为 180°，同一相（即同一半桥）上下两个臂交替导电，各相开始导电的角度依次相差 120°。这样，在任一瞬间，将有三个桥臂同时导通。可能是上面一个臂下面两个臂，也可能是上面两个臂下面一个臂同时导通。因为每次换流都是在同一相上下两个桥臂之间进行，所以也被称为纵向换流。

$V_1$ ~ $V_6$ 的驱动脉冲波形如图 5-6 所示。由图可见，在 $0 < \omega t < \pi/3$ 期间，$V_1$、$V_5$、$V_6$ 被施加正向驱动脉冲而导通。负载电流经 $V_1$ 和 $V_5$ 被送到 U 相和 W 相负载上，然后经 V 相负载和 $V_6$ 流回电源。在 $\omega t = \pi/3$ 时刻，

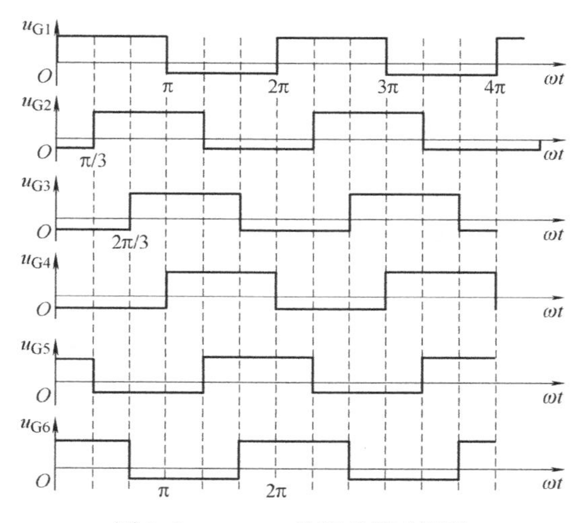


图 5-6 $V_1$ ~ $V_6$ 的驱动脉冲波形

$V_5$ 的驱动脉冲下降到零电平，$V_5$ 迅速关断，由于感性负载电流不能突变，W 相电流将由与 $V_2$ 反并联的二极管 $VD_2$ 提供，W 相负载电压被钳位到零电平，其他两相电流通路不变。当 $V_5$ 被关断时，不能立即导通 $V_2$，以防止 $V_5$ 没有完全关断，而出现同一桥臂的两个器件 $V_5$ 和 $V_2$ 同时导通造成短路，必须保证有一段时间，在该时间段内同一桥臂的两个器件都不导通，称为死区时间或互锁延迟时间。经互锁延迟时间后，与 $V_5$ 同一桥臂的下部器件 $V_2$ 被施加正向驱动脉冲而导通。当 $VD_2$ 中续流结束时（续流时间取决于负载电感和电阻值），W 相电流反向经 $V_2$ 流回电源。此时负载电流由电源送出，经 $V_1$ 和 U 相负载，然后分流到 V 相和 W 相负载，分别经 $V_6$ 和 $V_2$ 流回电源。

在 $\omega t=2\pi/3$ 时刻，$V_6$ 的驱动脉冲由高电平下降到零，使 $V_6$ 关断，V 相电流由 $VD_3$ 续流。$V_6$ 经互锁延迟时间后，同一桥臂的上部器件 $V_3$ 被施加驱动脉冲而导通。当续流结束时，V 相电流反向经 $V_3$ 流入 V 相负载。此时电流由电源送出，经 $V_1$ 和 $V_3$ 及 U 相和 V 相负载回流到 W 相。依此规律，可以分析整个周期中各管的运行情况。

下面来分析三相电压型桥式逆变电路的工作波形。对于 U 相输出来说，当桥臂 1 导通时，$u_{UN'}=U_d/2$，当桥臂 4 导通时，$u_{UN'}=-U_d/2$。因此，$u_{UN'}$ 的波形是幅值为 $U_d/2$ 的矩形波。V、W 两相的情况和 U 相类似，$u_{VN'}$，$u_{WN'}$ 的波形形状和 $u_{UN'}$ 相同，只是相位依次差 120°。$u_{UN}$、$u_{VN'}$、$u_{WN'}$ 的波形如图 5-7 所示。

负载线电压 $u_{UV}$、$u_{VW}$、$u_{UW}$ 可由式(5-4) 求出

$$\left.\begin{aligned} u_{UV} &= u_{UN'} - u_{VN'} \\ u_{VW} &= u_{VN'} - u_{WN'} \\ u_{WU} &= u_{WN'} - u_{UN'} \end{aligned}\right\} \tag{5-4}$$

依照式(5-4) 可在图 5-7 中画出 $u_{UV}$ 的波形。

设负载中性点 N 与直流电源假想中性点 N′之间的电压为 $u_{NN'}$，则负载各相的相电压分别为

$$\left.\begin{aligned} u_{UN} &= u_{UN'} - u_{NN'} \\ u_{VN} &= u_{VN'} - u_{NN'} \\ u_{WN} &= u_{WN'} - u_{NN'} \end{aligned}\right\} \tag{5-5}$$

把上面各式相加并整理可求得

$$u_{NN'} = \frac{1}{3}(u_{UN'} + u_{VN'} + u_{WN'}) - \frac{1}{3}(u_{UN} + u_{VN} + u_{WN}) \tag{5-6}$$

设负载为三相对称负载，则有 $u_{UN}+u_{VN}+u_{WN}=0$，故可得

$$u_{NN'} = \frac{1}{3}(u_{UN'} + u_{VN'} + u_{WN'}) \tag{5-7}$$

$u_{NN'}$ 的波形如图 5-7 所示，它也是矩形波，但其频率为 $u_{VN'}$ 频率的 3 倍，幅值为其 1/3，即为 $U_d/6$。

图 5-7 给出了利用式(5-5) 和式(5-7) 绘出的 $u_{UN}$ 的波形，$u_{VN}$ 和 $u_{WN}$ 的波形形状与 $u_{UN}$ 相同，仅相位依次相差 120°。

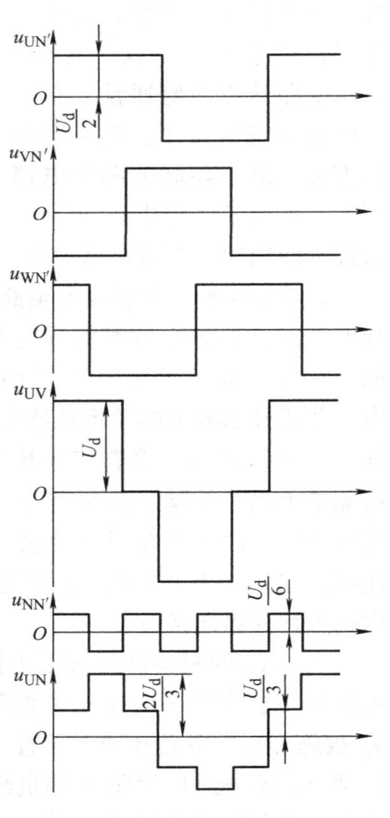

图 5-7 逆变电路的工作波形

下面对三相桥式逆变电路的输出电压进行定量分析，把输出线电压 $u_{UV}$ 展开成傅里叶级数得

$$\begin{aligned} u_{UV} &= \frac{2\sqrt{3}U_d}{\pi}\left(\sin\omega t - \frac{1}{5}\sin5\omega t - \frac{1}{7}\sin7\omega t + \frac{1}{11}\sin11\omega t + \frac{1}{13}\sin13\omega t - \cdots\right) \\ &= \frac{2\sqrt{3}U_d}{\pi}\left[\sin\omega t + \sum_n \frac{1}{n}(-1)^k\sin\omega t\right] \end{aligned} \tag{5-8}$$

式中，$n=6k\pm1$，$k$ 为自然数。

输出线电压有效值 $U_{UV}$ 为

$$U_{UV} = \sqrt{\frac{1}{2\pi}\int_0^{2\pi}u_{UV}^2\mathrm{d}\omega t} = 0.816U_d \tag{5-9}$$

基波幅值 $U_{UV1m}$ 和基波有效值 $U_{UV1}$ 分别为

$$U_{UV1m} = \frac{2\sqrt{3}U_d}{\pi} = 1.1U_d \tag{5-10}$$

$$U_{UV1} = \frac{U_{UV1m}}{\sqrt{2}} = \frac{\sqrt{6}}{\pi}U_d = 0.78U_d \tag{5-11}$$

下面再来对负载相电压 $u_{UN}$ 进行分析，把 $u_{UN}$ 展开成傅里叶级数得

$$\begin{aligned} u_{UN} &= \frac{2U_d}{\pi}\left(\sin\omega t + \frac{1}{5}\sin5\omega t + \frac{1}{7}\sin7\omega t + \frac{1}{11}\sin11\omega t + \frac{1}{13}\sin13\omega t + \cdots\right) \\ &= \frac{2U_d}{\pi}\left(\sin\omega t + \sum_n \frac{1}{n}\sin n\omega t\right) \end{aligned} \tag{5-12}$$

式中，$n=6k\pm1$，$k$ 为自然数。

负载相电压有效值 $U_{UN}$ 为

$$U_{UN} = \sqrt{\frac{1}{2\pi}\int_0^{2\pi}u_{UN}^2\mathrm{d}\omega t} = 0.471U_d \tag{5-13}$$

基波幅值 $U_{UN1m}$ 和基波有效值 $U_{UN1}$ 分别为

$$U_{UN1m} = \frac{2U_d}{\pi} = 0.637U_d \tag{5-14}$$

$$U_{UN1} = \frac{U_{UN1m}}{\sqrt{2}} = \frac{\sqrt{2}}{\pi}U_d = 0.45U_d \tag{5-15}$$

## 5.3 电流型逆变电路

如前所述，直流电源为电流源的逆变电路称为电流型逆变电路。实际上理想直流电流源并不多见，一般是在逆变电路直流侧串联一个大电感，因为大电感中的电流脉动很小，因此可近似看成直流电流源。

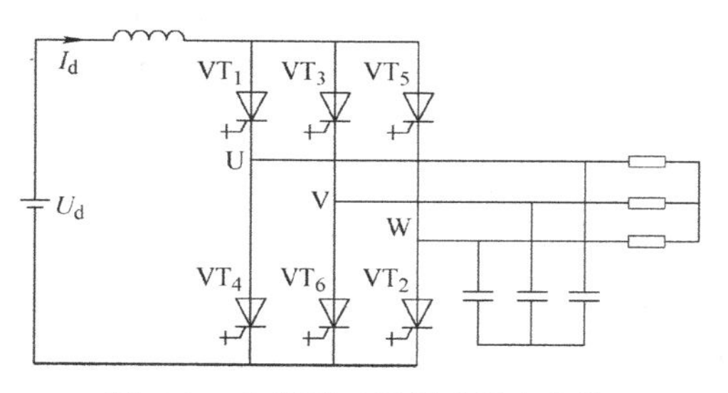

图 5-8 电流型三相桥式逆变电路

图 5-8 所示的电流型三相桥式逆变电路就是电流型逆变电路的一个例子。图中的 GTO 晶闸

管使用反向阻断型器件。假如使用反向导电型GTO晶闸管，则必须给每个GTO晶闸管串联二极管，以承受反向电压。图中的交流侧电容器是为吸收换流时负载电感中存储的能量而设置的，是电流型逆变电路的必要组成部分。

电流型逆变电路有以下主要特点：

1）直流侧串联大电感，相当于电流源。直流侧电流基本无脉动，直流回路呈现高阻抗。

2）电路中开关器件的作用仅是改变直流电流的流通路径，因此交流侧输出电流为矩形波，并且与负载阻抗角无关。而交流侧输出的电压波形和相位则因负载阻抗情况的不同而不同。

3）当交流侧为阻感负载时需要提供无功功率，直流侧电感起缓冲无功能量的作用。因为反馈无功能量时直流电流并不反向，所以不必像电压型逆变电路那样要给开关器件反并联二极管。

下面主要讲述单相逆变电路。与讲述电压型逆变电路有所不同，前面所列举的各种电压型逆变电路都采用全控型器件，换流方式为器件换流。采用半控型器件的电压型逆变电路已很少应用。而在电流型逆变电路中，采用半控型器件的电路仍应用较多，就其换流方式而言，有的采用负载换流，有的采用强迫换流。因此，在学习下面的各种电流型逆变电路时，应对电路的换流方式予以充分的注意。

图5-9是一种单相桥式电流型逆变电路的原理图。电路由四个桥臂构成，每个桥臂的晶闸管各串联一个电抗器$L_T$。$L_T$用来限制晶闸管导通时的$di/dt$，各桥臂的$L_T$之间不存在互感。使桥臂1、4和桥臂2、3以1000～2500Hz的中频轮流导通，就可以在负载上得到中频交流电。

该电路是采用负载换相方式工作的，要求负载电流略超前于负载电压，即负载略呈容性。实际负载一般是电磁感应线圈，用来加热置于线圈内的钢料。图5-9中$R$和$L$串联即为感应线圈的等效电路。因为功率因数很低，故并联补偿电容器$C$。电容$C$和$L$、$R$构成并联谐振电路，故这种逆变电路也被称为并联谐振式逆变电路。负载换流方式要求负载电流超前于电压，因此补偿电容应使负载过补偿，使得负载电路总体上工作在容性，并略失谐的情况下。

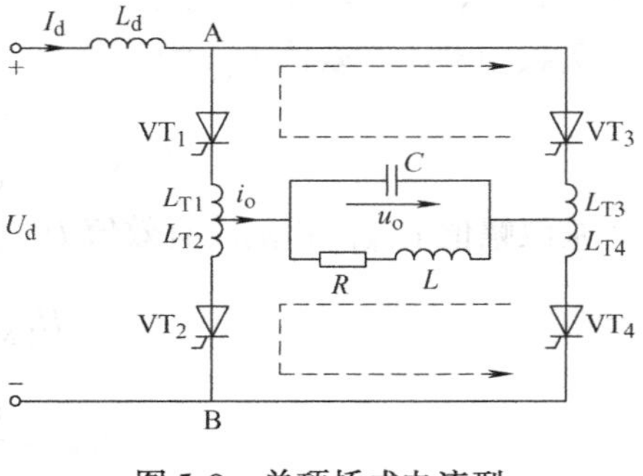

图5-9 单项桥式电流型（并联谐振式）逆变电路

因为是电流型逆变电路，故其交流输出电流波形接近矩形波，其中包含基波和各奇次谐波，且谐波幅值远小于基波。基波谐振频率接近负载谐振频率，故负载电路对基波呈现高阻抗，而对谐波呈现低阻抗，压降很小，因此负载电压的波形接近正弦波。

图5-9是该逆变电路的工作波形。在交流电流的一个周期内，有两个稳定导通阶段和两个换流阶段。

$t_1 \sim t_2$之间为晶闸管$VT_1$和$VT_4$稳定导通阶段，负载电流$i_o = I_d$，近似为恒值，$t_2$时刻之前在电容$C$上，即负载上建立了左正右负的电压。

在$t_2$时刻触发晶闸管$VT_2$和$VT_3$，因在$t_2$前$VT_2$和$VT_3$的阳极电压等于负载电压，为正值，故 $VT_2$ 和 $VT_3$ 导通，开始进入换流阶段。由于每个晶闸管都串有换流电抗器 $L_T$，故 $VT_1$ 和 $VT_4$ 在 $t_2$ 时刻不能立刻关断，其电流有一个减小过程。同样，$VT_2$ 和 $VT_3$ 的电流也有一个增大过程。$t_2$ 时刻后，四个晶闸管全部导通，负载电容电压经两个并联的放电回路同时放电。其中一个回路是经 $L_{T1}$、$VT_1$、$VT_3$、$L_{T3}$ 回到电容 $C$；另一个回路是经 $L_{T2}$、$VT_2$、$VT_4$、$L_{T4}$ 回到电容 $C$，如图 5-9 中虚线所示。在这个过程中，$VT_1$、$VT_4$ 电流逐渐减小，$VT_2$、$VT_3$ 电流逐渐增大。当 $t=t_4$ 时，$VT_1$、$VT_4$ 电流减至零而关断，直流侧电流 $I_d$ 全部从 $VT_1$、$VT_4$ 转移到 $VT_2$、$VT_3$，换流阶段结束。$t_4-t_2=t_\gamma$ 称为换流时间。因为负载电流 $i_o=i_{VT1}-i_{VT2}$，所以 $i_o$ 在 $t_3$ 时刻，即 $i_{VT1}=i_{VT2}$ 时刻过零，$t_3$ 时刻大体位于 $t_2$ 和 $t_4$ 的中点。

晶闸管在电流减小到零后，尚需一段时间才能恢复正向阻断能力。因此，在 $t_4$ 时刻换流结束后，还要使 $VT_1$、$VT_4$ 承受一段反压时间 $t_\beta$ 才能保证其可靠关断。$t_\beta=t_5-t_4$，应大于晶闸管的关断时间 $t_q$。如果 $VT_1$、$VT_4$ 尚未恢复阻断能力就被加上正向电压，则将会重新导通，使逆变失败。

为了保证可靠换流，应在负载电压 $u$ 过零前 $t_\delta=t_5-t_2$ 时刻去触发 $VT_2$、$VT_3$。$t_\delta$ 称为触发引前时间，从图 5-10 可得

$$t_\delta=t_\gamma-t_\beta \tag{5-16}$$

从图 5-10 还可以看出，负载电流 $i_o$ 超前于负载电压 $u_o$ 的时间 $t_\varphi$ 为

$$t_\varphi=\frac{t_r}{2}+t_\beta \tag{5-17}$$

把 $t_\varphi$ 表示为电角度 $\varphi$（弧度）可得

$$\varphi=\omega\left(\frac{t_r}{2}+t_r\right)=\frac{\gamma}{2}+\beta \tag{5-18}$$

式中，$\omega$ 为电路工作角频率；$\gamma$、$\beta$ 分别为 $t_\gamma$ 和 $t_\beta$ 对应的电角度；$\varphi$ 也就是负载的功率因数角。

图 5-10 中 $t_4\sim t_6$ 之间是 $VT_2$、$VT_3$ 的稳定导通阶段。$t_6$ 以后又进入 $VT_2$、$VT_3$ 导通向 $VT_1$、$VT_4$ 导通的换流阶段，其过程和前面的分析类似。

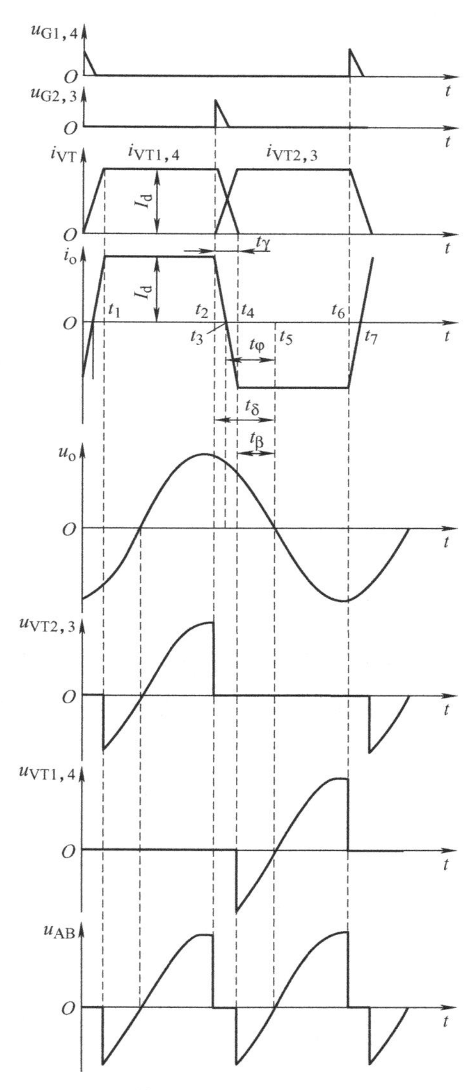

图 5-10 并联谐振式逆变电路工作波形

晶闸管的触发脉冲 $u_{G1}\sim u_{G4}$、晶闸管承受的电压 $u_{VT1}\sim u_{VT4}$ 以及 A、B 间的电压 $u_{AB}$ 也都示于图 5-10 中。在换流过程中，上下桥臂的 $L_T$ 上的电压极性相反，如果不考虑晶闸管压降，则 $u_{AB}=0$。可以看出，$u_{AB}$ 的脉动频率为交流输出电压频率的两倍。在 $u_{AB}$ 为负的部分，逆变电路从直流电源吸收的能量为负，即补偿电容 $C$ 的能量向直流电源反馈。这实际上反映了负载和直流电源之间无功能量的交换。在直流侧，$L_d$ 起到缓冲这种无功能量的作用。

如果忽略换流过程，则 $i_o$ 可近似看成矩形波，展开成傅里叶级数可得

$$i_o=\frac{4I_d}{\pi}\left(\sin\omega t+\frac{1}{3}\sin3\omega t+\frac{1}{5}\sin5\omega t+\cdots\right) \tag{5-19}$$

其基波电流有效值 $I_{o1}$ 为

$$I_{o1}=\frac{4I_d}{\sqrt{2}\pi}=0.9I_d \tag{5-20}$$

下面再来看负载电压有效值 $U_0$ 和直流电压 $U_d$ 的关系。如果忽略电抗器 $L_d$ 的损耗，则 $u_{AB}$的平均值应等于 $U_d$。再忽略晶闸管压降，则从图 5-10 的 $u_{AB}$波形可得

$$\begin{aligned}U_d&=\frac{1}{\pi}\int_{-\beta}^{\pi-(\gamma+\beta)}u_{AB}\mathrm{d}\omega t\\&=\frac{1}{\pi}\int_{-\beta}^{\pi-(\gamma+\beta)}\sqrt{2}U_0\sin\omega t\mathrm{d}\omega t\\&=\frac{\sqrt{2}U_0}{\pi}[\cos(\beta+\gamma)+\cos\beta]\\&=\frac{\sqrt{2}U_0}{\pi}\cos\left(\beta+\frac{\gamma}{2}\right)+\cos\frac{\gamma}{2}\end{aligned}$$

一般情况下 $\gamma$ 值较小，可近似为 $\cos\frac{\gamma}{2}\approx1$，再考虑到式(5-18)，可得

$$U_d=\frac{2\sqrt{2}}{\pi}U_0\cos\varphi$$

或

$$U_0=\frac{\pi U_d}{2\sqrt{2}\cos\varphi}=1.11\frac{U_d}{\cos\varphi} \tag{5-21}$$

在上述讨论中，为简化分析，认为负载参数不变，逆变电路的工作频率也是固定的。实际上在中频加热和钢料熔化过程中，感应线圈的参数是随时间而变化的，固定的工作频率无法保证晶闸管的反压时间 $t_\beta$ 大于关断时间 $t_q$，可能导致逆变失败。为了保证电路正常工作，必须使工作频率能适应负载的变化而自动调整。这种控制方式称为自励方式，即逆变电路的触发信号取自负载端，其工作频率受负载谐振频率的控制而比后者高一个适当的值。与自励式相对应，固定工作频率的控制方式称为他励方式。自励方式存在着起动的问题，因为在系统未投入运行时，负载端没有输出，无法取出信号。解决这一问题的方法之一是先用他励方式，系统开始工作后再转入自励方式。另一种方法是附加预充电起动电路，即预先给电容器充电，起动时将电容能量释放到负载上，形成衰减振荡，检测出振荡信号实现自励。

## 5.4 逆变电路的正弦脉宽控制技术

PWM 控制技术在逆变电路中的应用最为广泛，在大量应用的逆变电路中，绝大部分都是 PWM 控制。

PWM 控制就是对脉冲的宽度进行调制的技术。即通过对一系列脉冲的宽度进行调制，来等效地获得所需要的波形（含形状和幅值）。

PWM 控制技术对读者来说并不完全陌生，在第 4 章已涉及过这方面的内容。第 4 章的直流斩波电路实际上采用的就是 PWM 技术。这种电路把直流电压“斩”成一系列脉冲，通过改变脉冲的占空比来获得所需的输出电压。改变脉冲的占空比就是对脉冲宽度进行调制，只是因为输入电压和所需要的输出电压都是直流电压，因此脉冲既是等幅的，也是等宽的，仅仅是对脉冲的占空比进行控制，这是 PWM 控制中最为简单的一种情况。

第 6 章中也将有两处涉及 PWM 控制技术的地方，一处是 6.1 节的斩波控制交流调压电路，另一处是 6.4 节的矩阵式变频电路。斩波控制交流调压电路的输入电压和输出电压都是正弦波交流电压，且二者频率相同，只是输出电压的幅值要根据需要来调节。因此，斩控后得到的 PWM 脉冲的幅值是按正弦波规律变化的，而各脉冲的宽度是相等的，脉冲的占空比根据所需要的输出输入电压比来调节。矩阵式变频电路的情况更为复杂，其输入电压是正弦交流，这就决定了 PWM 脉冲是不等幅的。其输出电压也是正弦波交流，但和输入电压频率不等，且输出电压是由不同的输入线电压组合而成的，因此 PWM 脉冲既不等幅，也不等宽。

学过本节的 PWM 控制的基本原理后，读者将会对上述电路的控制方法和原理有更深入的理解。本节将在讲述 PWM 控制基本原理的基础上，着重讲述正弦脉宽控制（Sinusoidal PWM，SPWM）技术在逆变器中的应用。SPWM 逆变电路的特点主要是可以得到相当接近正弦波的输出电压和电流，减少了谐波，功率因数高，动态响应快，电路结构简单。

## 5.4.1 SPWM 控制的基本原理

在采样控制理论中有一个重要的结论，即冲量相等而形状不同的窄脉冲加在具有惯性的环节上时，其作用效果基本相同。冲量指窄脉冲的面积，这里所说的效果基本相同，是指环节的输出响应波形基本相同。如果把各输出波形用傅里叶变换分析，则其低频段非常接近，仅在高频段略有差异。例如图 5-11 所示的三个窄脉冲形状不同，其中图 5-11a 为矩形脉冲，图 5-11b 为三角形脉冲，图 5-11c 为正弦半波脉冲，但它们的面积（即冲量）都等于 1，那么，当它们分别加在具有惯性的同一个环节上时，其输出响应基本相同。当窄脉冲变为图 5-11d 的单位脉冲函数 $\delta(t)$ 时，环节的响应即为该环节的脉冲过渡函数。

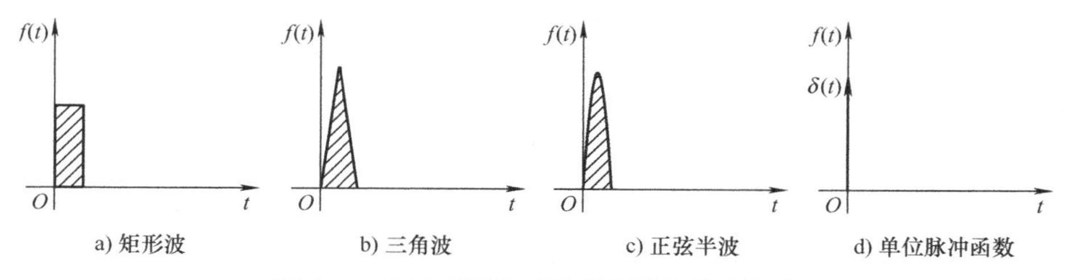


图 5-11　形状不同而冲量相同的各种窄脉冲

图 5-12a 的电路是一个具体的例子。图中 $e(t)$ 为电压窄脉冲，其形状和面积分别如图 5-11a ~ d 所示，为电路的输入。该输入加在可以看成惯性环节的 RL 电路上，设其电流 $i(t)$ 为电路的输出。图 5-12b 给出了不同窄脉冲时 $i(t)$ 的响应波形。从波形可以看出，在 $i(t)$ 的上升段，脉冲形状不同时 $i(t)$ 的形状也略有不同，但其下降段则几乎完全相同。脉冲越窄，各 $i(t)$ 波形的差异也越小。如果周期性地施加上述脉冲，则响应 $i(t)$ 也是周期性的。用傅里叶级数分解后将可看出，各 $i(t)$ 在低频段的特性将非常接近，仅在高频段有所

不同。上述原理可以称为面积等效原理，它是 PWM 控制技术的重要理论基础。

下面分析如何用一系列等幅不等宽的脉冲来代替一个正弦半波。把图 5-13a 的正弦半波分成 $N$ 等份，就可以把正弦半波看成是由 $N$ 个彼此相连的脉冲序列所组成的波形。这些脉冲宽度相等，都等于 $\pi/N$，但幅值不等，且脉冲顶部不是水平直线，而是曲线，各脉冲的幅值按正弦规律变化。如果把上述脉冲序列利用相同数量的等幅而不等宽的矩形脉冲代替，使矩形脉冲的中点和相应正弦波部分的中点重合，且使矩形脉冲和相应的正弦波部分面积（冲量）相等，就得到图 5-13b 所示的脉冲序列，这就是 PWM 波形。可以看出，各脉冲的幅值相等，而宽度是按正弦规律变化的。根据面积等效原理，PWM 波形和正弦半波是等效的。对于正弦波的负半周，也可以用同样的方法得到 PWM 波形。像这种脉冲的宽度按正弦规律变化而和正弦波等效的 PWM 波形，也称为 SPWM 波形。

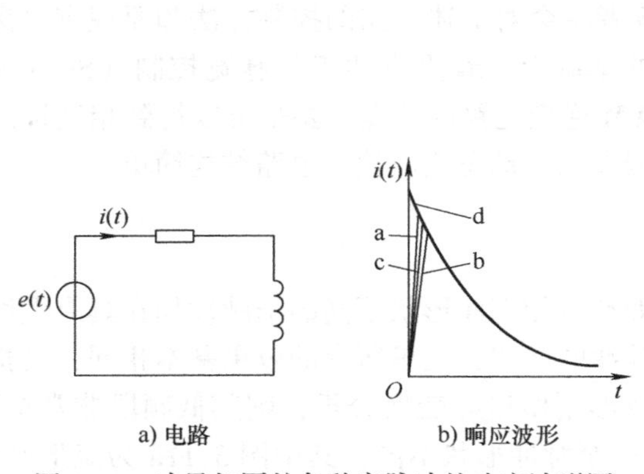


图 5-12　冲量相同的各种窄脉冲的响应波形图

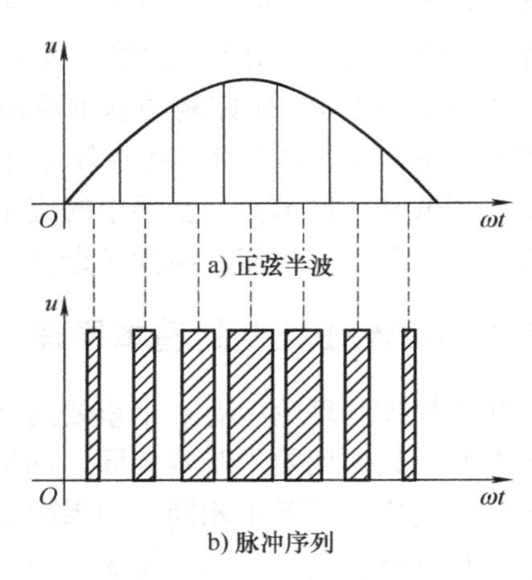


图 5-13　用 PWM 波代替正弦半波

要改变等效输出正弦波的幅值时，只要按照同一比例系数改变上述各脉冲的宽度即可。PWM 波形可分为等幅 PWM 波和不等幅 PWM 波两种。不管是等幅 PWM 波，还是不等幅 PWM 波，都是基于面积等效原理来进行控制的，因此其本质是相同的。由直流电源产生的 PWM 波通常是等幅 PWM 波，如直流斩波电路及本章主要介绍的 PWM 逆变电路，其 PWM 波都是由直流电源产生，由于直流电源电压幅值基本恒定，因此 PWM 波是等幅的。6.2 节的斩波控制交流调压电路，6.5 节的矩阵变频电路，其输入电源都是交流，因此所得到的 PWM 波是不等幅的。不管是等幅 PWM 波还是不等幅 PWM 波，都是基于面积等效原理来进行控制的，因此其本质是相同的。

上面所列举的 PWM 波都是 PWM 电压波。除此之外，也还有 PWM 电流波。例如，电流型逆变电路的直流侧是电流源，如对其进行 PWM 控制，则所得到的 PWM 波就是 PWM 电流波。

直流斩波电路得到的 PWM 波是等效直流波形，SPWM 波得到的是等效正弦波形，这些都是应用十分广泛的 PWM 波。本节讲述的 PWM 控制技术实际上主要是 SPWM 控制技术。除此之外，PWM 波形还可以等效成其他所需要的波形，如等效成所需要的非正弦交流波形等，其基本原理和 SPWM 控制相同，也是基于等效面积原理。

### 5.4.2 SPWM逆变电路及其控制方法

PWM控制技术在逆变电路中的应用十分广泛，目前中小功率的逆变电路几乎都采用了PWM技术。逆变电路是PWM控制技术最为重要的应用场合。PWM逆变电路也可分为电压型和电流型两种，目前实际应用的PWM逆变电路几乎都是电压型电路，因此，本节主要讲述电压型PWM逆变电路的控制方法。

前面讲述了PWM控制的基本原理。按照上述原理，在给出了正弦波频率、幅值和半个周期的脉冲数后，就可以准确计算出PWM波形各脉冲的宽度和间隔。按照计算结果，控制电路中各开关器件的导通和关断，就可以得到所需的PWM波形。由于正弦波频率、幅值等变化时，其结果也要随之改变，因此计算法是很烦琐的。较为实用的方法是采用调制的方法，即把希望输出的波形作为调制信号，把接受调制的信号作为载波，通过对载波的调制得到所期望的PWM波形。通常采用等腰三角形或锯齿波作为载波，其中等腰三角形应用最多，因为等腰三角形上任一点的水平宽度与高度呈线性关系且左右对称，当它与任何一个平缓变化的调制信号相交时，如果在交点时刻控制电路中开关器件的通断，就可以得到宽度正比于信号波幅值的脉冲，这正好符合PWM控制的要求。在调制信号波为正弦波时，所得到的就是SPWM波形，这种情况应用最广，本节主要介绍这种控制方法。当调制信号不是正弦波，而是其他所需要的波形时，也能得到与之等效的PWM波。

由于实际中应用的主要是调制法，下面结合具体电路对这种方法做进一步说明。

**1. 单极性正弦脉宽调制**

图5-14所示为采用IGBT作为开关器件的单相桥式PWM逆变电路。设负载为阻感负载，工作时$V_1$和$V_2$的通断状态互补，$V_3$和$V_4$的通断状态也互补。具体的控制规律如下：在输出电压$u_o$的正半周，让$V_1$保持通态，$V_2$保持断态，$V_3$和$V_4$交替通断。由于负载电流比电压滞后，因此在电压正半周，电流有一段区间为正，一段区间为负。在负载电流为正的区间，

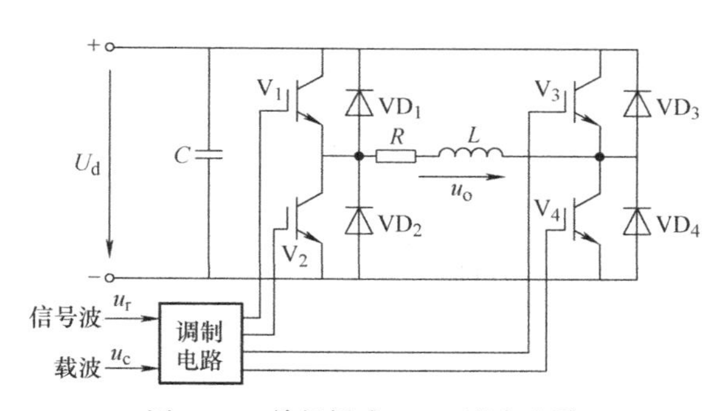


图5-14 单相桥式PWM逆变电路

$V_1$，和$V_4$导通时，负载电压$u_o$等于直流电压$U_d$；$V_4$关断时，负载电流通过$V_1$和$VD_3$续流，$u_o=0$。在负载电流为负的区间，仍为$V_1$和$V_4$导通时，因$i_o$为负，故$i_o$实际上从$VD_1$和$VD_4$流过，仍有$u_o=U_d$；$V_4$关断，$V_3$导通后，$i_o$从$V_3$和$VD_1$续流，$u_o=0$。这样，$u_o$总可以得到$U_d$和零两种电平。同样，在$u_o$的负半周，让$V_2$保持通态，$V_1$保持断态，$V_3$和$V_4$交替通断，负载电压$u_o$可以得到$-U_d$和零两种电平。

单相桥式逆变电路采用单板性控制方式时的波形如图5-15所示。调制信号$u_r$为正弦波，载波$u_c$在$u_r$的正半周为正极性的三角波，在$u_r$的负半周为负极性的三角波。在$u_r$和$u_c$的交点时刻控制IGBT的通断。在$u_r$的正半周，$V_1$保持通态，$V_2$保持断态，当$u_r>u_c$时使$V_4$导通，$V_3$关断，$u_o=U_d$；当$u_r<u_c$时使$V_4$关断，$V_3$导通，$u_o=0$。在$u_r$的负半周，$V_1$保持断态，$V_2$保持通态，当$u_r<u_c$时使$V_3$导通，$V_4$关断，$u_o=-U_d$；当$u_r>u_c$时使$V_3$关断，$V_4$导通，$u_o=0$。这样，就得到了SPWM波形$u_o$。图5-15中的虚线$u_{o1}$表示$u_o$中

的基波分量。像这种在 $u_r$ 的半个周期内三角波载波只在正极性或负极性一种极性范围内变化，所得到的 PWM 波形也只在单个极性范围变化的控制方式称为单极性 PWM 控制方式。

**2. 双极性正弦脉宽调制**

和单极性 PWM 控制方式相对应的是双极性控制方式。图 5-14 的单相桥式逆变电路在采用双极性控制方式时的波形如图 5-16 所示。采用双极性方式时，在 $u_r$ 的半个周期内，三角波载波不再是单极性的，而是有正有负，所得的 PWM 波也是有正有负。在 $u_r$ 的一个周期内，输出的 PWM 波只有 $\pm U_d$ 两种电平，而不像单极性控制时还有零电平。仍然在调制信号 $u_r$ 和载波信号 $u_c$ 的交点时刻控制各开关器件的通断。在 $u_r$ 的正负半周，对各开关器件的控制规律相同，即当 $u_r > u_c$ 时，给 $V_1$ 和 $V_4$ 以导通信号，给 $V_2$ 和 $V_3$ 以关断信号，这时如 $i_o > 0$，则$V_1$ 和 $V_4$ 通，如 $i_o < 0$，则 $VD_1$ 和 $VD_4$ 通，不管哪种情况都是输出电压 $u_o = U_d$。当 $u_r < u_c$ 时，给 $V_2$ 和 $V_3$ 以导通信号，给 $V_1$ 和 $V_4$ 以关断信号，这时如 $i_o < 0$，则 $V_2$ 和 $V_3$ 通，如 $i_o > 0$，则 $VD_2$ 和 $VD_3$ 通，不管哪种情况都是 $u_o = -U_d$。

可以看出，单相桥式电路既可采取单极性调制，也可采用双极性调制，由于对开关器件通断控制的规律不同，它们的输出波形也有较大的差别。

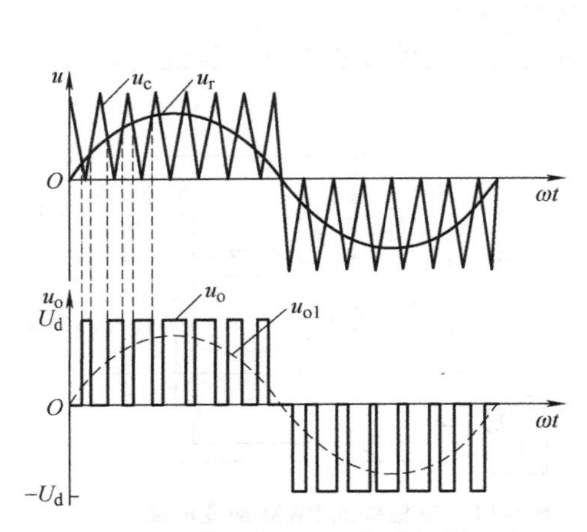


图 5-15　单极性 PWM 控制方式波形

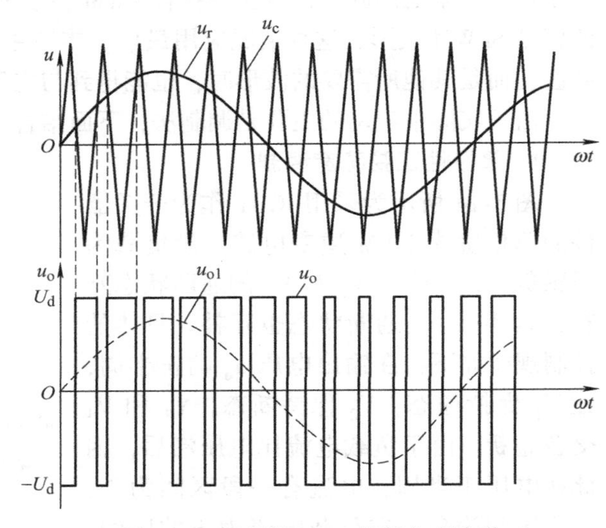


图 5-16　双极性 PWM 控制方式波形

**3. 三相桥式 PWM 逆变**

图 5-17 所示为三相桥式 PWM 逆变电路，这种电路都采用双极性控制方式。U、V 和 W 三相的 PWM 控制通常共用一个三角波载波 $u_c$，三相的调制信号 $u_{rU}$、$u_{rV}$ 和 $u_{rW}$ 依次相差 120°。U、V 和 W 各相功率开关器件的控制规律相同，现以 U 相为例来说明。当 $u_{rU} > u_c$ 时，给上桥臂 $V_1$ 以导通信号，给下桥臂 $V_4$ 以关断信号，则 U 相相对于直流电源假想中点 N′的输出电压 $u_{UN'} = U_d/2$。当 $u_{rU} < u_c$ 时，给 $V_4$ 以导通信号，给 $V_1$ 以关断信号，则 $u_{UN'} = -U_d/2$。$V_1$ 和 $V_4$ 的驱动信号始终是互补的。当给 $V_1$（$V_4$）加导通信号时，可能是 $V_1$（$V_4$）导通，也可能是二极管 $VD_1$（$VD_4$）续流导通，这要由阻感负载中电流的方向来决定，这和单相桥式 PWM 逆变电路在双极性控制时的情况相同。V 相及 W 相的控制方式都和 U 相相同。电路的波形如图 5-18 所示。可以看出，$u_{UN'}$、$u_{VN'}$和 $u_{WN'}$的 PWM 波形都只有 $\pm U_d/2$ 两

种电平。图中的线电压 $u_{UV}$ 的波形可由 $u_{UN'}-u_{VN'}$ 得出。可以看出，当桥臂 1 和 6 导通时，$u_{UV}=U_d$，当桥臂 3 和 4 导通时，$u_{UV}=-U_d$，当桥臂 1 和 3 或桥臂 4 和 6 导通时，$u_{UV}=0$。因此，逆变器的输出线电压 PWM 波由 $\pm U_d$ 和 0 三种电平构成。参考本章式(5-4)~式(5-6)，图 5-18 中的负载相电压 $u_{UN}$ 可由式(5-22) 求得

$$u_{UN}=u_{UN'}-\frac{1}{3}(u_{UN'}+u_{VN'}+u_{WN'}) \tag{5-22}$$

从波形图和式(5-22) 可以看出，负载相电压的 PWM 波由 $(\pm 2/3)U_d$、$(\pm 1/3)U_d$ 和 0 共五种电平组成。

在电压型逆变电路的 PWM 控制中，同一相上下两个桥臂的驱动信号都是互补的。但实际上为了防止上下两个桥臂直通而造成短路，在上下两桥臂通断切换时要留一小段上下桥臂都施加关断信号的死区时间。死区时间的长短主要由功率开关器件的关断时间来决定。这个死区时间将会给输出的 PWM 波形带来一定影响，使其稍稍偏离正弦波。

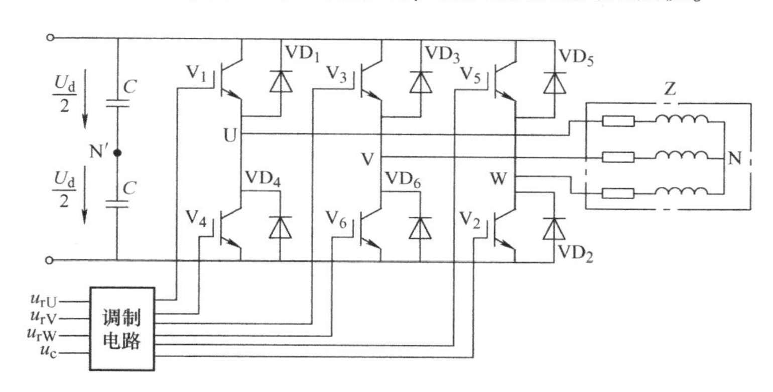


图 5-17 三相桥式 PWM 逆变电路

## 5.4.3 SPWM 调制方式

在 PWM 逆变电路中，载波频率 $f_c$ 与调制信号频率 $f_r$ 之比 $N=f_c/f_r$ 称为载波比。根据载波和信号波是否同步及载波比的变化情况，PWM 逆变电路可以有异步调制和同步调制两种控制方式。

**1. 异步调制**

载波信号和调制信号不保持同步的调制方式称为异步调制。在异步调制方式中，通常保持载波频率 $f_c$ 固定不变，因而当信号波频率 $f_r$ 变化时，载波比 $N$ 是变化的。同时，在信号波的半个周期内，PWM 波的脉冲个数不固定，相位也不固定，正负半周期的脉冲不对称，半周期内前后 1/4 周期的脉冲也不对称。图 5-18 所示电路波形就是异步调制三相 PWM 波形。

当信号波频率较低时，载波比 $N$ 较大，一周期内的脉冲数较多，正负半周期脉冲不对称和半周期内前后 1/4 周期脉冲不对称产生的不利影响都较小，PWM 波形接近正弦波。当信号波频率增高时，载波比 $N$ 减小，一周期内的脉冲数减少，PWM 脉冲不对称的影响就变大，有时信号波的微小变化还会产生 PWM 脉冲的跳动。这就使得输出 PWM 波和正弦波的差异变大。对三相 PWM 型逆变电路来说，三相输出的对称性也变差。因此，在采用异步

调制方式时，希望采用较高的载波频率，以使得在信号波频率较高时仍能保持较大的载波比。

**2. 同步调制**

载波比 $N$ 等于常数，并在变频时使载波和信号波保持同步的方式称为同步调制。在基本同步调制方式中，信号波频率变化时载波比 $N$ 不变，信号波一个周期内输出的脉冲数是固定的，脉冲相位也是固定的。在三相 PWM 逆变电路中，通常共用一个三角波载波，且取载波比 $N$ 为 3 的整数倍，以使三相输出波形严格对称。同时，为了使一相的 PWM 波正负半周镜对称，$N$ 应取奇数。图 5-19 所示的例子是 $N=9$ 时的同步调制三相 PWM 波形。

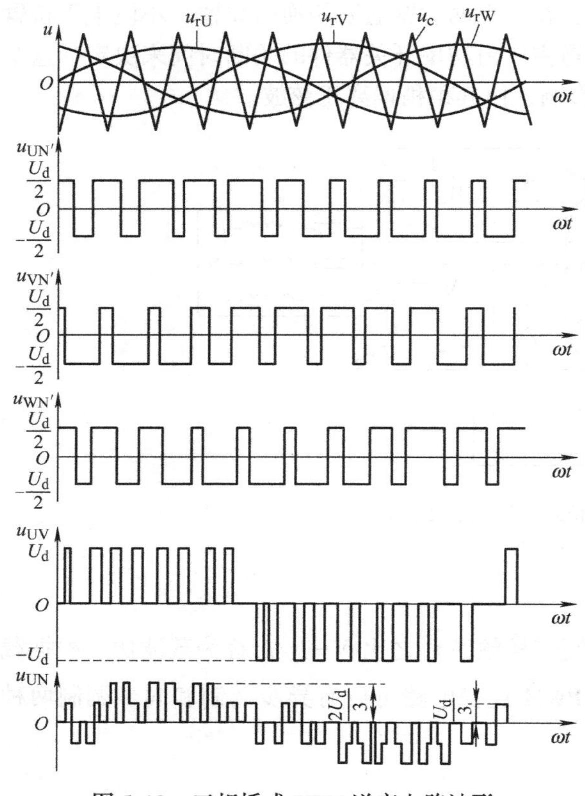

图 5-18　三相桥式 PWM 逆变电路波形

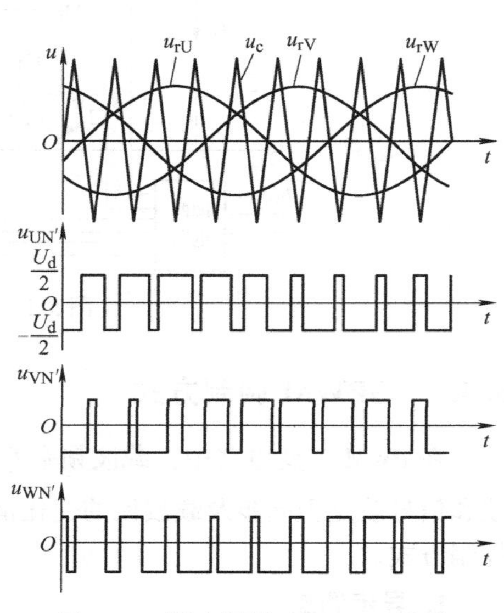

图 5-19　同步调制三相 PWM 波形

当逆变电路输出频率很低时，同步调制时的载波频率 $f_c$ 也很低。$f_c$ 过低时由调制带来的谐波不易滤除。当负载为电动机时也会带来较大的转矩脉动和噪声。若逆变电路输出频率很高，则同步调制时的载波频率 $f_c$ 会过高，使开关器件难以承受。

**3. 分段同步调制**

为了克服上述缺点，可以采用分段同步调制的方法，即把逆变电路的输出频率范围划分成若干个频段，每个频段内都保持载波比 $N$ 为恒定，不同频段的载波比不同。在输出频率高的频段采用较低的载波比，以使载波频率不致过高，限制在功率开关器件允许的范围内。在输出频率低的频段采用较高的载波比，以使载波频率不致过低而对负载产生不利影响。各频段的载波比取 3 的整数倍且为奇数为宜。

图5-20给出了分段同步调制的一个例子，各频段的载波比标在图中。为了防止载波频率在切换点附近来回跳动，在各频率切换点采用了滞后切换的方法。图中切换点处的实线表示输出频率增高时的切换频率，虚线表示输出频率降低时的切换频率，前者略高于后者而形成滞后切换。在不同的频率段内，载波频率的变化范围基本一致，$f_c$ 在1.4~2.0kHz之间。

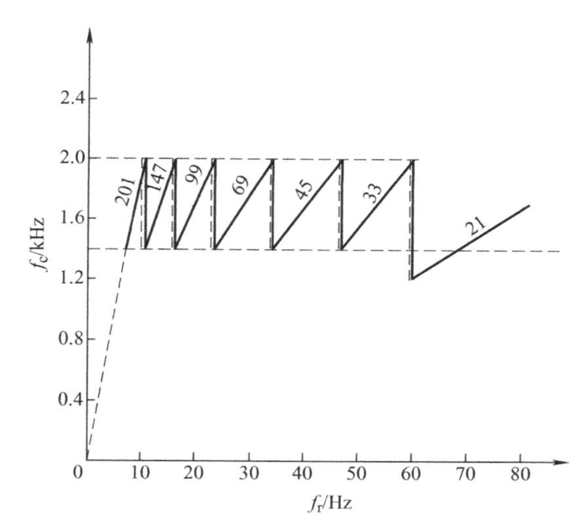

图5-20 分段同步调制方式举例

同步调制方式比异步调制方式复杂一些，但使用计算机控制时还是容易实现的。有的装置在低频输出时采用异步调制方式，而在高频输出时切换到同步调制方式，这样可以把两者的优点结合起来，和分段同步方式的效果接近。

## 5.4.4 SPWM波生成方法

### 1. 自然采样法

按照SPWM控制的基本原理，在正弦波和三角波的自然交点时刻控制功率开关器件的通断，这种生成SPWM波形的方法称为自然采样法。

正弦波相位角不同时其值不同，从而与三角波相交所得的脉冲宽度也不同。另外，当正弦波频率变化或幅值变化时，各脉冲的宽度也相应变化，要准确生成SPWM波形，就应准确地算出正弦波和三角波的交点。

图5-21中取三角波的相邻两个峰值之间为一个周期，为了简化计算，可设三角波峰值为标幺值1，正弦信号波为 $u_r=M\sin\omega_r$，式中，$M$ 为调制系数，$\omega_r$ 为正弦调制信号的角频率。从图5-21可以看出，在三角载波的一个周期 $T_c$ 内，其下降段和上升段分别与正弦调制波有一个交点，图中的交点分别为A和B。这里以正弦波上升段的过零点为时间起始点，并设A和B所对应的时刻分别为 $t_A$ 和 $t_B$。

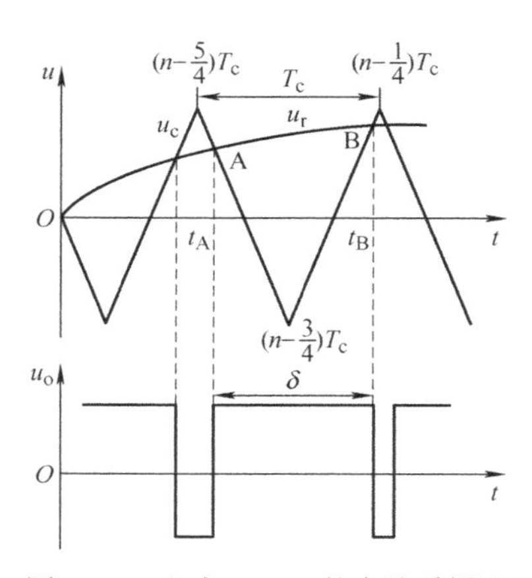

图5-21 生成SPWM的自然采样法

如图5-21所示，在同步调制方法中，使正弦调制波上升段的过零点和三角波下降过零点重合，并把该时刻作为坐标原点。同时，把该点所在的三角波周期作为正弦调制波内的第一个三角波周期，则其中某一周期（$n-5/4\sim n-1/4$ 周期）的三角波方程可表示为如式(5-23)所示。

$$u_c=\begin{cases}1-\dfrac{4}{T_c}\left[t-\left(n-\dfrac{5}{4}\right)T_c\right],\left(n-\dfrac{5}{4}\right)T_c\leqslant t<\left(n-\dfrac{3}{4}\right)T_c\\-1+\dfrac{4}{T_c}\left[t-\left(n-\dfrac{3}{4}\right)T_c\right],\left(n-\dfrac{3}{4}\right)T_c\leqslant t<\left(n-\dfrac{1}{4}\right)T_c\end{cases}\tag{5-23}$$

正弦调制波和三角波的交点时刻 $t_A$ 和 $t_B$，可分别按式(5-24) 计算

$$
\begin{aligned}
1-\frac{4}{T_c}\left[t-\left(n-\frac{5}{4}\right)T_c\right]&=M\sin\omega_r t_A \\
-1+\frac{4}{T_c}\left[t-\left(n-\frac{3}{4}\right)T_c\right]&=M\sin\omega_r t_B
\end{aligned}
\tag{5-24}
$$

在三角波周期 $T_c$、调制系数 $M$ 和调制波角频率 $\omega_r$ 给定后，即可由式(5-24) 求得交点时刻 $t_A$ 和 $t_B$，则对应的脉冲宽度为

$$\delta=t_B-t_A$$

由于 $t_A$ 和 $t_B$ 是未知数，因而求解这两个超越方程是非常困难的，这是由这两个波形交点的任意性造成的。这种方法在工程上直接应用不多，主要是因为要花费较多的时间，且难于实现控制中的在线计算。

**2. 规则采样法**

自然采样法是最基本的 SPWM 波形生成法，它以 SPWM 控制的基本原理为出发点，可以准确地计算出各功率器件的通断时刻，所得的波形接近于正弦波，但是这种方法计算量过大，因而在工程中实际使用不多。规则采样法是一种应用较广的工程实用方法，它的效果接近于自然采样法，但计算量却远小于自然采样法。图 5-22 采用锯齿波作为载波的规则采样法。由于锯齿波的一边是垂直的，因而它和正弦调制波的交点时刻是确定的，所需的计算只是锯齿波斜边和正弦调制波的交点时刻，如图 5-22 中的 $t_A$，使计算量明显减少。

在自然采样法中，每个脉冲的中点并不与三角波中点（负峰点）重合，规则采样法使两者重合，即使得每个脉冲的中点都以相应的三角波中点对称，这样就使计算简化。这种方法的示意图如图 5-23 所示，在三角波的负峰时刻 $t_D$ 对正弦调制波采样而得到 D 点，过 D 点做一条水平直线和三角波分别交于 A 点和 B 点，在 A 点的时刻 $t_A$ 和 B 点的时刻 $t_B$ 控制功率开关器件的通断。可以看出，用这种规则采样法所得到的脉冲宽度 $\delta$ 和用自然采样法所得到的脉冲宽度非常接近。从图 5-23 可得到如式(5-25) 的几何关系

$$\frac{1+M\sin\omega_r t_D}{\delta/2}=\frac{2}{T_c/2}\tag{5-25}$$

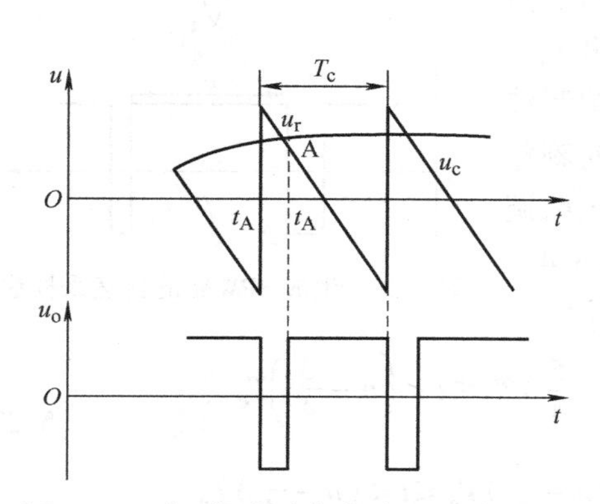

图 5-22　采用锯齿波作载波的规则采样法

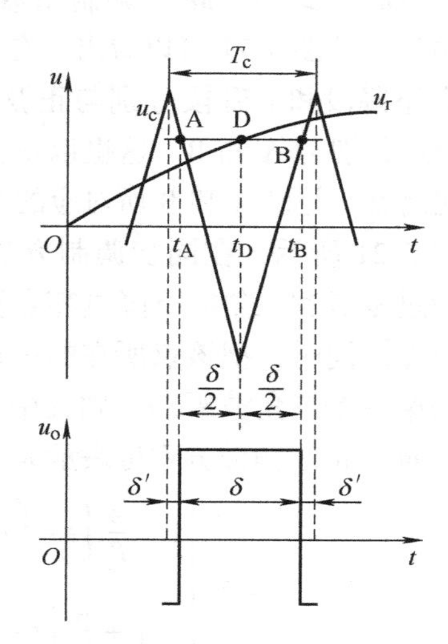

图 5-23　采用三角波作载波的规则采样法

因此得到

$$\delta = \frac{T_c}{2}(1 + M\sin\omega_r t_D) \tag{5-26}$$

在三角波一个周期内，脉冲两边的间隙宽度 $\delta'$ 为

$$\delta' = \frac{1}{2}(T_c - \delta) = \frac{T_c}{4}(1 - M\sin\omega_r t_D) \tag{5-27}$$

对于三相桥式逆变电路，应该形成三相 SPWM 波形。通常三角载波是三相公用的，三相正弦调制信号波依次相差 120°相位。设在同一个三角波周期内三相的脉冲宽度分别为 $\delta_U$、$\delta_V$、$\delta_W$，脉冲两边的间隙宽度分别为 $\delta'_U$、$\delta'_V$、$\delta'_W$，由于在同一时刻三相正弦调制波电压之和为 0，故由式(5-26) 可得

$$\delta_U + \delta_V + \delta_W = \frac{3}{2}T_c \tag{5-28}$$

同理，由式(5-27) 可得

$$\delta'_U + \delta'_V + \delta'_W = \frac{3}{4}T_c \tag{5-29}$$

利用式(5-28) 和式(5-29)，可简化生成三相 SPWM 波形的计算量。实际上，三相 SPWM 波形之间有严格的互差 120°的相位关系，只需计算出一相波形或调制波 1/2 个周期的波形，采用移相的方法便可得到所有三相 SPWM 波。

### 5.4.5 SPWM 逆变电路的谐波分析

SPWM 逆变电路的输出电压、电流接近正弦波，但由于使用载波对正弦信号波调制，因而产生了和载波有关的谐波分量。这些谐波分量的频率和幅值是衡量 PWM 逆变电路性能的重要指标，因此有必要对 PWM 波形进行谐波分析。这里主要分析常用的双极性 SPWM 波形。

同步调制可以看成异步调制的特殊情况，因此只分析异步调制方式即可。采用异步调制时，不同信号波周期的 PWM 波形是不相同的，所以无法直接以信号波周期为基准进行傅里叶分析。以载波周期为基础，再利用贝塞尔函数可以推导出 PWM 波的傅里叶级数表达式，但这种分析过程相当复杂，不过其结论却是很简单而直观的。因此，这里只给出典型分析结果的频谱图，从中可以对其谐波分布情况有一个基本的了解。

图 5-24 给出了不同调制度 $M$ 时的单相桥式 PWM 逆变电路在双极性调制方式下输出电压的频谱图。其中所包含的谐波角频率为

$$n\omega_c \pm k\omega_r \tag{5-30}$$

式中，$n=1, 3, 5, \cdots$时，$k=0, 2, 4, \cdots$，$n=2, 4, 6, \cdots$时，$k=1, 3, 5\cdots$。

可以看出，其 PWM 波中不含有低次谐波，只含有角频率为 $\omega_c$ 及其附近的谐波，以及 $2\omega_c$ 和 $3\omega_c$ 等及其附近的谐波。在上述谐波中，幅值最高、影响最大的是角频率为 $\omega_c$ 的谐波分量。

三相桥式 PWM 逆变电路可以每相各有一个载波信号，也可以三相共用一个载波信号。这里只分析应用较多的共用载波信号时的情况。在其输出线电压中，所包含的谐波角频率为

$$n\omega_c \pm k\omega_r \tag{5-31}$$

式中，$n=1, 3, 5, \cdots$时，$k=3(2m-1) \pm 1$，$m=1, 2, \cdots$；

$$n=2, 4, 6, \cdots \text{时}, \ k=\begin{cases} 6m+1, & m=0, 1, \cdots \\ 6m-1, & m=1, 2, \cdots \end{cases}$$

图5-25给出了不同调制度$M$时的三相桥式PWM逆变电路输出线电压的频谱图，与图5-24单相电路时的情况相比较，共同点是都不含低次谐波，较显著的区别是载波角频率整数倍的谐波没有了，谐波中幅值较高的是$\omega_c \pm 2\omega_r$和$2\omega_c \pm \omega_r$。

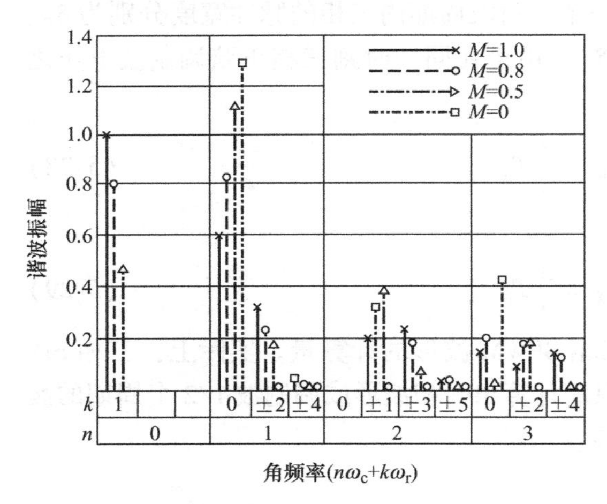


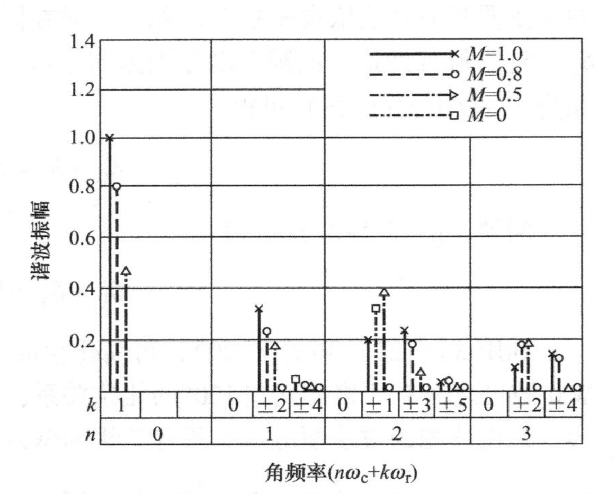


图5-24 单相PWM桥式逆变电路输出电压频谱图

图5-25 三相桥式PWM桥式逆变电路输出电压频谱图

上述分析都是在理想条件下进行的。在实际电路中，由于采样时刻的误差以及为避免同一相上、下桥臂直通而设置的死区的影响，谐波的分布情况将更为复杂。一般来说，实际电路中的谐波含量比理想条件下要多一些，甚至还会出现少量的低次谐波。

从上述分析中可以看出，SPWM波形中所含的谐波主要是角频率为$\omega_c$和$2\omega_c$及其附近的谐波。一般情况下$\omega_c > \omega_r$。所以SPWM波形中所含的主要谐波的频率要比基波频率高得多，是很容易滤除的。载波频率越高，SPWM波形中谐波频率就越高，所需滤波器的体积就越小。另外，一般的滤波器都有一定的带宽，若按载波频率设计滤波器，则载波附近的谐波也可滤除。如果滤波器设计为高通滤波器，若按载波角频率$\omega_c$来设计，那么角频率为$2\omega_c$和$3\omega_c$等及其附近的谐波也就同时被滤除了。

当调制信号波不是正弦波，而是其他波形时，上述分析也有很大的参考价值。在这种情况下，对生成的PWM波形进行谐波分析后，可发现其谐波由两部分组成。一部分是对信号波本身进行谐波分析所得的结果；另一部分是由于信号波对载波的调制而产生的谐波。后者的谐波分布情况和前面对SPWM波所进行的谐波分析是一致的。

### 5.4.6 SPWM逆变电路的多重化

和一般逆变电路一样，大容量PWM逆变电路也可采用多重化技术来减少谐波。采用SPWM技术理论上可以不产生低次谐波，因此，在构成PWM多重化逆变电路时，一般不再以减少低次谐波为目的，而是为了提高等效开关频率，减少开关损耗，减少和载波有关的谐波分量。

PWM 逆变电路多重化连接方式有变压器方式和电抗器方式，图 5-26 是利用电抗器连接的二重 PWM 逆变电路的例子，电路的输出从电抗器中心抽头处引出。图中两个单元逆变电路的载波信号相互错开半个周期，所得到的输出电压波形如图 5-27 所示。图中，输出端相对于直流电源中点 N′的电压 $u_{UN'}=(u_{U1N'}+u_{U2N'})/2$，已变为单极性 PWM 波了。输出线电压共有 0，($\pm 1/2U_d$)，$\pm U_d$ 五个电平，比非多重化时谐波有所减少。

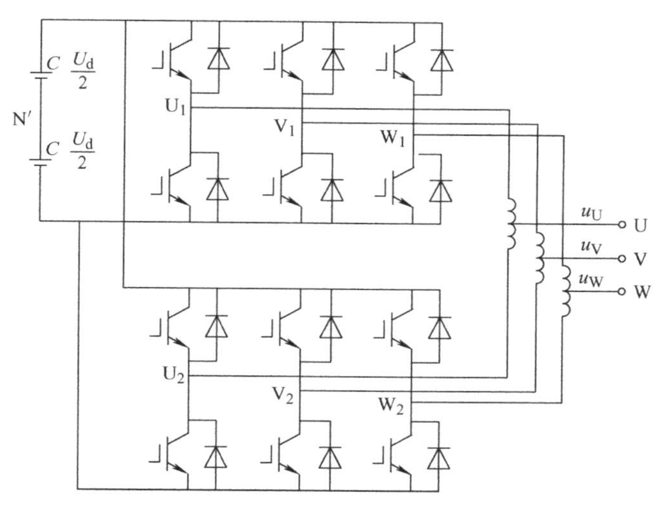

图 5-26 二重 PWM 逆变电路

对于多重化电路中合成波形用的电抗器来说，所加电压的频率越高，所需的电感量就越小。一般多重化电路中电抗器所加电压频率为输出频率，因而需要的电抗器较大。而在多重 PWM 逆变电路中，电抗器上所加电压的频率为载波频率，比输出频率高得多，因此只要很小的电抗器就可以了。

二重化后，输出电压中所含谐波的角频率仍可表示为 $n\omega_c \pm k\omega_r$，但其中当 $n$ 为奇数时的谐波已全部被除去，谐波的最低频率在 $2\omega_c$ 附近，相当于电路的等效载波频率提高了一倍。

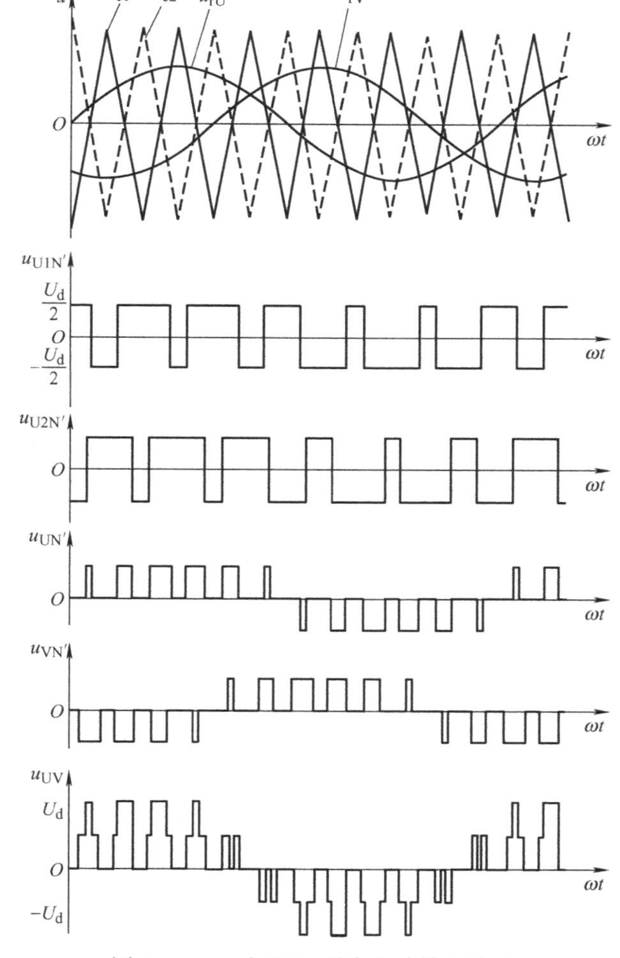

图 5-27 二重 PWM 逆变电路输出波形

### 5.4.7 SPWM 跟踪控制技术

前面介绍了计算法和调制法两种 PWM 波形生成方法，重点讲述的是调制法。本节将介绍的是第三种方法，即跟踪控制方法。这种方法不是用信号波对载波进行调制，而是把希望输出的电流或电压波形作为指令信号，把实际电流或电压波形作为反馈信号，通过两者的瞬时值比较来决定逆变电路各功率开关器件的通断，使实际的输出跟踪指令信号变化。因此，这种控制方法称为跟踪控制法。跟踪控制法中常用的有滞环比较方式和三角波比较方式。

**1. 滞环比较方式**

跟踪型PWM变流电路中，电流跟踪控制应用最多。图5-28给出了采用滞环比较方式的PWM电流跟踪控制单相半桥式逆变电路原理图。图5-29给出了其输出电流波形。如图5-28所示，把指令电流$i^*$和实际输出电流$i$的偏差$i^*-i$作为带有滞环特性的比较器的输入，通过其输出来控制功率器件$V_1$和$V_2$的通断。设$i$的正方向如图所示，当$V_1$（或$VD_1$）导通时，$i$增大，当$V_2$（或$VD_2$）导通时，$i$减小。这样，通过环宽为$2\Delta I$的滞环比较器的控制，$i$就在$i^*+\Delta I$和$i^*-\Delta I$的范围内，呈锯齿状地跟踪指令电流$i^*$。滞环环宽对跟踪性能有较大的影响，环宽过宽时，开关动作频率低，但跟踪误差增大；环宽过窄时，跟踪误差减小，但开关的动作频率过高，甚至会超过开关器件的允许频率范围，开关损耗随之增大。和负载串联的电抗器$L$可起到限制电流变化率的作用，$L$过大时，$i$的变化率过小，对指令电流的跟踪变慢；$L$过小时，$i$的变化率过大，$i^*-i$频繁地达到$\pm\Delta I$，使得开关动作频率过高。

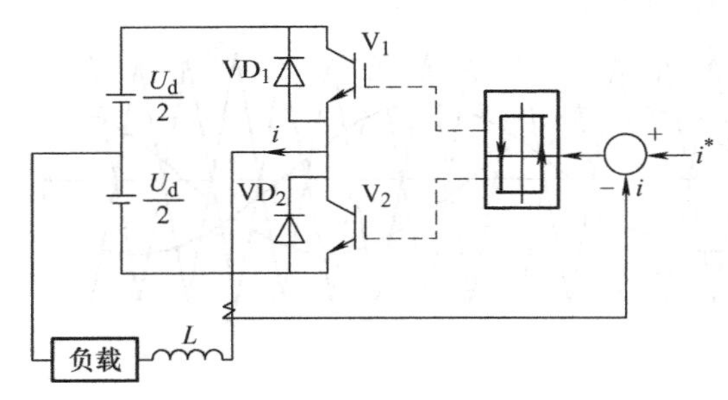


图5-28　滞环比较方式电流跟踪控制举例

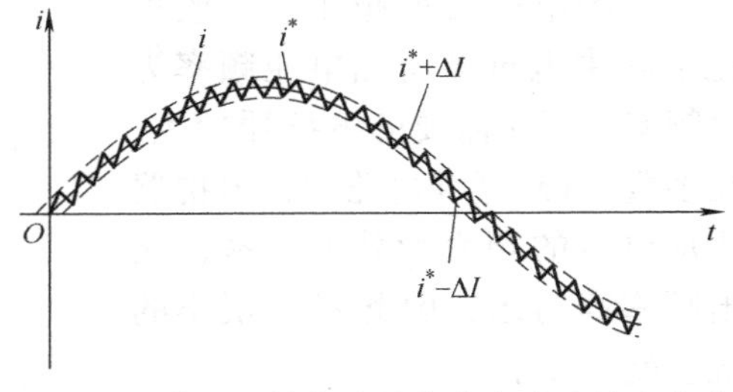


图5-29　滞环比较方式的指令电流和输出电流

图5-30是采用滞环比较方式的三相电流跟踪型PWM逆变电路，它由和图5-28相同的三个单相半桥电路组成，三相电流指令信号$i_U^*$、$i_V^*$、$i_W^*$依次相差120°。图5-31给出了该电路输出的线电压和线电流的波形。可以看出，在线电压的正半周和负半周内，都有极性相反的脉冲输出，这将使输出电压中的谐波分量增大，也使负载的谐波损耗增加。

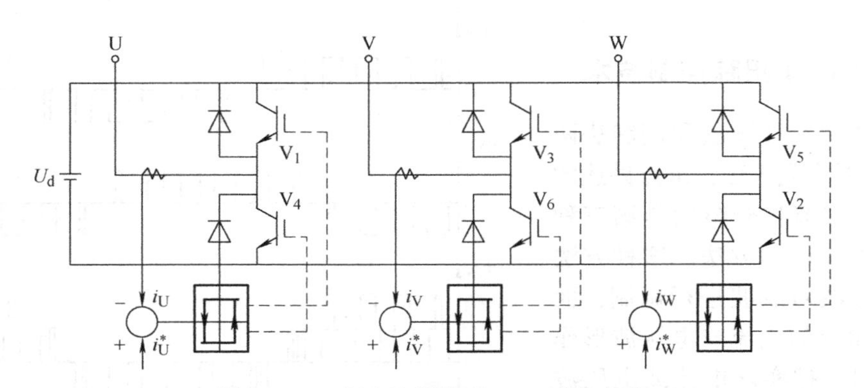


图5-30　三相电流跟踪型PWM逆变电路

采用滞环比较方式的电流跟踪型PWM变流电路有以下特点：

1）硬件电路简单；

2）属于实时控制方式，电流响应快；

3）不用载波，输出电压波形中不含特定频率的谐波分量；

4）和计算法及调制法相比，相同开关频率时输出电流中高次谐波含量较多；

5）属于闭环控制，这是各种跟踪型 PWM 变流电路的共同特点。

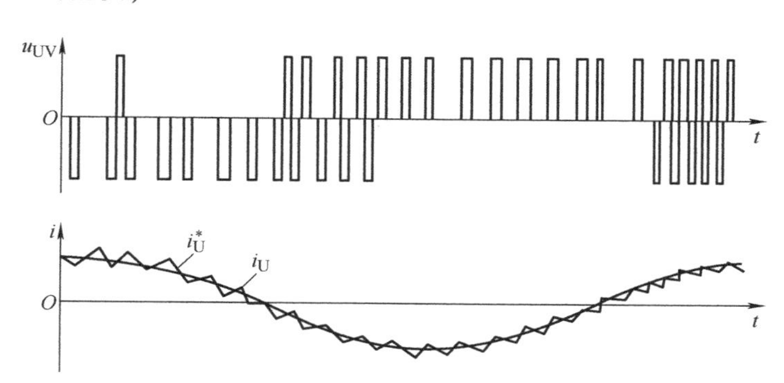


图 5-31 三相电流跟踪型 PWM 逆变电路输出波形

采用滞环比较方式也可以实现电压跟踪控制，图 5-32 给出了一个例子。把指令电压 $u^*$ 和半桥逆变电路输出电压 $u$ 进行比较，通过滤波器滤除偏差信号中的谐波分量，滤波器的输出送入滞环比较器，由比较器的输出控制主电路开关器件的通断，从而实现电压跟踪控制。和电流跟踪控制电路相比，只是把指令信号和反馈信号从电流变为电压。另外，因输出电压是 PWM 波形，其中含有大量的高次谐波，故必须用适当的滤波器滤除。

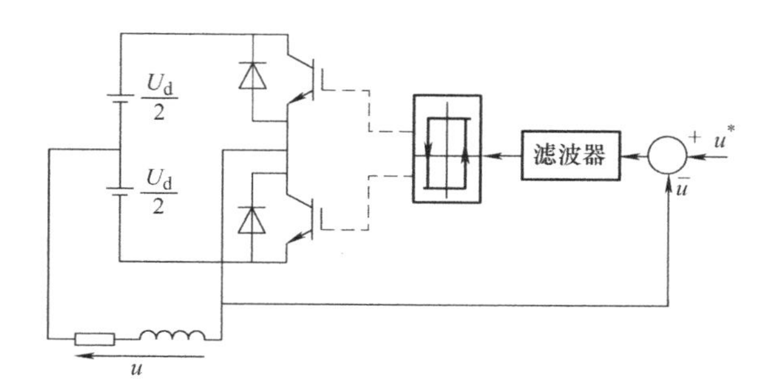


图 5-32 电压跟踪控制电路举例

当上述电路的指令信号 $u^*=0$ 时，输出电压 $u$ 为频率较高的矩形波，相当于一个自励振荡电路。$u^*$ 为直流信号时，$u$ 产生直流偏移，变为正负脉冲宽度不等、正宽负窄或正窄负宽的矩形波，正负脉冲宽度之差由 $u^*$ 的极性和大小决定。当 $u^*$ 为交流信号时，只要其频率远低于上述自励振荡频率，从输出电压 $u$ 中滤除由功率器件通断所产生的高次谐波后，所得的波形就几乎和 $u^*$ 相同，从而实现电压跟踪控制。

**2. 三角波比较方式**

图 5-33 所示为采用三角波比较方式的电流跟踪型 PWM 逆变电路原理图。和前面所介绍的调制法不同的是，这里并不是把指令信号和三角波直接进行比较而产生 PWM 波形，而是通过闭环来进行控制的。从图中可以看出，把指令电流 $i_U^*$、$i_V^*$、$i_W^*$ 和逆变电路实际输出的电流 $i_U$、$i_V$、$i_W$ 进行比较，求出偏差电流，通过放大器 A 放大后，再去和三角波进行比较，产生 PWM 波形。放大器 A 通常具有比例积分特性或比例特性，其系数直接影响着逆变电路的电流跟踪特性。

在这种三角波比较控制方式中，功率开关器件的开关频率是一定的，即等于载波频率，这给高频滤波器的设计带来方便。为了改善输出电压波形，三角波载波常用三相三角波信号。和滞环比较控制方式相比，这种控制方式输出电流所含的谐波少，因此常用于对谐波和噪声要求严格的场合。

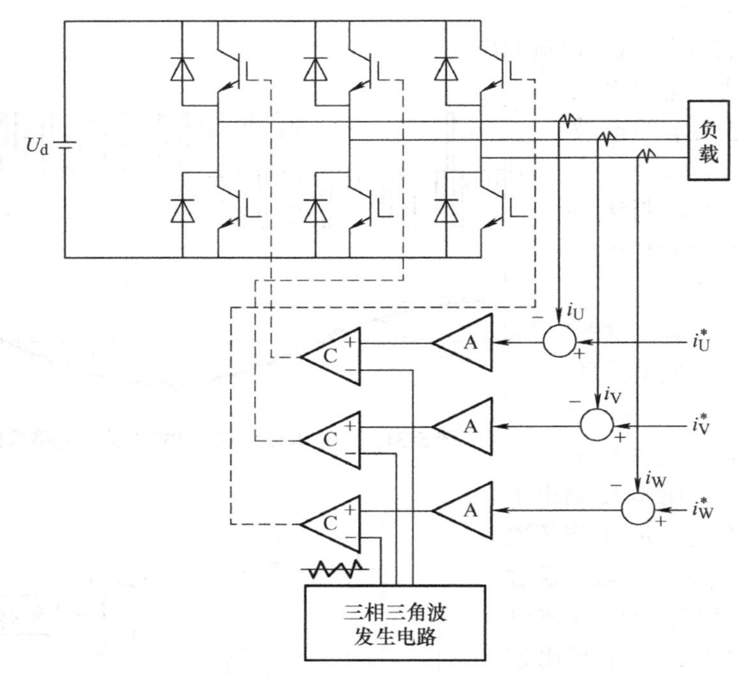


图 5-33　三角波比较方式电流跟踪型逆变电路

除上述滞环比较方式和三角波比较方式外，PWM 跟踪控制还有一种定时比较方式。这种方式不用滞环比较器，而是设置一个固定的时钟，以固定的采样周期对指令信号和被控制变量进行采样，并根据二者偏差的极性来控制变流电路开关器件的通断，使被控制量跟踪指令信号。以图 5-28 的单相半桥逆变电路为例，在时钟信号到来的采样时刻，如果实际电流 $i$ 小于指令电流 $i^*$，则令 $V_1$ 导通，$V_2$ 关断，使 $i$ 增大；如果 $i$ 大于 $i^*$，则令 $V_1$ 关断，$V_2$ 导通，使 $i$ 减小。这样，每个采样时刻的控制作用都使实际电流与指令电流的误差减小。采用定时比较方式时，功率器件的最高开关频率为时钟频率的 1/2。和滞环比较方式相比，这种方式的电流控制误差没有一定的环宽，控制的准确度要低一些。

## 5.5　Matlab 应用举例

**仿真 1**　对单相电压型全桥逆变电路进行仿真

1）仿真模型的建立：单相电压型全桥逆变电路包括直流电源、四个 MOSFET、两个脉冲触发器和负载，按照电路结构组成电路，如图 5-34 所示。此外，为了测量和显示信号，增加了电压测量模块和示波器。

2）仿真条件：输入电压为 200V；触发脉冲 1 的幅值设为 1，周期为 0.02s，脉冲宽度为 50%，相位延迟为 0；触发脉冲 2 的相位延迟为 180°，其他设置与触发脉冲 1 相同；负载为电阻，$R=50\Omega$；仿真时间为 0.02s，仿真波形如图 5-35 所示。

3）波形分析：从仿真波形从上到下依次为输出电压，触发脉冲 1 和触发脉冲 2。

4）负载电阻改为阻感负载；$R=5$，$L=20\text{mH}$；仿真时间为 0.02s，仿真波形如图 5-36 所示。

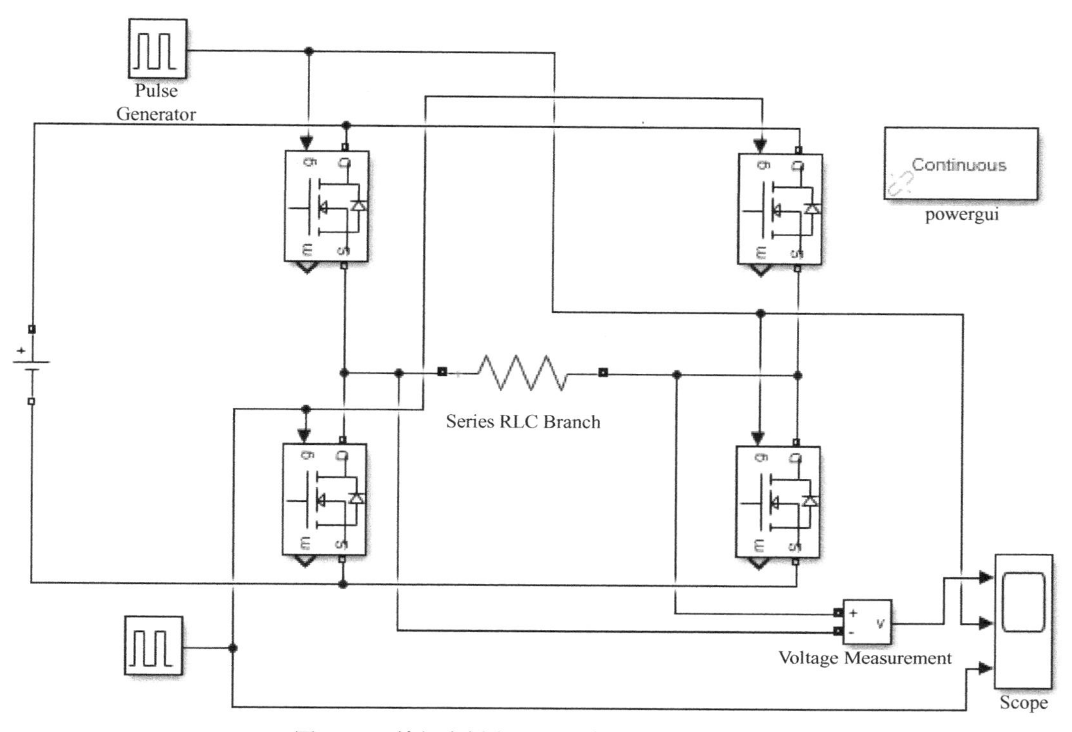


图 5-34　单相全桥电压型逆变电路的仿真模型

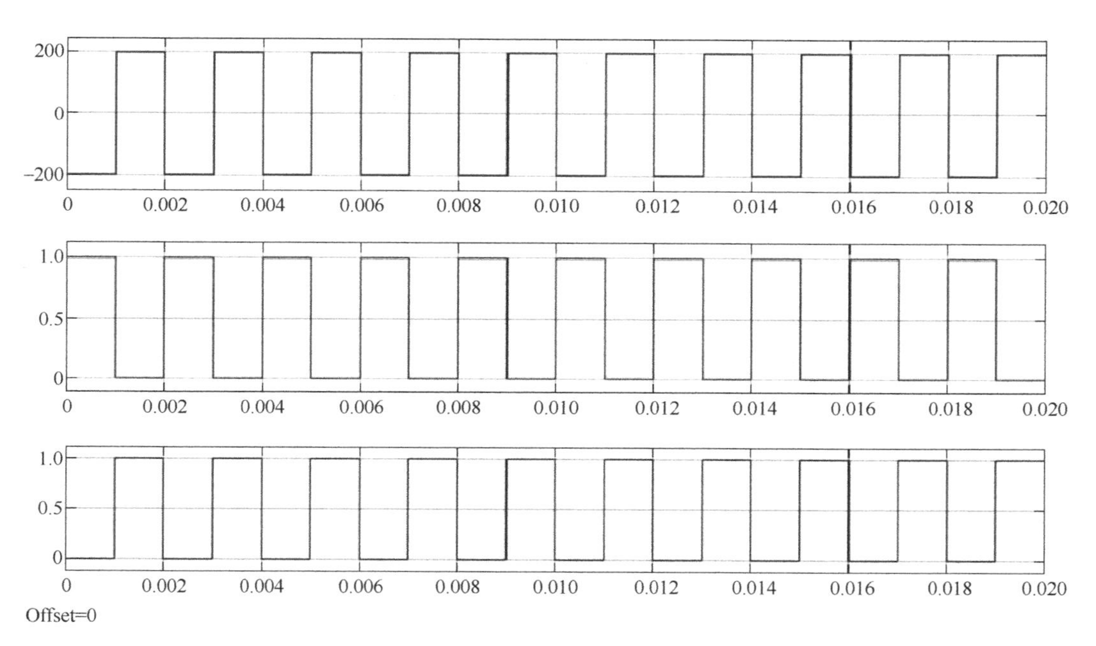


图 5-35　纯电阻负载单相全桥电压型逆变电路的仿真波形

**仿真 2**　对图 5-14 单相桥式 PWM 逆变电路进行仿真

1）仿真模型的建立：单相桥式 PWM 逆变电路主电路包括直流电源、四个 MOSFET、脉冲触发电路和负载，按照电路结构组成电路如图 5-37 所示。脉冲触发电路通过调制信号

（正弦波）和载波（三角波）的比较得到触发信号。此外，为了测量和显示信号，增加了电压测量模块和示波器。

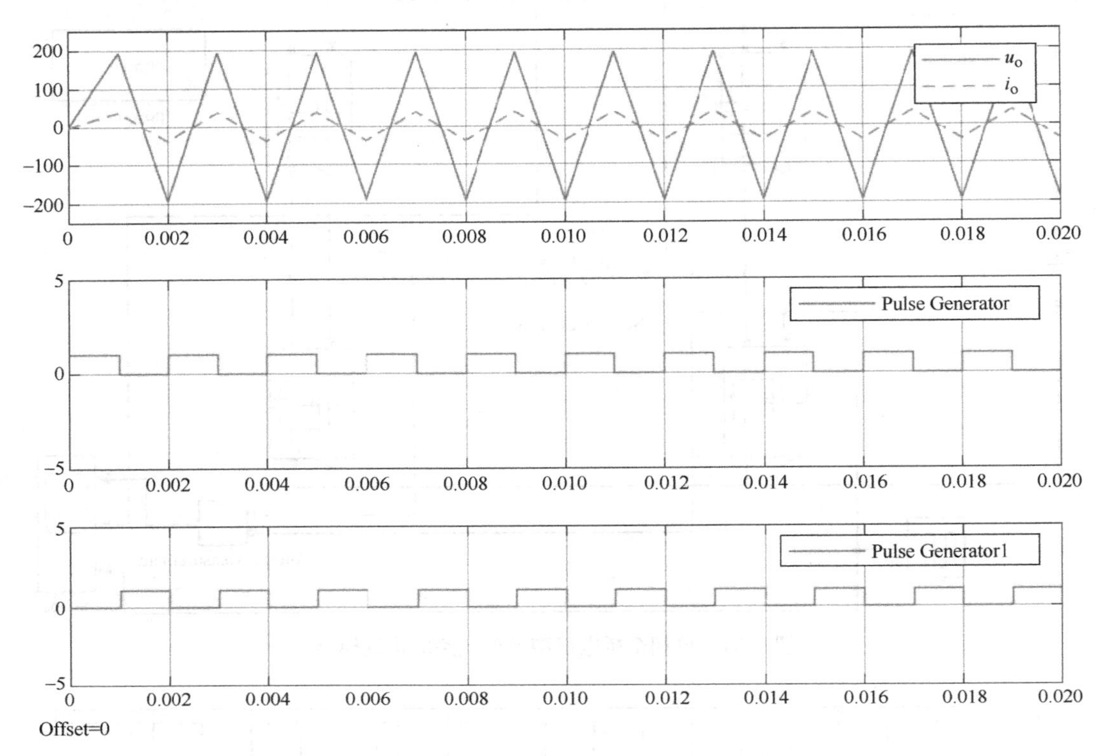


图 5-36　阻感性负载单相全桥电压型逆变电路的仿真波形

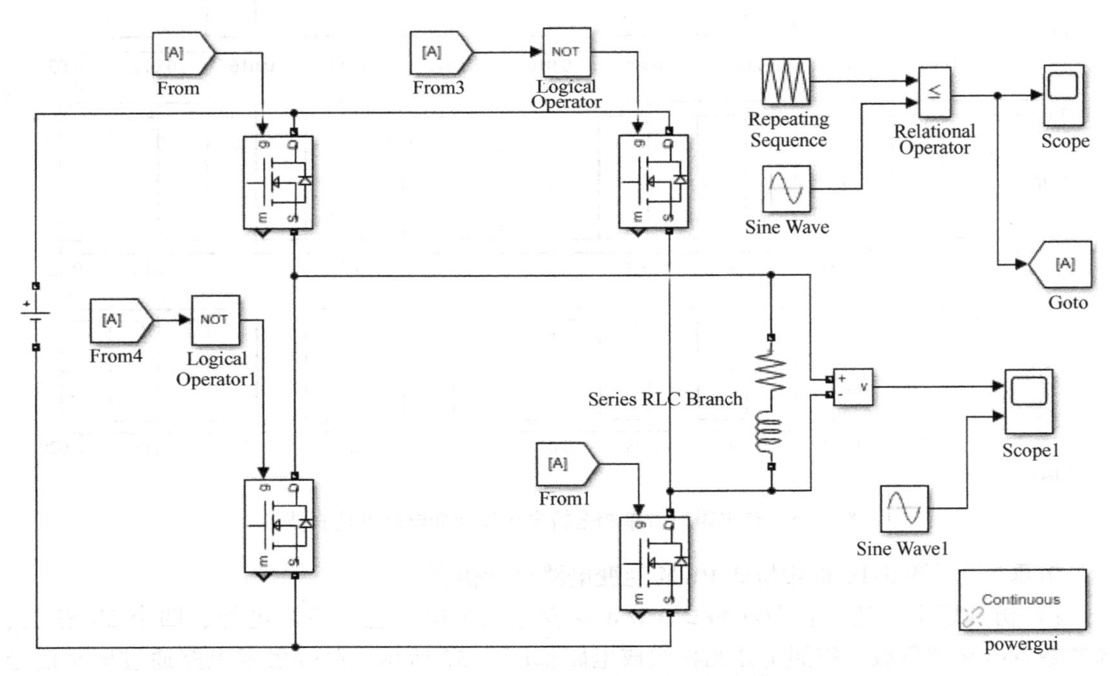


图 5-37　单相桥式 PWM 逆变电路的仿真模型

2）仿真条件：输入电压为200V；触发电路载波设置如图5-38所示，调制信号设置如图5-39所示；负载为电阻；$R=50\Omega$，$L=10\text{mH}$；仿真时间为0.02s，仿真波形如图5-37所示。

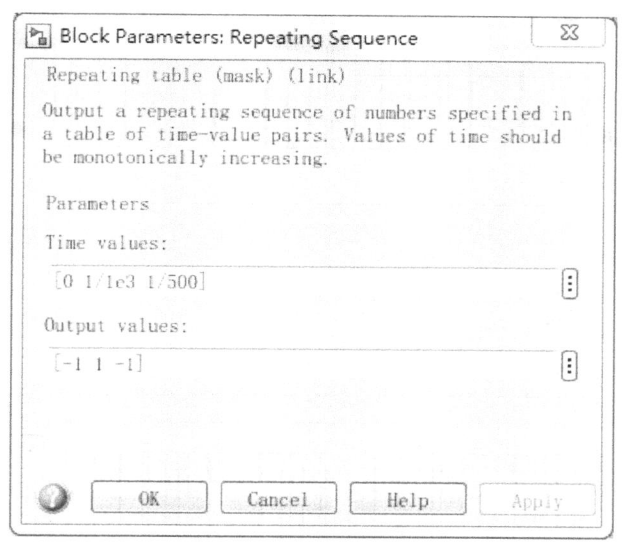


图5-38 载波参数设置

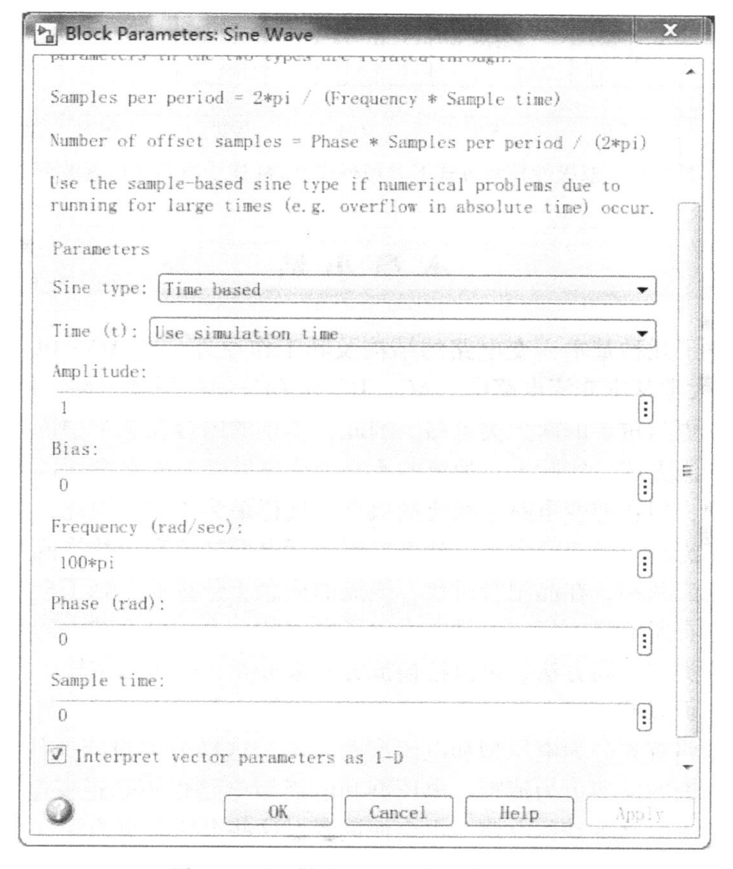


图5-39 调制波（正弦波）参数设置

3）波形分析：图 5-40 所示为调制电路的输出波形，图 5-41 所示为输出电压波形。

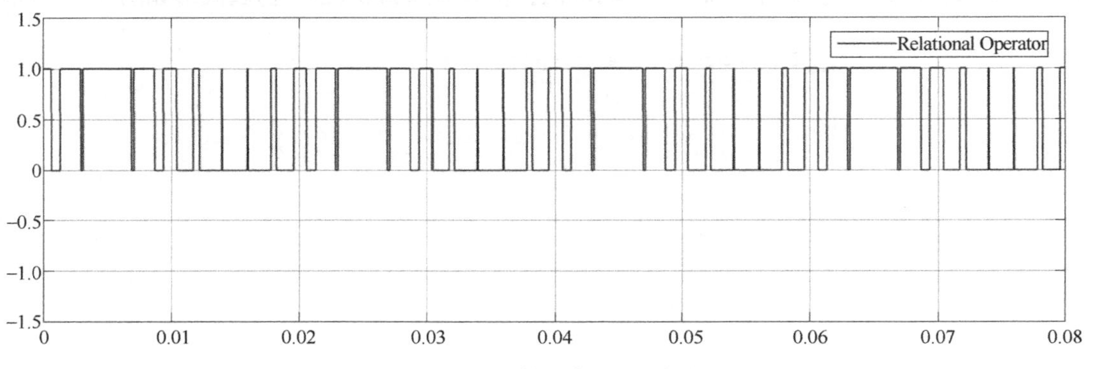


图 5-40　调制电路 PWM 波形

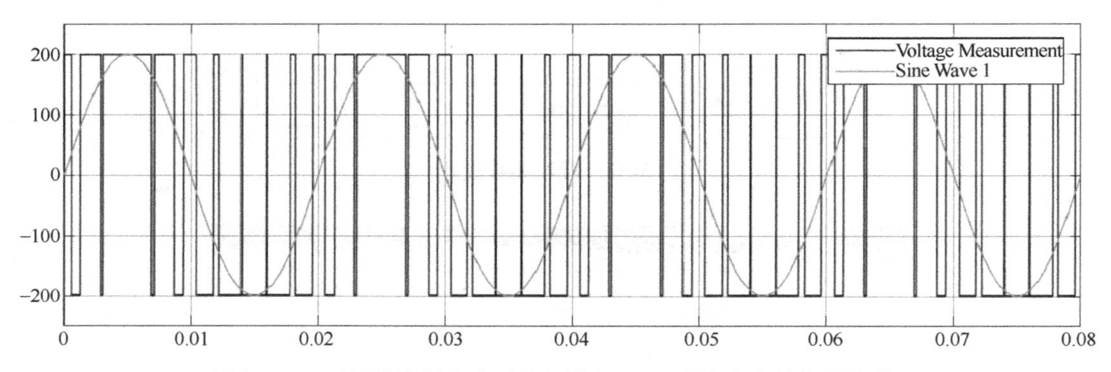


图 5-41　双极性控制方式下单相桥式 PWM 逆变电路的仿真波形

## 本章小结

本章主要讲述了几种基本逆变电路的结构及其工作原理。在 AC－DC、DC－DC、DC－AC 和 AC－AC 四大类基本变流电路中，AC－DC 和 DC－AC 两类电路，即整流电路和逆变电路是更为基本、更为重要的两大类电路。因此，本章的内容在全书中占有很重要的地位。

首先介绍了换流方式。实际上，换流并不是逆变电路特有的概念，四大类基本变流电路中都有换流的问题，但在逆变电路中换流的概念表现得最为集中，因此，放在本章讲述。换流方式分为外部换流和自换流两大类，外部换流包括电网换流和负载换流两种，自换流包括器件换流和强迫换流两种。在晶闸管时代，换流的概念十分重要。到了全控型器件时代，换流概念的重要性已有所下降，但它仍是电力电子电路的一个重要而基本的概念。

逆变电路的分类有不同方法。可以按换流方式来分类，也可以按输出相数来分类，可以按用途来分类，还可以按直流电源的性质来分类。本章主要采用了按直流侧电源性质分类的方法，即把逆变电路首先分为电压型和电流型两大类。这样分类更能抓住电路的基本特性，使逆变电路基本理论的框架更为清晰。电压型和电流型电路也不是逆变电路中特有的概念。把这一概念用于整流电路等其他电路，也会使读者对这些电路有更为深刻的认识。例如，负载为大电感的整流电路可看作电流型整流电路，电容滤波的整流电路可看作电压型整流电路。对电压型和电流型电路的认识源于对电压源和电流源本质和特性的理解。深刻地认识和理解电压源和电流源的概念和特性，对正确理解和分析各种电力电子电路都有十分重要的意义。

大多数逆变装置都是采用 PWM 控制技术实现的，可以说，除功率很大的逆变装置外，不用 PWM 控制的逆变电路已十分少见。也正是由于 PWM 控制技术在逆变电路中的广泛而成功的应用，才奠定了 PWM 控制技术在电力电子技术中的突出地位。因此本章还重点讲述了 PWM 逆变电路，特别是 SPWM 控制技术在逆变电路中的应用。

值得一提的是，PWM 控制技术不是仅能用于逆变电路，它是一项非常重要的技术，广泛用于各种变流电路。直接直流斩波电路实际上就是直流 PWM 电路，这是 PWM 控制技术应用较早也成熟较早的一类电路，把直流斩波电路应用于直流电动机调速系统，就构成直流脉宽调速系统。交流-交流变流电路中的斩控式交流调压电路和矩阵式变频电路也是 PWM 控制技术在这类电路中应用的代表。另外，PWM 控制技术在整流电路中也有其用武之地。

## 习题及思考题

1. 无源逆变电路和有源逆变电路有何不同？

2. 换流方式有哪几种？各有什么特点？

3. 什么是电压型逆变电路？什么是电流型逆变电路？二者各有何特点？

4. 电压型逆变电路中反馈二极管的作用是什么？为什么电流型逆变电路中没有反馈二极管？

5. 三相桥式电压型逆变电路，180°导电方式，$U_d=100V$。试求输出相电压的基波幅值 $U_{UN1m}$ 和有效值 $U_{UN1}$、输出线电压的基波幅值 $U_{UV1m}$ 和有效值 $U_{UN1}$、输出线电压中 5 次谐波的有效值 $U_{UN5}$。

6. 试说明 PWM 控制的基本原理。

7. 单极性和双极性 PWM 调制有什么区别？

8. 在三相桥式 PWM 逆变电路中，采用双极性 PWM 调制输出相电压（输出端相对于直流电源中点的电压）和线电压 SPWM 波形各有几种电平？

9. 什么是异步调制？什么是同步调制？二者各有何特点？分段同步调制有什么优点？

10. 和自然采样法相比，规则采样法有什么优缺点？

11. 单相和三相 SPWM 波形中，所含主要谐波的频率是多少？

12. 什么是电流跟踪型 PWM 变流电路？采用滞环比较方式的电流跟踪型变流器有何特点？

13. 对单相电压型全桥逆变电路进行仿真，要求输出电压的频率为 50Hz。

14. 对图 5-14 所示单相桥式 PWM 电路进行仿真，建立单极性控制仿真模型 $U_d=100V$，负载为阻感负载 $R=1\Omega$，$L=10mH$。

# 第6章

# 交流-交流变换

交流-交流变流电路，即把一种形式的交流变成另一种形式交流的电路。在进行交流-交流变流时，可以改变相关的电压（电流）、频率和相数等。

交流-交流变流电路可以分为直接方式（无中间直流环节）和间接方式（有中间直流环节）两种，由于间接方式可以看作交流-直流变换电路和直流-交流变换电路的组合，所以本章所讨论的交流-交流变流电路均为直接方式，间接交流-交流变换电路经过中间直流环节，本章不做讨论。

在交流-交流变流电路中，只改变电压、电流或对电路的通断进行控制，而不改变频率的电路称为交流电力控制电路，改变频率的电路称为变频电路。本章首先介绍交流电力控制电路，6.1 节将介绍采用相位控制的交流电力控制电路，即相控交流调压电路，6.2 节将介绍采用斩波控制的交流调压电路；6.3 节将介绍采用通断控制的交流电力控制电路，即交流调功电路和交流无触点开关。其次介绍变频电路，其中 6.4 节是目前应用较多的晶闸管交-交变频电路。6.5 节的矩阵式变频电路是一种尚未广泛应用，但有良好发展前景的电路，它是一种特殊形式的交-交变频电路。

## 6.1 相控交流调压电路

把交流开关串联在交流电路中，通过对交流开关的控制就可以控制交流输出。这种电路不改变交流电的频率，称为交流电力控制电路。在每半个周波内通过对交流开关导通相位的控制，就可以方便地调节输出电压的有效值，这种电路称为交流调压电路。以交流电的周期为单位控制交流开关的通断，改变通态周期数和断态周期数的比，可以方便地调节输出功率的平均值，这种电路称为交流调功电路。如果并不着意调节输出平均功率，而只是根据需要接通或断开电路，则称串入电路中的交流开关为交流电力电子开关。本节讲述相控交流调压电路，交流调压电路广泛用于灯光控制（如调光台灯和舞台灯光控制）及异步电动机的软起动，也用于异步电动机的调速。在电力系统中，这种电路还常用于对无功功率的连续调节。

把交流开关串联在交流电路中，通过对交流开关的控制实现对交流正、负半周的对称控制，达到方便调整输出电压的目的。图 6-1 所示为交流电力控制电路原理图，交流开关 S 一般为两个晶闸管反并联或双向晶闸管。

交流电力控制电路的控制方式有三种，即整周波通断控制、相位控制和斩波控制，其原理如图 6-2 所示。

**1. 整周波通断控制**

在交流电压过零时刻导通或关断交流开关 S，使负载电路与交流电源接通几个周波、关断几个周波，通过改变导通、关断周波数的比值，实现调节输出电压大小的目的。如图 6-2a 所示。由于输出电压断续，故一般用于电炉调温、交流功率调节等。

**2. 相位控制**

与可控整流电路的移相触发控制相同，分别在交流电源正、负半周，且在相同的移相角下，导通交流开关 S，以保证向负载提供正、负半周对称的交流电压波形，如图 6-2b 所示。相位控制方式简单，能连续调节输出电压大小。但输出电压波形非正弦，低次谐波含量大。

**3. 斩波控制**

斩波控制利用脉宽调制技术，将交流电压波形斩控成脉冲列，改变脉冲的占空比即可调节输出电压的大小，如图 6-2c 所示。斩波控制方式能连续调节输出电压大小，波形中只含有高次谐波含量，基本克服了通断控制、相位控制的缺点。由于斩波频率比较高，所以交流开关 S 一般要采用高频自关断器件。

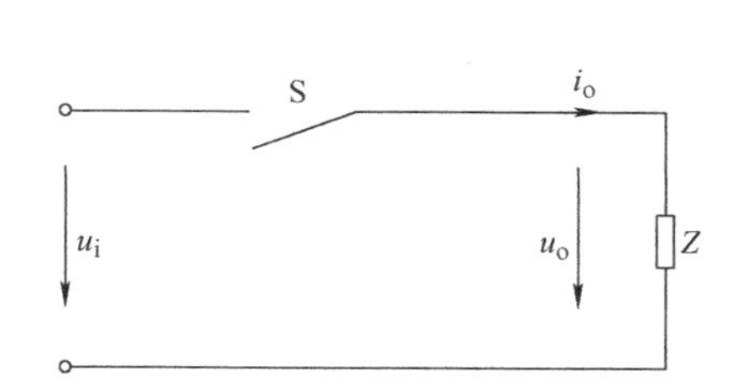


图 6-1　交流电力控制电路

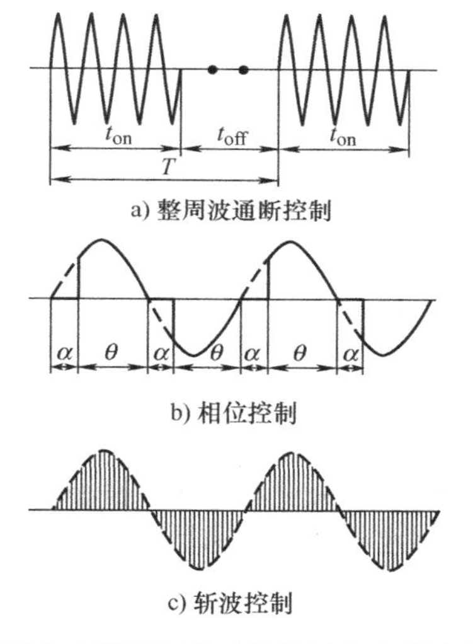


图 6-2　交流电力控制电路三种控制方式的输出电压波形

相位控制交流调压是交流调压中应用最广的。交流调压电路可分为单相交流调压电路和三相交流调压电路，前者是后者的基础，也是本节的重点。

## 6.1.1　相控单相交流调压电路

单相交流调压电路的工作状况与带负载性质有关，故分别讨论。

**1. 电阻性负载**

（1）工作原理　电路原理图和输出波形如图 6-3 所示。在 $u_i$ 的正半周和负半周，分别对 $VT_1$ 和 $VT_2$ 的移相控制角 $\alpha$ 进行控制就可以调节输出电压。

正负半周 $\alpha$ 起始时刻（$\alpha=0$）均为电压过零时刻。在 $\omega t=\alpha$ 时，对 $VT_1$ 施加触发脉冲，$VT_1$ 正偏置而导通，负载电压波形与电源电压波形相同，当 $\omega t=\pi$ 时，电源电压过零，因电阻性负载，故电流也为零，$VT_1$自然关断。在$\omega t=\pi+\alpha$时，对$VT_2$施加触发脉冲，$VT_2$正偏置而导通，负载电压波形与电源电压波形相同，当$\omega t=2\pi$时，电源电压过零，$VT_2$自然关断。

稳态时，正负半周的$\alpha$相等，负载电压波形是电源电压波形的一部分，负载电流（也即电源电流）和负载电压的波形相似。

（2）数量关系　根据负载端的电压、电流波形，可得到以下数量关系。

负载电压有效值$U_0$为

$$U_0=\sqrt{\frac{1}{\pi}\int_{\alpha}^{\pi}(\sqrt{2}U_1\sin\omega t)^2\mathrm{d}\omega t}=U_1\sqrt{\frac{1}{2\pi}\sin2\alpha+\frac{(\pi-\alpha)}{\pi}} \tag{6-1}$$

式中，$U_1$为输入交流电压$u_i$的有效值。

负载电流有效值$I_0$为

$$I_0=\frac{U_0}{R}=\frac{U_1}{R}\sqrt{\frac{1}{2\pi}\sin2\alpha+\left(1-\frac{\alpha}{\pi}\right)} \tag{6-2}$$

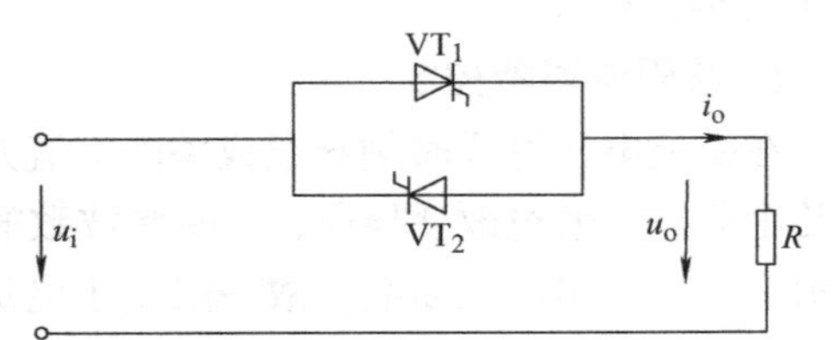


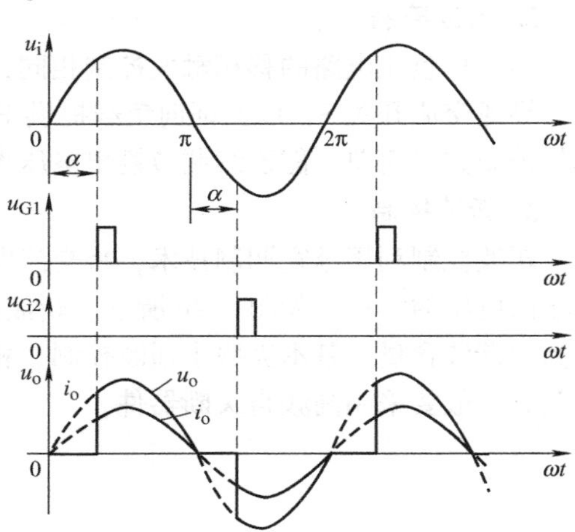


图6-3　电阻负载单相交流调压电路及波形

晶闸管电流有效值$I_{VT}$为

$$I_{VT}=\sqrt{\frac{1}{2\pi}\int_{\alpha}^{\pi}(\sqrt{2}U_1\sin\omega t)^2\mathrm{d}\omega t}=\frac{U_1}{R}\sqrt{\frac{1}{4\pi}\sin2\alpha+\frac{\pi-\alpha}{2\pi}} \tag{6-3}$$

交流电路输入功率因数为

$$\lambda=\frac{P}{S}=\frac{U_0I_0}{U_1I_0}=\frac{U_0}{U_1}=\sqrt{\frac{1}{2\pi}\sin2\alpha+\frac{(\pi-\alpha)}{\pi}} \tag{6-4}$$

由图6-3和式(6-1)可知，单相交流调压电路电阻负载时，$\alpha$的移相范围为$0\sim\pi$。

（3）谐波分析　根据图6-3可知，输出电压$u_o$为

$$u_o=\begin{cases}0 &, \quad k\pi<\omega t<k\pi+\alpha\\ u_i=\sqrt{2}U_1\sin(\omega t) &, \quad k\pi+\alpha<\omega t<k\pi+\pi\end{cases} \tag{6-5}$$

由于$u_o$正、负半波对称，所以不含直流分量和偶次谐波，其傅里叶级数表示如下：

$$u_o=\sum_{n=1,3,5}^{\infty}(a_n\cos n\omega t+b_n\sin n\omega t) \tag{6-6}$$

式中

$$a_n=\frac{2}{\pi}\int_0^{\pi}u_o(\omega t)\cos(n\omega t)\mathrm{d}(\omega t) \tag{6-7}$$

$$b_n=\frac{2}{\pi}\int_0^{\pi}u_o(\omega t)\sin(n\omega t)\mathrm{d}(\omega t) \tag{6-8}$$

$n=1$，由此得到基波电压系数为

$$a_1=\frac{\sqrt{2}U_1}{2\pi}(\cos2\alpha-1) \tag{6-9}$$

$$b_1 = \frac{\sqrt{2}U_1}{2\pi}[\sin 2\alpha + 2(\pi - \alpha)] \tag{6-10}$$

基波电压幅值 $U_{1m}$ 为

$$U_{1m} = \sqrt{a_1^2 + b_1^2} = \frac{\sqrt{2}U_1}{\pi}\sqrt{(\pi - \alpha)^2 + (\pi - \alpha)\sin 2\alpha + (1 - \cos 2\alpha)/2} \tag{6-11}$$

$n$ 次谐波电压系数为

$$a_n = \frac{\sqrt{2}U_1}{\pi}\left\{\frac{1}{n+1}[\cos(n+1)\alpha - 1] - \frac{1}{n-1}[\cos(n-1)\alpha - 1]\right\} \tag{6-12}$$

$n = 3,5,7,\cdots$

$$b_n = \frac{\sqrt{2}U_1}{\pi}\left\{\frac{1}{n+1}\sin(n+1)\alpha - \frac{1}{n-1}\sin(n-1)\alpha\right\} \tag{6-13}$$

$n = 3,5,7,\cdots$

$n$ 次谐波电压幅值 $U_{nm}$ 为

$$U_{nm} = \sqrt{a_n^2 + b_n^2} \tag{6-14}$$

基波和 $n$ 次谐波电压有效值、电流有效值均可由下式求出：

$$U_n = \frac{1}{\sqrt{2}}\sqrt{a_n^2 + b_n^2}, n = 1,3,5,7,\cdots \tag{6-15}$$

$$I_n = \frac{U_n}{R} \tag{6-16}$$

根据式(6-15) 的计算结果，可以绘出电压基波和各次谐波的标幺值随 $\alpha$ 变化的曲线，如图 6-4 所示，其中基准电压为 $\alpha = 0$ 时的基波电压有效值 $U_1$。

由于电阻负载下，电流波形与电压波形相同，由谐波分布图可知，电源电流谐波特点如下：

1）谐波次数越低，谐波幅值越大。

2）3 次谐波的最大值出现在 $\alpha = 90°$时，幅值约占基波分量的 0.3 倍。

3）5 次谐波的最大值出现在 $\alpha = 60°$和 $\alpha = 120°$的对称位置。

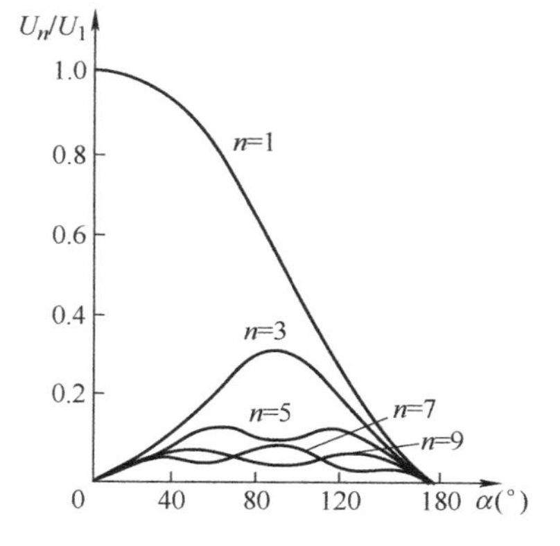


图 6-4 单相交流调压电路，电阻性负载时的电压谐波图

**2. 阻感性负载**

（1）工作原理 阻感性负载单相交流调压电路原理图和输出波形如图 6-5 所示。晶闸管的触发控制方式与电阻负载时相同。由于电感的作用，负载电流 $i_o$在电源电压过零后，还要延迟一段时间才能降到零，延迟时间与负载阻抗角 $\varphi$ 有关。电流过零时晶闸管才能关断，所以晶闸管的导通角 $\theta$ 不仅与控制角 $\alpha$ 有关，而且还与负载阻抗角 $\varphi$ 有关。

电路中负载阻抗角 $\varphi = \arctan\ (\omega L/R)$。

阻感负载时的工作过程分析如下：

在 $\omega t = \alpha$ 时刻导通 $VT_1$，负载电流满足以下微分方程及初始条件：

$$L\frac{\mathrm{d}i_o}{\mathrm{d}t}+Ri_o=\sqrt{2}U_1\sin\omega t \tag{6-17}$$
$$i_o\big|_{\omega t=\alpha}=0$$

解方程得

$$i_o(t)=i_1(t)+i_2(t)=\frac{\sqrt{2}U_1}{z}\sin(\omega t-\varphi)-\frac{\sqrt{2}U_1}{z}\mathrm{e}^{\frac{\alpha-\omega t}{\tan\varphi}}\sin(\alpha-\varphi),\alpha\leqslant\omega t\leqslant\alpha+\theta \tag{6-18}$$

式中，$z=\sqrt{R^2+(\omega L)^2}$；$\theta$ 为晶闸管导通角。

负载电流 $i_o$ 由两部分叠加，即

稳态分量为

$$i_1=\frac{\sqrt{2}U_1}{Z}[\sin(\omega t-\varphi)] \tag{6-19}$$

暂态分量为

$$i_2=-\frac{\sqrt{2}U_1}{Z}\left[\sin(\alpha-\varphi)\mathrm{e}^{\frac{\alpha-\omega t}{\tan\varphi}}\right] \tag{6-20}$$

利用边界条件 $\omega t=\alpha+\theta$ 时 $i_o=0$，可求得 $\theta$

$$\sin(\alpha+\theta-\varphi)=\sin(\alpha-\varphi)\mathrm{e}^{\frac{-\theta}{\tan\varphi}} \tag{6-21}$$

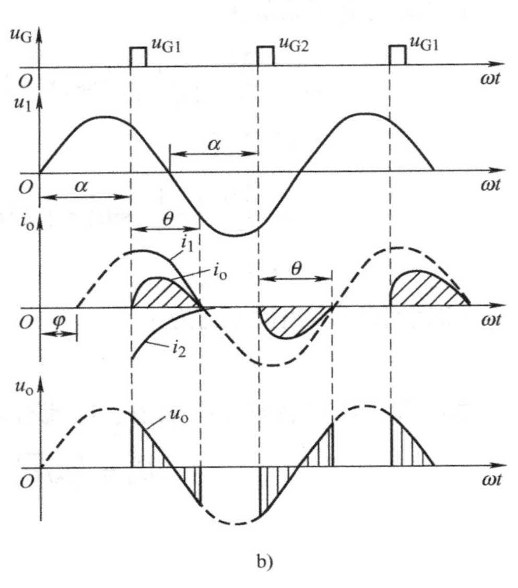


图 6-5　电感电阻性负载单相交流调压电路及波形

以 $\varphi$ 为参变量，可得到晶闸管导通角 $\theta=f(\alpha,\ \varphi)$ 曲线簇，如图 6-6 所示。通过关系曲线很容易得到晶闸管的导通角。例如，当 $\varphi=30°$，$\alpha=60°$ 时，查曲线可得晶闸管的导通角 $\theta\approx146°$。

根据 $\alpha$、$\varphi$ 大小关系，$\theta$ 角和电路运行状态不同，现分析如下：

1）当 $\alpha=\varphi$ 时，由式(6-19)、式(6-20) 可知暂态分量 $i_2=0$，负载电流只有稳态分量 $i_1$，且可解得导通角 $\theta=\pi$，电流连续。电路一导通就进入稳态，调压电路处于直通状态，不起调压作用，$u_o=u_i$。

2）当 $\varphi<\alpha\leqslant\pi$ 时，稳态分量 $i_1$ 导通角为 $\pi$，而暂态分量 $i_2$ 为负值，故晶闸管导通角小于 $\pi$。可从图 6-5 直观看出，对于任一负载阻抗角 $\varphi$ 负载，$\alpha=\pi$ 时，$\theta=0$，$u_o=0$；当 $\alpha$ 从 $\pi$ 逐步减少时，$\theta$ 逐步加大，直至接近 $\pi$。负载电压有效值 $U_0$ 也从 0 增大到接近电源电压有效值 $U_1$。

3）当 $0<\alpha<\varphi$ 且触发脉冲为单窄脉冲时，$\theta>\pi$。由于 $VT_1$ 与 $VT_2$ 的触发脉冲相位相差 $\pi$，故在 $VT_2$ 得到触发时电路中的电流仍为正方向，这时的 $VT_2$ 并不能导通。当电流过零 $VT_1$ 关断后，$VT_2$ 的触发脉冲已经消失，因此 $VT_2$ 还是不能导通。待第二个 $VT_1$ 脉冲到来后，又将重复导通及正向电流流过负载的过程。这个过程与单相半波整流的情况完全一样，这将使整个回路中有很大的直流分量电流，它会给交流电动机类负载及电源变压器的运行带来严重危害。

4）当 $0<\alpha<\varphi$ 且触发脉冲为宽脉冲或脉冲列时，当负载电流过零、$VT_1$ 关断后，$VT_2$ 的

触发脉冲依然存在，$VT_2$能接着导通，电流能一直保持连续。首次导通所产生的电流自由分量，在衰减到零以后，电路中也就只存在电流稳态分量 $i_1$。由于电流连续，$u_o=u_i$，调压器直通。

综上所述，交流调压器带电感电阻性负载时，控制角 $\alpha$ 能起调压作用的移相范围为 $\varphi<\alpha\leqslant\pi$，电压有效值调节范围为 $0\sim U_1$。为避免 $\alpha<\varphi$ 时出现电流直流分量，触发脉冲应采用宽脉冲或脉冲列。$\alpha$、$\varphi$ 不同关系时的输出电压、电流波形如图6-7所示。

实际应用时，交流调压电路的晶闸管的触发脉冲通常采用后沿固定在 $\pi$ 的宽脉冲（一般为高频调制脉冲），通过改变前沿来调节控制角。

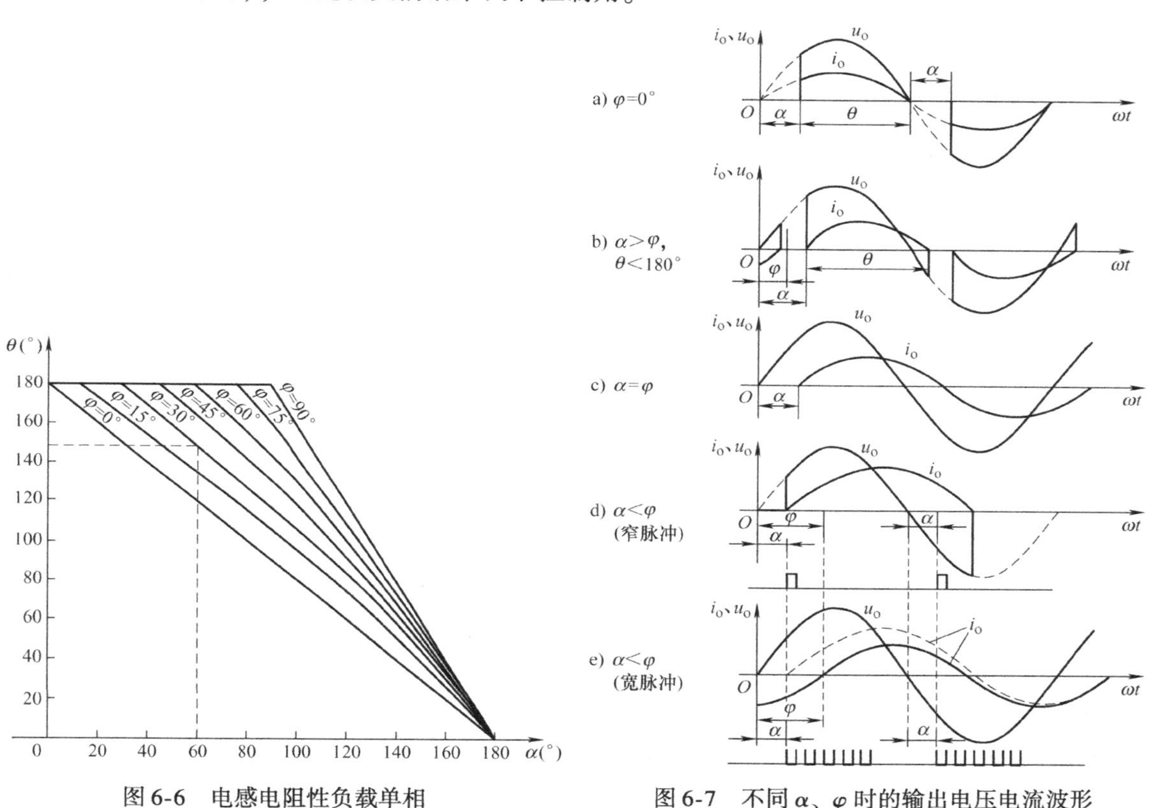


图6-6 电感电阻性负载单相交流调压电路 $\theta=f(\alpha,\varphi)$ 关系曲线

图6-7 不同 $\alpha$、$\varphi$ 时的输出电压电流波形

（2）数量关系 根据负载端的电压、电流波形，可得到以下数量关系：

负载电压有效值 $U_0$ 为

$$U_0=\sqrt{\frac{1}{\pi}\int_{\alpha}^{\theta}(\sqrt{2}U_1\sin\omega t)^2\mathrm{d}\omega t}=U_1\sqrt{\frac{\theta}{\pi}+\frac{1}{\pi}[\sin2\alpha-\sin(2\alpha+2\theta)]}\tag{6-22}$$

式中，$U_1$为输入交流电压 $u_1$ 的有效值。

负载电流有效值 $I_0$ 为

$$\begin{aligned}I_0&=\sqrt{\frac{1}{\pi}\int_{\alpha}^{\alpha+\theta}\left\{\frac{\sqrt{2}U_1}{Z}\sin(\omega t-\varphi)-\frac{\sqrt{2}U_1}{z}\mathrm{e}^{\frac{\alpha-\omega t}{\tan\varphi}}\sin(\alpha-\varphi)\right\}^2\mathrm{d}(\omega t)}\\&=\frac{U_1}{Z\sqrt{\pi}}\sqrt{\theta-\frac{\sin\theta\cos(2\alpha+\varphi+\theta)}{\cos\varphi}}\end{aligned}\tag{6-23}$$

晶闸管电流有效值 $I_{VT}$ 为

$$I_{VT}=I_0/\sqrt{2} \tag{6-24}$$

在阻感性负载下，根据电路输出波形，可以用上面电阻负载情况下的分析方法，只是公式将复杂得多。电源电流谐波特点如下：

1）谐波次数与电阻负载时相同，只含有 3、5、7 等奇次谐波。

2）谐波次数越低，谐波幅值越大。

3）和电阻负载时相比，谐波电流含量要少些，而且 $\alpha$ 角相同时，随阻抗角 $\varphi$ 的增大，谐波含量有所减少。

### 6.1.2 相控三相交流调压电路

若把三个单相调压电路接在对称的三相电源上，让其互差 2π/3 相位工作，则构成了一个三相交流调压电路。根据三相连接形式不同，三相交流调压电路具有多种形式。

a) 带中性线星形联结　　b) 无中性线星形联结　　c)支路控制的三角形联结

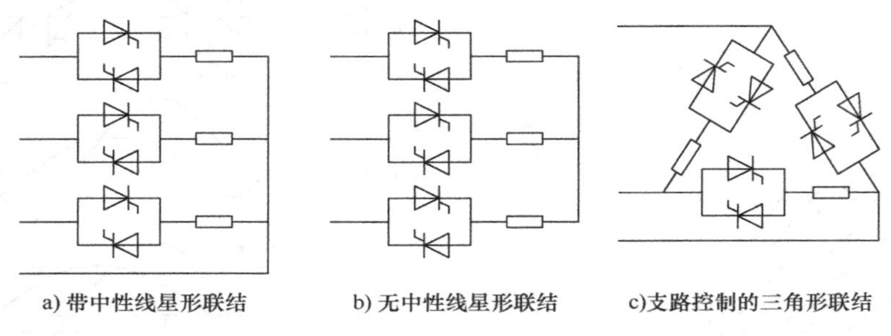

图 6-8　三相交流调压器电路的联结

图 6-8a 所示为带有中性线的星形联结，每个单相交流调压电路分别接在自己的相电源上，每相的工作过程与单相交流调压电路完全一样。各相电流的所有谐波分量都能经中性线流通而加在负载上。由于三相中的 3 倍频谐波电流的相位相同，因此它们在中性线中将叠加而使中性线流过相当大的 3 次谐波电流，$\alpha=90°$时，中性线电流甚至接近各相电流的有效值（参见图 6-4）。在选择导线线径和变压器时必须注意这一问题。

图 6-8b 所示为无中性线的星形联结，又称线路控制Y联结，它的波形正负对称，负载及电路中都无 3 次谐波电流，因此得到广泛的应用。

图 6-8c 支路控制的△联结，又称内三角联结。每个带负载的单相交流调压电路跨接在线电压上，每一相都可当作单相交流调压电路来分析，单相交流调压电路的分析方法和结论完全适用，只是将单相相电压改成线电压。但负载必须是三个独立的电路，要有六个线头引出才能应用。

由于三相对称负载相电流中 3 的倍数次谐波的相位和大小都相同，所以它们在三角形回路中流动，而不出现在线电流中。线电流中谐波次数为 $6k\pm1$（$k$ 为正整数）。在相同负载和控制角时，线电流中的谐波含量少于三相三线Y联结电路。

下面分析无中性线星形联结时的工作原理，主要分析电阻负载时的情况。图 6-9 所示为星形联结三相交流调压电路。为了分析方便，晶闸管的编号按 $VT_1$、$VT_3$、$VT_5$ 阳极和 $VT_4$、$VT_6$、$VT_2$ 阴极依次接到交流电源 $u_a$、$u_b$、$u_c$。交流调压电路是靠改变施加到负载上的电压波形来实现调压的，因此得到负载电压波形是最重要的。波形分析的方法如下。

(1) 使电路正常工作的触发信号应满足的要求

1) 相位条件。触发信号应与电源电压同步。与三相可控整流器不同，三相交流调压器控制角是从各自的相电压过零点开始算起。三个正向晶闸管 $VT_1$、$VT_3$、$VT_5$的触发信号应互差 $2\pi/3$，三个反向晶闸管 $VT_2$，$VT_4$，$VT_6$的触发信号也应互差 $2\pi/3$，同一相的两个触发信号应互差 $\pi$。总的触发顺序是 $VT_1$，$VT_2$、$VT_3$、$VT_4$，$VT_5$、$VT_6$，其触发信号依次各差 $\pi/3$，参见图 6-10。

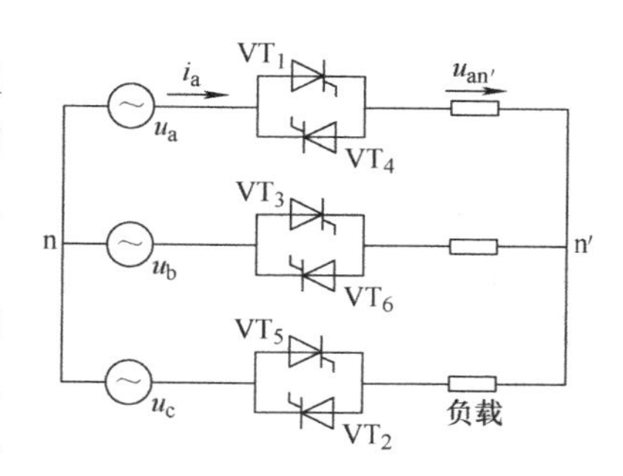


图 6-9 星形联结三相交流调压电路

2) 脉宽条件。星形联结时三相中至少要有两相导通才能构成电流通路，因此单窄脉冲是无法起动三相交流调压电路的。为了保证起始工作电流的流通并在控制角较大、电流不连续的情况下仍能按要求使电流流通，触发信号应采用大于 $\pi/3$ 的宽脉冲（或脉冲列）或采用间隔 $\pi/3$ 的双窄脉冲。

(2) 负载电压分析　对星形联结的三相交流调压电路中的某一相来说，只要两个反并联晶闸管之中有一个导通，则该支路就是导通的。

从三相来看，任何时候电路只可能是下列三种情况中的一种：①三相全不通，调压电路开路，每相负载的电压都为零；②三相全导通，调压电路直通，则每相负载的电压是所接相的相电压；③其中二相导通，在电阻负载时，导通相负载上的电压是该两相线电压的 1/2，非导通相负载的电压为零；在电动机类负载时，则可由电动机的约束条件（电机方程）来推得各相的电压值。

因此，只要能判别各晶闸管的通断情况，就能确定该电路的导通相数，从而得到该时刻的负载电压值，判别一个周波就能得到负载电压波形，根据波形就可分析交流调压电路的各种工况。

(3) 负载电压波形分析　为简单起见，只分析电阻负载下，不同触发控制角 $\alpha$ 时负载相电压和相电流波形。

首先介绍波形分析中的波形绘制方法，好的绘制方法有助于电路波形的分析。

1) 先画出三相电源电压波形，由于晶闸管 $VT_1$、$VT_3$、$VT_5$的阳极与三相电源 $u_a$、$u_b$、$u_c$相连，故在对应该相电源正半周有可能导通，因此分别在图 6-10a 中标明晶闸管与三相电源的对应关系。同理，$VT_4$、$VT_6$、$VT_2$分别与三相电源 $u_a$、$u_b$、$u_c$负半周对应。

2) 按触发信号的相位条件和脉宽条件画出触发脉冲波形，如图 6-10b 所示。晶闸管的导通区间与电路工作状况有关。

3) 由于某相负载电压只有三种情况，故画出与该相负载对应的相电压和线电压波形。图 6-10c 所示为分析 a 相负载电压波形时，画出 $u_a$、$u_{ab}/2$、$u_{ac}/2$ 波形轮廓线。

4) 这样按区间，根据触发信号、晶闸管导通情况，在 $u_a$、$u_{ab}/2$、$u_{ac}/2$ 波形轮廓线上直接描绘出负载电压波形，如图 6-10d 所示。

下面以 $\alpha=30°$为例，按区间说明分析过程。

区间 1（$\omega t=30°\sim60°$）：$VT_1$、$VT_6$触发并导通，在此区间 $u_c$在正半周 $VT_5$正偏，在电路开始刚启动第一个周期时 $VT_5$无触发信号不导通，但在电路进入稳态工作时 $VT_5$处于已经导通状态，此时因三相全通（考虑稳态工作时），故负载电压为 $u_a$，如图 6-10d 所示。

区间 2（$\omega t=60°\sim90°$）：$VT_1$、$VT_6$仍导通，$VT_5$反偏关断，因 $VT_1$、$VT_6$对应 $u_a$、$u_b$，故负载电压为 $u_{ab}/2$。

区间 3（$\omega t=90°\sim120°$）：$VT_1$、$VT_2$触发并导通，$VT_6$正偏，稳态时 $VT_6$仍导通，因三相全通，故负载电压为 $u_a$。

区间 4（$\omega t=120°\sim150°$）：$VT_1$、$VT_2$仍导通，$VT_6$反偏关断，因 $VT_1$、$VT_2$对应 $u_a$、$u_c$，故负载电压为 $u_{ac}/2$。

区间 5（$\omega t=150°\sim180°$）：$VT_2$、$VT_3$触发并导通，$VT_1$正偏，$VT_1$仍导通，因三相全通，故负载电压为 $u_a$。

区间 6（$\omega t=180°\sim210°$）：$VT_2$、$VT_3$仍导通，$VT_1$反偏关断，因 $VT_2$、$VT_3$对应 $u_c$、$u_b$，故负载电压为 0。

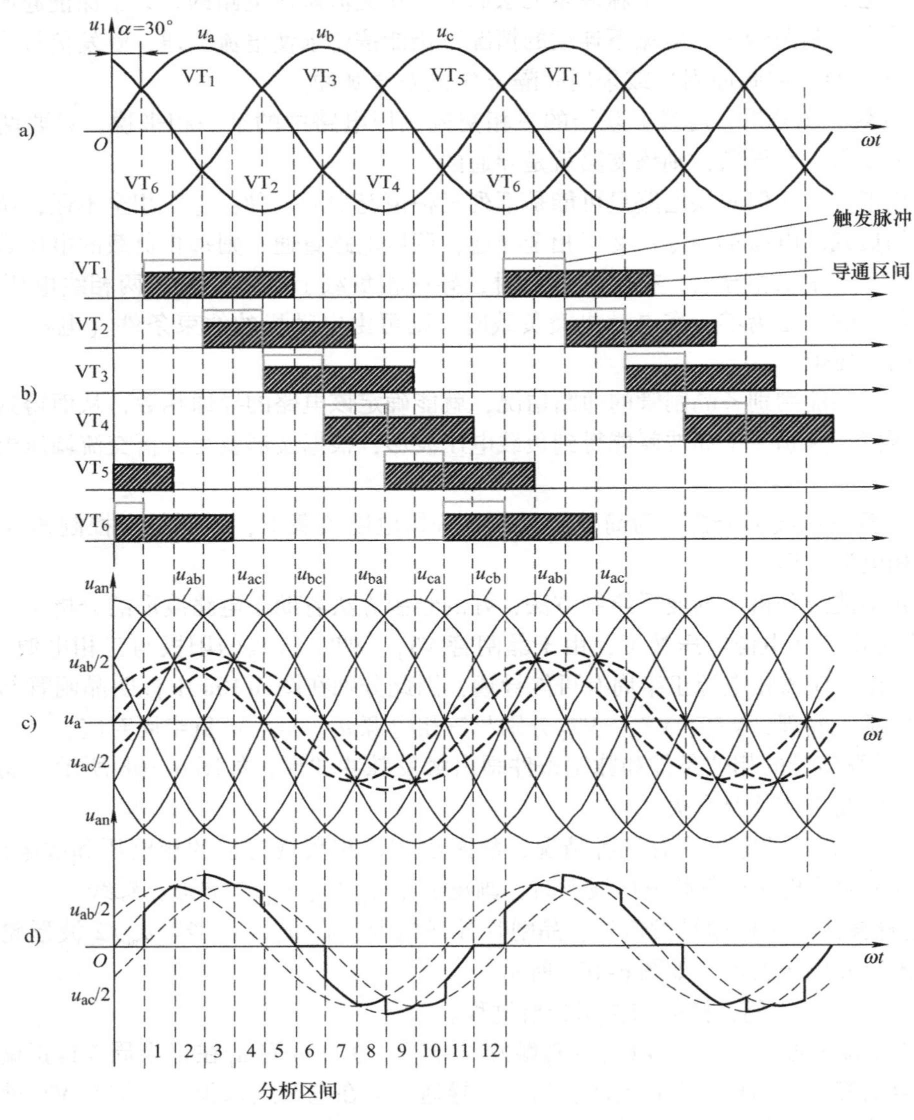


图 6-10 星形联结三相交流调压电路电阻负载 $\alpha=30°$时波形

区间7（$\omega t=210°\sim240°$）：$VT_3$、$VT_4$触发并导通，$VT_2$正偏，$VT_2$仍导通，因三相全通，故负载电压为$u_a$。

区间8（$\omega t=240°\sim270°$）：$VT_3$、$VT_4$仍导通，$VT_2$反偏关断，因$VT_3$、$VT_4$对应$u_b$、$u_a$，故负载电压为$u_{ab}/2$。

区间9（$\omega t=270°\sim300°$）：$VT_4$、$VT_5$触发并导通，$VT_3$正偏，$VT_3$仍导通，因三相全通，故负载电压为$u_a$。

区间10（$\omega t=300°\sim330°$）：$VT_4$、$VT_5$仍导通，$VT_3$反偏关断，因$VT_4$、$VT_5$对应$u_a$、$u_c$，故负载电压为$u_{ac}/2$。

区间11（$\omega t=330°\sim360°$）：$VT_5$、$VT_6$触发并导通，$VT_4$正偏，$VT_4$仍导通，因三相全通，故负载电压为$u_a$。

区间12（$\omega t=360°\sim390°$）：$VT_5$、$VT_6$仍导通，$VT_4$反偏关断，因$VT_5$、$VT_6$对应$u_c$、$u_b$，故负载电压为0。

由以上分析及图6-10所示波形可以看出，在$\alpha=30°$时，每个晶闸管导通五个区间，即150°。电路工作于三个晶闸管导通和两个晶闸管导通交替状态。

在其他触发控制角$\alpha$下负载相电压和相电流波形的分析方法同上，读者可自行分析。图6-11给出了$\alpha=60°$、$\alpha=90°$、$\alpha=120°$三种工况下的负载相电压波形。由于电阻性负载，故负载电流波形与负载相电压波形一致。

当$\alpha>150°$以后，负载上没有交流电压输出。以$VT_1$、$VT_6$为例，在电路启动时，同时给$VT_1$、$VT_6$施加触发脉冲，从图6-10可看出，此刻$u_b>u_a$，$VT_1$、$VT_6$在反偏状态，不可能导通，故输出电压为零。故星形联结三相交流调压电路电阻负载下移相范围为$0\sim150°$。可将$0\sim150°$的移相范围分为以下三段：

1）$0°\leqslant\alpha<60°$范围内，电路处于三个晶闸管导通与两个晶闸管导通的交替状态，每个晶闸管导通角为$180°-\alpha$。但$\alpha=0°$时是一种特殊情况，一直是三个晶闸管导通。

2）$60°\leqslant\alpha<90°$范围内，任一时刻都是两个晶闸管导通，每个晶闸管的导通角为120°

3）$90°\leqslant\alpha<150°$范围内，电路处于两个晶闸管导通与无晶闸管导通的交替状态，每个

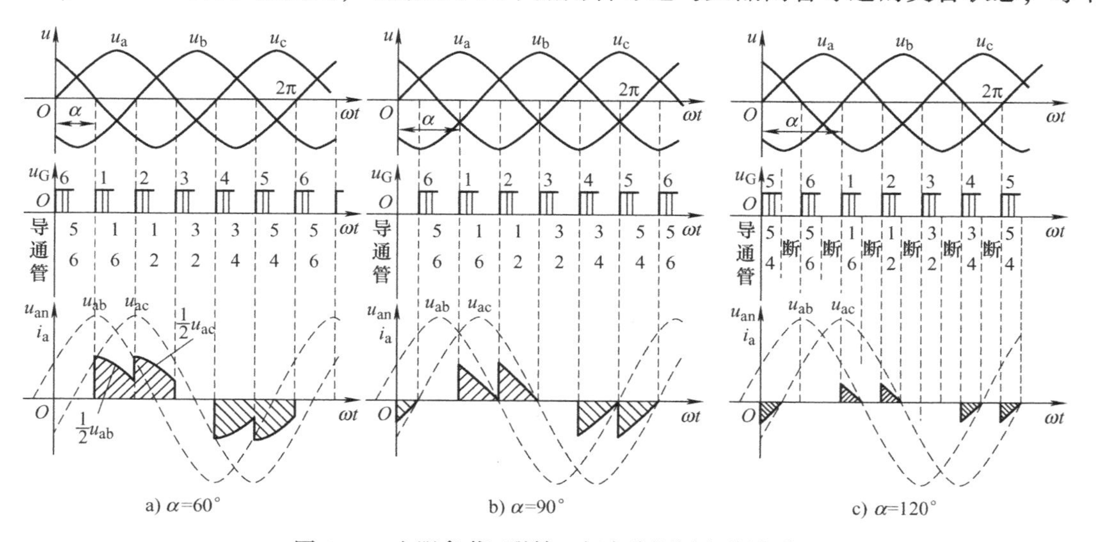


图6-11 电阻负载Y联结三相交流调压电路波形

晶闸管导通角为$300°-2\alpha$，而且这个导通角被分割为不连续的两部分，在半周波内形成两个断续的波头，各占$150°-\alpha$。

在电感性负载情况下，可参照电阻性负载和单相电阻电感负载时的分析方法，只是分析要复杂些。

（4）谐波情况　电阻性负载下，电流谐波次数为$6k\pm1$（$k=1, 2, 3, \cdots$），和三相桥式全控整流电路交流侧电流所含谐波的次数完全相同。谐波次数越低，含量越大。和单相交流调压电路相比，没有3倍次谐波，因三相对称时，它们不能流过三相三线电路，所以在电阻电感负载情况下谐波电流含量相对小一些。

# 6.2　斩波控制交流调压电路

### 1. 交流斩波调压基本原理

将PWM技术应用于交流调压，出现了交流斩波器。交流斩波调压电路的基本原理和直流斩波电路相同，它是将交流开关同负载串联和并联构成的，如图6-12a所示。

假定电路中各部分都是理想状态。开关$S_1$为斩波开关，$S_2$为考虑负载电感续流的开关。$S_1$及$S_2$不允许同时导通，通常二者在开关时序上互补。

图6-12b所示为交流斩波调压电路输出波形，由图可知，输出电压$u_o$为

$$u_o=Gu_i=\begin{cases}u_i=\sqrt{2}U_1\sin(\omega t) & ,\ S_1\text{通},S_2\text{断}\\0 & ,\ S_1\text{断},S_2\text{通}\end{cases} \tag{6-25}$$

式中，$G$为开关函数，其定义为

$$G=\begin{cases}1 & ,\ S_1\text{通},S_2\text{断}\\0 & ,\ S_1\text{断},S_2\text{通}\end{cases} \tag{6-26}$$

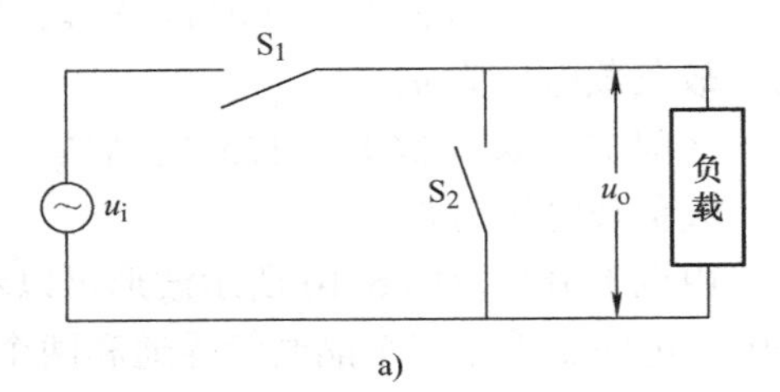

a)

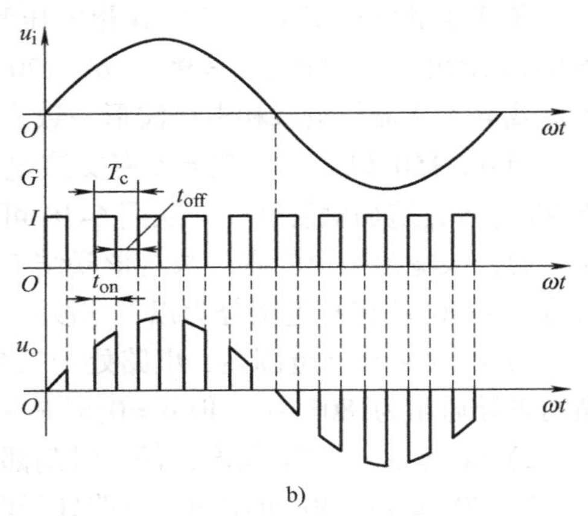

b)

图6-12　交流斩波调压电路的基本原理及其波形

其波形如图6-12b所示。设交流开关$S_1$导通时间为$t_{on}$，关断时间为$t_{off}$，开关周期为$T_c$，则导通比为$D=t_{on}/T_c$，改变$D$可调节输出电压。

在图6-12a电路条件下，则

$$u_o=Gu_i=\sqrt{2}GU_1\sin(\omega t) \tag{6-27}$$

开关函数$G$的傅里叶级数表示如下：

$$G=a_0+\sum_{n=1}^{\infty}(a_n\cos n\omega t+b_n\sin n\omega t)$$

式中

$$a_0=\frac{1}{T_c}\int_0^{T_c}G(t)\mathrm{d}(t)=\frac{t_{on}}{T_c}=D$$

$$a_n=\frac{2}{T_c}\int_0^{T_c}G(t)\cos(n\omega t)\mathrm{d}t\quad,\quad b_n=\frac{2}{T_c}\int_0^{T_c}G(t)\sin(n\omega t)\mathrm{d}t$$

则

$$G = D + \frac{2}{\pi}\sum_{n=1}^{\infty}\frac{\sin\varphi_n}{n}\cos(n\omega_c t - \varphi_n) \tag{6-28}$$

式中

$$D = \frac{t_{on}}{T_c}, \quad \varphi_n = n\pi D, \quad \omega_c = \frac{2\pi}{T_c}$$

将式(6-28)代入式(6-27)中，得

$$\begin{aligned} u_o &= \sqrt{2}U_1\sin\omega t\left[D + \frac{2}{\pi}\sum_{n=1}^{\infty}\frac{\sin\varphi_n}{n}\cos(n\omega_c t - \varphi_n)\right] \\ &= \sqrt{2}DU_1\sin\omega t + \frac{2\sqrt{2}U_1}{\pi}\sum_{n=1}^{\infty}\frac{\sin\varphi_n}{n}\{\sin[(n\omega_c + \omega)t - \varphi_n] - \sin[(n\omega_c - \omega)t - \varphi_n]\} \end{aligned} \tag{6-29}$$

式(6-29)表明，$u_0$ 含有基波及各次谐波。谐波频率在开关频率及其整数倍两侧 $\pm\omega$ 处分布，开关频率越高，谐波与基波距离越远，越容易滤掉。改变占空比 $D$ 就可以改变基波电压的幅值，达到交流调压的目的。

**2. 交流斩波调压控制**

交流斩波调压电路使用的交流开关一般采用全控型器件，如 GTO 晶闸管、GTR、IGBT 等构成。这类器件静特性均为非对称，反向阻断能力很低，甚至不具备反向阻断能力。为此，常与二极管配合组成复合器件，即利用二极管来提供开关的反向阻断能力。常用交流开关电路结构如图 6-13 所示。

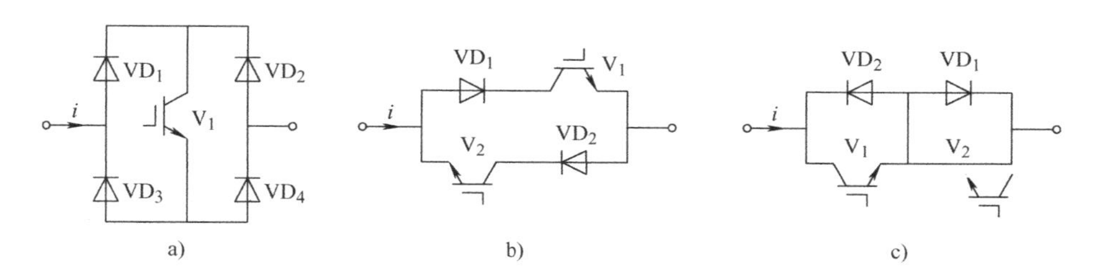


图 6-13 常用交流开关电路结构图

图 6-13a 所示电路结构只使用一个全控开关器件。当负载电流方向改变时，二极管桥中导通的桥臂自然换向，而流过开关器件中的电流方向不会改变。采用这种结构的双向开关控制电路简单，无同步要求，斩波开关与续流开关可采用互补控制。

图 6-13b、c 所示结构，在每一个双向开关中含有两个全控开关．它们被分别控制在负载电流的不同方向上导通。控制电路必须有严格的同步要求，两个开关可独立控制，因此控制方式比较灵活。二者电路不同之处在于，图 6-13c 中两个全控开关的公共极接在一起，因此门极控制信号可以共地。另一方面，这种接法还可使用带有反并联二极管的功率开关模块，使主电路接线简单，减少电路引线电感在高频运行时的影响。

一般说来，交流斩波调压电路的控制方式与交流主电路开关结构、主电路结构及相数有关。但按照对斩波开关和续流开关的控制时序而言，则可分为互补控制和非互补控制两大类。

(1) 互补控制　所谓互补控制就是在一个开关周期中，斩波开关和续流开关只能有一

个导通。采用图 6-13b 所示交流开关结构，构成的交流斩波调压电路图及其理想控制时序如图 6-14 所示。

这种控制方法与电流可逆直流斩波电路的控制类似，按电源正、负半周分别考虑。

图中 $u_{1p}$、$u_{1n}$分别为交流正、负半周对应的同步信号，作用是交流开关的导通的参考方向，即当 $u_{1p}$有效时，$V_1$、$V_3$交替施加驱动信号，当 $u_{1n}$有效时，$V_2$、$V_4$交替施加驱动信号。从图中可看出，斩波信号发生器可以同时提供给 $V_1$、$V_2$作触发信号，是否施加触发信号由 $u_{1p}$是否有效决定。$V_1$、$V_3$的情况也一样。

（2）非互补控制　非互补控制方式的控制时序如图 6-15 所示，其主电路结构仍采用图 6-14a，纯电阻性负载。

在 $u_i$正半周，用 $V_1$进行斩波控制，$V_3$一直施加控制信号，提供续流通道，$V_2$一直施加控制信号，$V_4$总处于断态。

在 $u_i$负半周，用 $V_2$进行斩波控制，$V_4$一直施加控制信号，提供续流通道，$V_1$一直施加控制信号，$V_3$总处于断态。

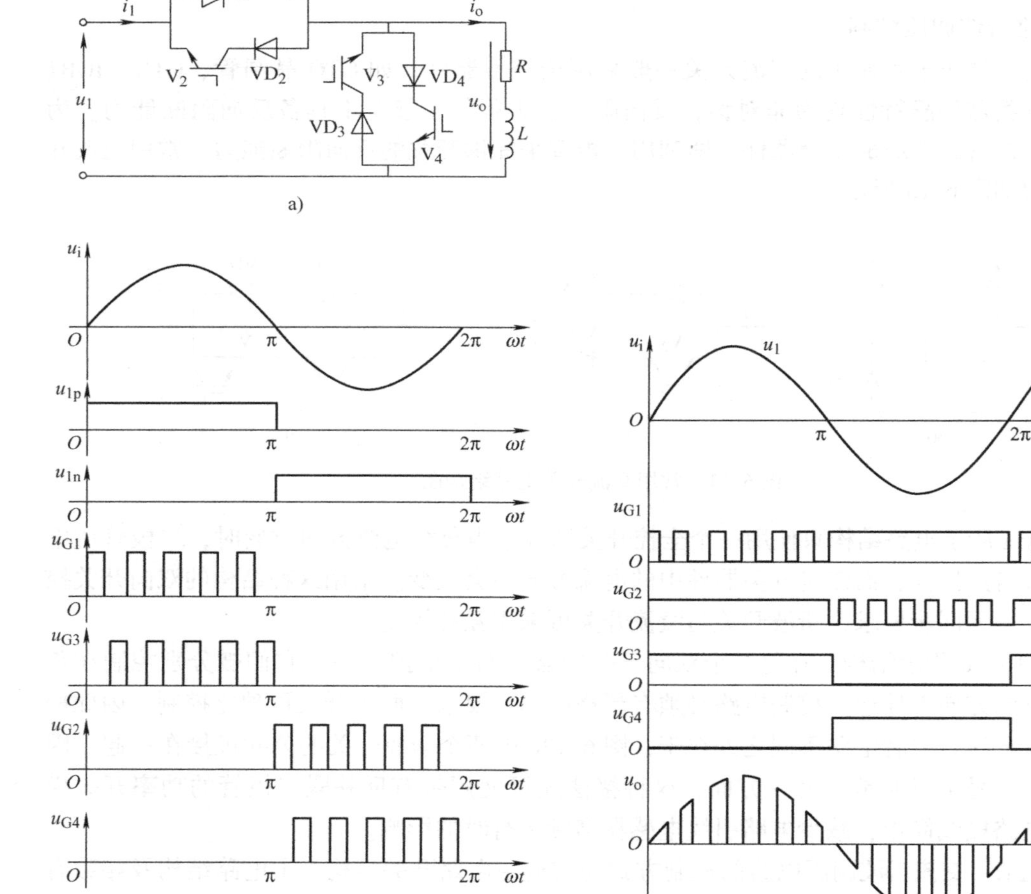


图 6-14　斩波控制交流调压电路及互补控制波形图　图 6-15　斩波控制交流调压电阻性负载非互补控制波形图

# 6.3 整周波通断控制的交流电力控制电路

### 1. 交流调功电路

交流调功电路和交流调压电路的电路形式完全相同，只是控制方式不同。交流调功电路不是在每个交流电源周期都通过触发延迟角 $\alpha$ 对输出电压波形进行控制，而是将负载与交流电源接通几个整周波，再断开几个整周波，通过改变接通周波数与断开周波数的比值来调节负载所消耗的平均功率。这种电路常用于电炉的温度控制，因其直接调节对象是电路的平均输出功率，所以被称为交流调功电路。像电炉温度这样的控制对象，其时间常数往往很大，没有必要对交流电源的每个周期进行频繁的控制，只要以周波数为单位进行控制就足够了。通常控制晶闸管导通的时刻都是在电源电压过零的时刻，这样，在交流电源接通期间，负载电压电流都是正弦波，对外界的电磁干扰较小，不会对电网电压电流造成通常意义的谐波污染。

图6-16所示为整周波通断控制交流调功电路输出波形，在控制周期 $T_c$ 内导通的周波数为 $m$，每个周波的周期为 $T$，输出电压有效值为

$$U_0=\sqrt{\frac{mT}{T_c}}U_1 \tag{6-30}$$

则调功器的输出平均功率为

$$P_0=\frac{mT}{T_c}P_1 \tag{6-31}$$

式中，$P_1$ 为控制周期 $T_c$ 内全部周波导通时，电路输出的功率；$U_1$ 为控制周期 $T_c$ 内全部周波导通时，电路输出的电压有效值；$m$ 为在控制周期 $T_c$ 内导通的周波数。因此改变导通周波数 $m$ 即可改变输出电压和平均功率。

如图6-17所示为采用通断控制的电阻负载下电流谐波图（通两个周波、断一个周波）。图中 $I_n$ 为 $n$ 次谐波有效值，$I_{0m}$ 为导通时电路负载电流幅值。以电源周期为基准，电流中不含整数倍频率的谐波，但含有非整数倍频率的谐波。而且在电源频率附近，非整数倍频率谐波的含量较大。

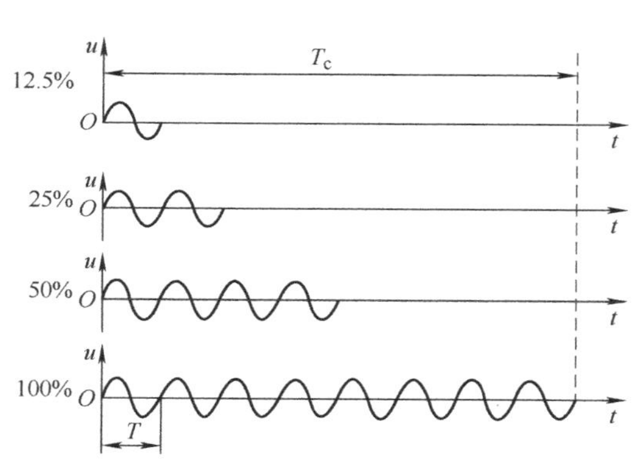


图6-16 整周波通断控制交流调功电路输出波形

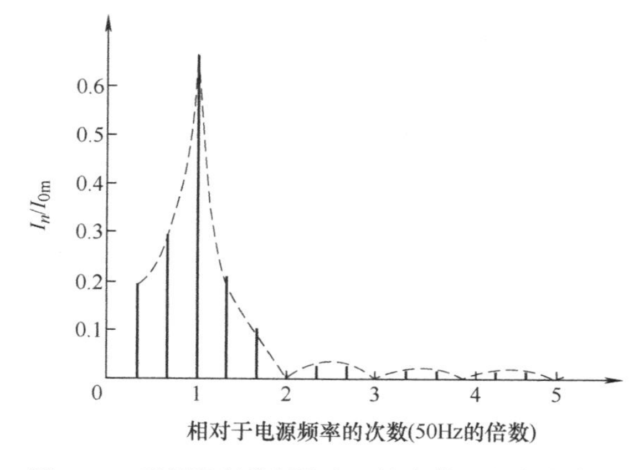


图6-17 采用通断控制的电阻性负载下电流谐波图（通两个周波、断一个周波）

**2. 交流电力电子开关**

将两个晶闸管反并联或单个双向晶闸管串入交流电路，代替机械开关，起接通和断开电路的作用，就构成了晶闸管交流开关，也称为固态继电器。

晶闸管交流开关是一种快速、理想的交流开关。晶闸管交流开关总是在电流过零时关断，在关断时不会因负载或电路电感储存能量而造成暂态过电压和电磁干扰，因此特别适用于操作频繁、可逆运行及有易燃气体、多粉尘的场合。

与交流调功电路所用的交流开关相比，并不控制电路的平均输出功率，通常没有明确的控制周期，只是根据需要控制电路的接通和断开，控制频度通常比交流调功电路低得多。

图 6-18 所示为采用晶闸管开关控制交流电路通断原理图。图中虚线框内部分实际就是一个固态继电器，内部具有光电隔离。此晶闸管交流开关可用 TTL 电平直接驱动。

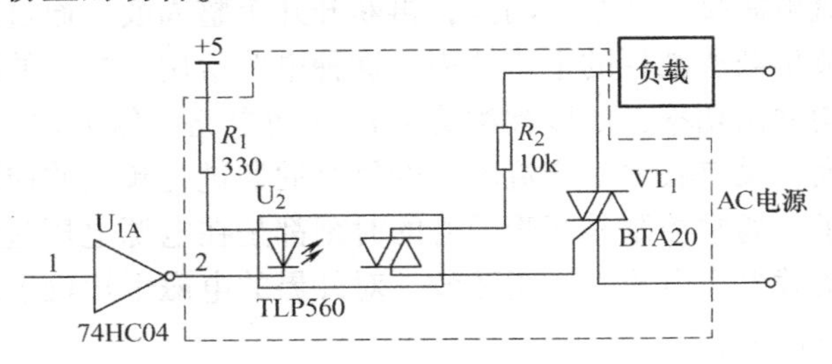


图 6-18　采用晶闸管开关控制交流电路通断原理图

# 6.4　交-交变频电路

本节讲述采用晶闸管的交-交变频电路，将交流电直接变为另一频率和电压的交流电，称为交-交直接变频，这种电路也称为周波变流器。交-交变频电路是把电网频率的交流电直接变换成可调频率的交流电的变流电路。因为没有中间直流环节，因此属于直接变频电路。

交-交变频电路采用晶闸管作为主功率器件广泛用于大功率交流电动机调速传动系统，实际使用的主要是三相输出交-交变频电路。单相输出交-交变频电路是三相输出交-交变频电路的基础。因此本节首先介绍单相输出交-交变频电路的构成、工作原理、控制方法及输入输出特性，然后再介绍三相输出交-交变频电路。

## 6.4.1　单相交-交变频电路

**1. 基本工作原理**

电路由相同的两组晶闸管整流电路反并联构成，如图 6-19a 所示。将其中一组整流器称为正组整流器 P，另外一组称为反组整流器 N。如果正组整流器工作在整流状态，反组整流器被封锁，则负载端得到输出电压为上正下负；如果反组整流器工作在整流状态，正组整流器被封锁，则负载端得到输出电压上负下正。这样，只要交替地以低于电源的频率切换正、反组整流器的工作状态，则在负载端就可以获得交变的输出电压。如果在一个周期内控制角 $\alpha$ 是固定不变的，则输出电压波形为矩形波，如图 6-19b 所示。此种方式控制简

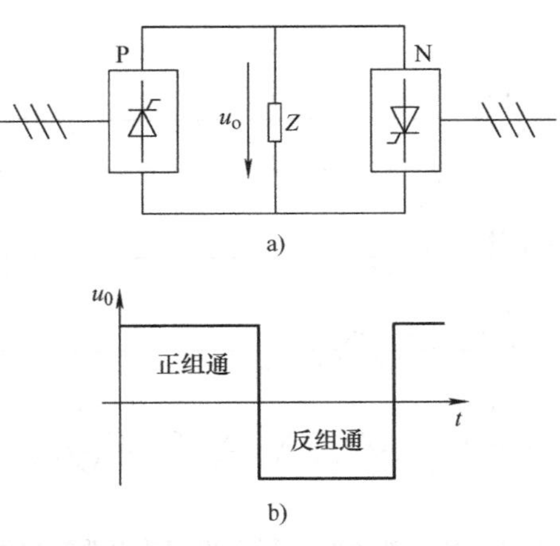


图 6-19　单相交-交变频电路原理图及输出波形（控制角 $\alpha$ 固定）

单，但矩形波中含有大量的谐波，对电动机负载的工作很不利。

如果控制角 $\alpha$ 不固定，在正组整流工作的半个周期内，使控制角按正弦规律从 90°逐渐减小到 0°，然后再由 0°逐渐增加到 90°，那么正组整流器的输出电压的平均值就按正弦规律变化，从零增大到最大，然后从最大减小到零，图 6-20 所示（三相交流输入）的波形是整流器 P 和 N 都是三相半波可控电路时的波形。可以看出，输出电压 $u_o$ 并不是平滑的正弦波，而是由若干段电源电压拼接而成的。在输出电压的一个周期内，所包含的电源电压段数越多，其波形就越接近正弦波。因此，交-交变频电路通常采用 6 脉波的三相桥式电路或 12 脉波变流电路。在反组工作的半个周期内采用同样的控制方法，就可以得到接近正弦波的输出电压。

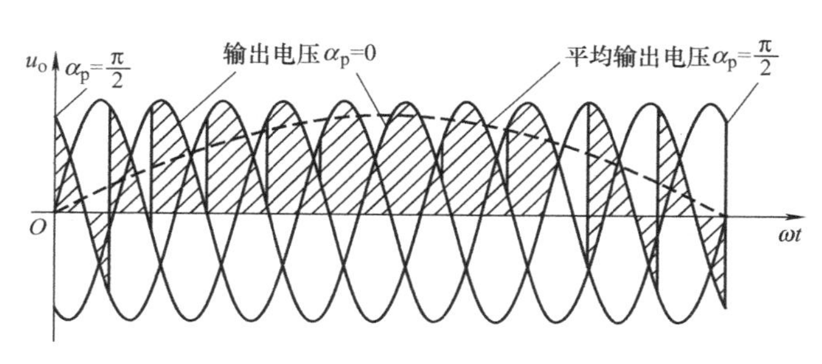


图 6-20 单相交-交变频输出波形（控制角 $\alpha$ 不固定）

正反两组整流器切换时，不能简单地将原来工作的整流器封锁，同时将原来封锁的整流器立即导通。因为已导通的晶闸管并不能在触发脉冲取消的那一瞬间立即被关断，必须待晶闸管承受反压时才能关断。如果两组整流器切换是触发脉冲的封锁和开放同时进行，原先导通的整流器不能立即关断，而原来封锁的整流器已经开通，则会出现两组整流器同时导通的现象，将会产生很大的短路电流，使晶闸管损坏。为了防止此现象发生，将原来工作的整流器封锁后，必须留有一定死区时间，再导通另一组整流器。这种两组整流器任何时刻只有一组工作。在两组之间不存在环流的控制方式称为无环流控制方式。图 6-21 分别给出了三相半波整流电路构成的输出单相的交-交变频电路和三相桥式整流电路构成的输出单相的交-交变频电路。

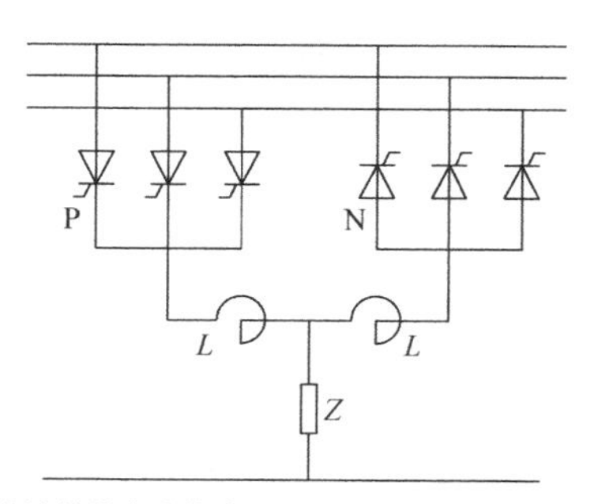


a) 三相半波整流电路构成的交-交变频电路(带环流电抗器)

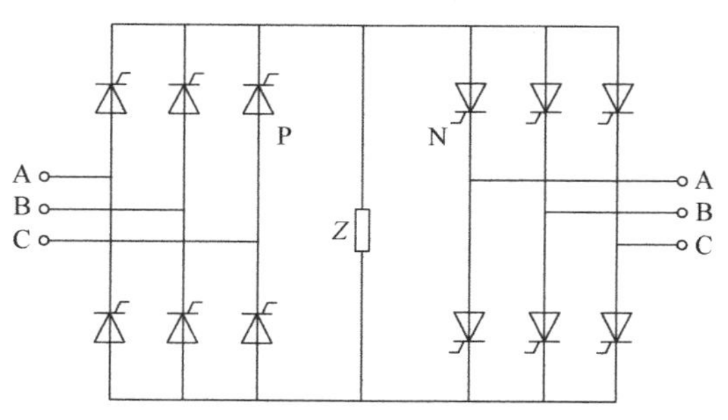


b) 三相桥式整流电路构成的交-交变频电路

图 6-21 单相交-交变频电路

无环流控制方式通过设置死区时间提高运行的安全可靠性，但需要一套控制导通和封锁两组触发脉冲的逻辑切换电路，控制系统比较复杂。

**2. 交-交变频电路的工作状态**

交-交变频电路的负载可以是电感性、电阻性或电容性。下面以使用较多的电感性负载为例，说明组成变频电路的两组可控整流电路的工作过程。

对于电感性负载，输出电压超前电流，图6-22给出了电感性负载时变频电路的输出电流波形。考虑无环流工作方式下负载电流过零的死区时间，一个周期可以分为六个阶段。

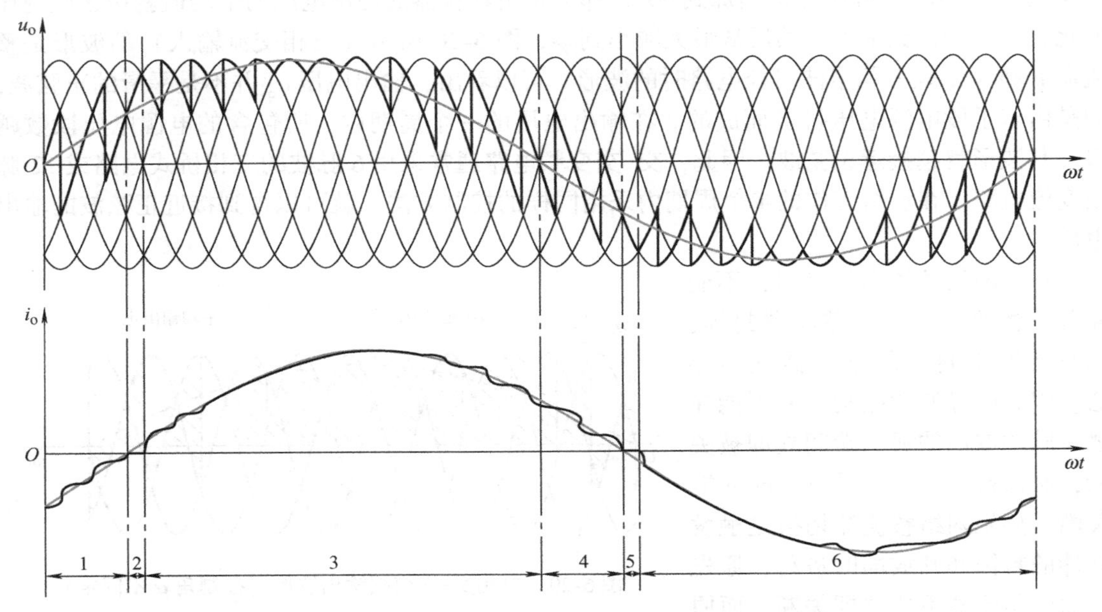


图6-22 电感性负载时变频电路的输出电流波形

1）第一阶段，输出电压为正，由于电流滞后，故 $i_o<0$。因为整流器的输出电流具有单向性，所以负载负向电流必须由反组整流器输出，则此阶段为反组整流器工作，正组整流器被封锁。由于 $u_o$ 为正，则反组整流器必须工作在有源逆变状态。反组整流器输出负功率。

2）第二阶段，电流过零，为无环流死区。

3）第三阶段，$i_o>0$，$u_o>0$。电流方向为正，此阶段正组整流器工作，反组整流器被封锁。由于 $u_o$ 为正，故正组整流器必须工作在整流状态，正组整流器输出正功率。

4）第四阶段，$i_o>0$，$u_o<0$。由于电流方向没有改变，所以正组整流器工作，反组整流器仍被封锁，由于电压方向为负，故正组整流器工作在有源逆变状态，正组整流器输出负功率。

5）第五阶段，电流为零，为无环流死区。

6）第六阶段，$i_o<0$，$u_o<0$。电流方向为负，反组整流器工作，正组整流器被封锁。此阶段反组整流器工作在整流状态，反组整流器输出正功率。

可以看出，哪组整流器电路工作是由输出电流决定的，而与输出电压极性无关。变流电路是工作在整流状态还是逆变状态，则是由输出电压方向和输出电流方向的异同决定的。

**3. 输出正弦波电压的控制方法**

要使输出电压波形接近正弦波，必须在一个控制周期内，$\alpha$ 角按一定规律变化，使整流电路在每个控制间隔内的输出平均电压按正弦规律变化。使交-交变频电路的输出电压波形基本为正弦波的调制方法有多种，这里主要介绍最基本的余弦交点法。

设 $U_{d0}$ 为 $\alpha=0$ 时整流电路的理想空载电压，则触发延迟角为 $\alpha$ 时整流电路的输出电压为

$$\overline{u}_o = U_{d0}\cos\alpha \tag{6-32}$$

对交-交变频电路来说，每次控制时 $\alpha$ 都是不同的，式(6-32) 中的 $\overline{u}_o$ 表示每次控制间隔内输出电压的平均值。若正、反组整流器采用三相桥式整流电路，则控制间隔为 60°（3.33ms），在不同的控制间隔内控制角 $\alpha$ 不同，则平均电压 $\overline{u}_o$ 值是变化的。

若期望的正弦波输出电压 $u_o$为

$$u_o = U_{0m}\sin\omega_0 t \tag{6-33}$$

式中，$U_{0m}$、$\omega_0$分别为变频器输出正弦波电压的幅值、角频率。

比较式(6-32) 和式(6-33)，得

$$U_{d0}\cos\alpha = U_{0m}\sin\omega_0 t \tag{6-34}$$

得

$$\cos\alpha = \frac{U_{0m}}{U_{d0}}\sin\omega_0 t = M\sin\omega_0 t \tag{6-35}$$

式中，$M=\dfrac{U_{0m}}{U_{d0}}$称为输出电压比，$0 \leqslant M \leqslant 1$。

因此

$$\alpha = \arccos(M\sin\omega_0 t) \tag{6-36}$$

式(6-36) 即为余弦交点法求 $\alpha$ 角的基本公式。利用此公式，通过微处理器系统可以很方便地实现准确计算和控制。

若使用模拟电路实现交-交变频器的控制，则可以利用余弦交点图解法，如图 6-23 所示。图 6-23 中，电网线电压 $u_{ab}$、$u_{ac}$、$u_{bc}$、$u_{ba}$、$u_{ca}$和 $u_{cb}$依次用 $u_1 \sim u_6$表示，相邻两个线电压的交点对应于 $\alpha=0$（自然换向点）。$u_1 \sim u_6$所对应的同步余弦信号分别用 $u_{s1} \sim u_{s6}$表示。$u_{s1} \sim u_{s6}$比对应的 $u_1 \sim u_6$超前 30°。也就是说，$u_{s1} \sim u_{s6}$的最大值正好和相应线电压 $\alpha=0$ 的时刻相对应，如以 $\alpha=0$ 为零时刻，则 $u_{s1} \sim u_{s6}$为余弦信号。设希望输出的电压为 $u_o$，则各晶闸管的触发时刻由相应的同步电压 $u_{s1} \sim u_{s6}$的下降段和 $u_o$ 的交点来决定。

例如以图 6-23 中“0”点为建立坐标系 0 点，则 $u_1$（$u_{ab}$）对应的同步电压 $u_{s1}$为

$$u_{s1} = U_{s1m}\cos\omega t \tag{6-37}$$

设期望的正弦波输出电压 $u_o$与 $u_{s1}$下降段的交点为 $\omega t_1$，则

$$u_o(\omega_0 t_1) = u_{s1}(\omega t_1) = U_{s1m}\cos\omega t_1 \tag{6-38}$$

而在此 $\omega t_1$ 时刻，触发整流器中的晶闸管，设触发控制角为 $\alpha_{p1}$，若整流器为三相桥式整流电路，则输出电压平均值。

$$U_o = U_{d0}\cos\omega t_1 = 2.34U_2\cos\omega t_1 = 2.34U_2\cos\alpha_{p1} \tag{6-39}$$

此值实际就是交-交变频器在此刻的输出电压。

上述余弦交点法可以用模拟电

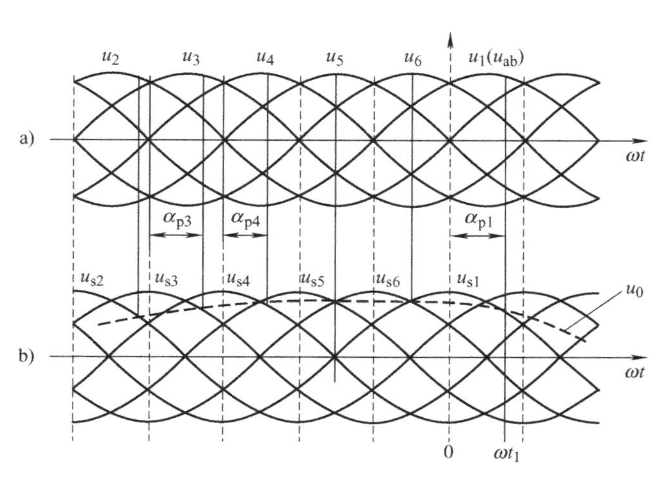

图 6-23 余弦交点法原理

路来实现，但电路复杂，且不易实现准确的控制。采用计算机控制时可方便地实现准确的运算，而且除计算 $\alpha$ 外，还可以实现各种复杂的控制运算，使整个系统获得很好的性能。

**4. 输入、输出特性**

（1）输出上限频率　交–交变频电路输出电压不是平滑的正弦波，而是由若干段电源电压拼接而成的。输出电压一个周期内拼接的电网电压段数越多，就可使输出电压波形越接近正弦波。每段电网电压的平均持续时间是由变流电路的脉波数决定的。因此，当输出频率增高时，输出电压一周期所含电网电压的段数就减少，波形畸变就越严重。电压波形畸变以及由此产生的电流波形畸变和电动机转矩脉动是限制输出频率提高的主要因素。就输出波形畸变和输出上限频率的关系而言，很难确定一个明确的界限。当然，构成交–交变频电路的两组变流电路的脉波数越多，输出上限频率就越高。就常用的6脉波三相桥式电路而言，一般认为，输出上限频率不高于电网频率的1/3～1/2。电网频率为50Hz时，交–交变频电路的输出上限频率约为20Hz。

（2）输入功率因数　由于交–交变频电路的控制方式为移相触发控制，输入电流相位滞后于输入电压，因此需要电网提供无功功率。

图6-24给出了在不同输出电压比 $M$ 的情况下，在输出电压的一个周期内，触发延迟角 $\alpha$ 随 $\omega_0 t$ 变化的情况。图中，$\alpha = \arccos(M\sin\omega_0 t) = \frac{\pi}{2} - \arcsin(M\sin\omega_0 t)$。可以看出，在交–交变频电路输出的一周期内，$\alpha$ 角以90°为中心变化，输出电压比 $M$ 越小，半周期内 $\alpha$ 的平均值越靠近90°，其位移因数或输入功率因数越低。当 $M$ 较小，即输出电压较低时，$\alpha$ 只在离90°很近的范围内变化，电路的输入功率因数非常低。

图6-25给出了以输出电压比 $M$ 为参变量时的输入位移因数和负载功率因数的关系。输入位移因数也就是输入的基波功率因数，其值通常略大于输入功率因数。因此，图6-25也大体反映了输入功率因数和负载功率因数的关系。可以看出，负载功率因数越低，输入功率因数也越低。即使负载功率因数为1且输出电压比 $M$ 也为1，输入位移因数仍小于1，随着负载功率因数的降低和 $M$ 的减小，输入位移因数也随之降低。

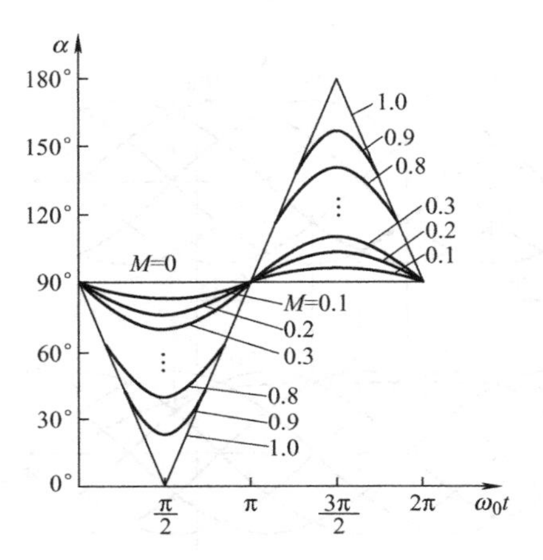


图6-24　不同的 $M$ 下，$\alpha$ 和 $\omega_0$ 的关系

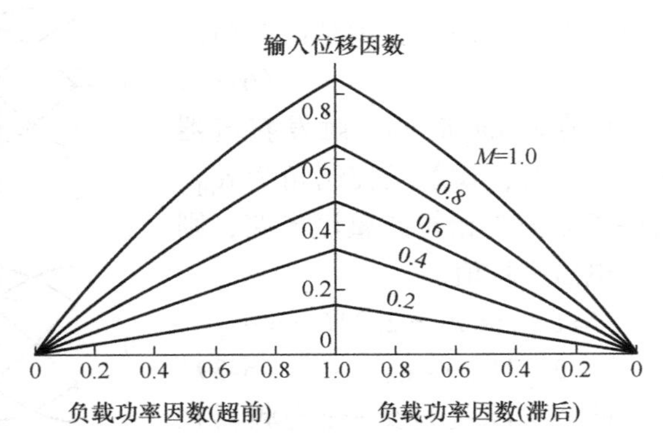


图6-25　输入功率因数与负载功率因数间的关系

(3) 输出电压谐波 交-交变频电路输出电压的谐波频谱非常复杂，既和输入频率$f_1$以及变流电路的脉波数有关，也和输出频率$f_0$有关。采用三相桥时，输出电压所含主要谐波的频率为

$$6f_1 \pm f_0,\ 6f_1 \pm 3f_0,\ 6f_1 \pm 5f_0,\ \cdots$$
$$12f_1 \pm f_0,\ 12f_1 \pm 3f_0,\ 12f_1 \pm 5f_0,\ \cdots$$

采用无环流控制方式时，由于电流方向改变时对死区的影响，故将增加$5f_0$、$7f_0$等次谐波。

(4) 输入电流谐波 交-交变频电路由正、反两组整流电路构成，输入电流波形与可控整流电路的输入波形类似，但其幅值和相位均按正弦规律被调制。采用三相桥式电路的交交变频电路输入电流谐波频率为

$$f_{in} = |(6k \pm 1)f_1 \pm 2lf_0| \tag{6-40}$$

$$f_{in} = f_1 \pm 2kf_0 \tag{6-41}$$

式中，$k=1,2,3,\cdots$；$l=0,1,2,\cdots$。

与可控整流电路输入电流的谐波相比，交-交变频电路输入电流的频谱要复杂得多，但各次谐波的幅值要比可控整流电路的谐波幅值小。

前面的分析都是基于无环流方式进行的。在无环流方式下，由于负载电流反向时为保证无环流而必须留一定的死区时间，就使得输出电压的波形畸变增大。另外，在负载电流断续时，输出电压被负载电动机反电动势抬高，这也会造成输出波形畸变。电流死区和电流断续的影响也限制了输出频率的提高。采用有环流方式可以避免电流断续并消除电流死区，改善输出波形，还可提高交-交变频电路的输出上限频率。但是有环流方式时需要设置环流电抗器，使设备成本增加，运行效率也因环流而有所降低。因此，目前应用较多的还是无环流方式。

## 6.4.2 三相交-交变频电路

交-交直接变频电路主要应用于三相交流供电的大功率交流电机调速系统，因此实用的交-交直接变频器大都是三相输出交-交变频电路。三相输出交-交变频电路由三组输出电压相位各差120°的单相交-交变频电路按一定的方式连接组成。

**1. 电路接线方式**

三相交-交变频电路主要有两种连接方式，即公共交流母线进线方式和输出星形联结方式。

(1) 公共交流母线进线方式 图6-26所示为公共交流母线进线方式三相交-交变频电路原理图，它由三组彼此独立的、输出电压相位相互错开120°的单相交-交变频电路构成，它的电源进线通过进线电抗器接在公共的交流母线上。因为电源进线端公用，所以三组的单相交-交变频电路的输出端必须隔离。为此，交流电动机的三个绕组必须拆开，共引出六根线，主要用于中等容量的交流调速系统。

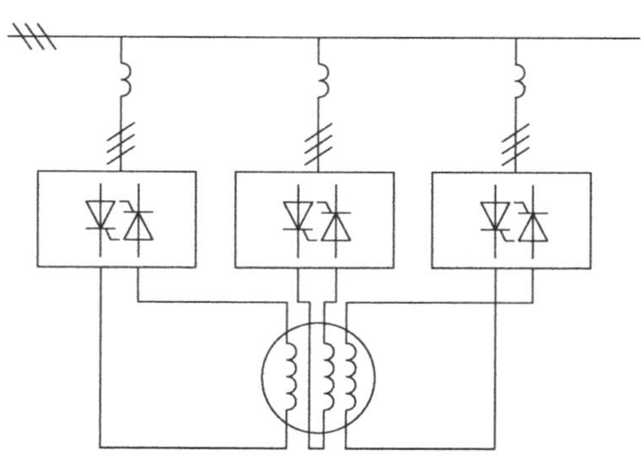

图6-26 公共交流母线进线方式的三相交-交变频电路

（2）输出星形联结方式　图6-27所示为输出星形联结方式三相交-交变频电路原理图，三组的输出端是星形连接，电动机的三个绕组也是星形联结，电动机中点不和变频电路中点接在一起，电动机只引出三根线即可。因为三组的输出连接在一起，其电源进线必须隔离，所以分别用三个变压器供电。

由于输出端中点不和负载中点相连，所以在构成三相变频电路的六组桥式电路中，至少要有不同输出相的两组桥中的四个晶闸管同时导通才能构成回路，形成电流。和整流电路一样，同一组桥内的两个晶闸管靠双触发脉冲保证同时导通。两组桥之间则是靠各自的触发脉冲有足够的宽度，以保证同时导通。

（3）实用电路结构　下面列出了两种三相交-交变频电路的电路结构。

图6-28所示为由三相桥式整流电路构成的三相交-交变频电路原理图，每相变频电路都是由两组反并联的三相桥式整流电路组成的采用公共交流母线进线方式。

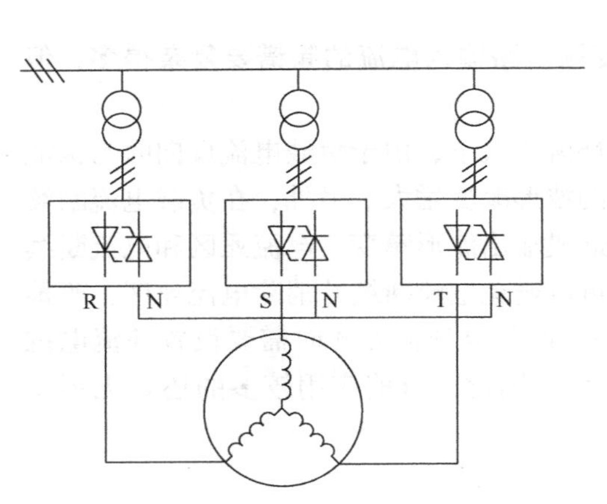


图6-27　输出星形联结方式的三相交-交变频电路

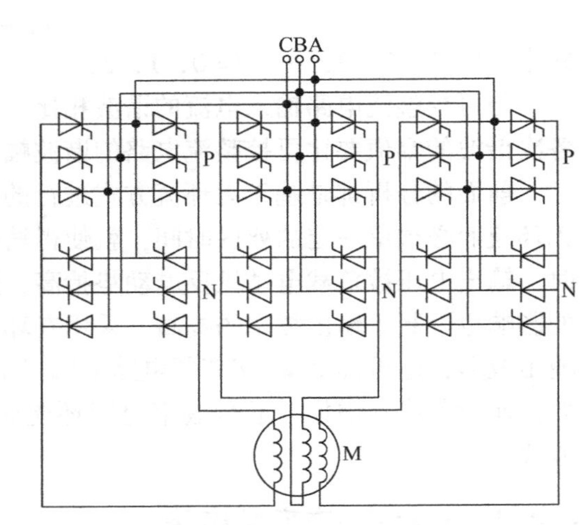


图6-28　三相桥式整流电路构成的三相交-交变频电路

图6-29所示为12脉波整流电路构成的三相交-交变频电路原理图，采用输出星形联结方式，每相变频器由四组三相桥式整流电路构成，其中整流器Ⅰ和Ⅱ串联成一个整流器P，Ⅲ和Ⅳ串联成一个整流器N。由于整流器Ⅰ和Ⅱ输出电压相位相差30°，故整流器Ⅰ和Ⅱ串联后的输出电压平均值大一倍而脉动更小，脉动频率也提高一倍，输出电压的脉波数为12。整流器Ⅲ和Ⅳ的情况类似。然后整流器P再与整流器N反并联，构成一相变频电路。图6-29所示变频电路和控制电路都十分复杂，但输出波形好，适用于高压大容量的交流电动机四象限变速电力传动。

**2. 输入输出特性**

三相交-交变频电路输出上限频率、输出电压谐波和单相交交变频电路是一致的。但输入电流和输入功率因数有一些差别。总输入电流由三个单相的同一相输入电流合成而得到，有些谐波因相位关系相互抵消，谐波种类有所减少，总的谐波幅值也有所降低，谐波频率为

$$f_{in} = |(6k \pm 1)f_1 \pm 6lf_0| \tag{6-42}$$

和

$$f_{in} = f_1 \pm 6kf_0 \tag{6-43}$$

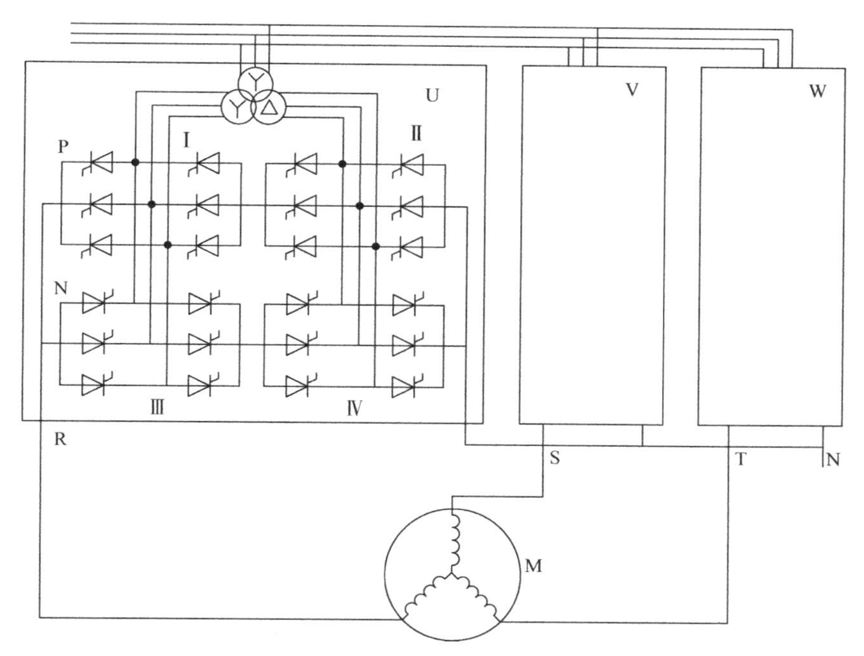


图 6-29 12 脉波整流电路构成的三相交-交变频电路

式中，$k=1$，2，3，…；$l=0$，1，2，…。

当采用三相桥式整流电路时，输入谐波电流的主要频率为 $f_1 \pm 6f_0$、$5f_1$、$5f_1 \pm 6f_0$、$7f_1$、$7f_1 \pm 6f_0$、$11f_1$、$11f_1 \pm 6f_0$、$13f_1$、$13f_1 \pm 6f_0$、$f_1 \pm 12f_0$ 等。其中 $5f_1$ 次谐波的幅值最大。

三相总输入功率因数应为

$$\lambda = \frac{P}{S} = \frac{P_a + P_b + P_c}{S} \tag{6-44}$$

从式(6-44) 可以看出，三相电路总的有功功率为各相有功功率之和，但视在功率却不能简单相加，而应该由总输入电流有效值和输入电压有效值来计算，比三相各自的视在功率之和要小。因此，三相交-交变频电路总输入功率因数要高于单相交-交变频电路。当然，这只是相对于单相电路而言，功率因数低仍是三相交-交变频电路的一个主要缺点。

**3. 改善输入功率因数和提高输出电压**

在图 6-27 和图 6-29 所示的输出星形联结的三相交-交变频电路中，各相输出的是相电压，而加在负载上的是线电压。如果在各相电压中叠加同样的直流分量或 3 倍于输出频率的谐波分量，它们都不会在线电压中反映出来，因而也加不到负载上。利用这一特性可以使输入功率因数得到改善并提高输出电压。

当负载电动机低速运行时，变频器输出电压幅值很低，各组变流电路的触发延迟角 $\alpha$ 都在 90°附近，因此输入功率因数很低。如果给各相的输出电压都叠加上同样的直流分量，则 $\alpha$ 将减小，但变频器输出线电压并不改变。这样，既可以改善变频器的输入功率因数，又不影响电动机的运行，这种方法称为直流偏置。对于长期在低速下运行的电动机，用这种方法可明显改善输入功率因数。

另一种改善输入功率因数的方法是梯形波输出控制方式。如图 6-30 所示，使三组单相变频器的输出电压均为梯形波（也称准梯形波）。因为输出为梯形波产生的主要谐波成分是3次谐波，所以在线电压中，3次谐波相互抵消，结果线电压仍为正弦波。在这种控制方式中，因为电路工作在高输出电压区域（即梯形波的平顶区）的时间增加，$\alpha$ 较小，因此输入功率因数可得到改善，输入功率因数可提高15%左右。

在图6-23所示的正弦波输出控制方式中，最大输出正弦波相电压的幅值为三相桥式电路当 $\alpha=0°$ 时的直流输出电压值 $U_{d0}$。和正弦波相比，在同样幅值的情况下，如图6-30所示，梯形波中的基波幅值可提高15%左右。这样，采用梯形波输出控制方式还可以使变频器的输出电压提高约15%。

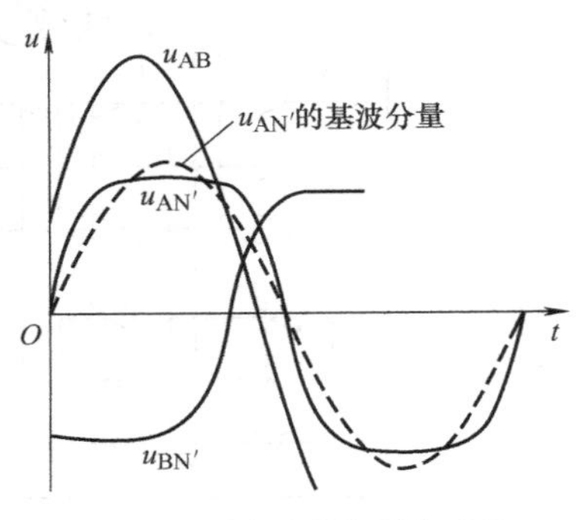

图6-30　梯形波控制方式的理想输出电压波形

采用梯形波输出控制方式相当于在相电压中叠加了3次谐波。因此，这种方法称为交流偏置法。

**4. 交-变频和交-直-交变频的比较**

本节介绍的交-交变频电路是把一种频率的交流直接变成可变频率的交流，是一种直接变频电路。另外还有一种间接变频电路，即先把交流变换成直流，再把直流逆变成可变频率的交流，这种电路也称为交-直-交变频电路。交-交变频电路和交-直-交变频电路相比（见表6-1)，交-交变频电路的优点是只用一次变流，效率较高；可方便地实现四象限工作；低频输出波形接近正弦波。缺点是接线复杂，如采用三相桥式电路的三相交-交变频器，则至少要用36只晶闸管；受电网频率和变流电路脉波数的限制，输出频率较低；输入功率因数较低；输入电流谐波含量大，频谱复杂。

**表6-1　交-交变频电路与交-直-交变频电路比较**

| 内　容 | 交-交变频电路 | 交-直-交变频电路 |
|---|---|---|
| 换能形式 | 一次换能，效率高 | 两次换能，效率较低 |
| 换流方式 | 电网自然换流 | 强迫或负载换流，或自关断器件 |
| 器件数量 | 多 | 较少 |
| 输出频率范围 | (1/3～1/2) 电网频率 | 无限制 |
| 输入功率因数 | 较低 | 采用PWM控制时较高 |
| 适用场合 | 低速大功率交流电机传动系统 | 各种交流传动系统、UPS等 |

## 6.5　矩阵变频电路

矩阵式变换器（Matrix Converter，MC）作为一种新型的交-交变频电源，其电路拓扑形式早在1976年就被提出，1979年意大利学者M. Venturini和A. Alesina在理论上论证了该电力变换技术的可行性，从此以后MC得到了广泛的研究，也取得了丰富的成果。图6-31所示为矩阵式变频电路的主电路拓扑。

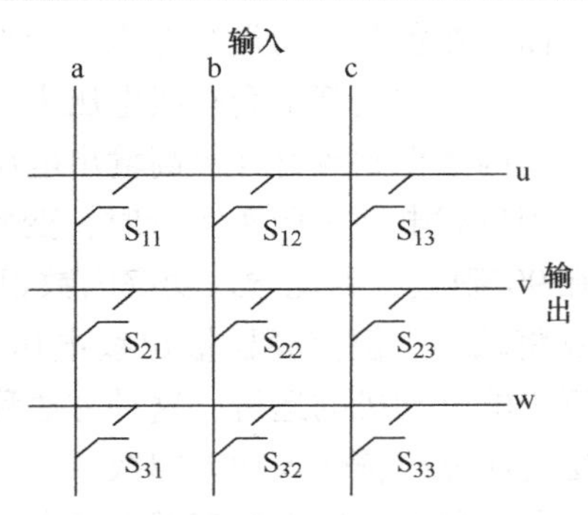

图6-31　矩阵式变频电路的主电路拓扑

在图6-31中，三相输入电压为$u_a$、$u_b$和$u_c$，三相输出电压为$u_u$、$u_v$和$u_w$。九个开关器件组成3×3矩阵，因此该电路被称为矩阵式变频电路或矩阵变换器。

图中每个开关都是矩阵中的一个元素，采用双向可控开关，可以是图6-13中任何一种开关单元。图6-32给出一种实际的矩阵式变频电路。

矩阵式变频电路优点是输出电压为正弦波，输出频率不受电网频率的限制，输入电流也可控制为正弦波且与电压同相，功率因数为1，也可控制为需要的功率因数，能量可双向流动，适用于交流电动机的四象限运行，不通过中间直流环节而直接实现变频，效率较高。

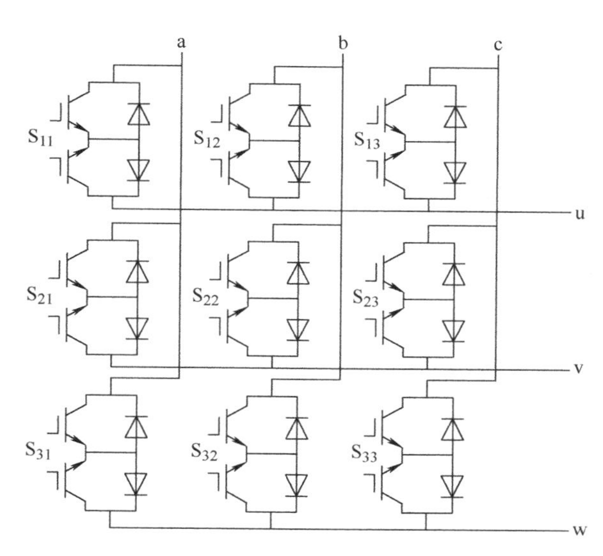

图6-32 矩阵式变频电路

**基本工作原理**

对交流电压某相$u_s$（如a相电压$u_a$）进行斩波控制，即进行PWM控制时，输出电压$u_o$（如u相电压$u_u$）为

$$u_o=\frac{t_{on}}{T_c}u_s=Du_s \tag{6-45}$$

式中，$T_c$为开关周期；$t_{on}$为一个开关周期内开关导通时间；$D$为占空比。

在不同的开关周期中采用不同的$D$，即$D$是时间的函数，可得到与$u_s$频率和波形都不同的$u_o$。

由于单相交流电压$u_s$波形为正弦波，可利用的输入电压部分只有如图6-33a所示的单相电压阴影部分，因此输出电压$u_o$将受到很大的局限，无法得到所需要的输出波形。如果把输入交流电源改为三相，例如用图6-31中第一行的三个开关$S_{11}$、$S_{12}$和$S_{13}$共同作用来构造$u$相输出电压$u_u$，就可利用图6-33b的三相相电压包络线中所有的阴影部分。

从图中可以看出，理论上所构造的$u_u$的频率可不受限制，但其最大幅值仅为输入相电压幅值的0.5倍。如果利用输入线电压来构造输出线电压，例如用图6-31中第一行和第二行的六个开关共同作用来构造输出线电压$u_{uv}$，就可利用图6-33c中六个线电压包络线中所有的阴影部分。这样，其最大幅值就可达到输入线电压幅值的0.866倍。这也是正弦波输出条件下矩阵式变频电路理论上最大的输出输入电压比。下面为了叙述方便，仍以相电压输出方式为例进行分析。

对图6-32中开关$S_{11}$、$S_{12}$和$S_{13}$进行斩波控制，为防止输入电源短路，任何时刻只能有一个开关接通，负载一般是阻感负载，负载电流具有电流源性质，为使负载不开路，任一时刻必须有一个开关接通。则$u$相输出电压$u_u$和各相输入电压的关系为

$$u_u=D_{11}u_a+D_{12}u_b+D_{13}u_c \tag{6-46}$$

式中，$D_{11}$、$D_{12}$和$D_{13}$为一个开关周期内开关$S_{11}$、$S_{12}$、$S_{13}$的导通占空比。而且有

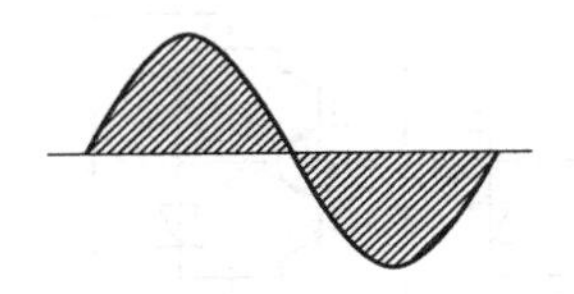

a) 单相输入

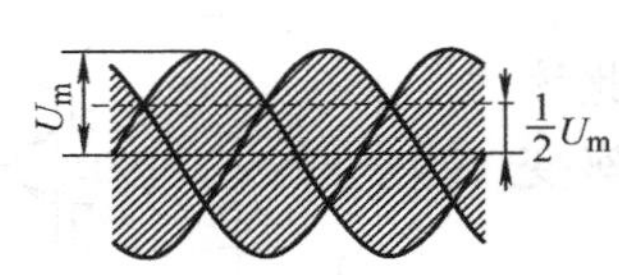


b) 相输入相电压构造输出相电压

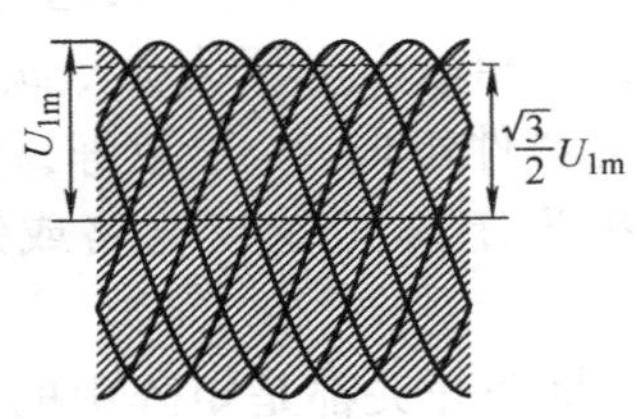


c) 三相输入线电压构造输出线电压

图 6-33 构造输出电压时可利用的输入电压部分

$$D_{11}+D_{12}+D_{13}=1 \tag{6-47}$$

按同样方法，v、w 相输出电压 $u_v$、$u_w$ 分别为

$$u_v=D_{21}u_a+D_{22}u_b+D_{23}u_c \tag{6-48}$$

$$u_w=D_{31}u_a+D_{32}u_b+D_{33}u_c \tag{6-49}$$

写成矩阵形式为

$$\begin{bmatrix}u_u\\u_v\\u_w\end{bmatrix}=\begin{bmatrix}D_{11}&D_{12}&D_{13}\\D_{21}&D_{22}&D_{23}\\D_{31}&D_{32}&D_{33}\end{bmatrix}\begin{bmatrix}u_a\\u_b\\u_c\end{bmatrix} \tag{6-50}$$

可缩写为

$$\boldsymbol{u}_o=\boldsymbol{D}\boldsymbol{u}_1 \tag{6-51}$$

式中

$$\boldsymbol{u}_o=[u_u\quad u_v\quad u_w]^T$$

$$\boldsymbol{u}_1=[u_a\quad u_b\quad u_c]^T$$

$$\boldsymbol{D}=\begin{bmatrix}D_{11}&D_{12}&D_{13}\\D_{21}&D_{22}&D_{23}\\D_{31}&D_{32}&D_{33}\end{bmatrix}$$

$\boldsymbol{D}$ 称为调制矩阵，它是时间的函数。

考虑输出负载不会开路，三相输入电流 $i_a$、$i_b$、$i_c$ 由各相输出电流的叠加而成，其关系为

$$i_a=D_{11}i_u+D_{21}i_v+D_{31}i_w \tag{6-52}$$

$$i_b=D_{12}i_u+D_{22}i_v+D_{32}i_w \tag{6-53}$$

$$i_c=D_{13}i_u+D_{23}i_v+D_{33}i_w \tag{6-54}$$

写成矩阵形式为

$$\boldsymbol{i}_1=\begin{bmatrix}i_a\\i_b\\i_c\end{bmatrix}=\begin{bmatrix}D_{11}&D_{21}&D_{31}\\D_{12}&D_{22}&D_{32}\\D_{13}&D_{23}&D_{33}\end{bmatrix}\begin{bmatrix}i_u\\i_v\\i_w\end{bmatrix}=\boldsymbol{D}^T\boldsymbol{i}_o \tag{6-55}$$

式(6-50) 和式(6-55) 是矩阵式变频电路的基本输入输出关系式。

对实际系统来说，输入电压和所需要的输出电流是已知的，设为

$$\begin{bmatrix} u_a \\ u_b \\ u_c \end{bmatrix} = \begin{bmatrix} U_{1m}\cos\omega_1 t \\ U_{1m}\cos\left(\omega_1 t - \dfrac{2\pi}{3}\right) \\ U_{1m}\cos\left(\omega_1 t - \dfrac{4\pi}{3}\right) \end{bmatrix} \tag{6-56}$$

$$\begin{bmatrix} i_u \\ i_v \\ i_w \end{bmatrix} = \begin{bmatrix} I_{0m}\cos(\omega_0 t - \varphi_0) \\ I_{0m}\cos\left(\omega_0 t - \dfrac{2\pi}{3} - \varphi_0\right) \\ I_{0m}\cos\left(\omega_0 t - \dfrac{4\pi}{3} - \varphi_0\right) \end{bmatrix} \tag{6-57}$$

式中，$U_{1m}$、$I_{0m}$分别为输入电压和输出电流的幅值；$\omega_1$、$\omega_0$ 分别为输入电压和输出电流的角频率；$\varphi_0$ 相应于输出频率的负载阻抗角。

变频电路希望的输出电压和输入电流分别为

$$\begin{bmatrix} u_u \\ u_v \\ u_w \end{bmatrix} = \begin{bmatrix} U_{0m}\cos(\omega_0 t) \\ U_{0m}\cos\left(\omega_0 t - \dfrac{2\pi}{3}\right) \\ U_{0m}\cos\left(\omega_0 t - \dfrac{4\pi}{3}\right) \end{bmatrix} \tag{6-58}$$

$$\begin{bmatrix} i_a \\ i_b \\ i_c \end{bmatrix} = \begin{bmatrix} I_{1m}\cos(\omega_1 t - \varphi_1) \\ I_{1m}\cos\left(\omega_1 t - \dfrac{2\pi}{3} - \varphi_1\right) \\ I_{1m}\cos\left(\omega_1 t - \dfrac{4\pi}{3} - \varphi_1\right) \end{bmatrix} \tag{6-59}$$

式中，$U_{0m}$、$I_{1m}$分别为输出电压和输入电流的幅值；$\varphi_1$ 为输入电流滞后于电压的相位角；当期望的输入功率因数为 1 时，$\varphi_1=0$。把式(6-56)～式(6-59) 代入式(6-51) 和式(6-55)，可得

$$\begin{bmatrix} U_{0m}\cos(\omega_0 t) \\ U_{0m}\cos\left(\omega_0 t - \dfrac{2\pi}{3}\right) \\ U_{0m}\cos\left(\omega_0 t - \dfrac{4\pi}{3}\right) \end{bmatrix} = \boldsymbol{D} \begin{bmatrix} U_{1m}\cos(\omega_1 t) \\ U_{1m}\cos\left(\omega_1 t - \dfrac{2\pi}{3}\right) \\ U_{1m}\cos\left(\omega_1 t - \dfrac{4\pi}{3}\right) \end{bmatrix} \tag{6-60}$$

$$\begin{bmatrix} I_{1m}\cos(\omega_1 t) \\ I_{1m}\cos\left(\omega_1 t - \dfrac{2\pi}{3}\right) \\ I_{1m}\cos\left(\omega_1 t - \dfrac{4\pi}{3}\right) \end{bmatrix} = \boldsymbol{D}^{\mathrm{T}} \begin{bmatrix} I_{0m}\cos(\omega_0 t - \varphi_0) \\ I_{0m}\cos\left(\omega_0 t - \dfrac{2\pi}{3} - \varphi_0\right) \\ I_{0m}\cos\left(\omega_0 t - \dfrac{4\pi}{3} - \varphi_0\right) \end{bmatrix} \tag{6-61}$$

如能求得满足式(6-60) 和式(6-61) 的调制矩阵 $\boldsymbol{D}$，就可得到希望的输出电压和输入电流。可以满足上述方程的解有许多，直接求解是很困难的。

从上面的分析可以看出，要使矩阵式变频电路能够很好地工作，有两个基本问题必须解决。首先要解决的问题是如何求取理想的调制矩阵 $\boldsymbol{D}$，其次就是在开关切换时如何实现既无交叠又无死区。通过许多学者的努力，这两个问题都已有了较好的解决办法。主要有直接变

换法，间接变换法和滞环电流跟踪法。由于篇幅所限，本书不做详细介绍。

目前来看，矩阵式变频电路所用的开关器件为 18 个，电路结构较复杂，成本较高，控制方法还不算成熟。此外，其输出输入最大电压比只有 0.866，用于交流电动机调速时输出电压偏低，这些是其尚未进入实用化的主要原因。但是这种电路也有十分突出的优点。首先，矩阵式变频电路有十分理想的电气性能，它可使输出电压和输入电流均为正弦波，输入功率因数为 1，且能量可双向流动，可实现四象限运行；其次，和目前广泛应用的交-直-交变频电路相比，虽多用了六个开关器件，却省去了直流侧大电容，将使体积减小，且容易实现集成化和功率模块化。在电力电子器件制造技术飞速进步和计算机技术日新月异的今天，矩阵式变频电路将有很好的发展前景。

## 6.6 Matlab 应用举例

**仿真 1** 对图 6-3 单相交流调压电路进行仿真

1）仿真模型的建立：单相交流调压电路包括交流电源、两个 GTO 晶闸管、两个脉冲触发器和负载，按照电路结构组成电路，如图 6-34 所示。此外，为了测量和显示信号，增加了 Mux 模块、电压测量模块和示波器。

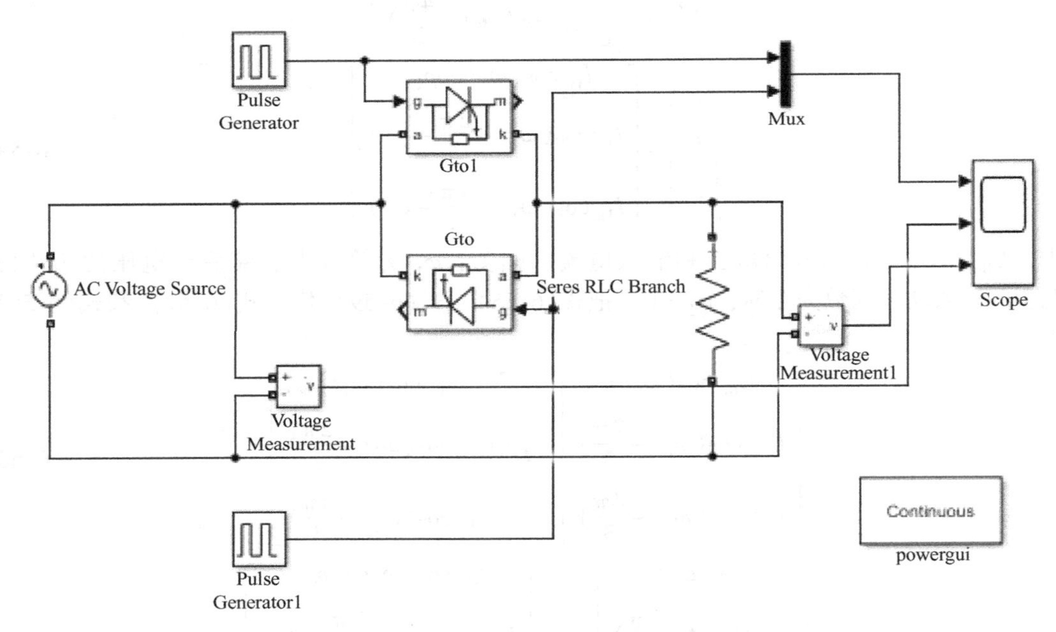


图 6-34 单相交流调压电路仿真模型

2）仿真条件：输入电压为 220V，频率为 50Hz；触发脉冲 1 幅值设为 1，周期为 0.02s，脉冲宽度为 50%，相位延迟 30°；触发脉冲 2 相位延迟为 210°，其他设置与触发脉冲 1 相同；负载为电阻，$R=50\Omega$；仿真时间为 0.04s，仿真波形如图 6-35 所示。改变控制角为 60°，仿真波形如图 6-36 所示。

3）波形分析：从图 6-35 仿真波形从上到下依次为触发脉冲 1 和触发脉冲 2、输入电压和输出电压。通过对图 6-35 和图 6-36 的比较，可以看出改变 $\alpha$ 的大小能够改变输出电压的大小，从而起到调压的作用。

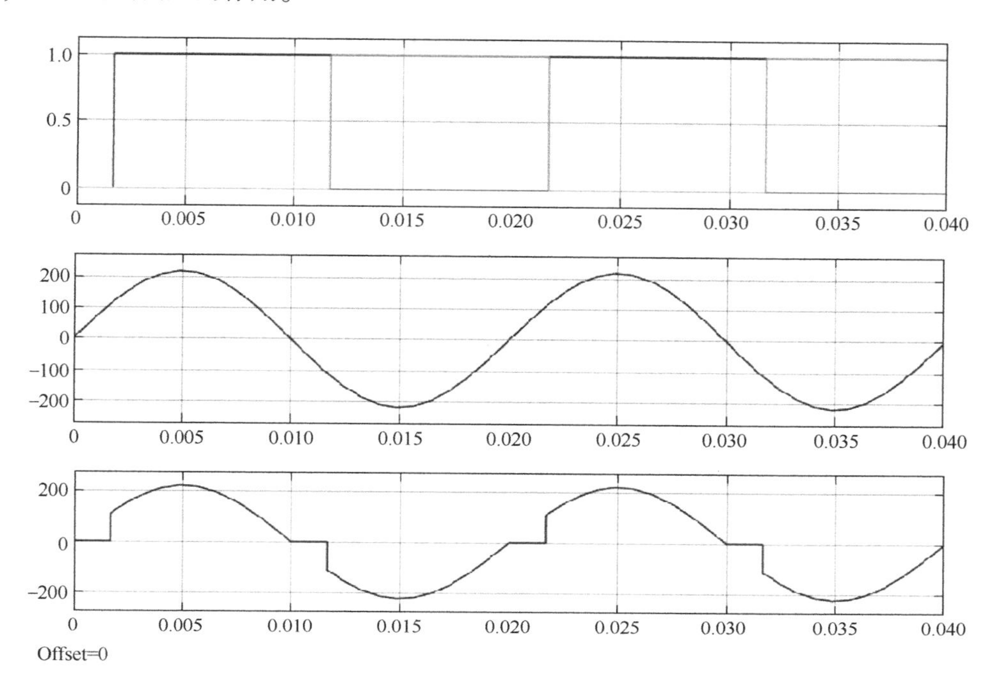


图 6-35 $\alpha=30°$时单相交流调压电路仿真波形

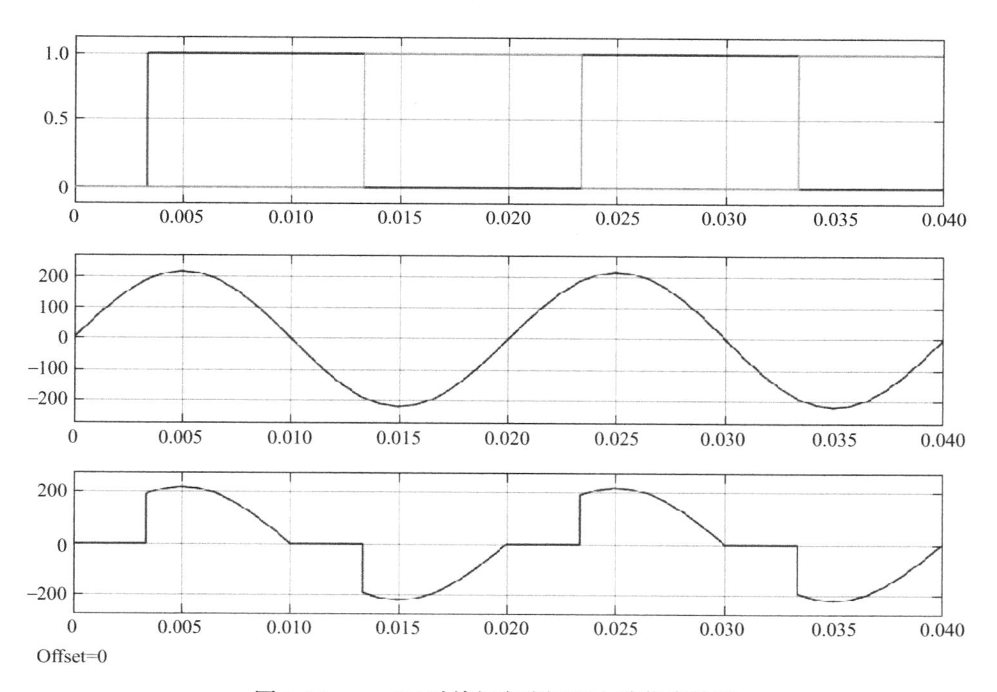


图 6-36 $\alpha=60°$时单相交流调压电路仿真波形

## 本章小结

本章主要介绍了交流–交流变换中的交流电力控制电路和交交直接变频电路。在交流电力控制电路中，本章介绍了采用相位控制方式的交流调压电路和斩波控制的交流调压电路，另外还介绍了整周波通断控制的交流调功电路和交流电力电子开关。在交–交变频电路中，本章重点介绍了交–交直接变频电路，特别是目前应用较多的晶闸管交–交直接变频电路，对矩阵式交–交变频电路只简单介绍了其基本工作原理。

## 习题及思考题

1. 电炉由单相相控交流调压电路供电，设该电炉可看成纯电阻负载，如 $\alpha=0°$时为输出功率最大值，试求功率为 80%、50% 时的控制角。

2. 单相交流调压器，电源为工频 220V，阻感串联作为负载，其中 $R=0.5\Omega$，$L=2\text{mH}$。试求：

① 控制角 $\alpha$ 的变化范围；

② 负载电流的最大有效值；

③ 最大输出功率及此时电源侧的功率因数；

④ 当 $\alpha=\pi/2$ 时，晶闸管电流有效值、晶闸管导通角和电源侧功率因数。

3. 试述单相交–交变频电路的工作原理。

4. 交–交变频电路的输出频率有何限制？

5. 三相交–交变频电路有哪两种接线方式？它们有什么区别？

6. 交流调压电路和交流调功电路有什么区别？二者各运用于什么样的负载？为什么？

7. 交–交变频电路的主要特点和不足之处是什么？其主要用途是什么？

8. 在三相交–交变频电路中，采用梯形波输出控制的好处是什么？为什么？

9. 试述矩阵式变频电路的基本原理和优缺点。为什么说这种电路有较好的发展前景？

10. 用 Matlab 对单相交流调压电路进行仿真，建立系统的仿真模型，分别给出在电阻性负载和电感性负载下输出电压和输出电流的波形，参数可参考仿真 1。

# 第7章

# 软开关技术

现代电力电子装置的发展趋势是小型化、轻量化，同时对装置的效率和电磁兼容性也提出了更高的要求。通常，滤波电感、电容和变压器在电力电子装置的体积和重量中占很大比例，采取有效措施减小这些器件的体积和重量是实现小型化、轻量化的主要途径。电力电子装置的滤波器是针对开关频率设计的，提高开关频率可以相应提高滤波器的截止频率，从而可以选用较小的电感和电容，使得滤波器的体积和重量减小。对于变压器，根据变压器知识，在电压和电流不变的条件下，变压器的绕组匝数与工作频率成反比，工作频率越高，绕组匝数越少，所需铁心的窗口面积越小，从而可以选用较小的铁心，减小变压器的体积和重量。可见，电力电子装置小型化、轻量化最直接的途径是提高开关频率。但在提高开关频率的同时，开关损耗也随之增加，导致电路效率下降，电磁干扰增大，所以简单地提高开关频率是不行的。针对这些问题出现了软开关技术，它主要解决开关电路中的开关损耗和开关噪声问题，使得开关频率可以大幅提高。本章将首先介绍软开关的概念及分类，然后详细分析几种典型的软开关电路。

## 7.1 软开关的概念及分类

### 7.1.1 硬开关和软开关

前几章分析各种电力电子电路时，总是将电路理想化，特别是将其中的开关器件理想化，认为开关状态的转换是在瞬间完成的，忽略了开关过程对电路的影响。这样的分析方法便于理解电路的工作原理，但实际电路中开关过程是客观存在的，一定条件下还会对电路的工作造成显著影响。

在很多电路中，开关器件是在高电压或大电流的条件下，由栅极（或基极）控制其导通或关断的，典型的开关过程如图 7-1 所示。可以看出，在开关过程中，开关器件的电压、电流均不为零，出现了电压和电流的交叠区。这些交叠区分别对应产生导通损耗 $P_{loss(on)}$ 和关断损耗 $P_{loss(off)}$，导通损耗 $P_{loss(on)}$ 与关断损耗 $P_{loss(off)}$ 的总和称为开关损耗 $P_{loss}$。在上述开关

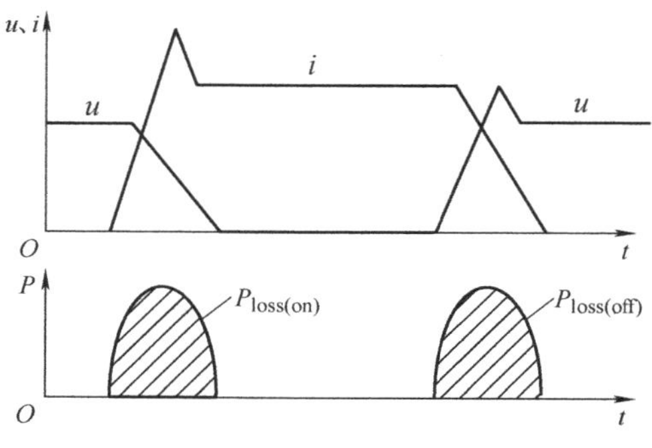


图 7-1 硬开关的开关过程

过程中，不仅存在开关损耗 $P_{loss}$，而且电压和电流的变化很快，会产生高 d$i$/d$t$ 和 d$u$/d$t$，并且电压、电流波形出现了明显的过冲和振荡，这些都会导致开关噪声的产生。

以上所描述的开关过程被称为硬开关。可见，在硬开关过程中，会产生较大的开关损耗和开关噪声。在一定条件下，开关器件在每个开关周期中的开关损耗是恒定的，因此开关频率越高，开关损耗越大，电路效率就越低。开关噪声也会给电路带来严重的电磁干扰问题，影响周边电子设备的正常工作。

20 世纪 80 年代初，美国 VPEC（Virginia Power Electronic Center）的李泽元（F. C. Lee）等人提出了软开关的概念。软开关技术简单说是指通过在硬开关电路中增加很小的电感、电容等谐振元件，构成辅助换相网络，在开关过程前后引入谐振过程，使开关器件导通前电压先降为零，或关断前电流先降为零，实现开关器件的零电压开关（Zero-Voltage-Switching，ZVS）或零电流开关（Zero-Current-Switching，ZCS），以消除开关过程中电压、电流的交叠，降低电压、电流的变化率，从而大大减小甚至消除开关损耗和开关噪声，理想的软开关过程如图 7-2 所示。

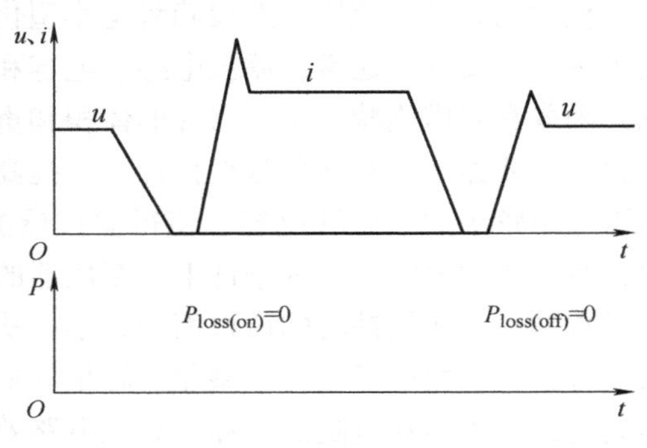


图 7-2　理想软开关的开关过程

软开关技术是降低开关器件的开关损耗和开关噪声，提高开关频率的一种有效办法。因此软开关技术一经提出便立即在电力电子领域引起了极大的兴趣和普遍重视，并随之发展出多种软开关工作方式及各种具体的软开关电路。

### 7.1.2　零电压开关和零电流开关

软开关技术就是要实现开关器件的零电压开(通)关(断)和零电流开(通)关(断)。

所谓零电压开通是指导通前开关器件两端电压为零，则开通时开关器件就不会产生开通损耗和噪声，如图 7-3 所示；所谓零电流关断是指关断前开关器件电流为零，则关断时开关器件就不会产生关断损耗和噪声，如图 7-4 所示。零电压开通和零电流关断主要依靠电路中的谐振来实现。

另外，如果在开关器件两端并联电容，则开关器件关断后，并联电容能延缓开关器件电

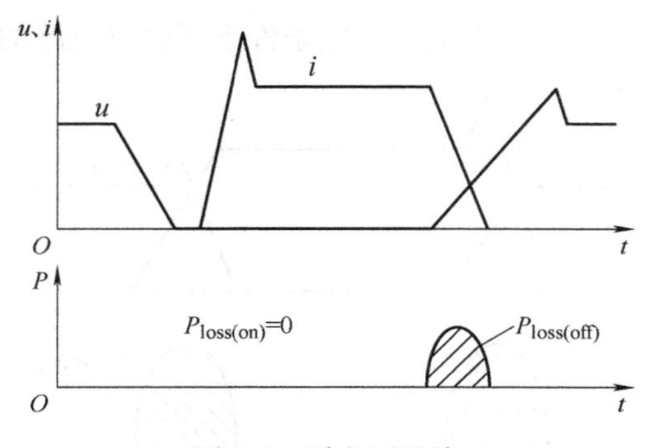


图 7-3　零电压开关

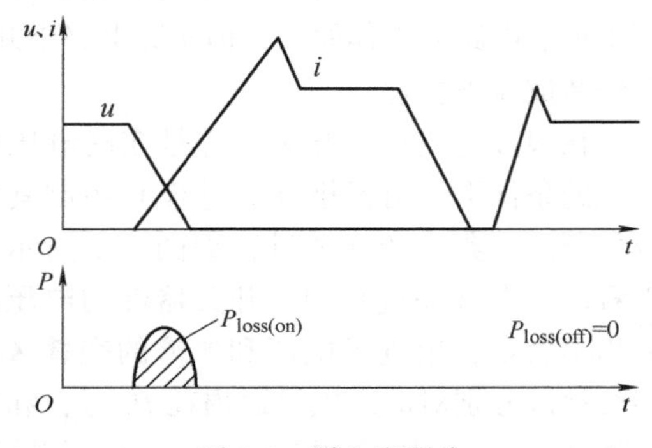


图 7-4　零电流开关

压上升的速率 $du/dt$，从而降低关断损耗，称这种关断过程为零电压关断，如图 7-3 所示；如果给开关器件串联电感，则在开关器件开通后，串联电感能延缓开关器件电流上升的速率 $di/dt$，降低导通损耗，称这种导通方式为零电流开通，如图 7-4 所示。但简单地在硬开关电路中给开关器件并联电容或串联电感，不仅不会降低开关损耗，还会带来总损耗增加、关断过电压增大等负面问题。因此上述方法常与零电压开通和零电压关断配合使用。

### 7.1.3 软开关电路的分类

自软开关技术问世以来，前后出现了多种软开关电路，到目前为止，新型的软开关拓扑仍在不断地出现。根据电路中主要的开关器件是零电压开通还是零电流关断，可以将软开关电路分成零电压电路和零电流电路两大类。通常，一种软开关电路要么属于零电压电路，要么属于零电流电路。但在有些情况下，电路中有多个开关器件，有些开关器件工作在零电压开关的条件下，而另一些开关器件工作在零电流开关的条件下。

在软开关技术发展过程中，先后出现了准谐振电路、零开关 PWM 电路和零转换 PWM 电路。由于每一种软开关电路都可以用于第 4 章讲的 DC - DC 变换电路，构成软开关 DC - DC 变换电路，因此可引入开关单元的概念来表示，不必再画出每一种具体电路。图 7-5 所示为硬开关单元，实际使用时，可以从开关单元导出具体电路，注意开关器件和二极管的方向应根据电流的方向相应调整。

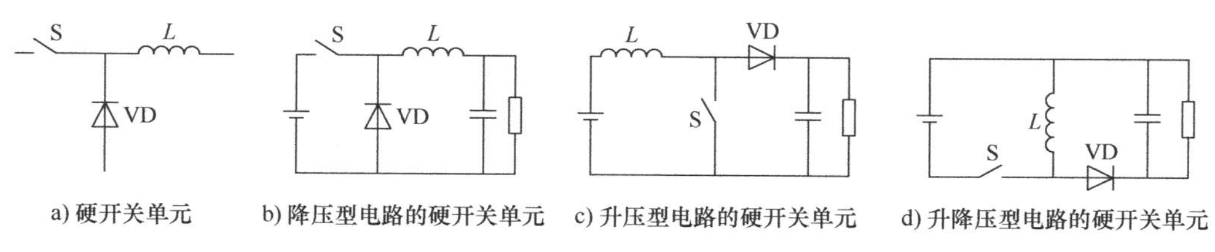


图 7-5 硬开关单元

下面分别介绍上述三类软开关电路。

**1. 准谐振电路**

20 世纪 80 年代提出的准谐振电路（Quasi-Resonant Converters，QRC）是软开关技术的一次飞跃。准谐振电路中提出了谐振开关单元的概念，即在硬开关单元上增加谐振电感 $L_r$ 和谐振电容 $C_r$，构造成谐振开关单元来替代硬开关单元，实现软开关。根据硬开关单元与谐振电感 $L_r$ 和谐振电容 $C_r$ 的不同组合，准谐振电路可分为：

1）零电压开关准谐振电路（Zero-Voltage-Switching Quasi-Resonant Converters，ZVS QRC）；

2）零电流开关准谐振电路（Zero-Voltage-Switching Quasi-Resonant Converters，ZCS QRC）；

3）零电压开关多谐振电路（Zero-Voltage-Switching Multi-Resonant Converters，ZVS QRC）。

4）用于逆变器的谐振直流环节电路（Resonant DC Link，RDCL）

前三种准谐振电路的准谐振软开关单元如图 7-6 所示，由这些准谐振开关单元替代硬开关单元，就可派生出一系列准谐振电路。

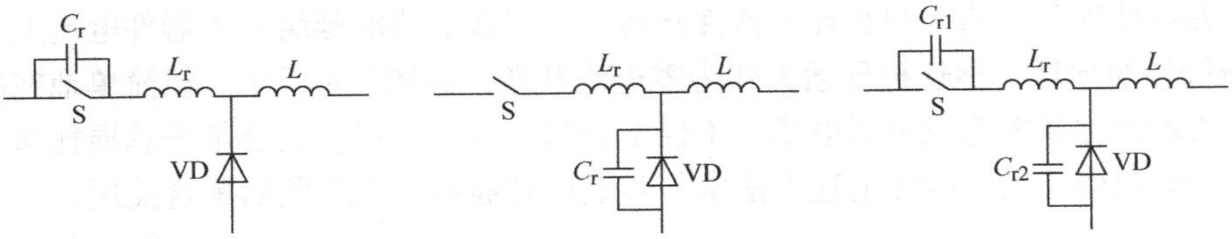

a) 零电压准谐振开关单元　b) 零电流准谐振开关单元　c) 零电压多谐振开关单元

图 7-6　准谐振开关单元

由图 7-6a 可见，零电压谐振开关单元中的谐振电容 $C_r$ 和开关 S 是并联的。在 S 开通时，$C_r$ 两端的电压为零，当 S 关断时，$C_r$ 限制 S 上电压的上升率，实现 S 的零电压关断；而当 S 导通时，$L_r$ 和 $C_r$ 谐振工作使 $C_r$ 的电压自然回零，实现 S 的零电压开通。因此，加入谐振电感 $L_r$ 和谐振电容 $C_r$ 改变了开关 S 的电压波形，为 S 提供了零电压开关的条件。同样，由图 7-6b 可见，零电流谐振开关中的谐振电感 $L_r$ 和开关 S 是串联的。在 S 开通之前，$L_r$ 上的电流为零，当 S 开通时，$L_r$ 限制 S 中电流的上升率，实现 S 的零电流开通；而当 S 关断时，$L_r$ 和 $C_r$ 谐振工作使 $L_r$ 的电流自然回零，实现 S 的零电流关断。因此，加入谐振电感 $L_r$ 和谐振电容 $C_r$ 改变了开关 S 的电流波形，为 S 提供了零电流开关的条件。

谐振的引入使得电路的开关损耗和开关噪声都大幅度下降，但也带来一些负面问题，即谐振电压峰值很高，要求器件耐压必须提高；谐振电流的有效值很大，电路中存在大量的无功功率的交换，造成电路导通损耗加大；谐振周期随输入电压、负载变化而改变，因此准谐振电路只能采用脉冲频率调制 PFM 方式来控制，变频的开关频率会造成变压器、电感等磁性元件设计不能最优化，从而给电路设计带来困难。

**2. 零开关 PWM 电路**

针对准谐振电路需要采用调频控制方式，且电路设计较为困难的缺点，20 世纪 80 年代末提出了恒频控制的零开关 PWM 变换（Zero-Switching PWM Converters，ZSPWM）技术。采用这种技术的零开关 PWM 电路同时具有 PWM 控制和准谐振电路的优点，即在开关器件开通和关断时，开关器件工作在零电压开关或零电流开关方式，其余时间开关器件工作在 PWM 状态。

零开关 PWM 电路的核心部分仍是零开关 PWM 开关单元，它包括零电压开关 PWM（Zero-Voltage-Switching PWM Converters，ZVS PWM）开关单元和零电流开关 PWM（Zero-Current-Switching PWM Converters，ZCS－PWM）开关单元，因此零开关 PWM 电路可分为零电压开关 PWM 电路和零电流开关 PWM 电路。

零开关 PWM 开关单元如图 7-7 所示。由这些零开关 PWM 开关单元代替硬开关单元，就可派生出一系列零开关 PWM 电路。

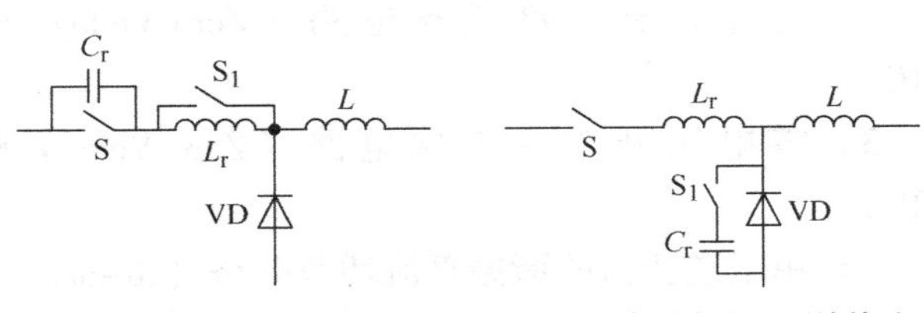


a) 零电压开关PWM开关单元　b) 零电流开关PWM开关单元

图 7-7　零开关 PWM 开关单元

从图 7-7 可见，在零电压谐振开关单元内的谐振电感 $L_r$ 上并联一个辅助开关 $S_1$，就得到 ZVS－PWM 开关单元。在零电流谐振开关单元内的谐振电容

$C_r$ 上串联一个辅助开关 $S_1$，就得到 ZCS－PWM 开关单元。

利用谐振电感 $L_r$ 和谐振电容 $C_r$ 在主开关 S 导通和关断瞬间产生谐振，为 S 创造零开关条件。同时，定时控制辅助开关 $S_1$ 的开通和关断，周期性地消除 $L_r$ 和 $C_r$ 的谐振，保证 S 在非导通和关断期间实现 PWM 控制。因此零开关 PWM 电路与准谐振电路相比，既能实现零开关控制，又能实现 PWM 控制，并且谐振工作时间要比开关周期短很多。

除此之外，零开关 PWM 电路还有很多明显的优势，即电压和电流基本上是方波，只是上升沿和下降沿较缓，开关器件承受的电压明显降低。移相全桥型软开关电路、有源钳位正激型电路等很多常用软开关电路都可以归入这一类。

**3. 零转换 PWM 电路**

由图 7-5 和图 7-6 可见，准谐振开关单元和零开关 PWM 开关单元的谐振电感 $L_r$ 均是与主开关 S 串联，并参与功率的传输，这使得软开关的实现是以增加开关器件的电压电流应力作为代价的；并且软开关的实现条件受输入电压和负载变化影响较大，轻载时可能会失去软开关的条件。

针对这些问题，20 世纪 90 年代初，美国 VPEC 的李元泽等人又提出了另一类软开关电路，即零转换 PWM 电路（Zero-Transition PWM Converters）。这是软开关技术的又一次飞跃。零转换 PWM 电路的核心部分仍是零转换 PWM 开关单元。它包括零电压转换 PWM（Zero-Voltage-Transition PWM Converters，ZVT PWM）开关单元和零电流转换 PWM（Zero-Current-Transition PWM Converters，ZCT－PWM）开关单元，因此零转换 PWM 电路可分为零电压转换 PWM 电路和零电流转换 PWM 电路。

零转换 PWM 开关单元如图 7-8 所示。由这些零转换 PWM 开关单元代替硬开关单元，就可派生出一系列零转换 PWM 电路。

零转换 PWM 电路仍然采用辅助开关控制谐振的开始时刻。在保留了零开关 PWM 电路实现恒频控制的零电压或零电流通断，且辅助电路只在主开关通断时工作，损耗较小等优点的基础上，零转换 PWM 电路谐振电路与主开关相并联，不再参与主要功率的传输，从而解决了由于串联谐振电感引起的问题，使得开关器件的电压电流应力很小且软开关的实现不受输入电压和负载变化的影响。分析和实验结果表明，零转换 PWM 变换器的开关损耗最小，在实现软开关的同时又不增加开关器件的电压和电流应力，较以往软开关技术更适合于高电压、大功率的变换电路，是电力电子装置向高频化、轻型化改良的首选软开关技术。

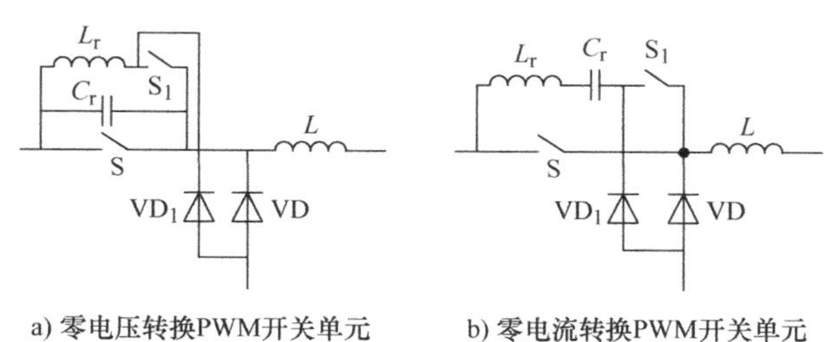


图 7-8 零转换 PWM 开关单元

## 7.2 典型的软开关电路

本节将对四种典型的软开关电路进行分析，目的在于使读者不仅了解这些常见的软开关电路，而且能初步掌握软开关电路的分析方法。

### 7.2.1 零电压开关准谐振电路

以降压型零电压开关准谐振变换电路为例说明准谐振变换器一个开关周期的工作过程。电路原理图如图 7-9 所示，输入电源 $U_{in}$、主开关 S、续流二极管 VD、输出滤波电感 $L$ 和滤波电容 $C$ 构成降压型电路；$VD_S$ 为开关 S 的反并联二极管；谐振电感 $L_r$、谐振电容 $C_r$ 和开关 S 构成准谐振开关单元。电路工作时的理想化波形如图 7-10 所示。在分析的过程中，假设电感 $L$ 和电容 $C$ 都很大，可以等效为电流源和电压源，并忽略电路中的损耗。

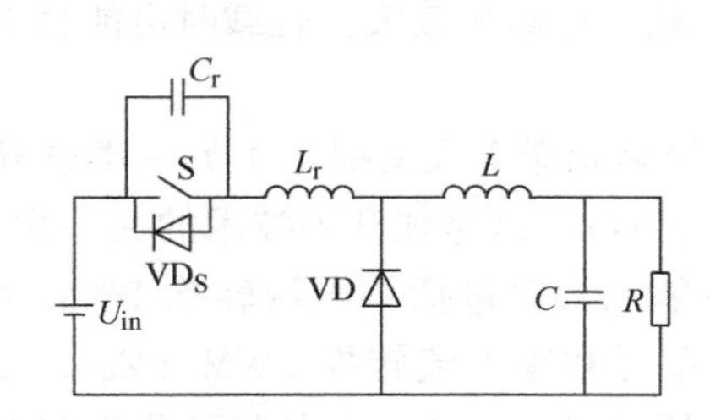

图 7-9 降压型零电压开关准谐振电路

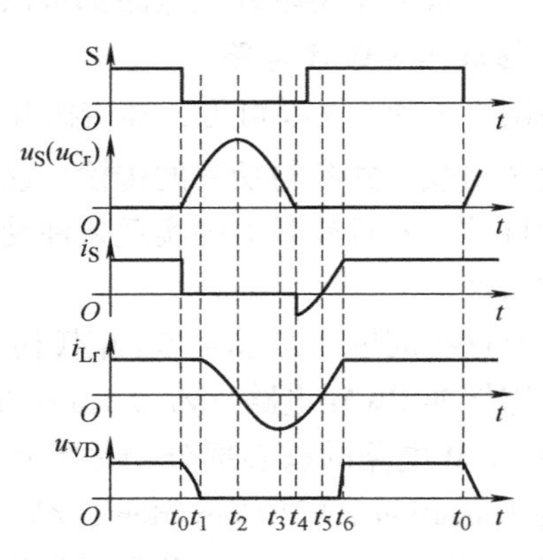

图 7-10 降压型零电压开关准谐振电路的理想化波形

选择开关 S 的关断时刻为起点，分析一个开关周期内零电压开关准谐振电路的工作过程。

$t_0 \sim t_1$ 时段：谐振电容 $C_r$ 线性充电，开关 S 零电压关断。

$t_0$ 时刻前，开关 S 为通态，二极管 VD 为断态，$u_{Cr}=0$，$i_{Lr}=I_L$。$t_0$ 时刻，S 关断，与其并联的谐振电容 $C_r$ 使 S 关断后电压减缓上升，因此 S 的关断过程为零电压关断。S 关断后，由于 VD 尚未导通，故电感 $L_r+L$ 向 $C_r$ 充电，因为 $L$ 很大，所以可以等效为电流源。$u_{Cr}$线性上升，同时 VD 两端电压 $u_{VD}$逐渐下降，直到 $t_1$ 时刻，$u_{VD}=0$，二极管 VD 导通。这一时段 $u_{Cr}$的上升率为

$$\frac{du_{Cr}}{dt}=\frac{I_L}{C_r} \tag{7-1}$$

$t_1 \sim t_4$ 时段：$L_r$、$C_r$ 谐振。

$t_1$ 时刻，二极管 VD 导通，电感 $L$ 通过 VD 续流，$L_r$、$C_r$、$U_i$ 则形成谐振回路。$t_1$ 时刻后，$C_r$、$L_r$ 开始谐振，此时 $L_r$ 向 $C_r$ 充电，$u_{Cr}$按正弦规律上升，$i_{Lr}$按正弦规律下降，直到 $t_2$ 时刻，$i_{Lr}$下降到零，$u_{Cr}$达到谐振峰值。$t_2$ 时刻后，$L_r$、$C_r$ 继续谐振，此时 $C_r$ 向 $L_r$ 充电，$i_{Lr}$改变方向上升，$u_{Cr}$下降，直到 $t_3$ 时刻，$u_{Cr}=U_{in}$时，$L_r$ 两端电压为零，$i_{Lr}$达到反向谐振峰值。$t_3$ 时刻后，谐振继续，此时 $L_r$ 向 $C_r$ 反向充电，$u_{Cr}$继续下降，直到 $t_4$ 时刻 $u_{Cr}$下降到零，谐振过程结束。

$t_1 \sim t_4$ 时段电路谐振过程的方程为

$$
\begin{aligned}
& L_{\mathrm{r}} \frac{\mathrm{d}i_{\mathrm{Lr}}}{\mathrm{d}t} + u_{\mathrm{Cr}} = U_{\mathrm{in}} \\
& C_{\mathrm{r}} \frac{\mathrm{d}u_{\mathrm{Cr}}}{\mathrm{d}t} = i_{\mathrm{Lr}} \\
& u_{\mathrm{Cr}} \big|_{t=t_1} = U_{\mathrm{in}}, \quad i_{\mathrm{Lr}} \big|_{t=t_1} = I_{\mathrm{L}}, \quad t \in [t_1, t_4]
\end{aligned} \tag{7-2}
$$

$t_4 \sim t_6$ 时段：谐振电感 $L_{\mathrm{r}}$ 线性充放电，开关 S 零电压导通。

由于开关 S 的反并联二极管 $\mathrm{VD_S}$ 的作用，$u_{\mathrm{Cr}}$被钳位于零，$L_{\mathrm{r}}$ 两端电压为 $U_{\mathrm{in}}$，$i_{\mathrm{Lr}}$线性衰减，直到 $t_5$ 时刻，$i_{\mathrm{Lr}}=0$。由于这一时段 S 两端电压为零，所以必须在 $t_4 \sim t_5$ 时段使 S 导通，实现零电压导通，才不会产生导通损耗。S 导通后，$i_{\mathrm{Lr}}$线性上升，直到 $t_6$ 时刻，$i_{\mathrm{Lr}} = I_{\mathrm{L}}$，VD 关断，这一时段电流 $i_{\mathrm{Lr}}$的变化率为

$$
\frac{\mathrm{d}i_{\mathrm{Lr}}}{\mathrm{d}t} = \frac{U_{\mathrm{in}}}{L_{\mathrm{r}}} \tag{7-3}
$$

$t_6 \sim t_0$ 时段：开关 S 继续导通，VD 关断，$i_{\mathrm{Lr}} = I_{\mathrm{L}}$，$u_{\mathrm{Cr}} = 0$。$t_0$ 时刻关断 S，开始下一个开关周期。

谐振过程是软开关电路工作过程中最重要的部分，通过对谐振过程的分析可以得到很多对软开关电路的分析、设计和应用具有指导意义的重要结论。下面就对零电压开关准谐振电路 $t_1 \sim t_4$ 时段的谐振过程进行定量分析。

通过求解式(7-2) 可得 $u_{\mathrm{Cr}}$，即开关 S 两端的电压 $u_{\mathrm{S}}$ 的表达式为

$$
u_{\mathrm{Cr}}(t) = \sqrt{\frac{L_{\mathrm{r}}}{C_{\mathrm{r}}}} I_{\mathrm{L}} \sin\omega_{\mathrm{r}}(t - t_1) + U_{\mathrm{in}}, \quad \omega_{\mathrm{r}} = \frac{1}{\sqrt{L_{\mathrm{r}} C_{\mathrm{r}}}}, \quad t \in [t_1, t_4] \tag{7-4}
$$

求其在 $[t_1, t_4]$ 上的最大值就得到 $u_{\mathrm{Cr}}$的谐振峰值表达式，也就是开关 S 承受的峰值电压为

$$
U_{\mathrm{p}} = \sqrt{\frac{L_{\mathrm{r}}}{C_{\mathrm{r}}}} I_{\mathrm{L}} + U_{\mathrm{in}} \tag{7-5}
$$

从式(7-4) 可以看出，如果正弦项的幅值小于 $U_{\mathrm{in}}$，则 $u_{\mathrm{Cr}}$就不可能谐振到零，开关 S 也就不可能实现零电压开通，因此

$$
\sqrt{\frac{L_{\mathrm{r}}}{C_{\mathrm{r}}}} I_{\mathrm{L}} \geqslant U_{\mathrm{i}} \tag{7-6}
$$

这就是零电压开关准谐振电路实现软开关的条件。综合式(7-5) 和式(7-6) 可知，谐振电压峰值将高于输入电压 $U_{\mathrm{in}}$的两倍，开关 S 的耐压必须相应提高。这样会增加电路的成本，降低可靠性，这是零电压开关准谐振电路的一大缺点。

## 7.2.2 移相全桥型零电压开关 PWM 电路

移相全桥型电路是目前应用最广泛的软开关电路之一。电路原理图如图 7-11 所示。它的特点是电路结构简单，同硬开关全桥型电路相比，并没有增加辅助开关等器件，而是仅仅增加了一个谐振电感 $L_{\mathrm{r}}$，就使电路中四个开关器件都在零电压的条件下导通，这得益于其独特

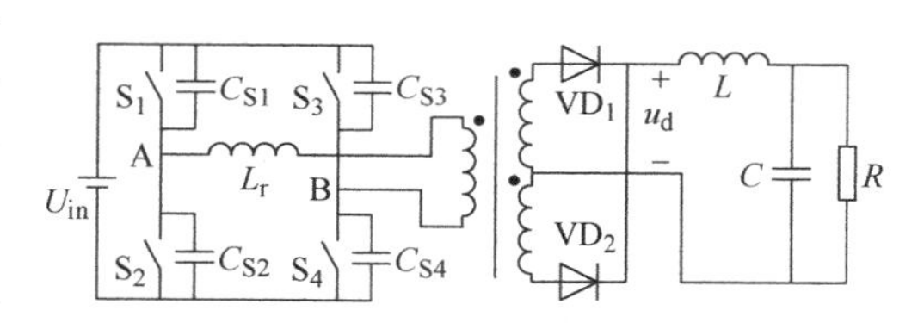

图 7-11　移相全桥零电压开关 PWM 电路

的控制方法，如图 7-12 所示。

移相全桥开关 PWM 电路的控制方式有几个特点：

1）在一个开关周期 $T$ 内，每一个开关处于通态和断态的时间是固定不变的。导通的时间略小于 $T/2$，而关断的时间略大于 $T/2$。

2）同一个半桥中，上下两个开关不能同时处于通态，每一个开关关断到另一个开关导通都要经过一定的死区时间。

3）比较互为对角的两对开关 $S_1$、$S_4$ 和 $S_2$、$S_3$ 的开关函数波形，$S_1$ 的波形比 $S_4$ 超前 $0 \sim T_S/2$，而的 $S_2$ 波形比 $S_3$ 超前 $0 \sim T_S/2$，因此称 $S_1$ 和 $S_2$ 为超前的桥臂，而称 $S_3$ 和 $S_4$ 为滞后的桥臂。

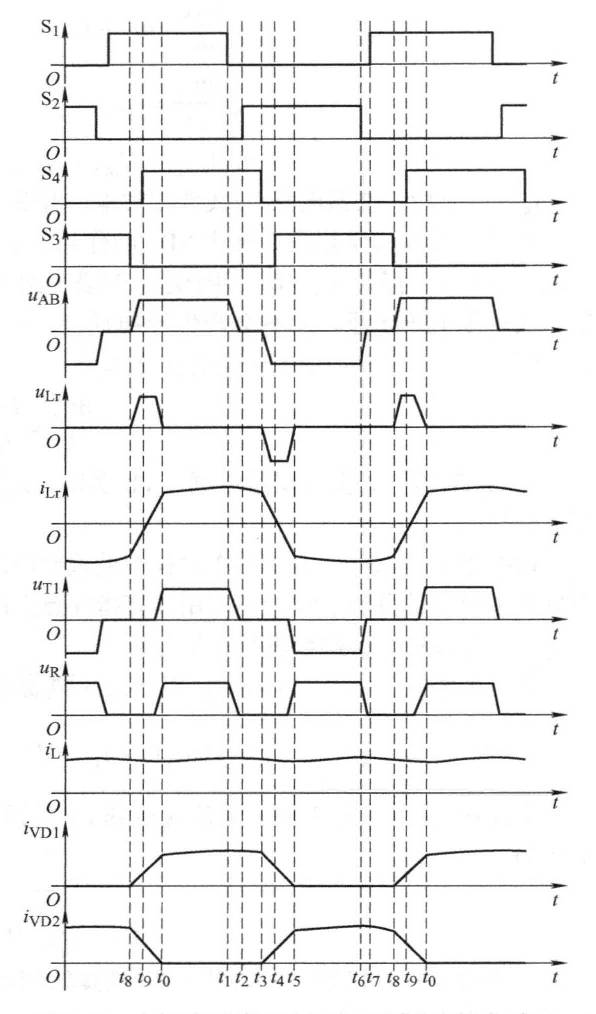

图 7-12　全桥移相零开关 PWM 电路的理想化波形

在一个开关周期内，移相全桥零电压开关 PWM 电路的工作过程可分为十个时段描述，但 $t_0 \sim t_5$ 和 $t_5 \sim t_0$ 两时段工作过程完全对称，因此只用分析半个开关周期 $t_0 \sim t_5$ 时段即可。在分析中，假设开关都是理想的，并忽略电路中的损耗。

$t_0 \sim t_1$ 时段：在这一时段，开关 $S_1$、$S_4$ 都处于通态，直到 $t_1$ 时刻，$S_1$ 关断。

$t_1 \sim t_2$ 时段：$t_1$ 时刻，开关 $S_1$ 关断后，电容 $C_{S1}$、$C_{S2}$ 与电感 $L_r$、$L$ 构成谐振回路，其中二次电感 $L$ 折算到一次回路参与谐振等效电路，如图 7-13 所示。谐振开始时，$u_A(t_1) = U_{in}$，在谐振过程中，$u_A$ 不断下降，直到 $u_A = 0$，开关 $S_1$ 的反并联二极管 $VD_{S2}$ 导通，电流 $i_{Lr}$ 通过 $VD_{S2}$ 续流。

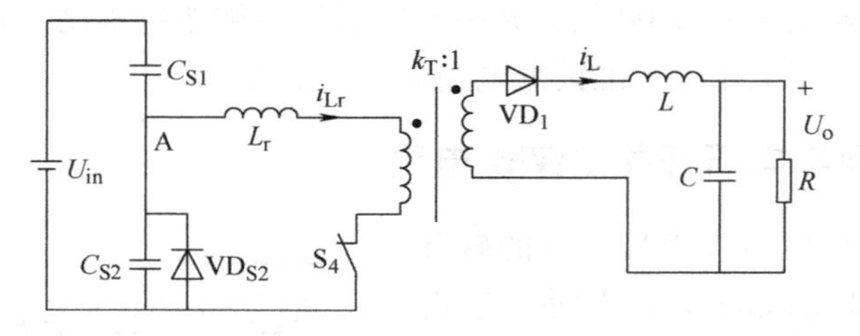

图 7-13　移相全桥零电压开关 PWM 电路 $t_1 \sim t_2$ 时段的等效电路

$t_2 \sim t_3$ 时段：$t_2$ 时刻，开关 $S_2$ 导通，由于此时其反并联二极管 $VD_{S2}$ 正处于导通状态，因此 $S_2$ 导通时电压为零，其导通过程为零电压导通，不会产生开关损耗。$S_2$ 导通后，电路状态也不会改变，继续保持到 $t_3$ 时刻，$S_4$ 关断。

$t_3 \sim t_4$ 时段：$t_3$ 时刻，开关 $S_4$ 关断后，电路的状态变为如图 7-14 所示。这时变压器二次侧整流二极管 $VD_1$ 和 $VD_2$ 同时导通，变压器一次和二次电压均为零，相当于短路，因此变压器一次侧 $C_{S3}$、$C_{S4}$与 $L_r$ 构成谐振回路。谐振过程中，谐振电感 $L_r$ 的电流不断减小，B 点电压不断上升，直到 $S_3$ 的反并联二极管 $VD_{S3}$ 导通。这种状态维持到 $t_4$ 时刻，开关 $S_3$ 导通。$S_3$ 导通时，$VD_{S3}$也导通，因此 $S_3$ 在零电压的条件下导通，导通损耗为零。

$t_4 \sim t_5$ 时段：开关 $S_3$ 导通后，谐振电感 $L_r$ 的电流继续减小。电感电流 $i_{Lr}$下降到零后便反向，并不断增大，直到 $t_5$ 时刻，$i_{Lr} = I_L / k_T$，变压器二次侧整流管 $VD_1$ 的电流下降到零而关断，电流 $I_L$ 全部转移到二极管 $VD_2$ 中。

$t_0 \sim t_5$ 时段正好是开关周期的一半，而在另一半开关周期 $t_5 \sim t_0$ 时段中，电路的工作过程与 $t_0 \sim t_5$ 时段完全对称，不再叙述。

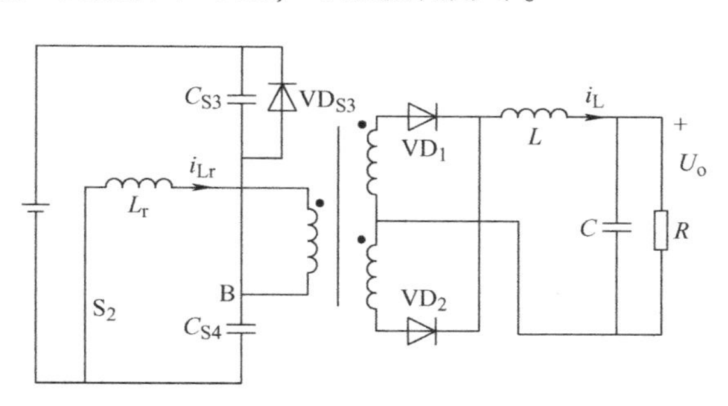

图 7-14 移相全桥零电压开关 PWM 电路 $t_3 \sim t_4$ 时段的等效电路

### 7.2.3 零电压转换 PWM 电路

以升压型零电压转换电路为例，讨论零电压转换电路在一个开关周期内的工作过程。图 7-15所示为升压型零电压转换 PWM 电路原理图。输入电源 $U_{in}$、主开关 S、升压二极管 VD、升压电感 $L$ 和滤波电容 $C$ 构成升压型电路；$VD_S$ 是 S 的反并联二极管；辅助开关 $S_1$、辅助二极管 $VD_1$、谐振电感 $L_r$、谐振电容 $C_r$ 构成的辅助谐振电路与主开关 S 并联，构成零电压转换 PWM 开关单元。

升压型零电压转换 PWM 电路的理想化波形如图 7-16 所示。在一个开关周期内，电路的工作过程可分为七个时段描述，每个时段相对应的等效电路如图 7-17 所示。为了分析电路的静态特性，假定所有元器件都是理想的。同时升压电感 $L$ 足够大，在一个开关周期中，$L$ 上的电流基本保持不变，即电路的输入电流保持不变，可等效为恒流源。并且滤波电容 $C$ 也足够大，在一个开关周期中，$C$ 两端电压保持不变，即电路的输出电压保持不变，可等效为恒压源。

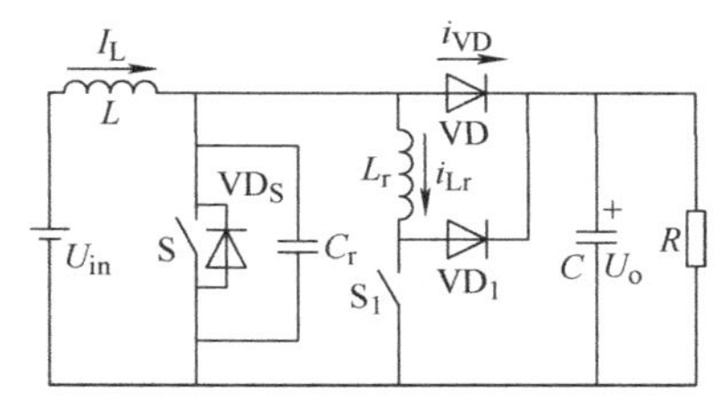

图 7-15 升压型零电压转换 PWM 电路

开关电路的工作过程是按开关周期重复的，在分析时，可以选择开关周期中任意时刻为分析的起点。软开关电路的开关过程较为复杂，选择合适的起点，可以使分析得到简化。这里，选择辅助开关 $S_1$ 的开通时刻为起点，分析一个开关周期内升压型零电压转换 PWM 电路的工作过程。

$t_0 \sim t_1$ 时段：谐振电感充电，$S_1$ 和 VD 换流。

上一周期结束时，主开关 S 和辅助开关 $S_1$ 均处于关断状态，升压二极管 VD 处于导通状态。在 $t_0$ 时刻，$S_1$ 开通，谐振电感 $L_r$ 正向充电，$L_r$ 上的电流 $i_{Lr}$从零开始线性上升，等效电路如图 7-17a 所示，变化规律为

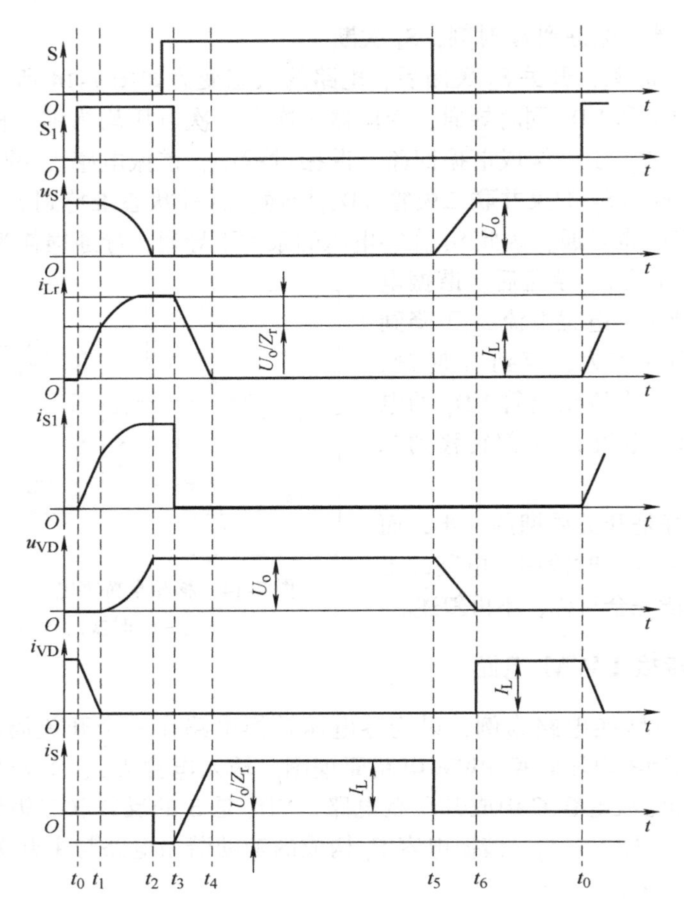


图 7-16　升压型零电压转换 PWM 电路的理想化波形

$$i_{Lr}(t)=\frac{U_o(t-t_0)}{L_r} \tag{7-7}$$

因此，辅助开关 $S_1$ 的开通过程为零电流开通。由于 $i_{Lr}$ 从零逐渐上升，升压二极管 VD 上电流 $i_{VD}$ 从输入电流 $I_{in}$，即升压电感电流 $I_L$ 开始下降，其变化规律为

$$I_{VD}(t)=I_L-\frac{U_o(t-t_0)}{L_r} \tag{7-8}$$

到 $t_1$ 时刻，$i_{Lr}$ 上升到 $I_L$，$i_{VD}$ 下降到 0，$S_1$ 和 VD 换流过程结束，VD 零电流关断。$t_0\sim t_1$ 持续的时间为

$$\Delta t_1=t_1-t_0=\frac{L_rI_L}{U_o} \tag{7-9}$$

$t_1\sim t_2$ 时段：$L_r$、$C_r$ 谐振。

$t_1$ 时刻，VD 关断，谐振电感 $L_r$ 和谐振电容 $C_r$ 开始谐振，$i_{Lr}$ 由 $I_L$ 继续谐振上升，谐振电容 $C_r$ 电压 $u_{Cr}$ 由输出电压 $U_o$ 谐振下降，等效电路如图 7-17a 所示。$i_{Lr}$ 和 $u_{Cr}$ 的变化规律为

$$i_{Lr}(t)=I_L+\frac{U_o}{Z_r}\sin\omega(t-t_1) \tag{7-10}$$

$$u_{Cr}(t)=U_o\cos\omega(t-t_1) \tag{7-11}$$

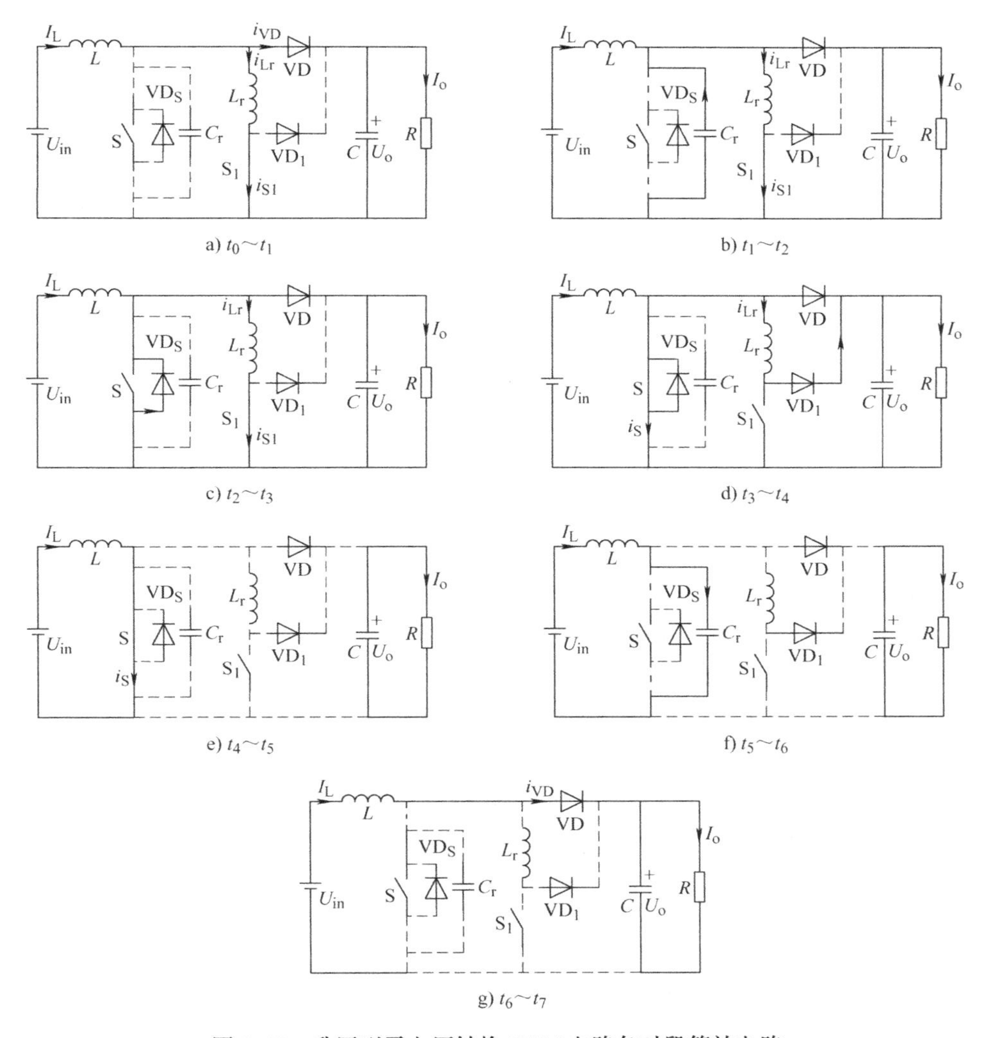


图 7-17　升压型零电压转换 PWM 电路各时段等效电路

其中，特征阻抗 $Z_r = \sqrt{L_r/C_r}$，谐振角频率 $\omega = 1/\sqrt{L_r C_r}$。

$t_2$ 时刻，$u_{Cr}$ 下降到 0，主开关 S 的反并联二极管 $VD_S$ 导通，将 S 两端电压钳位为 0，即 $u_S = 0$，此时谐振电感电流 $i_{Lr}$（$t_2$）为

$$I_{Lr}(t_2) = I_L + \frac{U_o}{Z_r} \tag{7-12}$$

$t_1 \sim t_2$ 持续的时间为 1/4 谐振周期为

$$\Delta t_2 = t_2 - t_1 = \frac{\pi}{2}\sqrt{L_r C_r} \tag{7-13}$$

$t_2 \sim t_3$ 时段：主开关零电压开通。

$t_2$ 时刻，二极管 $VD_S$ 导通，主开关 S 两端电压钳位于 0，为 S 的零电压导通创造了条件。在该时段给 S 加驱动信号，S 为零电压导通，等效电路如图 7-17c 所示。因此主开关 S 导通时刻滞后于辅助开关 $S_1$ 导通时刻，其滞后时间应该稍大于 $\Delta t_1 + \Delta t_2$。同时，该时间段

$L_r$ 和 $C_r$ 停止谐振，$i_{Lr}$保持不变。

$t_3 \sim t_4$ 时段：谐振电感放电。

$t_3$ 时刻，关断 $S_1$。由于 $S_1$ 关断时，其上电流 $i_{S1}$ 为谐振电感电流 $I_{Lr}$（$t_2$），不为0；且 $S_1$ 关断后，辅助二极管 $VD_1$ 导通，$S_1$ 的电压立刻被钳位为 $U_o$，因此 $S_1$ 为硬关断，将会产生较大的关断损耗。$S_1$ 关断后，$L_r$ 两端电压为 $-U_o$，$L_r$ 反向放电，其能量释放给负载，等效电路如图 7-17d 所示。$i_{Lr}$线性下降，主开关 S 电流 $i_S$ 线性上升，其变化规律分别为

$$i_{Lr}(t) = I_{Lr}(t_2) - \frac{U_o}{L_r}(t - t_3) \tag{7-14}$$

$$i_S(t) = -\frac{U_o}{Z_r} + \frac{U_o}{L_r}(t - t_3) \tag{7-15}$$

到 $t_4$ 时刻，$i_{Lr}$线性下降到0，$i_S$ 线性上升到 $I_L$。$t_3 \sim t_4$ 持续的时间为

$$\Delta t_4 = t_4 - t_3 = \frac{\left(I_L + \frac{U_o}{Z_r}\right)L_r}{U_o} \tag{7-16}$$

$t_4 \sim t_5$ 时段：PWM 工作。

$t_4$ 时刻，$i_{Lr}$线性下降到0，辅助二极管 $VD_1$ 关断。该时段，主开关 S 始终导通，升压电感 $L$ 通过 S 储能，$i_S = I_L$，负载由滤波电容 $C$ 供电。可见，$t_4 \sim t_5$ 时段电路的工作情况和升压电路中开关导通时段的工作情况一样，等效电路如图 7-17e 所示。

$t_5 \sim t_6$ 时段：谐振电容充电，主开关零电压关断。

$t_5$ 时刻，关断 S。谐振电容 $C_r$ 通过升压电感 $L$ 恒流充电，谐振电容电压 $u_{Cr}$，即主开关 S 电压 $u_S$ 从 0 开始线性上升，等效电路如图 7-17f 所示，其变化规律为

$$u_S = u_{Cr}(t) = \frac{I_L}{C}(t - t_5) \tag{7-17}$$

可见，主开关 S 的关断过程为零电压关断。到 $t_6$ 时刻 $u_{Cr}$充电上升到 $U_o$，升压二极管 VD 导通。$t_5 \sim t_6$ 持续的时间为

$$\Delta t_6 = t_6 - t_5 = \frac{U_o}{I_L}C_r \tag{7-18}$$

$t_6 \sim t_0$ 时段：PWM 工作。

该时段，主开关 S 和辅助开关 $S_1$ 均处于关断状态，升压二极管 VD 在上一时间段已导通。输入电压 $U_{in}$和升压电感 $L$ 通过 VD 给滤波电容 $C$ 和负载供电，等效电路如图 7-17g 所示。可见，$t_6 \sim t_0$ 时段电路的工作情况和升压电路中开关关断时段的工作情况一样。$t_0$ 时刻，触发导通辅助开关 $S_1$，开始下一个开关周期。

通过以上对一个开关周期内升压型零电压转换 PWM 电路的工作过程的分析可知：升压型零电压转换 PWM 电路的一个开关周期 $T$ 中，$t_4 \sim t_5$ 和 $t_6 \sim t_0$ 两个时段等同于升压电路的 PWM 工作过程。$t_0 \sim t_1$ 的谐振电感充电时段和 $t_1 \sim t_2$ 的谐振电容谐振工作时段为主开关的零电压开通创造了条件。$t_3 \sim t_4$ 的谐振电感放电时段是在主开关零电压导通后，立即停止辅助谐振电路而附带产生的时段。$t_2 \sim t_3$ 和 $t_5 \sim t_6$ 两个时间段则实现了主开关的零电压导通和零电压关断。为了实现电路的 PWM 控制，在设计参数时，应使 $t_0 \sim t_4$ 和 $t_5 \sim t_6$ 的时间相对于 $t_4 \sim t_5$ 和 $t_6 \sim t_0$ 的时间更短，这样谐振元件的工作对电路的 PWM 特性影响就很小。

### 7.2.4 谐振直流环

谐振直流环是适用于 DC－AC 电路的一种软开关电路，以这种电路为基础，出现了不少性能更好的用于 DC－AC 电路的软开关电路，对这一基本电路的分析将有助于理解各种导出电路的原理。

各种交流–直流–交流变换电路中都存在中间直流环节。谐振直流环电路通过在直流环节引入谐振，使电路中的整流或逆变环节工作在软开关的条件下。图 7-18 所示为用于电压型逆变器的谐振直流环的电路，它用一个辅助开关 S 就可以使逆变桥中所有的开关工作在零电压导通的条件下。值得注意的是，这个电路图仅用于原理分析，实际电路中连开关 S 也不需要，S 的开关动作可以用逆变电路中开关的导通和关断来代替。

由于电压型逆变器的负载通常为感性，而且在谐振过程中逆变电路的开关状态是不变的，因此分析是可以将电路等效为图 7-19，其理想化波形如图 7-20 所示。

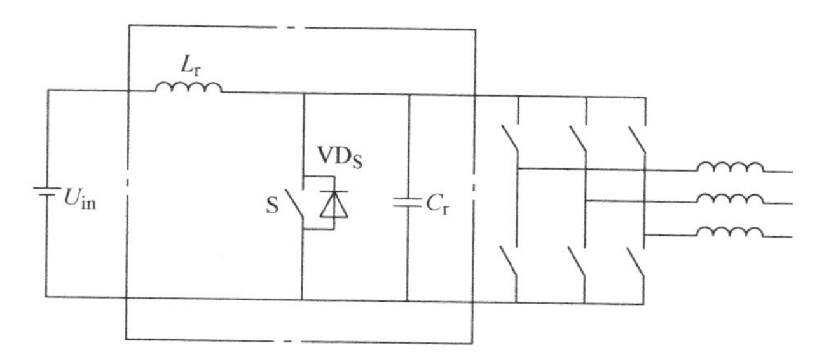


图 7-18 谐振直流环电路原理图

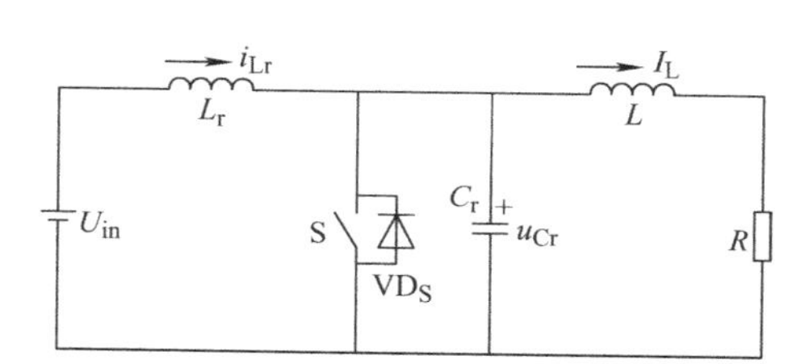


图 7-19 谐振直流环电路的等效电路

由于同谐振过程相比，感性负载的电流变化非常缓慢，因此可以将负载电流视为常量，在分析中忽略电路中的损耗。下面以开关 S 关断时刻为起点，分时段分析电路的工作过程。

$t_0 \sim t_1$ 时段：$t_0$ 时刻之前，电感 $L_r$ 的电流 $i_{Lr}$大于负载电流 $I_L$，开关 S 处于通态。$t_0$ 时刻 S 关断，电路中发生谐振。因为 $i_{Lr} > I_L$，所以 $i_{Lr}$对 $C_r$ 充电，$u_{Cr}$不断升高，直到 $t_1$ 时刻，$u_{Cr} = U_{in}$。

$t_1 \sim t_2$ 时段：$t_1$ 时刻由于 $u_{Cr} = U_{in}$，$L_r$ 两端电压差为零，因此谐振电流 $i_{Lr}$达到峰值。$t_1$ 时刻后，$i_{Lr}$继续向 $C_r$ 充电并不断减小，而 $u_{Cr}$进一步升高，直到 $t_2$ 时刻 $i_{Lr} = I_L$，$u_{Cr}$达到谐振峰值。

$t_2 \sim t_3$ 时段：$t_2$ 时刻以后，$u_{Cr}$向 $L_r$ 放电，$i_{Lr}$继续降低，到零后反向，$C_r$ 继续向 $L_r$ 放电，$i_{Lr}$反向增加，直到 $t_3$ 时刻 $u_{Cr} = U_{in}$。

$t_3 \sim t_4$ 时段：$t_3$ 时刻，$u_{Cr} = U_{in}$，$i_{Lr}$达到反向谐振峰值，然后 $i_{Lr}$开始衰减，$u_{Cr}$继续下降，直到 $t_4$ 时刻，$u_{Cr} = 0$，开关 S 的反并联二极管 $VD_S$ 导通，$u_{Cr}$被钳位于零。

$t_4 \sim t_0$ 时段：开关 S 导通，电流 $i_{Lr}$线性上升，直到 $t_0$ 时刻，S 再次关断，开始下一个开关周期。

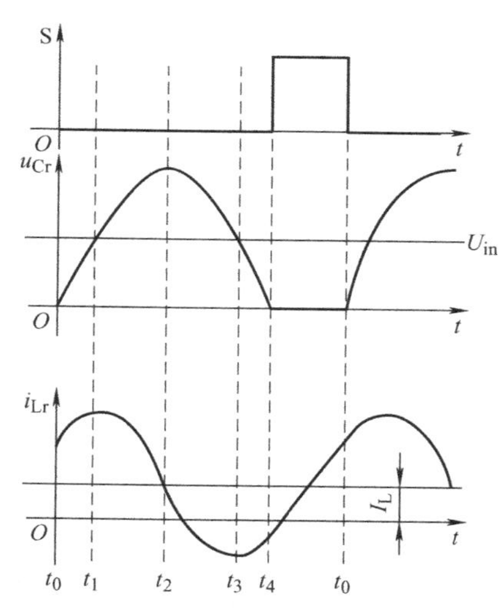


图 7-20 谐振直流环电路的理想化波形

同零电压开关准谐振电路相似，谐振直流环电路

中电压 $u_{Cr}$ 的谐振峰值很高，增加了对开关器件的耐压要求。

## 7.3 Matlab 应用举例

**仿真 1** 对零电压开关准谐振电路仿真

1）仿真模型的建立：零电压开关准谐振电路的仿真模型如图 7-21 所示，主电路包括直流电源、MOSFET、谐振电容、谐振电感、电力二极管和阻感负载。控制电路为触发脉冲电路。

2）仿真条件：直流电压幅值为 50V，负载端为阻感负载，其参数设置为 $R=1\Omega$，$L=1\times10^{-5}$H。谐振电容为 $3\times10^{-7}$F，谐振电感取 $2\times10^{-6}$H。触发脉冲幅度为 1V，周期为 $1\times10^{-5}$s，占空比为 60%；仿真时长为 0.1ms。

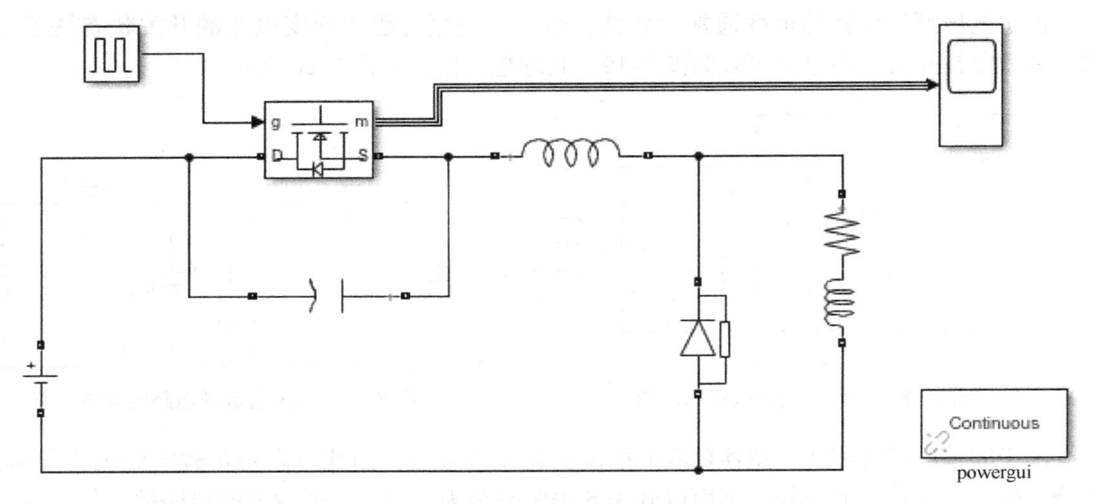


图 7-21 零电压开关准谐振电路的仿真模型

3）波形分析：零电压开关准谐振电路的仿真波形如图 7-22 所示，图中虚线波形为开关电压，实线波形为开关电流。

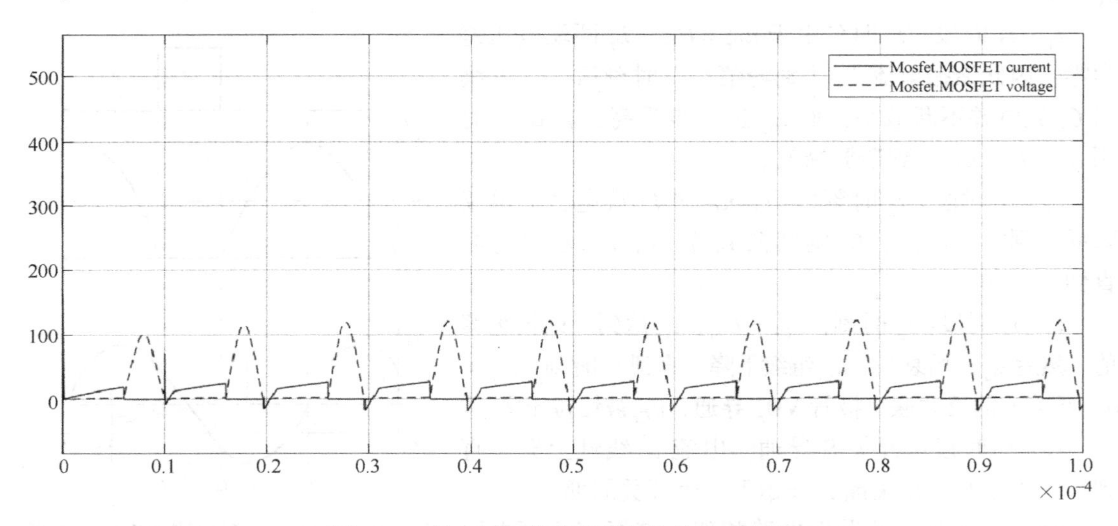


图 7-22 零电压开关准谐振电路的仿真波形

## 本章小结

本章介绍了软开关技术的概念和分类，并对四种典型的软开关电路进行了分析。本章的重点如下：

1）硬开关电路存在开关损耗和开关噪声，并随着开关频率的提高变得更为严重。软开关技术通过在电路中引入谐振改善了开关的开关条件，在很大程度上解决了这两个问题。

2）软开关技术总的来说可分为零电压和零电流两类。按其出现的先后，又可将其分为准谐振、零开关 PWM 和零转换 PWM 三大类，每一类都包含基本拓扑和众多的派生脱拓扑。

3）零电压开关准谐振电路、零电压开关 PWM 电路和零电压转换 PWM 电路分别是三类软开关电路的代表，谐振直流环电路是软开关技术在 DC - AC 电路中的典型应用。

## 习题及思考题

1. 高频化的意义是什么？为什么提高开关频率可以减小滤波器和变压器的体积和重量？
2. 软开关电路可以分为哪几类？画出典型电路？各有什么特点？
3. 简述降压型零电压开关准谐振电路的工作原理。
4. 在移相全桥零电压开关 PWM 中，如果没有谐振电感 $L_r$，那么电路的工作状况将发生哪些改变，哪些开关仍是软开关，哪些开关将称为硬开关。
5. 简述升压型零电压转换 PWM 电路的工作原理。
6. 在升压型零转换 PWM 电路中，辅助开关 $S_1$ 和辅助二极管 $VD_1$ 是软开关还是硬开关，为什么？
7. 对零电流开关准谐振电路进行仿真。

# 参考文献


[1] 王兆安，黄俊．电力电子技术［M］．4版．北京：机械工业出版社，2001.

[2] 王兆安，刘进军，杨旭，等．电力电子技术［M］．5版．北京：机械工业出版社，2009.

[3] 贺益康，潘再平．电力电子技术［M］．2版．北京：科学出版社，2010.

[4] 曲永印，白晶．电力电子技术［M］．北京：机械工业出版社，2013.

[5] 王云亮．电力电子技术［M］．3版．北京：电子工业出版社，2013.

[6] 张兴，张崇巍．PWM整流器及其控制［M］．北京：机械工业出版社，2003.

[7] 华伟，周文定．现代电力电子器件及其应用［M］．北京：北京交通大学出版社，2002.

[8] 陈坚．电力电子学——电力电子变换和控制技术［M］．北京：高等教育出版社，2002.

[9] 浣喜明，姚为正．电力电子技术［M］．2版．北京：高等教育出版社，2004.

[10] 张一工，肖湘宁．现代电力电子技术原理与应用［M］．北京：科学出版社，1999.

[11] 林辉，王辉．电力电子技术［M］．武汉：武汉理工大学出版社，2002.

[12] 李宏．电力电子设备用器件与集成电路应用指南［M］．北京：机械工业出版社，2001.

[13] 刘志刚．电力电子学［M］．北京：北京交通大学出版社，2004.

[14] 拉希德．电力电子技术手册［M］．杨建业，等译．北京：机械工业出版社，2004.

[15] 杨旭，裴云庆，王兆安．开关电源技术［M］．北京：机械工业出版社，2004.

[16] 阮新波，严仰光．直流开关电源的软开关技术［M］．北京：科学出版社，2002.

[17] 王立夫，金海明．电力电子技术［M］．2版．北京：北京邮电大学出版社，2017.

[18] 邹甲，赵锋，王聪．电力电子技术Matlab仿真实践指导及应用［M］．北京：机械工业出版社，2018.

[19] 陈中．基于Matlab的电力电子技术和交直流调速系统仿真［M］．2版．北京：清华大学出版社，2019.